管理會計學

（第二版）

主　編　李玉周
副主編　張　力、李海燕

崧燁文化

第二版前言

前言

  管理會計是現代管理科學與會計學科的有機結合，是一門新型的、綜合性的邊緣學科。隨著經濟的改革以及與國際化的逐步接軌，企業所面臨的競爭將會越來越激烈，相應地，企業的會計工作也將會面臨巨大的挑戰和機遇。未來社會企業最需要的將是管理會計方面的人才。會計工作轉型升級的方向就是發展管理會計，自此拉開管理會計的帷幕。為促進企業加強管理會計工作，提升內部管理水準，促進經濟轉型升級。

  本書由多年從事管理會計教學工作的李玉周教授主編。書中全面、系統地介紹了管理會計的基本理論、管理會計的方法原理及其應用。既注重所述內容的現實適用性，又致力於理論探索的前瞻性，使讀者擴大視野、開拓思路，從而使讀者能適應目前的社會、經濟環境和條件的變化，靈活地運用書中所述的原理和方法。

  本書主編李玉周教授2018年1月講授的慕課「管理會計學」成為在線精品課程。

  本書可以作為管理會計學線上課程參考教材及財經院校會計專業、管理院校有關專業的學生學習管理會計的教材，同時，也可作為廣大企業管理自學或進修管理會計課程的參考用書。

本書特點可概括為四點：①在保持管理會計原有風貌的同時，注重對管理會計的基本方法的講解。②內容簡潔，適合學生使用。③各章重點明確。④各章配有思考題，便於學生練習並掌握重點知識內容。

本書由李玉周擔任主編。具體編寫分工如下：第一章、第二章、第三章、第四章、第七章由李玉周、萬顏君編寫，第六章和第八章由張力負責編寫，第五章和第九章由鄒燕負責編寫，第十章和第十一章由李海燕負責編寫。

本書編者在寫作過程中參考了潘學模教授主編的《管理會計學》教材。由於編者學識水準有限，編寫時間倉促，書中難免有疏漏、錯誤與不足之處，懇請廣大讀者批評、指正。

編者

目 錄

第一章 總 論 ·· (1)
    第一節 管理會計的基本概念 ·· (1)
    第二節 管理會計的形成和發展 ·· (3)
    第三節 管理會計的基本假設 ·· (6)
    第四節 管理會計的對象 ·· (8)
    第五節 管理會計的目標和職能 ·· (10)
    第六節 管理會計與財務會計的關係 ·· (13)
    第七節 管理會計的內容體系 ·· (15)
    第八節 管理會計在企業組織系統中的地位 ··································· (16)
    思考題 ·· (18)

第二章 成本性態分析與變動成本法 ······································· (19)
    第一節 成本及其分類 ·· (19)
    第二節 成本特性 ·· (22)
    第三節 混合成本及其分解 ·· (26)
    第四節 邊際貢獻 ·· (34)
    第五節 變動成本法 ··· (36)
    思考題 ·· (48)
    計算題 ·· (49)

第三章 本-量-利分析 ·· (52)
    第一節 本-量-利分析概述 ·· (52)
    第二節 單一產品本-量-利分析 ·· (54)
    第三節 多種產品本-量-利分析 ·· (59)
    第四節 本-量-利分析其他技術 ·· (61)
    思考題 ·· (67)
    計算題 ·· (67)

第四章　短期經營決策分析 (70)
- 第一節　短期經營決策概述 (70)
- 第二節　短期經營決策中要考慮的成本概念 (75)
- 第三節　短期經營決策分析常用的方法 (78)
- 第四節　產品生產決策分析 (88)
- 思考題 (103)
- 計算題 (103)

第五章　長期投資決策分析 (105)
- 第一節　長期投資決策的相關概念 (105)
- 第二節　長期投資決策分析需要考慮的重要財務因素 (110)
- 第三節　長期投資方案的評價指標 (124)
- 第四節　運用不同指標對方案的評價問題 (139)
- 第五節　長期投資決策分析中的若干問題 (141)
- 第六節　長期投資決策分析中的敏感性分析 (147)
- 思考題 (152)

第六章　全面預算 (153)
- 第一節　企業預算原理 (153)
- 第二節　企業全面預算體系 (158)
- 第三節　企業預算編製的常用方法 (171)
- 第四節　企業預算編製的其他方法 (178)
- 思考題 (185)
- 計算題 (186)

第七章　標準成本系統 (189)
- 第一節　標準成本系統概述 (189)
- 第二節　標準成本的制定 (193)
- 第三節　成本差異的計算與分析 (198)
- 第四節　成本差異的帳務處理 (205)
- 第五節　成本差異專題分析 (211)
- 思考題 (215)
- 計算題 (215)

第八章　存貨控制 (218)
- 第一節　存貨控制概述 (218)
- 第二節　經濟訂購批量的確定方法 (221)

第三節　經濟訂購批量數學模型的擴展運用 ………………（230）
　　第四節　存貨的日常控制 ……………………………………（239）
　　思考題 …………………………………………………………（242）
　　計算題 …………………………………………………………（242）

第九章　責任會計 ……………………………………………（244）
　　第一節　責任會計概述 ………………………………………（244）
　　第二節　責任中心 ……………………………………………（251）
　　第三節　對責任中心的評價與考核 …………………………（259）
　　第四節　內部轉移價格 ………………………………………（266）
　　第五節　責任預算與責任報告的傳遞 ………………………（272）
　　思考題 …………………………………………………………（276）

第十章　作業成本計算 ………………………………………（277）
　　第一節　作業成本計算的產生與發展 ………………………（277）
　　第二節　作業成本計算的基本概念 …………………………（281）
　　第三節　作業成本計算的原理及開發程序 …………………（285）
　　第四節　作業成本計算的應用實例及評價 …………………（289）
　　第五節　作業成本管理 ………………………………………（301）
　　思考題 …………………………………………………………（306）

第十一章　戰略管理會計 ……………………………………（307）
　　第一節　戰略管理會計的產生 ………………………………（307）
　　第二節　戰略管理會計概述 …………………………………（310）
　　第三節　戰略管理會計的主要內容 …………………………（316）
　　思考題 …………………………………………………………（339）

第一章
總　論

一至五章概述

學習要點

　　管理會計作為一門應用型的學科，其基本內容包括兩個大的方面：理論體系與方法體系。本章主要就管理會計理論體系方面的內容加以介紹。

　　掌握好管理會計的基本概念是學習管理會計的切入點。管理會計的基本概念可以從學科和工作兩個方面加以認識。在學習管理會計的基本概念時，有必要瞭解管理會計的形成與發展。

　　在此基礎上，本章就管理會計的一些基本理論問題進行了討論，包括管理會計的基本假設、對象、目標、職能等。此外，為了更好地理解管理會計的基本特點，本章還介紹了管理會計與財務會計的關係、管理會計在企業組織系統中的地位等內容。

　　本章對管理會計的理論與方法如何結合中國國情加以有效運用這一問題也進行了簡要闡述。

第一節　管理會計的基本概念

　　關於管理會計（Managerial Accounting）的基本概念，我們可以從管理會計作為一門獨立的學科和作為一項專門的工作兩個方面去加以認識。

　　作為一門獨立的學科，我們將其稱為管理會計學。從管理會計學的名稱可知，它是會計學與管理學相互滲透、相互結合的產物。它既有會計學的內容，又有管理學的內容，但又不等於會計學加管理學。在會計學與管理學兩門學科中，管理會計學產生的主要基礎還是會計學。因此，我們認為，管理會計學是以會計學為基礎，在吸收了管理學以及其他相關學科的內容後形成的一門具有邊緣學科性質的新興學科。

　　作為一項專門的工作，我們將其稱為管理會計。管理會計，顧名思義，就是為管理服務的會計。管理會計的名稱證明了管理會計仍屬於會計的範疇，它是一個新

的會計分支,只不過管理會計在傳統會計工作內容的基礎上增加了一些與管理有關的內容。

對於管理會計的基本概念,目前國內外學術界眾說紛紜,尚不統一。

1958年美國會計學會(American Accounting Association,簡稱AAA)下屬的管理會計委員會對管理會計做出如下定義:管理會計是指在處理企業歷史的和未來的經濟資料時,運用適當的技巧和概念來協助管理人員擬訂能夠達到合理經營目標的計劃,並做出能夠達到上述目標的明智的決策。這個定義在國際上運用得很廣泛,突出了管理會計計劃與決策的核心內容,是從微觀角度來解釋管理會計。

1981年,美國管理會計師協會的管理會計事務委員會(Management Accounting practice,簡稱MAP)指出:管理會計是向管理當局提供用於企業內部計劃、評價、控制以及確保企業資源的合理使用和經營責任的履行所需財務信息的確認、計量、歸集、分析、編報、解釋和傳遞的過程。管理會計還包括諸如股東、債權人、規章制定機構及稅務當局等非管理集團編製財務報告。這一定義明顯將管理會計的適用範圍從微觀擴展到了宏觀。

1988年,國際會計師聯合會(International Federation of Accountants,簡稱IFAC)所屬的財務和管理會計委員會將管理會計解釋為:在一個組織中,管理當局用於計劃、評價和控制的(財務和經營)信息的確認、計量、收集、分析、編報和傳輸的過程,以確保其資源的合理使用並履行相應的經營責任。這一定義使管理會計更能適應目前正在逐漸形成和發展的宏觀管理會計和國際管理會計的需要。

但我們認為,縱觀各種觀點,都有一些共同的認識,比如:管理會計仍屬於會計範疇,管理會計是一個信息處理系統等。基於此,我們認為,管理會計可以定義為:管理會計是向企業(或單位)管理當局提供與計劃、控制、決策、考核等有關信息的會計信息處理系統。

關於這個定義,需要說明幾點:

第一,關於「單位」。管理會計雖然主要是適應企業經營管理的需要而產生的,但是,隨著時代的發展,管理會計的理論與方法已逐漸應用於一些非企業組織。因此,我們在定義中加了「單位」二字,表明管理會計不僅僅廣泛運用於企業組織,同時還應用於其他非企業組織。但為了表述方便,在本書以後的論述中,仍以企業組織為主。

第二,關於「計劃、控制、決策、考核」。這幾個名詞都反應了管理的一些基本職能,同時也反應了會計的一些基本職能,如控制就是會計的基本職能之一。

第三,信息處理系統。20世紀50年代,管理會計從傳統會計中獨立出來,成為與財務會計並列的一門獨立學科。美國會計學會(AAA)下屬的管理會計委員會(CMA)對管理會計的定義是「管理會計是運用適當的技術和概念來處理某個主體的歷史的和預期的經濟數據,幫助管理當局制訂具有適當經濟目標的計劃,並以實現這些目標做出合理決策為目的」。國際會計師聯合會(IFAC)的定義為「管理會計是對管理當局所應用的信息(財務和經營的)進行鑑定、計量、累積、分析、處理、解釋和傳播的過程,以便在組織內部進行規劃、評價和控制,保證其資源的利

用並對它們承擔經管責任。」由此可見，管理會計是一個信息系統，而且是一個特殊的信息系統，其特殊性體現在與同是信息系統的財務會計相比，財務會計是一個單純提供會計信息的系統，而管理會計一方面要提供信息，另一方面要幫助管理當局制訂計劃，做出合理的決策，從這點看管理會計人員要比財務會計人員更靠近決策層。

第二節　管理會計的形成和發展

一、管理會計的形成

一種新的理論、方法或學科的出現，需要同時具備兩個條件：一是社會的需要，二是客觀現實的可能。管理會計正是社會的需要和客觀現實的可能的產物。

會計是隨著管理的需要而產生，隨著經濟的發展而發展的。從某種意義上講，會計是社會經濟發展的一面鏡子。社會經濟發展的程度，都會在會計工作中反應出來。有什麼樣的經濟，就有什麼樣的會計工作與之相適應。管理會計就是適應經濟發展和企業經營管理的客觀要求而產生的。

我們可以從兩個方面看管理會計的形成過程。

1. 從管理的發展階段看管理會計的形成

19世紀末，資本主義的工業企業還沒有創造出一套建立在科學理論基礎之上的管理方法。資本家只是單純地以其個人的主觀意志對工人和企業的生產經營活動進行管理，缺少一個科學的、嚴謹的對工人勞動成本進行評價和考核的標準。工人們付出了許多勞動，但所得甚少。這就極大地挫傷了工人的積極性，使工人的生產潛力不能充分發揮出來，其結果是極大地限制了生產力的發展。

為了適應生產力發展和經營管理本身的需要，20世紀初，被西方稱為「科學管理之父」的泰羅，在製造企業中創立了一整套科學管理制度，這就是人們所稱的「泰羅制」。泰羅主張在企業管理中，要用精確的調查和科學知識來代替個人的判斷，也就是要對產品的生產過程進行周密的觀察、計量、分析和評價，制定各種標準，要求工人使用「標準」的工具，通過「標準」的動作，耗用不超過「標準」的時間來製造產品，並用這些標準來對工人的勞動成果進行評價和考核。泰羅倡導的這些管理方法，目的是要盡可能地提高勞動生產率。與這一管理方法相適應，在會計核算工作中，出現了標準成本的概念，並運用標準成本來對生產過程中的成本費用進行預算、控制和考核。具體做法是將實際成本與標準成本比對，找出差異，以便及時加以控制和實行考核。標準成本方法在編製企業預算和對工作效率的考核中，起到了很重要的作用。

此後，人們在實踐中又發現，按成本與產量之間的關係即成本特性，可以將企業的全部成本劃分為固定成本和變動成本兩大類，並以此來對企業的經濟活動進行計劃、控制和考核，就更為客觀合理。與此相適應，各種與成本劃分有關的方法，例如成本–數量–利潤分析方法、變動成本計算方法以及彈性預算編製方法等，也應

運而生。這就為構建管理會計的理論和方法體系打下了一定的基礎。

泰羅制的推行使當時美國的勞動生產率大大提高。但泰羅制仍有局限性，主要是它只注意到各種生產作業的效率及如何降低生產成本，而對如何有效地調動工人的勞動積極性和全面有效地提高整個企業的生產效率方面則考慮不夠。工人們的勞動變得緊張而又單調，不得不整天在生產現場疲於奔命。這又引起了工人的不滿，從而影響到生產效率的提高。

為了平息工人們日益增長的不滿情緒，專門研究人的行為、動機和需要的人際關係學說便逐漸形成了。這一學說的代表人物梅奧等人主張應用心理學、社會學等方面的研究成果來研究人的行為的規律性，並將其研究成果應用到企業管理上。這一學說的主要目的是緩解勞資之間的緊張關係，改善人與人之間的關係，激發工人的勞動積極性，從而使勞動者個人的目標同企業的目標盡量一致起來。這一學說還建議資本家在管理企業時，可以適當地將一部分權力和責任下放給各級、各部門，並實施目標管理，盡可能聽取和採納下級對企業經營管理活動的意見。這就產生了一定程度上和一定範圍內的分權管理形式。會計工作為了適應企業經營管理上的這一變化，逐漸地形成了責任會計等理論和方法。責任會計的出現，是企業管理形式發生變化的結果，也是人際關係學說（後來發展成為行為科學）在會計工作上的應用，同時，也是傳統會計在吸收了管理科學和行為科學基礎原理後所建立起來的管理會計特有的理論和方法。責任會計的理論和方法的建立大大豐富了管理會計的理論和內容。

在科學管理理論的影響下，1912年美國會計學者奎因斯坦（Quintance）出版的專著《管理會計——財務管理入門》首次提出了「管理會計」這一術語，但書中只是把管理會計局限於企業內部財務管理的範疇。1924年麥金西出版了專著《管理會計》；同時，布利斯也出版了專著《通過會計進行管理》。這些著作被西方譽為早期管理會計學的代表。標準成本制度與預算控制制度在美國的推廣，標誌著管理會計的理論體系已初具雛形。

2. 從西方企業組織形式的演變看管理會計的形成

西方資本主義國家的企業組織形式主要可分為三大類：獨資企業、合夥企業和公司企業。在資本主義產生初期，企業經營的主要形式是前兩種類型，即獨資企業形式和合夥企業形式。這兩種類型企業的共同特點是：業主既是企業的所有者，又是企業的經營者，也就是說，業主既擁有企業的所有權，又擁有企業的經營權。這樣，企業的所有權和經營權是統一的。又由於這兩種類型企業擁有的人數較少，生產規模不大，經營業務也不複雜，因此，傳統會計的記帳、算帳、報帳等工作，能夠滿足這兩種類型的企業的日常經營管理的需要。

隨著經濟的迅速發展，企業生產規模不斷擴大，企業所需的資金需求量也不斷增加。為適應這一形勢發展的要求，股份公司組織形式迅速發展起來，並在資本主義經濟中占據了重要地位。股份公司的特點是其所有者是股票的持有者——股東，擁有對股份公司的所有權。但由於股東分散在全國甚至世界各地，他們不可能也沒有興趣和必要都參與公司日常的經營管理，因而由全體股東召開大會，選舉出董事

會，並由董事會聘任總經理來執掌公司的日常經營管理權。這樣，在股份公司組織形式下，股東擁有公司的所有權，以總經理為代表的公司各級管理人員擁有公司的經營管理權。這就形成了所有權和經營權的分離。

所有權和經營權的分離，對會計提出了特殊要求。一方面，會計要為企業外部的股東以及與企業有利害關係的機構、團體和個人提供充分反應企業過去已經發生的經濟活動情況的財務報表，以滿足他們各方面的需要；另一方面，會計又要為以總經理為首的公司內部各級管理人員提供經營管理所需要的信息資料。這樣，傳統的會計便分為兩個分支——財務會計和管理會計。提供財務報表，反應企業的經營情況，主要為企業外部有經濟利害關係的機構、團體和個人等服務的會計，稱為財務會計。這些機構、團體和個人包括投資人（即股東）、銀行及其他債權人、稅務機構、證券管理機構以及潛在的投資人等。而以適應企業經營管理需要，從各方面提供信息資料，為企業內部管理服務的會計，稱為管理會計。

由此可見，管理會計是以會計學和管理學為基礎，以提高經濟效益為目的，以一系列特定的技術、方法為手段，向企業管理當局提供與規劃、決策、控制和考核等有關信息的信息系統。它是在企業所有權和經營權相分離之後，為適應企業內部管理的需要而形成的與傳統會計有所區別的一個新的會計分支。

二、管理會計的發展

第二次世界大戰後，隨著經濟的不斷發展，西方的企業組織發生了較大變化：企業的生產規模越來越大，企業的人員不斷增加，企業的機構由一個地區擴展到若干地區，由國內擴展到國外，出現了眾多的跨國公司。跨國公司的出現，使企業之間的激烈競爭由國內擴展到了國際，世界範圍內的經濟競爭加劇了。鑒於經濟的發展和競爭的加劇，傳統的管理方式已不能滿足管理的要求，因而產生了現代化管理。現代化管理是一整套管理理論和方法的總稱，它的主要特徵可以歸納為以下幾個方面：

（1）適應市場需要，以銷售為中心開展管理工作，加強競爭意識，不斷開拓市場。

（2）實行專業化協作生產，打破部門、行業、企業之間的界限，通過協作關係，使各企業形成一個有機的系統。

（3）在管理方法上，定性分析與定量分析相結合。

（4）廣泛使用電子計算機進行日常的經營管理工作。

（5）重視調動勞動者和上下左右各部門的工作積極性，最大限度地提高勞動生產率。

企業為了在激烈的市場競爭中求得生存和發展，同時為了適應現代化管理的需要，客觀上對會計工作提出了更高的要求。鑒於此，企業至少要加強兩方面的工作：一方面，由於企業經營規模不斷擴大，需要運用會計手段加強對企業經濟活動的管理，進行內部控制和考核；另一方面，由於競爭日益加劇，市場行情變化莫測，企業需要加強預測、決策工作，要求會計工作提供管理上所需要的有關預測、決策等

方面的信息資料。這兩方面的工作是傳統的記帳、算帳、報帳的財務會計所難以勝任的。這就必然促進和加快了具有預測、控制、決策、分析和考核等職能的為企業內部管理服務的管理會計的進一步發展。特別是隨著科學技術的飛速發展，社會科學和自然科學的各個學科的不斷發展和相互滲透，各種數學方法（如運籌學、數理統計學）、行為科學和電子計算機等廣泛應用於管理會計，使管理會計逐漸發展成為具有一定基本理論和專門方法的新的會計分支。

進入20世紀70年代後，管理會計在世界範圍內進一步發展，其理論和方法（比如預算控制、責任會計等理論和方法）不僅應用於製造企業和服務性行業等，而且還應用於各種非營利組織。這使得管理會計在經濟活動中所發揮的作用越來越大。

此外，西方國家的各種管理會計組織的建立、職稱的設定和刊物的發行，對管理會計理論和方法的不斷豐富、發展和完善，起到了極大的推動作用。在美國，美國會計師協會（NAA）、美國會計學會（AAA）等主要的會計組織下面，都設有致力於研究和推動管理會計發展的管理會計協會。在美國，公認的會計職稱有兩種：註冊管理會計師（CMA）和註冊會計師（CPA）。二者之間的差別是，註冊管理會計師主要從事企業內部的各種諮詢、審計工作，為企業領導人員的決策出謀劃策；而註冊會計師則是一種獨立的職業，受企業委託，對企業的各種財務報表進行獨立、客觀、公正地審計，並對審計結論承擔法律責任。

中國20世紀70年代末才開始逐漸引進、介紹管理會計知識。隨著對外開放的深入，國際經濟交往不斷增多，有關管理會計的知識很快在中國得到傳播，其理論和方法已逐步應用於工作實踐。廣大會計工作者在全面學習和掌握管理會計的基礎上，根據中國國情，加以應用，為提高企業的經營管理水準，提高企業經濟效益，做出了應有的貢獻。

總而言之，管理會計是經濟發展的必然產物。它豐富了會計科學的內容，擴展了會計的職能，使會計在經濟管理中發揮著越來越重要的作用。

第三節　管理會計的基本假設

管理會計的基本假設是管理會計人員為實現管理會計目標，對某些未被確切認識的管理會計現象，以客觀事實為依據而做出的合乎情理的判斷。這些未被確切認識的管理會計現象之所以存在，主要原因是存在一些無法正面予以論證的事物，因而只能事先確定一種假設。如果對這種假設並無令人信服的反證足以證明它的錯誤，則假定這種假設可以成立。

管理會計的基本假設是研究管理會計其他基本理論的基礎，是構建管理會計基本理論框架體系的基礎。在中國，學術界對管理會計基本假設的探討不多，認識也不統一。綜合各家之言，參考財務會計的基本假設，我們認為，管理會計應建立以下基本假設：

一、會計主體假設

會計主體是會計為之服務的特定單位。這個特定單位，既可以是某一個企業、事業、團體、組織及其內部獨立核算的單位，也可以是需要編製合併會計報表的企業集團。會計主體強調的是一個會計為之服務的經濟實體，而不是一個法人實體。會計主體與法人實體並不是同一概念。它們之間的關係是：法人實體必然是會計主體，而會計主體不一定是法人實體。比如：企業內部獨立核算單位，可以是會計主體，但它並不是法人實體；企業集團可以是會計主體，因為要編製合併會計報表，但它卻不是法人實體。

確立會計主體假設，實際上是確立管理會計工作對象運作的空間範圍，也就是我們常說的「實體概念」。離開了「實體概念」，管理會計就失去了為之服務的特定對象，管理會計工作也就失去了意義和作用。

二、持續經營假設

持續經營是指企業的生產經營活動將按照既定的目標持續下去，在可以預見的將來，企業不會面臨破產或清算。如果企業因破產、經營期限到期、被兼併、被撤銷等各種原因而不再持續經營，那麼，企業就不復存在，管理會計工作也就失去了為之服務的特定對象。

持續經營假設的更深層次意義還在於：管理會計工作的重心是面向未來，為企業未來的經濟活動提供規劃、決策、控制和考核等所需的信息資料。因此，企業只有持續經營，管理會計才有可能發揮其應有的作用。

三、會計期間假設

會計期間是指為會計主體持續不斷的經營活動所確定的起訖期間。管理會計中的會計期間假設，實際上就是對管理會計工作在運行時間上的界定。管理會計的工作重點是為企業內部各級管理人員服務的。企業內部的管理要求多種多樣，管理會計必須適應這些多種多樣的要求。其表現在會計期間的劃分上，管理會計必須更具有靈活性。例如，為了加強企業內部管理，強化內部控制，管理會計提供信息的期間可以在財務會計期間的基礎上，再短到一旬、一週、一天等；為了滿足企業籌資、投資等活動的需要，管理會計提供信息的期間可以長到三年、五年、十年等。

四、貨幣時間價值假設

貨幣時間價值是指等量的貨幣在不同時點上具有不同的價值。其基本原理是，貨幣擁有者放棄現在使用貨幣的機會而進行投資，按投資時間的長短計算報酬。

管理會計是為企業管理人員提供與未來經濟活動相關的決策所需的信息資料的。未來的經濟活動尚未發生，且涉及的時間較長（如幾年、十幾年等），所以，管理會計在提供決策者所需的信息資料時必須要考慮貨幣的時間價值。

五、成本劃分假設

此處的成本劃分特指按成本特性（指成本總額與數量之間的一種依存關係，詳見本書第二章）將全部成本劃分為固定成本和變動成本。按成本特性劃分成本，是管理會計的大多數方法應用的基礎。應當說，管理會計的諸多原理和方法都是建立在按成本特性劃分成本的基礎之上的。例如，本–量–利分析、短期經營決策分析、彈性預算編製方法、標準成本制定、責任會計等，都涉及按成本特性劃分成本。

成本劃分之所以是一種假設，是因為這種劃分帶有一定的限制條件，如「在一定範圍內」這個假設條件下才成立，超出「一定範圍」，固定成本和變動成本本身也會發生變動。此外，對實務中大量存在的混合成本，要採用一定的方法進行分解，這種分解是帶有一定主觀隨意性的，不可能劃分得十分準確。

第四節　管理會計的對象

管理會計的對象有兩層含義：一是管理會計學作為一門學科的研究對象，包括管理會計的基本理論、基本方法、與其他學科的關係、今後的發展前景等；二是指管理會計作為一項工作的對象。本書討論的是管理會計工作的對象。

研究和確定管理會計的對象，有助於人們認識管理會計的本質，有助於確定管理會計的地位和工作範圍，有助於確定管理會計的方法體系。

從已掌握的國外資料來看，專門對管理會計對象進行研究的著述很少。20世紀80年代初期，管理會計被引進後，學術界就開始了對管理會計對象的研究，但研究成果不多，認識也不統一。

圍繞管理會計對象問題，學術界形成了以下幾種主要觀點：

1. 現金流動論

這種觀點認為，現金流動是現代管理會計這一特定領域裡有關內容的集中和概括。其理由是：為適應現代化管理的需要，企業會計的工作重點轉向現金流動分析。這是因為現金流動具有最大的綜合性，通過分析現金流動的動態，可以將企業生產經營中的資金、成本等幾方面綜合起來進行統一評價，為企業改善經營管理水準、提高經濟效益提供重要的綜合的信息；同時，現金流動又具有很大的敏感性，通過分析現金流動的動態，可以把企業生產經營的主要方面和主要過程全面、系統而及時地反應出來。掌握了現金流動情況，就等於牽住了企業生產經營的「牛鼻子」，可以在預測、決策、計劃、控制等各個環節更好地發揮積極的能動作用。

2. 價值差量論

這種觀點認為，現代管理會計的對象就是價值差量。其理由在於：對「差量」的分析貫穿於管理會計基本內容的始終。例如：從成本特性分析入手，將成本表述為產量的函數，掌握它們之間的依存關係，即增減動態，就是分析成本的差量；本–量–利分析中保本點與目標利潤下的銷售額之間的差量；短期經營決策分析中不

同方案的差別收入和差別成本；長期投資決策分析中的某一方案的投資與收回之間的價值差量，以及不同方案之間的投資回報率的差異比較；預算控制中預算額與實際發生額之間的差異；標準成本系統中標準成本與實際成本的差異；責任會計中責任成本與實際成本的差異等。這些差異中，既有價值差量，也有實物差量和勞動差量，但價值差量是實物差量和勞動差量的綜合表現。由此可見，在現代管理會計中，價值差量的內容最為廣泛，無所不在，因此，價值差量是現代管理會計的對象。

3. 資金總運動論

這種觀點認為，現代管理會計的對象是以企業一級過去資金運動為基礎的，企業及所屬各級過去、現在和將來的資金總運動。其理由是：事物運動的基本形式是空間和時間。就資金運動而言，從空間方面看，可分為企業一級和企業所屬機構、各分支機構中的多層次運動；從時間方面看，又是由過去、現在和將來的資金運動所形成的一個不間斷的流。時空交錯，便構成一個網絡結構的資金運動系統。在這一資金運動系統中，管理會計的對象涵蓋了所有時空的資金運動，而財務會計僅以過去的資金運動為對象。

4. 資金運動的規劃與控制論

這種觀點認為，具有中國特色的管理會計的對象應是企業（單位）經營（活動）過程中資金運動的規劃與控制。其理由是：會計的對象是資金運動，管理會計是社會經濟發展和現代化管理的產物，它突出了會計的規劃和控制職能，涉及資金運動的許多方面，體現整個企業（單位）資金運動的全過程。管理會計通過全面預算管理規劃和控制企業（單位）的活動，通過責任預算規劃和控制各級內部單位的活動，所以，管理會計從時空觀上把過去、現在、未來的整體及局部的資金運動作為自己的對象。這種資金運動是一個完整的資金運動系統，它以資金運動的規劃與控制為核心。

5. 其他觀點

關於管理會計的對象，還有其他一些觀點，如：

（1）現代管理會計的對象是企業資金的流量。

（2）管理會計研究的對象應該是企業未來經濟活動的經濟效益。

（3）管理會計的對象可歸納為：企業資金運動的方向、數量與時間對經濟效益關係的分析研究和控制。

（4）真正能作為管理會計對象的，還是價值運動。

我們認為，對管理會計對象的認識，要考慮以下幾個因素：

第一，管理會計是會計的兩個重要領域之一，因此，管理會計的對象與財務會計的對象不可能完全沒有聯繫。

第二，管理會計工作既然有存在的必要，就說明財務會計與管理會計相互不能替代，因此，在各自的對象上必然有區別。

第三，財務會計最大的特點是統一性，即必須嚴格依照法律和行業規範從事一切工作。管理會計最大的特點是靈活性，即根據企業（單位）管理人員的需要而靈活開展工作。它們各自的工作特點對各自的對象的界定有著極大的制約作用。

第四，財務會計主要從事核算工作，其工作領域相對固定和有限；管理會計是為企業管理人員服務，這種服務的空間是相對無限的。這就意味著管理會計的工作內容和工作方法還會隨著社會經濟和科學技術的發展而擴展。

基於以上幾個因素，我們發現，要對管理會計的對象給出一個比較確切的界定，是比較困難的。尤其是在社會經濟飛速發展的今天，企業對管理會計工作提出了更高的要求，出現了戰略管理會計、環境管理會計、宏觀成本管理會計等新的領域。這樣，要對管理會計對象進行界定就更難了。

從學術研究的角度，我們認為，即使困難，也還是有必要暫時對管理會計的對象做一個界定。我們認為，管理會計的對象是企業資本運動的合理性和有效性。其具體內涵是：

第一，企業的資本運動必須體現企業效益、職工效益和社會效益三者相統一；

第二，企業的資本運動必須兼顧企業、職工和社會三者的當前利益和長期利益；

第三，企業的資本運動必須做到法律上可依、情理上合理、方法上適用、實踐中可行。

第五節　管理會計的目標和職能

一、管理會計的目標

目標，是人們在行動之前，根據需要在觀念上為自己設計的要達到的目的或結果。管理會計基本理論的建立要以管理會計的目標為起點。管理會計的目標是整個管理會計理論體系的基礎。管理會計的目標要解決的主要問題是：為什麼要提供管理會計信息，向誰提供管理會計信息，提供哪些管理會計信息等。

關於管理會計的目標，目前會計理論界也有不盡一致的看法。

我們認為，綜合考慮管理會計現階段的情況以及未來發展，可以將管理會計的目標確定為管理會計最高目標和具體目標兩種。

管理會計的最高目標是在充分考慮社會效益的同時實現企業價值最大化。實現企業價值最大化，是企業發展的終極目標，但企業價值最大化的實現前提是要兼顧社會效益。不兼顧社會效益的企業，是會夭折的，是不能持久的。例如：為了企業發展，而不顧及環境保護；為了一時的經濟效益，而不顧及生產的產品和提供的服務對社會帶來的不良影響等。事實證明，成功並且能持續發展的企業，總是把社會效益放在第一位。不考慮或很少考慮社會效益的企業，是短視的企業。從事管理會計工作的人員在為企業管理人員提供相關信息時，應當在客觀的同時考慮社會效益與企業效益，並且以此作為自己的最高工作目標。

管理會計的具體目標是在充分考慮企業發展戰略的同時為企業提供與規劃、控制、決策、考核等相關的信息。管理會計是一個信息系統，在為企業提供有關信息時，不能單獨地、就事論事地提供信息。管理會計提供的任何信息都應是在綜合考慮了企業發展戰略後所產生的信息。充分考慮了企業的發展戰略，才能站在企業發

展的制高點，提供的信息才具有戰略性、前瞻性、適用性。

我們在確定管理會計的目標時，把社會效益和企業發展戰略兩個要素作為重要條件，這是從世界經濟發展的歷史、現狀中總結出來的重要經驗。

二、管理會計的職能

職能是指事物的內在功能。管理會計的職能是指管理會計固有的功能。

我們認為，認識管理會計的職能，必須首先認識管理會計的性質，因為性質決定職能。關於管理會計的性質，目前會計學術界比較一致的看法是：管理會計是一個信息處理系統。從管理會計的產生、形成、現狀和發展來看，對管理會計的性質做這樣的表述應當說基本上是適當的。在社會經濟和科學技術日益信息化的今天，企業內部的管理信息系統將會日益完善，會計信息系統（包括管理會計信息系統）只是企業管理信息系統的一個子系統。企業管理信息系統本身是管理者實施管理的一個工具，因而，管理會計作為一個信息處理系統，也僅僅是管理的一個工具。這是管理會計的性質的特點之一。

但是，從管理會計產生、形成和發展的過程來看，管理會計又與管理本身的發展演變緊密相連。管理會計是適應企業內部經營管理需要而產生和發展起來的。因此，管理發展到什麼水準，管理會計就相應發展到什麼水準；管理有什麼需要，管理會計就要盡量提供信息滿足這些需要；管理具有什麼職能，管理會計相應地也會具有這些職能（只不過這些職能體現的強弱度不同，在具體方式上也有所不同）。由於管理會計與管理之間具有這樣的一些關係，因此，管理會計具有一定的管理職能，故管理會計又可以被認為是管理的一個組成部分。這是管理會計的性質的特點之二。

此外，管理會計是在傳統會計的基礎上演變和發展起來的一門新興學科，它以會計基本內容為基礎，吸收了管理學、管理心理學、數學、統計學等諸多學科的內容，形成了一門獨立的邊緣學科。但無論怎樣，管理會計畢竟是從會計學基礎上發展起來的，從它的基本內容、現今狀況以及可以預見的未來發展來看，管理會計仍然屬於會計範疇。這樣，管理會計又是廣義會計的一個組成部分。這是管理會計的性質的特點之三。

從以上分析可見，管理會計具有管理工具、管理的組成部分和廣義會計的組成部分這樣三個特點，這三個特點決定了管理會計職能的特點，那就是：既具有管理的某些職能的特徵，又具有會計的某些職能的特徵。

綜上所述，我們認為，管理會計具有規劃、決策分析、控制和考核四個職能。

1. 規劃職能

規劃是在對企業的歷史資料進行分析和對企業未來經濟活動進行預測的基礎上，對企業未來經濟活動所做出的策劃。規劃帶有預測的功能，但又不完全是預測。因為預測通常被理解為通過對與企業未來經濟活動有關的因素進行分析判斷而得出一組數據或結論，從這一點來看，預測作為管理的一種方式或手段，其功能已履行完畢。規劃則是在預測數據和資料的基礎上進行的更高層次的分析和判斷，具有籌劃

或策劃的作用。在這個層次上，管理會計提供的資料已不僅僅是數據資料，而是帶有對若干預測數據的具體應用的說明。規劃具有計劃的功能。計劃是管理最重要的職能之一，它全面規劃企業的未來經濟活動和發展方向，具有其他職能不可替代的作用。企業的大政方針通過計劃而確立。計劃是一種設想、一個目標，而判斷這種設想和目標是否正確，則要由管理會計等管理信息系統通過預測分析來進一步提供各種相關數據，通過這些數據說明原來的設想或目標是否可行，如不可行，則要做相應的調整。從這一點來看，管理會計的規劃職能實際上是為企業管理的計劃職能服務的。

管理會計的本-量-利分析、全面預算以及 20 世紀 80 年代以後興起的戰略管理會計等內容，應當是管理會計規劃職能的體現。

2. 決策分析職能

決策分析是指管理會計根據規劃的資料，制訂出供企業管理當局進行決策的若干可行方案，並對這些方案的可行性、方案編製的假設條件及限制條件、方案實施的前提條件、方案實施中應注意的問題以及該方案的優點及不足之處等，進行全面的分析及說明。管理會計提供的是決策方案以及對這些方案的分析。企業管理當局根據管理會計提供的決策方案及相關的分析資料，選出最合理方案。由此可見，決策是由企業最高管理當局做出的，而不是由管理會計人員做出的。管理會計在企業的整個決策過程中，發揮的是決策分析或諮詢的職能，而不是決策職能。

管理會計的短期經營決策分析、長期投資決策分析等內容是管理會計決策分析職能的具體體現。

3. 控制職能

控制是一種判斷目標是否正在完成的過程，如果不是正在完成，則如何修改目標或設法完成已定的目標。控制的目的在於使實際的經濟活動嚴格地按照目標進行，或通過調整目標使實際的經濟活動與目標相協調。控制既是管理的一個重要職能，也是會計的一個重要職能。在管理會計的四個職能（規劃、決策分析、控制、考核）中，控制職能重點在事中，起著承前啟後的重要作用。

管理會計中的全面預算、標準成本、責任會計等，都可以被認為是管理會計控制職能的體現。

4. 考核職能

考核又叫業績考核，就是將預算或標準與實際業績進行比較，對企業各個部門或人員的工作做出評價。考核的目的不在於獎懲，而在於激勵。

考核職能在管理會計四個職能中，是按時間序列排列的最後的一個職能，鑒於此，這個職能履行的好壞，對管理會計其他幾個職能能否正常發揮起著十分重要的作用。

管理會計中的全面預算、標準成本、責任會計等內容是管理會計考核職能的體現。

第六節　管理會計與財務會計的關係

關於管理會計與財務會計的關係，目前學術界比較統一的看法是：兩者同屬企業會計信息系統，既有區別，又有聯繫。

一、管理會計與財務會計的區別

管理會計作為與財務會計並列的相對獨立的會計子系統，必然具備其特殊性，這就是說，二者之間必然存在區別。

管理會計與財務會計的區別可以歸納為以下幾個方面：

1. 主要目的不同

主要目的不同是管理會計與財務會計最主要的區別，其他的區別都是由這個區別派生出來的。財務會計的主要目的是對企業的經濟活動進行核算，主要為企業外部各有關方面提供反應企業的財務狀況和經營成果的財務信息。管理會計的主要目的是通過收集、加工、處理有關信息，為企業內部各管理層提供經營管理上所需的管理信息。

對於財務會計和管理會計的目的，不能絕對化。財務會計也要為企業內部經營管理提供財務信息，並且這些財務信息對企業經營管理決策而言是十分有用的信息。但由於財務會計對外提供財務信息是其法定的職責，因此，相比之下，對外提供財務信息是其主要目的。同樣，由於經濟發展和市場競爭的需要，企業外部的有關方面也要求企業提供有關管理會計方面的信息（例如企業的投資可行性分析報告、項目盈利預測等），這樣，管理會計也有必要向企業外部有關方面提供管理信息，但這畢竟不是管理會計工作的最主要的目的。

2. 在遵循公認會計原則方面不同

財務會計必須嚴格遵循「公認會計原則」（在中國則為企業會計準則和會計制度），具有統一性。例如，要求統一的貨幣量度、統一的報表格式、定期編製財務報表、核算必須準確等。管理會計則不受公認會計原則或會計制度的約束，其處理方法根據企業管理的實際情況和需要而確定，具有較大的靈活性。

需要說明的是，管理會計在遵循會計準則和會計制度方面具有靈活性，並不是說可以完全擺脫會計準則和會計制度的約束，只是說具有較大的靈活性，而在某些方面仍然要受其約束，如費用攤銷方法、折舊計提方法等方面。

3. 工作對象的範圍不同

財務會計工作對象的範圍主要是企業整體，以整個企業為對象，提供集中、概括的財務會計信息，據以對企業的財務狀況和經營成果做出綜合的評價與考核。管理會計雖然也服務於整個企業的經營管理，但其重點在於企業的各個局部，如各車間、各部門，甚至各種產品、各個職工等。

4. 工作的著眼點不同

財務會計注重反應過去已經發生的經濟活動，著眼點是過去，進行事後算帳；管理會計則在分析過去、控制現在的同時，更注重規劃未來，即進行事前的預測、規劃和決策分析。

5. 對人員的素質要求不同

財務會計主要是對過去的經濟活動進行如實反應，當然也對事中的經濟活動進行控制，其職能主要是反應和控制，對財務會計人員的素質要求是具備基本的會計專業知識、核算技能和監督技能。管理會計則要在分析過去、控制現在的基礎上，著重籌劃未來，其職能包括規劃、決策分析、控制和考核。因此，對管理會計人員來講，需要具備更為廣博的知識。

二、管理會計與財務會計的聯繫

關於管理會計與財務會計的聯繫，可以從三個方面去認識。一是過去的聯繫；二是現在的聯繫；三是未來的聯繫。從過去來看，管理會計是適應經濟管理的需要，從傳統會計中分離出來的一個會計分支，因此，管理會計起源於會計領域；從現在來看，管理會計無論是名稱還是工作內容，都離不開財務會計，因為管理會計無論其作用如何，提供的信息總是與會計信息相關，總是以價值信息為主，因而總是屬於會計領域；從未來發展來看，管理會計將在作業成本計算與作業管理、質量成本會計、人力資源會計、資本成本會計、行為會計、信息資源會計、委託-代理會計、戰略管理會計等方面發展。但無論如何，始終與「會計」分不開，管理會計離開了會計特徵，也就失去了自身存在的價值。例如，戰略管理會計的出現，可能使管理會計逐漸從管理工具地位（信息系統）走向管理決策地位，但這只是一種設想。因為，戰略管理是企業管理的一個組成部分，是決定企業生死存亡的重大管理行動，是企業管理當局的最重要的決策。戰略管理會計只是為戰略管理服務，是提供有關信息資料的，無論如何，它代替不了戰略管理本身。

通過以上分析，可以將管理會計與財務會計的聯繫歸納如下：

1. 基礎相同

管理會計與財務會計都是在傳統會計的基礎之上形成和發展起來的，兩者都出自傳統會計，有著相同的「血緣」。

2. 同屬會計信息系統

現代社會已進入信息社會。會計是提供信息的，因此，會計實質上是一個信息系統。財務會計信息系統是基礎，管理會計則根據企業經營管理上的要求，根據財務會計提供的信息，以及從財務會計信息系統以外取得的有關信息進行加工計算，從而提供管理會計信息。目前管理會計發展的新領域很多，但無論怎樣發展，管理會計都必須借助財務會計系統提供的財務信息，以此作為其工作的基礎，並且提供的信息仍然是以價值信息為主。所以，從長遠來看，財務會計與管理會計仍應屬於同一會計信息系統。

3. 共同遵循一些基本的會計核算原理

財務會計和管理會計都要遵循一些基本的會計核算原理，如折舊方法、費用攤銷、納稅計算、收入認定、成本結轉等。財務會計和管理會計都需要合理確定折舊方法；在費用攤銷上都要遵循公允性原則；納稅計算上都要遵循國家的稅法及有關規定；在收入認定及成本結轉方面，要遵循企業會計準則以及配比原則等。

第七節　管理會計的內容體系

關於管理會計的內容，目前有不同的表述。有的稱為管理會計的主要內容，有的稱為管理會計的基本內容，也有的稱為管理會計的基本體系。這些不同的表述，反應出學術界對管理會計內容的認識程度不統一。有的僅僅是粗略概括出管理會計的基本內容，並未從一個「體系」的角度去認識；有的則已把管理會計的內容作為一個較為完整的體系來進行研究。

由於管理會計出現的時間不長，又是一門多種學科相互結合、相互滲透的綜合性學科，因此，要嚴格地界定管理會計的基本內容是比較困難的。目前，從國外有關著述來看，有些著述在論述管理會計的內容時，還兼述了財務會計的某些內容。

我們認為，目前對管理會計的內容體系做出歸納或表述，既有可能性，又有一定難度。可能性在於，管理會計從20世紀初期發展至今，經過業內人士的努力探索，目前已基本形成管理會計的框架體系，也就是「基礎性管理會計」基本內容框架體系。這部分管理會計的內容屬基本定型的內容，無論進行怎樣的分類和歸納，基本內容總是相對統一和固定的。因此，建立管理會計的內容體系具有可能性。難度在於，社會經濟的不斷發展，科學技術的不斷提高，都會給管理會計帶來很大的發展契機和空間。從這一點來看，管理會計的基本內容是「發散型」的，而不是「收斂型」的。既然它是「發散型」的，要對其未來發展的內容進行歸納，是較為困難的。因此，建立管理會計的內容體系又有一定的難度。

然而，管理會計學科的不斷發展，不能成為不對管理會計的內容體系進行歸納和總結的理由。事物既有發展變化性，也有相對穩定性。基於此，我們從管理會計的整個形成過程和已可預見的未來發展趨勢出發，綜合各家之言，試對管理會計的內容體系做出如下歸納。

管理會計的基本內容可以按其形成和發展過程劃分為兩部分：基礎性管理會計和未來發展新領域。

基礎性管理會計又可以分為三大部分：基本理論、基本前提和基本方法。基本理論包括基本概念、基本假設、管理會計的對象、管理會計的目標、管理會計的職能、管理會計的信息特徵以及管理會計與財務會計的關係等。基本前提是按成本特性劃分成本，其理由是管理會計的大多數方法都是建立在按成本特性劃分成本的基礎之上的。基本方法包括本-量-利分析法、變動成本法、短期經營決策分析、長期投資決策分析、全面預算、標準成本系統、責任會計等。如前所述，介紹這些基本

方法的基本原理及其應用，便構成了基礎性管理會計的主要內容。

　　未來發展新領域是指管理會計會隨著經濟的發展和企業經營管理的要求而不斷開拓新領域，吸收新內容，從而發展成為一門更為新型的學科和一項更適應未來經濟發展要求的管理工作。作業成本計算、質量成本會計、人力資源管理會計、行為會計、戰略管理會計、環境會計等，這些內容都是目前會計界討論的熱門話題。

　　綜上所述，我們可以將管理會計的內容體系進行歸納，如圖1-1所示。

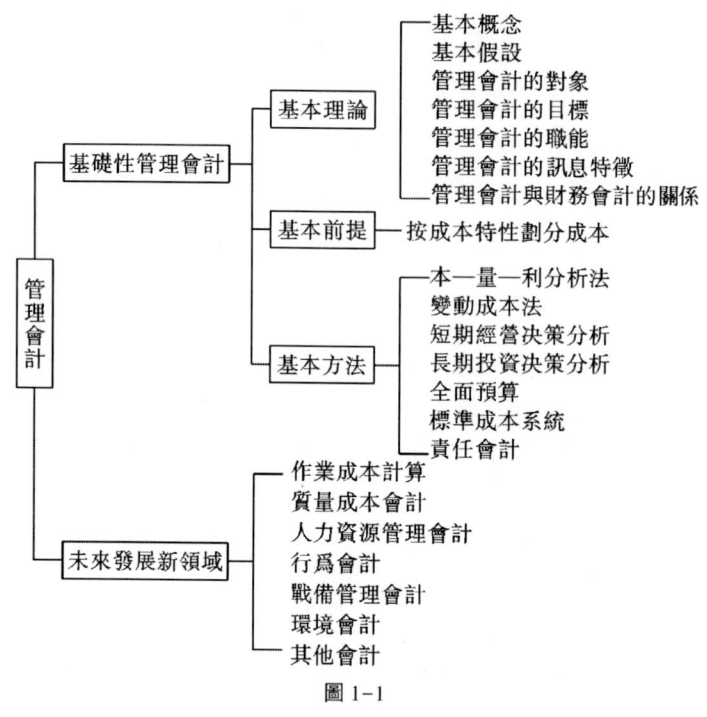

圖 1-1

第八節　管理會計在企業組織系統中的地位

　　要瞭解管理會計在企業組織系統中的地位，首先需要瞭解西方企業的組織結構。西方企業的組織結構因企業性質不同而不盡一致。現以從事產品製造的公司為例加以說明。公司的所有權屬於股東，通過股東大會選舉出董事會，由董事會任命或聘請總經理負責整個公司的日常經營管理活動。在總經理之下，設有銷售、工程技術、財務、人事、生產等幾個主要管理部門，每個部門由一名副總經理負責。在財務副總經理之下，設有財務主任（treasurer）和主計長（controller）。財務主任負責籌資、投資、保險和對外財務往來等工作。主計長相當於中國企業中的總會計師，負責所有會計方面的工作，如財務會計、管理會計、稅務會計等工作，具體來說包括：編製計劃和進行控制、編製報告和解釋情況、評價經濟活動並接受諮詢、稅務管理、

向政府機關報告、保護資產安全、進行經濟評估等。

管理會計在西方企業組織系統中的地位如圖1-2所示。

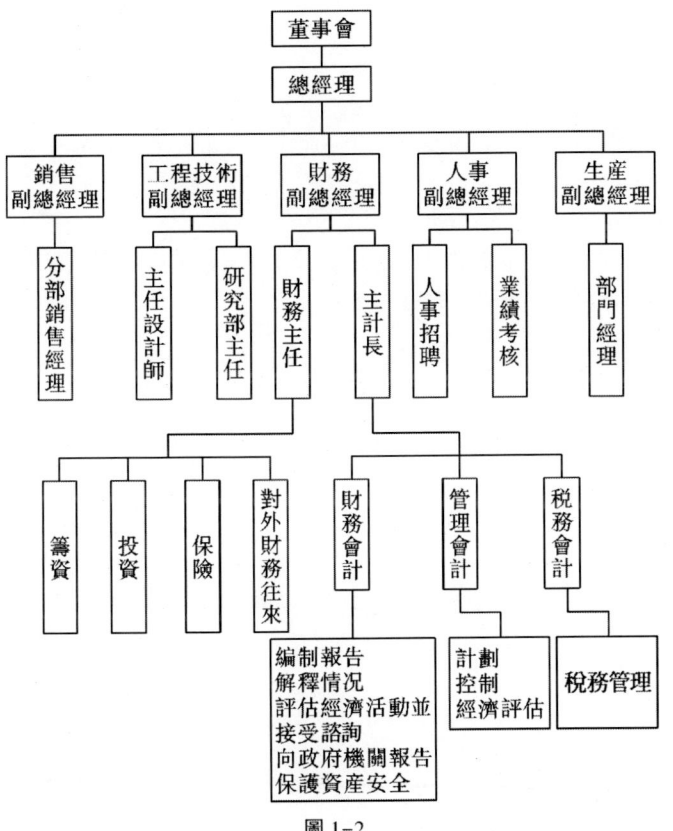

圖1-2

在主計長的職責範圍內，管理會計（主要指前三項職責）處於舉足輕重的地位。在西方，人們乾脆把主計長稱為「管理會計執行人員」或「負責管理會計工作的高級人員」。主計長除對本部門實行管理外，還為管理當局充當參謀角色，常被比作「輪船的領航員」，協助「船長」工作，引導和通知「船長」如何使「輪船」保持正確的航向，順利地駛向目的地。主計長對其他專業機構也是扮演參謀角色，而並不對其直接進行管理。然而現代觀念主張，主計長應當通過編製報告和解釋相關資料等活動來行使其權力和施加影響，或者採取某種態度，迫使其他管理部門做出與企業目標一致的合理決策。不僅如此，當主計長根據總經理授權制定統一的會計程序，要求有關部門提供會計信息時，就不再是以主計長這一參謀身分而是以最高管理當局代表的身分來發言的。

思考題

習題答案

1. 什麼是管理會計？
2. 管理會計的形成和發展與哪些因素有關？
3. 管理會計的基本假設與財務會計的基本假設有何異同？為什麼？
4. 如何表述管理會計的對象？
5. 如何表述管理會計的目標？
6. 管理會計有哪些基本職能？為什麼具有這些基本職能？
7. 管理會計與財務會計有何區別與聯繫？
8. 如何看待管理會計的基本內容？
9. 管理會計在應用中需要注意哪些問題？

第二章
成本性態分析與變動成本法

學習要點

在學習了第一章有關管理會計基本理論的基礎上，本章將系統介紹管理會計的基本方法。

本章第一部分內容主要介紹成本的基本概念和主要分類；重點介紹成本性態的分析方法。成本性態是成本總額與數量之間的一種依存關係。按成本性態可將成本劃分為固定成本、變動成本和混合成本，在學習中要學會如何區分固定成本和變動成本，由於混合成本同時具有固定成本和變動成本的特徵，為了加強成本管理，有必要對其按成本特性，採用適當的方法將混合成本分解為固定成本和變動成本。

本章第二部分內容主要介紹邊際貢獻的概念和計算，在此基礎上重點介紹完全成本法和變動成本法的基本內容以及兩者的區別，並對完全成本法和變動成本法進行評價。

第一節　成本及其分類

一、成本的基本概念

成本管理歷來是企業管理的重要組成部分，隨著競爭的不斷加劇及市場不確定性因素的逐漸增多，成本控制問題變得日趨重要。現代企業經營的動力和企業管理的基本目標是利潤最大化，而擴大利潤的收入因素在很大程度上取決於市場，受多方面外界因素的制約，這就使企業內部的成本因素顯得相對可控了。因此，成本控制成為執行性管理會計的重點和核心。

按照馬克思主義的觀點，所謂成本，就是商品生產中耗費的活勞動和物化勞動的貨幣表現。馬克思認為：「按照資本主義方式生產的每一個商品 W 的價值，用公式來表示是 W＝c+v+m。如果我們從這個產品價值中減去剩餘價值 m，那麼，在商品中剩下的，只是一個在生產要素上耗費的資本價值 c+v 的等價物或補償價值。」具體來說，成本就是企業為生產和銷售一定數量的產品和提供一定數量的產品和提

供一定數量的勞務所支出的費用總和。

在西方資本主義社會，經濟學家們把成本表述為：「為了獲得某些產品或勞務而做出的犧牲，這種犧牲可以用支付的現金、轉移的財產以及提供的勞務來衡量。」

由於這個定義不僅是對成本的解釋，還涉及費用的支出和資本的獲得等，所以，在理解成本的概念時，還有必要認識成本、費用、資產三個概念之間的關係。

西方會計學家認為，成本、費用和資產三個概念既有區別，又有聯繫。如果成本具有可以識別的未來服務的功效，那麼成本就是資產。比如，預付保險費就可以被看作資產，因為它具有未來服務的功效，這種預付帳款提供了一種保護，可以保護企業不受到影響經濟活動方面的損失。如果資產所含的功效已被使用，這部分被使用過的資產的功效就成為費用。按照這種觀點，成本與費用這兩個概念在發生的時間和數量等方面都是有區別的。或者可以說，費用就是按照規定需要在某一會計期間抵減收入的那部分成本。

二、成本的分類

實際工作中，出於不同的目的和需要，可以從不同的角度對成本進行分類；成本也可以按照不同的標誌進行分類以適應管理上不同的需要；由於成本概念反應了不同的特定的對象，因而可以將成本按照多種不同的標誌進行分類以滿足企業管理上的不同需要。

（一）財務會計成本分類——經濟職能

在財務會計中，一般將成本費用按「經濟職能」加以分類。按此標誌，一般製造性企業的成本費用可劃分為製造成本和非製造成本兩大類。

1. 製造成本（生產成本）

製造成本是產品在生產過程中發生的成本，也稱為生產成本，它包括三個方面的內容：

（1）直接材料。直接材料是指直接用於產品生產加工，並構成產品實體的原材料和主要材料。

（2）直接人工。直接人工是指直接進行某種產品的生產，可以直接計入該種產品成本中的人工成本。

（3）製造費用。製造費用是指在產品生產中發生的除直接材料和直接人工以外的所有其他成本支出，如間接材料、間接人工以及保險費、折舊費、維修費等間接製造費用。

2. 非製造成本（非生產成本）

非製造成本是指產品在銷售和管理過程即非生產過程中發生的成本，也稱為非生產成本，它主要包括兩個方面的內容：

（1）推銷費用。推銷費用是指為滿足顧客購貨要求和向顧客出售產品或提供勞務所發生的一切必要支出，如廣告費、運輸費、銷售佣金、銷售人員工資等。

（2）管理費用。管理費用是指企業行政管理部門為組織和管理生產而發生的一些行政開支費用，如辦公費用、交際費用等。

以上各類成本之間的關係如圖 2-1 所示。

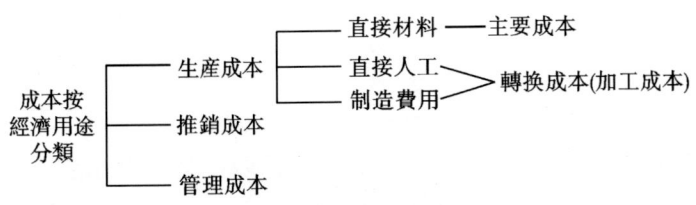

圖 2-1　成本按經濟用途分類

財務會計按「經濟職能」對企業成本費用的分類，能正確、客觀地反應成本的構成，有利於成本核算，區分了成本費用發生的領域。但是，財務會計的這種成本分類，不能反應出企業生產能力和生產經營規模與成本費用支出的關係，不利於企業管理的預測、決策和計劃預算，無法加以成本控制。

（二）管理會計成本分類——成本習性

在企業管理實踐中，管理人員發現成本費用總是與生產業務量保持一定關係，某些成本費用支出是為了一定的業務量，隨業務量的增減而變動，另外一些成本費用支出則與業務量無關。為此，管理會計中將企業的業務量與成本之間所存在的這種變動關係確定為「成本習性」，管理會計是按成本習性對成本進行分類的。

成本習性（Cost behavior）也稱為成本性態，它是指成本總額與業務量的依存關係，企業的成本按這種依存性劃分可分為變動成本和固定成本兩大類。這裡，業務量是一個廣義的概念，可以是生產量、銷售量，也可以是勞務量、工時量等。在實際處理時，應根據有關成本費用支出的相應「目的」去判斷確定相應的業務量。如生產工人工資支出相應的業務量可以是實物產量、勞動工時，推銷人員工資支出相應的業務量可以是銷售量或銷售額。成本總額與業務量的這種依存關係是客觀存在的，研究它們之間的這種規律性聯繫，有助於從數額上掌握成本升降與業務量的聯繫，便於規劃和控制企業生產經營活動。

按成本習性將成本劃分為變動成本和固定成本，這種分類是管理會計所有技術方法的前提和基礎。

財務會計中成本是按經濟職能分類的，管理會計中成本是按成本習性分類的。財務會計中成本按職能分類的目的在於核算成本項目，管理會計中成本按習性分類的目的在於規劃控制。

（三）成本的其他分類

成本除按經濟職能和習性進行分類外，還可按其多種不同的標誌進行分類，以滿足管理上各種特定的需要。

1. 按成本的發生時間分類——歷史成本和未來成本

歷史成本是指已經實際發生的成本。

未來成本屬於未來發生的成本。它不是用於反應已完成的事實，而是在特定條件下可以合理地預測將在未來某個時期或未來某幾個時期將發生的成本。

2. 按其對產品的可歸屬性進行分類——直接成本和間接成本

直接成本通常指能夠合理地確認與某一特定產品的生產有直接聯繫，因而可直

接計入產品的成本，如產品的主要原材料、直接人工成本等。

間接成本則指一些共同特性的成本，不便於或不能分別確定其中多少是由某一特定產品所發生的，因而需要先按其發生的地點或用途進行歸集，並按一定標準分配於各有關產品的成本。

3. 按其可控性進行分類——可控成本和不可控成本

任何成本在某個時候都是可以被人們在一定程度上加以控制的。因此，我們應該從特定時期和空間範圍來說明可控成本這一概念。一般而言，可控成本的時間概念是會計期間，空間範圍稱為「責任中心」。

因此，我們可以將可控成本定義為：它是一個會計期間內能合理地負責該項成本的管理人員所能控制的成本。與此相反的，即是不可控成本。

4. 按與決策的關係分類——相關成本和非相關成本

簡而言之，相關成本是與某一特定決策有關的成本；反之，與該決策方案無關的成本即為非相關成本。

第二節　成本特性

在管理會計中，研究成本對產量的依存性，即從數量上具體掌握成本與產量之間的規律性聯繫，同時加強成本管理，滿足管理上對於成本資料的各種要求具有十分重要的意義。

一、成本特性（Cost Behavior）的基本概念

成本特性又稱作成本習性或成本性態，它是指成本總額與數量之間的依存關係。這裡的數量，可以是產品的生產量、銷售量，也可以是提供勞務的作業量。根據成本總額與數量之間的這種依存關係，可以將企業的全部成本分為三大類：固定成本、變動成本和混合成本。

二、按成本特性劃分成本的類別

（一）固定成本（Fixed Cost）

凡是成本總額在一定範圍內不隨數量的增減變化而發生變動的成本，稱為固定成本。例如：機器設備的折舊費、管理人員的月工資、租金、財產保險費、廣告費、差旅費、辦公費等。在製造企業中，一般來講，屬於固定成本的項目涉及固定製造費、固定推銷費、固定管理費等。當然，固定成本項目的判斷也應結合實際業務量。例如，折舊費項目，如果業務量是生產量或生產工時，則年限法下的折舊費是固定成本，而工作量法下的折舊費屬於變動成本。

【實例一】某公司為了推銷其產品甲，與當地某電視臺簽約製作一電視廣告。合同規定：一次性支付廣告費 80 萬元，該電視廣告有效播出期為 1 個月。此項廣告費用為固定成本，因為在一個月內不論銷售多少 A 產品它都固定為 80 萬元。

一般而言，製造費用中的折舊費、租賃費、保險費、間接人員工資項目；管理費用中的除與上述製造費用名目相同的折舊費、租賃費、保險費外，其他大量的項目如辦公費、差旅費、企業管理人員工資等；推銷費用中的廣告費、運輸費、銷售機構費等都屬於固定成本。固定成本的習性模型如圖 2-2 和圖 2-3 所示。

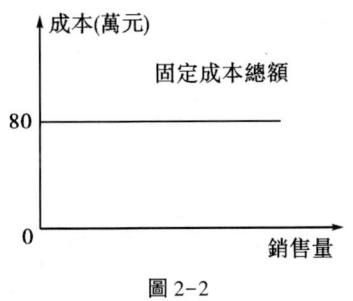

圖 2-2

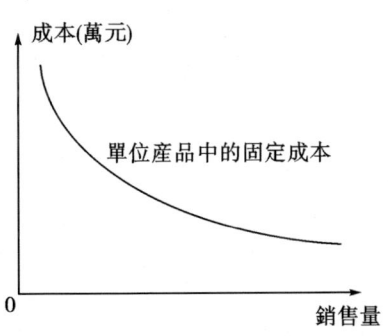

圖 2-3

圖 2-2 反應了固定成本總額不受銷售量的影響，它在圖中表現為一條與橫軸（銷售量）平行的直線。圖 2-3 則顯示了單位固定成本與銷售量呈反比例變動的基本特徵，因此在圖中表現為一條隨著銷售量的增加而遞減的曲線。

固定成本具有如下特點：

（1）固定成本總額是固定的，它一般不隨業務量的增減而變動。如上例中，不管一個月內 A 產品是銷售 1,000 件還是 2,000 件，廣告費均為 80 萬元固定不變。

（2）單位固定成本是變動的，它一般會隨業務量的增減呈反比例變動。如上例中，如果本月銷售 A 產品 1,000 件，單位廣告費為 800 元；如果本月銷售 A 產品 2,000 件，單位廣告費為 400 元。銷售量上升了 50%，單位成本也下降了 50%。正是由於固定成本總額是固定的，才會有單位固定成本與業務量增減呈反比例變動的特點。

（3）固定成本的固定性具有一定的相關範圍。這裡，所謂固定成本的相關範圍是指固定成本總額不受業務量變動影響而保持不變或單位固定成本與業務量呈反比例變動關係的業務量範圍。超過相關範圍，固定成本總額可能會發生變動，單位固定成本也不一定與業務量保持反比例變動。如上例中，若該電視臺的覆蓋面只有 5,000 個客戶，支付 80 萬元廣告費最多只能使 A 產品銷售量達到 5,000 件。要使 A 產品銷售量達到 8,000 件，必須在另一電視臺做一次費用為 40 萬元的廣告。此時，

銷售量超過 5,000 件時，廣告費也隨之變動並不保持固定。銷售量由 5,000 件增加到 8,000 件，上升了 60%，單位成本由 160 元下降到 150 元，降低了 6.25%。

為了進一步加強對固定成本的管理，根據固定成本的不同表現方式，它還可以進一步分為兩類：約束性固定成本和選擇性固定成本。

（1）約束性固定成本（或稱為經營能力成本），是指企業為了進行生產經營活動而必須承擔的最低限度的、通過企業管理當局的決策行動不能改變其數額的成本。例如，伴隨某一方案的實施或生產經營活動的開展而必須支付的最起碼數額的設備折舊費、管理人員工資等就屬於這一類性質的固定成本。約束性固定成本一般具有以下特點：

第一，支出的長期性。該類固定成本的支出一般都是隨某一方案的實施或企業生產經營活動開始而發生，並隨其結束而終止，在這一期間會長期存在。

第二，支出的非零性。這種性質的固定成本一旦發生，它一般都要按經營期間均衡支出，中途任何一期都不能減少為零，即或是企業由於某種原因（如停工待料等）造成生產經營活動的暫時停止，該成本仍將發生，除非企業本身消失才可能阻止這類固定成本的發生。

（2）選擇性固定成本，是指企業管理當局的決策行動可以決定其是否開支、開支多少的固定成本。例如，廣告費、研究開發費、培訓費等一般屬於此類固定成本。該類固定成本在生產經營中不一定要必須開支才能維持企業的生產經營活動，它開支與否完全取決於管理當局的決策行為。

企業將固定成本進一步劃分為選擇性固定成本和約束性固定成本兩類，在具體管理中就應當區別對待。針對約束性固定成本的特點，企業在管理中應當採取充分利用生產能力這一措施來降低單位產品的約束性固定成本含量；針對選擇性固定成本的特點，企業在管理中就應當把握好開支前的效益預測分析，減少其絕對額。

（二）變動成本（Variable Cost）

變動成本是指其成本總額隨著業務量的變動而呈正比例變動的成本，如直接材料、直接人工等。在製造企業中，一般來講，屬於變動成本的項目涉及直接材料、直接人工、變動製造費、變動推銷費、變動管理費等。當然，變動成本項目的判斷也應結合實際業務量。例如，直接人工項目，如果業務量是生產量，則計件工資制下支出的直接人工才為變動成本，而計時工資制下的直接人工則不是變動成本。

【實例二】宏達汽車製造廠生產某種小汽車，該汽車每輛需要一組蓄電池，外購單價為 200 元，該蓄電池的外購成本與其對應的業務量（小汽車產量）的變動關係如表 2-1 和圖 2-4 所示。

表 2-1

小汽車產量（輛）	蓄電池外購成本（元）	蓄電池單價（元）
1,000	200,000	200
2,000	400,000	200
3,000	600,000	200
4,000	800,000	200

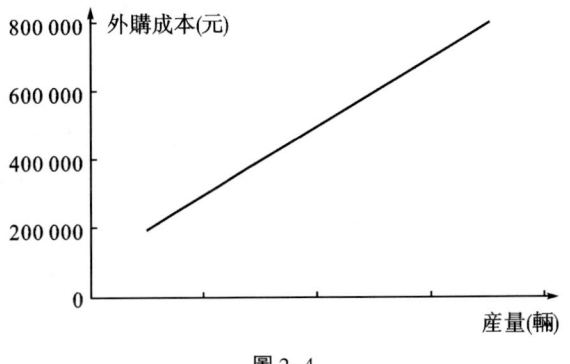

圖 2-4

本例中，蓄電池外購總成本隨著汽車產量的增減而呈正比例變動，是一項變動成本，蓄電池的單價就是其單位變動成本。一般來說，產品生產中的直接材料耗用、直接人工支出、包裝材料、零配件以及銷售佣金等都屬於變動成本。變動成本的習性模型如圖 2-4 所示。

變動成本具有如下特點：

（1）變動成本總額是變動的，它一般會隨業務量的增減而呈正比例變動。如上例中，蓄電池外購總成本隨汽車產量呈正比例變動，汽車產量由 2,000 輛上升到 3,000 輛增長 50% 時，成本總額也由 40 萬元上升到 60 萬元增長了 50%。成本總額與業務量兩者的增減幅度相同，我們稱這種變動為呈線性關係變動。

（2）單位變動成本是固定的，它一般不會隨業務量的變動而變動。如上例中，作為單位變動成本的蓄電池外購單價是不變的，均保持每輛 200 元。正是由於變動成本總額與業務量增減呈正比例變動，才會有單位變動成本不變的特點。

（3）變動成本的正比例變動性具有一定的相關範圍。這裡，所謂變動成本的相關範圍是指變動成本總額與業務量呈正比例關係變動或單位變動成本固定不變的業務量範圍。超過相關範圍，變動成本總額不一定與業務量保持正比例變動，單位變動成本也可能發生變動。如上例中，當汽車產量超過 4,000 輛以後，由於大批量購買蓄電池，蓄電池單價可能從 200 元降至 180 元。如果生產 5,000 輛汽車時，蓄電池外購總成本為 900,000 元，在生產 4,000 輛汽車時的總成本 800,000 元基礎上增長了 12.5%，而此時汽車產量增長了 25%，兩者並不保持正比例。對於單位成本而言，生產 5,000 輛時平均購價為 180 元，已經發生了變動。

對於變動成本來說，由於業務量的增長會使變動成本總額呈正比例增加，這種成本的上升是正常的。因此，變動成本水準是通過單位變動成本表達的。降低變動成本的著眼點，在於降低單位變動成本。

【實例三】甲企業接受一批產品訂貨。開始時是最小批量試製生產，工人對產品的技術性要求有一個適應過程，因此，單位產品耗費的材料和人工成本較多。隨著產量不斷增加，工人的技術水準也不斷提高，這樣單位產品耗費的材料和人工成本將逐漸下降。但如果訂貨增多，產量一再增加，就可能出現一些新的情況，使單位產品中的材料和人工成本出現上升趨勢。由此可見，單位產品中的變動成本只是

在一定範圍內相對固定不變的，因而也存在「相關範圍」。上述情形可用圖 2-5 表示。

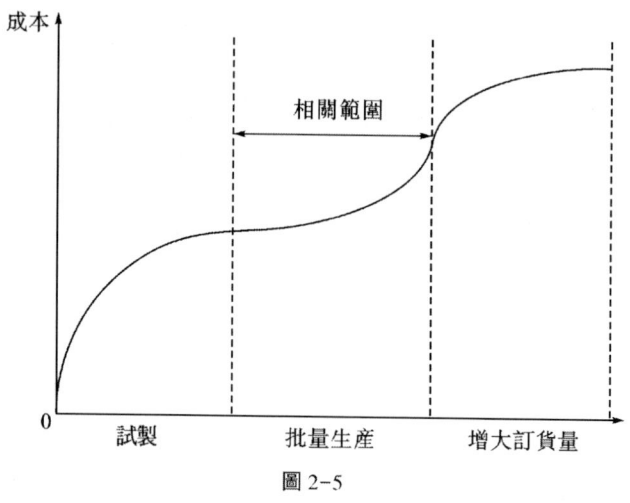

圖 2-5

（三）混合成本

混合成本是指成本總額要隨數量增長發生變化，但不是正比例變化，我們將在下節詳細分析。

第三節　混合成本及其分解

一、混合成本（Mixed Cost）的概念

在實際工作中，有些成本卻很難被明確歸屬為固定成本或變動成本，這些成本兼有固定成本和變動成本的雙重特點，即成本總額要隨業務量變動而變動的但不是正比例變動。這類成本通常稱為混合成本，如水電費、電話費、維修費等。混合成本是指兼有變動成本和固定成本的特性，例如，企業所屬汽車隊所發生的「運輸費」項目中，既含有定期交納的養路費、保險費等，也含有隨行駛里程而增減變動的汽油費、零部件損耗等，前者屬於固定成本性質，後者則屬於變動成本性質，因此總運輸費項目就是一種混合成本。事實上，在財務會計成本核算項目中，除直接材料和直接人工外，製造費用、推銷費用、管理費用均屬於混合成本。

二、混合成本的類型

在管理會計成本分析中，根據混合成本中固定成本和變動成本的具體構成和所呈現出的特點，混合成本可劃分為以下四種類型：

1. 半變動成本

這類混合成本在業務量為零時通常有個固定不變的基數，相當於固定成本；但

在這個基數之上，隨著業務量的發生和增加，成本也相應按比例增加，這部分構成變動成本。總的來說，它的總成本雖然隨業務量的增減而變動，但不保持嚴格的正比例關係變動，故稱為半變動成本。

半變動成本是一種典型的混合成本，大部分混合成本都屬於半變動成本類型。正因為如此，人們往往將混合成本定義為半變動成本。在企業中的公用事業費用，如水電費、電話費、煤氣費等，一般都是一種半變動成本。這些費用一般都有一個基數，不管企業是否耗用都必須支付，另一部分則根據耗用量多少付款。

【實例四】某公司安裝了10部直撥電話，付款方式為：每部電話機每月交納基本月租費為235元，並在此基礎上，每使用一次市內電話付使用費0.10元。則該公司每月按不同使用次數支付的電話費計算如表2-2所示。

表2-2

使用次數（次）	基本月租（元）	市內電話使用費（元）	電話費合計（元）
0	235	0	235
500	235	50	285
1,000	235	100	335
1,500	235	150	385
2,000	235	200	435

根據表2-2的數字，將其描繪在坐標圖上，從而形成半變動成本圖式，如圖2-6所示。

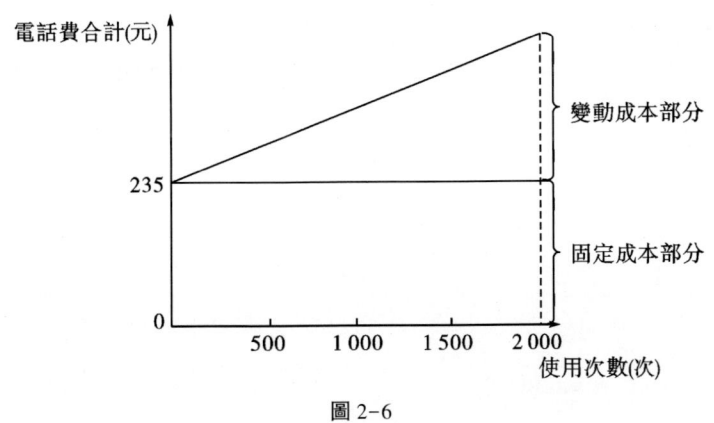

圖2-6

從該公司電話費可以看出：基本月租（共計235元）屬於與使用次數無關的固定成本，而每月市內電話使用費（每次0.10元）則是屬於隨次數變動而呈正比例變動的變動成本。兩者合計形成的電話費總額則是總趨勢隨業務量（次數）變動而變動，但不呈正比例變動關係的混合成本。

2. 固定成本（梯形變動成本）

這類混合成本在一定業務量範圍內其發生額是固定不變的，但當業務量增長到

一定限額,其發生額就會突然跳躍到一個新的水準,然後在業務量增長的另一限度內,其發生額又保持不變,直到出現另一個新的跳躍為止。

【實例五】製造企業中的檢驗員的工資、機器設備的修理費等會表現出該類混合成本的特性。以檢驗員工資為例,假設某電視機廠生產彩色電視機,根據質量保證系統的要求,產量在10萬臺以下需要20名質量檢驗員,每名質檢員的月工資為5,000元;若產量超過10萬臺但小於20萬臺,需擴增10名質檢員,每位質檢員月工資不變,以後產量若每增加10萬臺,質檢員人數相應增加10人,每人月工資仍舊不變。該電視機廠在不同產量下支付的質量檢驗員工資總額計算如表2-3所示。

表 2-3

產量(臺)	質檢員人數(人)	每個人月工資(元)	月工資總額(元)
50,000	20	5,000	100,000
100,000	20	5,000	100,000
150,000	30	5,000	150,000
200,000	30	5,000	150,000
250,000	40	5,000	200,000
300,000	40	5,000	200,000
350,000	50	5,000	250,000
400,000	50	5,000	250,000

根據圖表2-3的數據,將其描繪在坐標圖上,從而形成半固定成本圖示,如圖2-7所示。

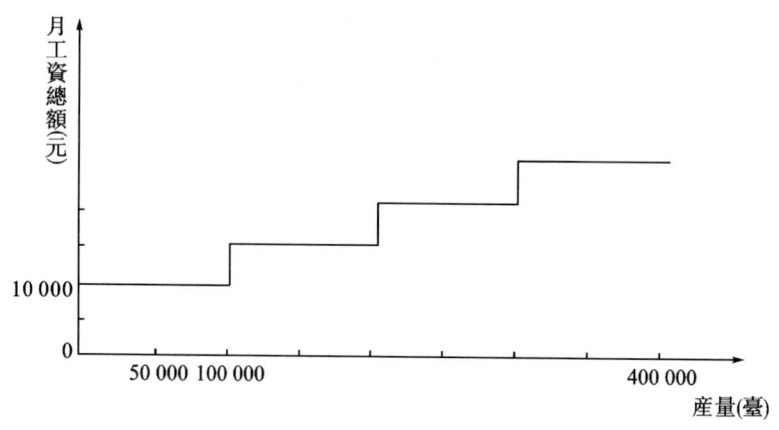

圖 2-7

從圖2-7可以看出,半固定成本的圖式呈階梯形狀,故又稱為階梯式變動成本。本例中,當業務量在一定範圍內(如電視機產量在每10萬臺內),這種成本發生總額是固定在某一水準上的,具有固定成本性質;但從產量總範圍來看,該類成本又呈變動趨勢。

3. 延期變動成本

這類混合成本通常在一定業務量範圍內，其發生額是固定不變的，但當業務量超過這個範圍後成本發生額又與業務量呈正比例變動。也就是說，這類混合成本前期為固定成本，後期為變動成本。

例如，在正常工作時間內，企業對工人所支付的工資固定不變；當工作時間超過正常時間時，則按超過的加班時間長短按比例支付加班工資或津貼，這類工資總支出就屬於延期變動成本。

4. 曲線變動成本

這類混合成本的總額是隨著業務量的增減而變動的，但這種變動的比例並不與業務量的增減比例相等。其增減比例有時隨業務量增加而上升，有時與業務量增減比例相等，有時隨業務量增加其增減比例反而下降。這類混合成本總額在圖形上表現為一種曲線式（非線性）變動關係。事實上，此時總成本與業務量是一種二次或多次方程關係。

例如，當一種產品還是小批量試製生產時，由於生產工人不熟練，對該產品生產工藝和技術要求有一個適應過程，因此，單位產品耗費的材料多、工時長。隨著生產量擴大，工人技術水準不斷提高，單位成本逐步下降，總成本增長幅度小於產量增長幅度。當產量增加到一定程度達到正常批量時，工人勞動生產率達到最高，由於規模經濟使材料等更為節約，單位成本達到最低並保持基本穩定，總成本增長幅度與產量增長幅度基本相同。但當產量超過一定限度超額生產時，又可能出現一些新的不經濟因素，如設備超負荷運轉使維修費上升、生產速度加快使廢品廢料增加、多付工人加班工資等。這樣，單位成本又逐步上升，總成本增長幅度超過產量增長幅度。

縱觀上述各種類型的混合成本，可知它們都是固定成本與變動成本的混合物，它們具有如下特點：

（1）混合成本總額與業務量的關係比較複雜，它兼有固定成本和變動成本的某些特徵。其總額隨業務量的增減而變動，但不保持嚴格的正比例，這是混合成本的最重要的特徵。

（2）單位混合成本一般與業務量呈反向變動，隨著業務量的增加而下降，隨著業務量減少而上升。但單位混合成本的升降幅度並不與業務量呈反比例，它的升降幅度一般會小於單位固定成本的升降幅度。

三、混合成本的分解

按成本習性對成本進行分類是管理會計的前提，管理會計很多方法的使用要求將全部成本按成本習性劃分為固定成本和變動成本兩大類，且為了有利於對企業的經濟活動進行計劃和控制，加強成本管理，也有必要將企業的所有成本按成本習性劃分為固定成本和變動成本兩大類。這樣，就要對混合成本進行分解，以區分其總成本中的固定部分和變動部分。

分解混合成本最精確的方法是對每一項業務、每一張發票進行逐項逐個地鑑別，

從而分別歸入固定成本和變動成本,但該法手續比較繁瑣。通常用概略的方法對混合成本進行分解,常用的方法有三種:合同檢查法、技術測定法和歷史成本分析法。

(1) 合同檢查法,即通過檢查與其他單位簽訂的合同中有關支付費用的具體規定,來確定混合成本中的固定部分和變動部分。以電話費為例,每臺電話機每月要交付一定的租金,這是固定成本;在此基礎上,隨著電話使用次數和時間的增加,電話費也將成比例上升,這部分成比例上升的成本為變動成本。顯然,採用合同檢查法分解混合成本的前提條件是本企業與其他單位簽訂有費用支付的合同或帳單。

(2) 技術測定法,即通過技術測定方式來劃分混合成本中的固定部分和變動部分。例如,對產品進行熱處理,需將高爐先行預熱,高爐的預熱所耗能源的成本為固定成本;以後隨著熱處理產品數量的增加,所耗能源成本也將成正比例增加,這部分增加的成本為變動成本。技術測定法主要通過財會人員與技術人員的結合來進行。

(3) 歷史成本分析法,也稱數學分解法,它是根據混合成本在過去一定時期內成本總額與相應業務量的歷史數據,採用適當的數學方法加以分解,以確定混合成本中的變動部分和固定部分。

歷史成本分析法是管理會計人員常用於混合成本分解的方法,其具體形式有高低點法、散布圖法和迴歸直線法。

1. 高低點法(High-Low Points Method)

高低點法是根據一定時期相關範圍內業務量最高點和最低點所對應的混合成本數額,來推算混合成本中固定部分和變動部分的分解方法。

高低點法的基本原理是:在相關範圍內,固定成本是不發生變化的。那麼,業務量最高點所對應的混合成本與業務量最低點所對應的混合成本之間的差額,就必然是變動成本增減額。

從業務量最高點或最低點所對應的混合成本總額中扣除變動成本,其餘額即為固定成本。由於混合成本中既含有固定成本(a),又含有變動成本(bx),因此其模型與總成本習性模型相同。事實上,企業總成本也就是一種混合成本。因此,混合成本公式為:

$Y=a+bx$

根據高低點法的基本原理,結合混合成本的公式,在採用高低點法對混合成本進行分解時,其步驟為:

(1) 先求單位變動成本。根據高低點法原理,在高低業務量範圍內的混合成本差額,即為變動成本增減差額。有:

$\triangle y=b \cdot \triangle x$

$\therefore$ 單位變動成本 $b=\dfrac{\triangle y}{\triangle x}=\dfrac{\max(y)-\min(y)}{\max(x)-\min(x)}$

= 高低點混合成本差額/高低點業務量差額

(2) 再求固定成本總額。將單位變動成本 b 的數額任意代入業務量最高點或最低點下的混合成本公式,即可求出固定成本總額數據。即有:

固定成本總額 $a = y(\max) - b \cdot x(\max)$
或 $\qquad\qquad\quad = y(\min) - b \cdot x(\min)$

【實例六】愛生機器廠某車間 1—6 月份的機器設備維修工時和維修費用如表 2-4 所示。

表 2-4　　　　　　　　　　維修工時與維修費用表

月份	維修工時 x（小時）	維修費 y（元）
1	55	745
2	70	850
3	50	700
4	65	820
5	75	960
6	80	1,000
Σ	395	5,075

機器設備維修費包括的內容很多，是一項混合成本。根據高低點法，在表 2-4 的歷史資料中，首先找出業務量（維修工時）的最高點為 6 月份的 80 小時，最低點為 3 月份的 50 小時；然後再找出它們所對應的混合成本數據，6 月份為 1,000 元，3 月份為 700 元。因此，1—6 月份範圍內有：

單位變動成本 $b = (1,000-700) / (80-50)$
$\qquad\qquad\qquad = 300/30 = 10$（元/小時）
固定成本 $a = 1,000-10\times80$
或 $\qquad\quad = 700-10\times50$
$\qquad\quad = 200$（元）

計算結果表明，該公司每月的固定維修費用為 200 元，超過 200 元的部分是變動成本。

在高低點法運用中，應當注意最高點與最低點的選擇。當業務量最高點（或最低點）與成本總額的最高點（或最低點）不在同一時點上時，一般以業務量為依據確定最高點或最低點。這是因為根據成本習性，成本總額是以業務量為依存性的，業務量是自變量，成本總額只是因變量。

用高低點法分解混合成本，其優點是簡便易懂，資料易於取得。但使用時要注意一些問題：首先，歷史資料的選擇幅度是否恰當，將影響相關範圍，採用這種方法分解混合成本必須在相關範圍內進行。超過相關範圍即不適用（因固定成本要發生變化）。其次，僅用最高點和最低點的業務量及其成本資料來推算固定部分和變動部分，其結果不一定準確，除非這兩點提供的資料都具有代表性，都是在正常情況下發生的。對於非正常情況下發生的成本，在取點時要予以排除。因此，高低點法是一種粗略的不準確的分解方法。

2. 散布圖法（scatter Diagram Method）
散布圖法又稱為布點圖法，它是將某項混合成本的歷史資料逐一標明在坐標圖

上，形成若干成本點。然後通過目測，在各個成本點之間畫一條反應成本變動的平均趨勢直線，並據以確定混合成本中的固定成本和變動成本部分的一種圖示分解方法。採用散布圖法來分解混合成本，其步驟及原理如下：

(1) 建立坐標圖，以橫軸表示業務量，縱軸表示成本。

(2) 將所收集的某項混合成本的成本和業務量資料相結合，逐一標明在坐標圖上，形成散布狀的若干成本點。

(3) 用目測的方式畫一條能反應這些成本點變動趨勢的直線，使直線交於縱軸。這一步是散布圖法的核心，為了使所畫直線能反應各成本點平均變動趨勢，必須遵循三點要求：其一，盡量使直線上下的點的數量相等；其二，上下各點與直線垂直距離之和大致相等；其三，對於個別異常的成本點，可以不予考慮。

(4) 通過第三步所畫的直線與縱軸相交點，就是混合成本的固定成本數額。

(5) 將各期總成本之和扣除各期固定成本之和，其餘額即為變動成本總額之和。再據此計算單位變動成本。即有：

$$單位變動成本\ b = \frac{各期總成本合計 - 各期固定成本合計}{各期數量/工時合計} = \frac{\sum y - na}{\sum x}$$

【實例七】仍以表 2-4 資料為例，根據散布圖法步驟原理，作散布圖，如圖 2-8 所示。

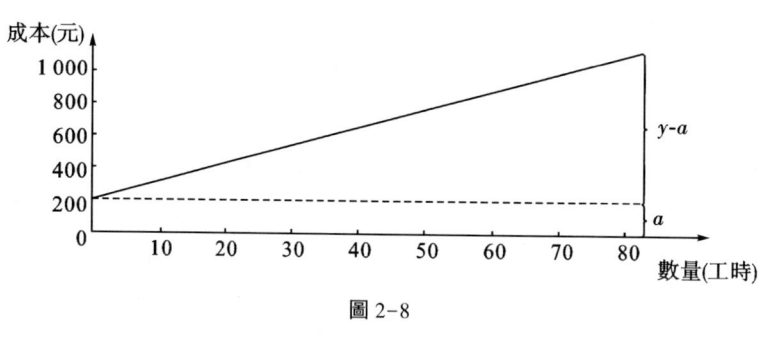

圖 2-8

通過圖 2-8 可知，維修費混合成本的直線 y 交於縱軸點大致為 200 元，這就是維修費中的固定成本數額，再利用公式得：

$$單位變動成本\ b = \frac{\sum y - na}{\sum x} = \frac{5,075 - 200 \times 6}{395} = 9.8\ （元/小時）$$

採用散布圖法分解混合成本，其優點在於：第一，形象直觀；第二，盡量考慮了全部因素，避免了高低點法下以兩點作為總體代表的局限。當然，該方法也存在十分明顯的缺點：分解結果仍不精確，人為隨意性太大。因為在描繪成本點平均變動趨勢的直線時採用目測方式，這就在一定程度上增加了人為因素造成的偏差，影響了混合成本分解結果的準確性。

3. 迴歸直線法（Regression Line Method）

迴歸直線法是根據一定時期業務量與混合成本的歷史資料，利用最小二乘原理找出各成本點的誤差平方和最小的迴歸直線，從而分解混合成本中固定部分和變動部分的分解方法。

從散布圖法分解混合成本的原理中可以發現，根據所散布的成本點進行目測可以畫出任意多條不同的直線，有些直線與大多數散布點距離遠一些，其精確程度就差。為此，我們要在這些可能的直線中找出一條最接近所有散布點的直線，這條直線與實際數據的誤差比其他任何直線都小，這條合理的直線稱為迴歸直線。在統計分析中，按最小二乘原理要求迴歸直線上各點誤差平方和達到極小值。

迴歸直線法的基本原理，仍是以直線方程式為基礎的。假設固定成本為 a，單位變動成本為 b，業務量為 x，混合成本為 y，則直線方程式可表述為：

$y = a + bx$

根據上述基本方程式及其所採用的一組 n 個觀測值，即可建立決定迴歸直線的聯立方程式：

$$\sum y = n = a + b \sum x \quad ①$$

再將①式的左右雙方各項用業務量 (x) 加權，即得：

$$\sum xy = = a \sum x + b \sum x^2 \quad ②$$

由①式求得：

$$a = (\sum y - b \sum x) / n \quad ③$$

將③式代入②式，得：

$$b = (n \sum xy - \sum x \cdot \sum y) / [n \sum x^2 - (\sum x)^2] \quad ④$$

再將④式代入③式，化簡後得：

$$a = (\sum x^2 \sum y - \sum x \sum xy) / [n \sum x^2 - (\sum x)^2] \quad ⑤$$

根據公式④和公式⑤，將有關數值代入，即可分別求得混合成本中的單位變動成本 (b) 和固定成本總額 (a) 的值，從而達到分解混合成本的目的。

在運用迴歸直線法公式計算分解混合成本前，必須首先計算一個指標：相關係數 (r)。因為，通過迴歸直線法分解所建立的函數關係式 ($y = = a + bx$) 是直線函數關係式，業務量 (x) 和混合成本 (y) 之間必須保持線性相關關係，如果二者保持這種關係且越緊密，用迴歸直線法就能實現混合成本分解並且越準確，否則，就不能利用該方法來分解混合成本。相關係數 (r) 公式為：

$$r = (n \cdot \sum xy - \sum x \cdot \sum y) / [n \sum x^2 - (\sum x)^2]^{1/2} \cdot [n \sum Y^2 - (\sum Y)^2]^{1/2}$$

計算出的相關係數 (r) 值介於 0 與 ±1 之間，表明 x 與 y 兩個變量保持線性相關，越接近於 1（稱為正相關）或越趨近於 -1（稱為負相關），表明 x 與 y 的關係越密切。若 $r = 0$ 時，說明 x 和 y 兩個變量之間不存在線性關係，則不能用迴歸直線法來分解混合成本。

仍以表 2-4 資料為例，將該表中各月歷史資料按迴歸直線法要求重新加工整理得出如表 2-5 所示結果。

表 2-5

月份	維修工時 x（小時）	維修費 y（元）	xy	x^2
1	55	745	40,975	3,025
2	70	850	59,500	4,900

表2-5(續)

月份	維修工時 x（小時）	維修費 y（元）	xy	x^2
3	50	700	35,000	2,500
4	65	820	53,300	4,225
5	75	960	72,000	5,625
6	80	1,000	80,000	6,400
Σ	395	5,075	340,775	26,675

$b = (6 \times 340,775 - 395 \times 5,075)/(6 \times 26,675 - 395^2) = 9.94$（元/小時）

$a = (26,675 \times 5,075 - 395 \times 340,775)/(6 \times 26,675 - 395^2) = 191.18$（元）

這樣，維修費用這項混合成本中固定成本為191.18元，單位變動成本為每小時9.94元。

迴歸直線法對混合成本進行分解，其優點是計算結果比較準確，但其計算過程比較繁瑣和複雜。

以上介紹了分解混合成本的三大類方法，即合同檢查法、技術測定法和歷史成本分析法。前兩種方法的採用都是有條件的，即或者有合同可查，或者可通過技術資料對成本項目進行測算。但企業中更多的混合成本項目是不具備這些條件的，所以宜採用歷史成本分析法，包括高低點法、散布圖法和迴歸直線法三種方法來分解混合成本。這三種方法各有特點，計算的結果和準確性也有差別。

在實際工作中，還可採用更為簡便的方法，即把凡是能按定額控制的費用列為變動成本，其餘均為固定成本。對於某些混合成本，如果估計其中的變動成本數額不大，可以將該混合成本全部當作固定成本處理。

第四節　邊際貢獻

企業即使其產銷業務量為零，其成本總額也不一定為零，這是因為企業總是存在著為保持其生產能力而發生最低限度的經營能力成本；反之，企業所生產和銷售產品所取得的收入除了彌補為生產和銷售產品而發生的成本外，還要彌補這些最低限度的經營能力成本。從這個意義上說，在產品上所取得的盈利和企業的最後利潤不一定是一致的。為此，我們引入「邊際貢獻」概念，作為管理會計利潤分析的前提。

一、邊際貢獻及其計算

邊際貢獻（Contribution Margin），又稱貢獻毛益，它是產品銷售收入超過變動成本以後的餘額，它反應了產品的初步盈利數額和能力。

邊際貢獻有兩種表現形式：一種是以絕對數形式表現的邊際貢獻額；另一種是以相對數形式表現的邊際貢獻率。而絕對數形式的邊際貢獻又包括兩種情況：一種

是以總額形式出現的，稱為邊際貢獻總額；另一種則是以單位數形式出現的，稱為單位邊際貢獻。其基本計算公式為：

單位邊際貢獻＝銷售單價－單位變動成本
邊際貢獻總額＝銷售收入總額－變動成本總額
　　　　　　＝銷售量×單位邊際貢獻
邊際貢獻率＝邊際貢獻總額/銷售收入總額
或　　　　＝單位邊際貢獻/銷售單價
或　　　　＝1－變動成本率
式中的變動成本率＝變動成本總額/銷售收入總額
或：　　　　　　＝單位變動成本/銷售單價

二、邊際貢獻的性質

　　邊際貢獻與按成本習性劃分成本一樣，是管理會計的一個重要前提，它是管理會計中量本利分析、短期決策等各種方法的基礎。應當注意的是，邊際貢獻是一種盈利指標，但它並不是企業的最終利潤。單位邊際貢獻或邊際貢獻率反應了各種產品的初步盈利能力，邊際貢獻總額反應了各種產品的初步盈利能力對企業最終利潤所做的貢獻。

　　根據成本習性，企業的成本劃分為變動成本和固定成本兩大類。固定成本與產銷業務量無關，在相關範圍內保持不變，而變動成本隨產品生產或銷售而發生，隨產銷業務量增長而增長。因此，可以說變動成本與各種具體產品相關，是為各種產品生產或銷售而發生的，固定成本與各種具體產品無關，是為企業整體而發生的。例如，生產某種產品耗用的原材料，是為這種特定產品而發生的；但生產該產品的機器設備也可以用於生產其他產品，在產品不生產時也照常發生，是一種企業共同成本。

　　要使某產品取得盈利，就要求這種產品上的銷售收入大於在這種產品上的變動成本，固定成本與該產品無關。所以，只要這種產品的單位收入即單價大於單位變動成本，這種產品就取得了初步盈利。該產品產銷業務量越大，這種初步盈利數額就越高。因此，某產品的單價超過單位變動成本的數額即單位邊際貢獻，反應了這種產品的初步盈利能力。

　　某種產品的初步盈利數額即邊際貢獻數額是用來補償固定成本的，企業的固定成本最終也要通過一定的標準分攤給各種產品來承擔。各種產品的邊際貢獻如果能全部補償所分攤的固定成本，就會給企業帶來最終利潤。反之，如果補償不夠，將產生虧損。因此，各種產品的邊際貢獻總額是各種產品對企業最終利潤所做貢獻大小的標誌。

　　綜上所述，產品的邊際貢獻指標反應了產品的初步盈利能力和對企業最終利潤所做的貢獻。該指標的這種性質告訴我們，不能以財務會計中各產品的最終利潤數額來衡量產品的盈利水準，即使是產品的售價低於其平均單位成本，只要售價能大於單位變動成本，則這種產品就提供了邊際貢獻，具有一定的初步盈利能力。另外，

應當注意的是邊際貢獻與邊際利潤並不是同一概念。邊際利潤是針對所增加或減少一個單位（如一件）業務量的產品而言，邊際貢獻是針對產品現有業務量總和而言。對於所增加或減少的這個單位業務量的產品來說，在相關範圍內單位邊際貢獻與邊際利潤是一致的。

三、邊際貢獻與銷售毛利

銷售毛利是財務會計的損益概念，儘管銷售毛利在財務會計中也用於表達產品的初步盈利數額，但銷售毛利所補償的是期間費用。即有：

銷售毛利＝產品銷售收入－產品銷售成本

銷售利潤＝銷售毛利－（管理費用+推銷費用）

邊際貢獻是管理會計的損益概念，是編製管理會計收益表及其進行有關分析的需要，它所補償的是固定成本。因此，邊際貢獻不等於財務會計中的銷售毛利，也不等於銷售利潤。邊際貢獻與銷售毛利和銷售利潤之間的區別如表 2-6 所示。

表 2-6

財務會計損益		管理會計損益	
銷售收入	2,800,000	銷售收入	2,800,000
減：銷售成本	1,570,000	減：直接材料	950,000
銷售毛利	1,230,000	直接人工	300,000
減：管理費用	300,000	變動製造費用	120,000
推銷費用	230,000	變動管理費用	50,000
淨收益	700,000	變動推銷費用	50,000
		邊際貢獻	1,330,000
		減：固定製造費用	200,000
		固定資產管理費用	250,000
		固定攤銷費用	180,000
		淨收益	700,000

第五節 變動成本法

一、全部成本法與變動成本法的概述

產品的生產成本通常由直接材料、直接人工和製造費用三部分構成。按成本特性劃分成本後，產品的生產成本又可以劃分為兩大部分：變動生產成本（包括直接材料、直接人工、變動製造費用）和固定生產成本（即固定製造費用）。管理會計是為企業內部管理服務的，而管理的需要又是多方面的。不同的需要對管理會計提供的資料的要求是不同的。這樣，管理會計在計算和提供產品生產成本的資料方面，

就出現了兩種不同的方法——全部成本法和變動成本法。

1. 全部成本法（Full Costing）

全部成本法又稱為吸收成本法（Absorption Costing），它是要求將一定期間內為生產一定數量的產品而耗用的全部生產成本（直接材料、直接人工和全部製造費用）都計入產品成本中的一種成本核算方法。

採用全部成本法，要求把一定期間內企業所發生的全部成本費用劃分為生產成本和非生產成本兩大類。把所有的生產成本（直接材料、直接人工、變動和全部製造費用）計入產品成本；把所有的非生產成本（如推銷費用、管理費用）列為期間成本，在當期損益表中全部扣除，如圖2-9所示。

```
                          全部成本
                   ┌─────────┴─────────┐
                生產成本              非生產成本
              ┌────┼────┐           ┌────┴────┐
           直接材料 直接人工 製造費用   推銷費用  管理費用

              計入產品成本           列為期間成本，在當
                                    期損益表中全部扣除
```

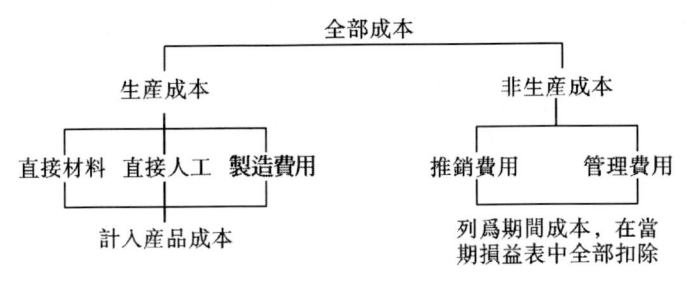

圖 2-9

2. 變動成本法（Variable Costing）

變動成本法又稱為直接成本法或邊際成本法，變動成本法是要求只將企業一定時期內生產一定數量產品所耗用的變動性生產成本（包括直接材料、直接人工和變動性製造費用）計入產品成本，而將固定製造費列入期間成本的一種成本核算方法。

採用變動成本法，要求把一定期間內企業所發生的全部成本費用按成本習性劃分為固定成本和變動成本兩大類，而不論這些成本費用發生在哪些領域。

變動成本法在核算成本時，只把屬於變動成本中的生產成本即直接材料、直接人工和變動性製造費用計入產品成本，而將固定製造費用以及所有的推銷費用和管理費用（包括固定部分和變動部分）都列為期間成本，全部在當期損益表中予以扣除，如圖2-10所示。

```
                                  全部成本
                      ┌──────────────┴──────────────┐
                   變動成本                        固定成本
            ┌─────────┴─────────┐           ┌────────┴────────┐
        變動生產成本        變動非生產成本    固定生產成本    固定非生產成本
        ┌───┼───┐          ┌────┴────┐                    ┌────┴────┐
      直接 直接 變動製     變動推   變動管    固定製        固定推   固定管
      材料 人工 造費用     銷費用   理費用    造費用        銷費用   理費用

        計入產品成本        列為期間成本，全部在當期損益表中全部扣除
```

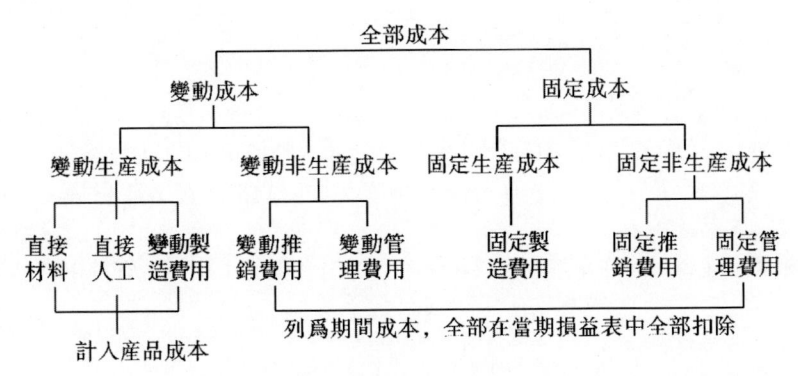

圖 2-10

二、全部成本法與變動成本法的區別

1. 成本劃分標準不同

全部成本法是按成本的經濟職能把成本劃分為生產成本和非生產成本,生產成本作為產品成本,非生產成本作為期間成本。變動成本法是按成本習性把成本劃分為變動成本和固定成本。

2. 產品成本計算不同

全部成本法將全部生產成本(包括直接材料、直接人工、變動製造費用和固定製造費用)都計入產品成本,而變動成本法只是將生產成本中的變動性支出(包括直接材料、直接人工和變動製造費用)計入產品成本。兩者計算單位產品成本的公式如下:

(1) 全部成本法

單位產品成本＝全部生產成本/產品產量

＝(直接材料＋直接人工＋變動製造費用＋固定製造費用)/產品產量

(2) 變動成本法

單位產品成本＝變動生產成本/產品產量

＝(直接材料＋直接人工＋變動製造費用)/產品產量

【實例八】凱旋公司屬於一家製造性企業,該公司主要生產甲產品,本年生產量為 2,000 件,當期全部完工,經過銷售部門努力,全年銷售量為 1,500 件,銷售單價為 2,000 元。在這一年中,發生的有關生產經營支出如下:

製造成本：直接材料　　　　100 萬元
　　　　　直接人工　　　　 20 萬元
　　　　　製造費用　　　　 60 萬元
非製造成本：管理費用　　　 10 萬元
　　　　　　推銷費用　　　 20 萬元

根據以上資料,在產量為 2,000 件時,採用全部成本法計算的單位產品成本為:

單位直接材料　　　　500 元
單位直接人工　　　　100 元
單位製造費用　　　　300 元
單位產品成本　　　　900 元

【實例九】以例八的資料為例,假定經成本習性分析,製造費用 60 萬元中變動製造費用為 20 萬元、固定製造費用為 40 萬元；管理費用 10 萬元中變動管理費為 4 萬元、固定管理費為 6 萬元；推銷費用 20 萬元中變動推銷費用為 15 萬元、固定推銷費用為 5 萬元。

根據上述資料,在產量為 2,000 件時,採用變動成本法所計算的甲產品單位成本如下:

單位直接材料　　　　500 元
單位直接人工　　　　100 元

單位變動製造費用　　　100元
單位產品成本　　　　　700元

3. 期間成本的內容不同

所謂期間成本，是指在某一時期內發生的某些成本，這些成本與數量的關係不大，而與時間的關係緊密，隨著時間的開始而發生，隨著時間的消逝而逐漸喪失。

全部成本法的期間成本只包括企業當期發生的全部推銷費用和管理費用，變動成本法的期間成本則包括企業當期發生的固定製造費用、全部推銷費用和管理費用，如圖 2-11 所示。

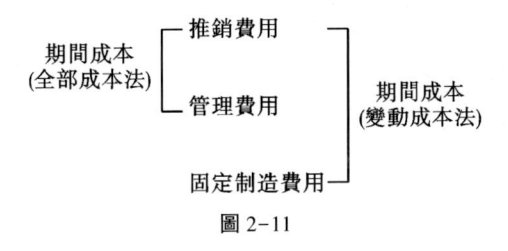

```
期間成本      ┌ 推銷費用
(全部成本法)  │                  期間成本
              └ 管理費用          (變動成本法)

                 固定製造費用 ┘
```

圖 2-11

4. 在編製損益表方面不同

損益表是西方企業的一種主要的會計報表。不同的成本計算方法，成本的劃分不相同，計算出來的產品成本和期間成本也不相同，這必然涉及損益表的編製方式和結果不相同的問題。

以實例八、九的數據，按全部成本法，結合單位產品成本數據，編製凱旋公司損益表如表 2-7 所示。

表 2-7　　　　　　　　　凱旋公司損益表
　　　　　　　　　　　　（全部成本法）　　　　　　　　　單位：萬元

項目	金額
銷售收入	300
減：產品銷售成本	135
期初存貨成本	0
本期生產成本	180
期末存貨成本	45
銷售毛利	165
減：管理費用	10
推銷費用	20
稅前利潤	135

按變動成本法，結合單位產品成本數據，編製凱旋公司損益表如表 2-8 所示。

表 2-8 凱旋公司損益表
（變動成本法）　　　　　　　單位：萬元

項目金額	金額
銷售收入	300
減：變動成本	
其中：變動生產成本	105
變動管理費用	4
變動推銷費用	15
邊際貢獻	176
減：固定成本	
其中：固定製造費用	40
固定管理費用	6
固定推銷費用	5
稅前利潤	125

從以上兩個分別按照全部成本法和變動成本法計算出來的損益表中，可以看出兩個主要區別：

（1）成本項目的排列方式不同。按全部成本法編製的損益表，是將所有的成本費用按成本項目的經濟職能進行排列，也就是按生產成本和非生產成本進行排列。如用公式表示，則為：

銷售收入−銷售生產成本＝銷售毛利

銷售毛利−非生產成本＝稅前利潤

按變動成本法編製的損益表，是將所有的成本費用按成本項目的成本習性進行排列，也就是按變動成本和固定成本進行排列。如用公式表示，則為：

銷售收入−變動成本＝邊際貢獻

邊際貢獻−固定成本＝稅前利潤

（2）按兩種方法計算出來的稅前利潤不同。

在上例中，表 2-7 是按全部成本法編製的損益表，計算出的淨收益為 135 萬元；表 2-8 是按變動成本法編製的損益表，計算出的淨收益為 125 萬元。兩者相差 10 萬元，產生這種差異是由於期末存貨造成的。本例中生產量為 2,000 件，銷售量為 1,500 件，本期期末存貨為 500 件。由於全部成本法與變動成本法產品成本的內容不同，因此兩法下期末存貨的成本也不相同。

全部成本法下產品成本包含了固定製造費，因此其期末存貨成本就會大於變動成本法下的期末存貨成本。本例中，由於全部成本法將固定製造費用 40 萬元計入產品成本，則按全部成本法計算這 500 件期末存貨就要帶走 10 萬元固定製造費用（200 元×500 件），這 10 萬元固定製造費用隨期末存貨轉入下一期間，本期由銷售收入補償的總成本中固定製造費用就少計了 10 萬元，而只有 30 萬元。而採用變動

成本法，由於它將 40 萬元固定製造費用全部計入當期收益中扣減，期末存貨 500 件中不再含 10 萬元固定製造費用，因此，在這種情況下，按全部成本法計算的淨收益就比按變動成本法計算的淨收益多 10 萬元。

5. 全部成本法和變動成本法的進一步比較

從前面的例子可以看出，全部成本法和變動成本法的一個主要區別就在於，按兩種方法計算出來的稅前利潤不同。這就影響到企業的經濟利益。因此，企業對成本計算方法的選擇十分重視。為了更全面地說明這個問題，下面從連續的幾個期間對全部成本法和變動成本法進行比較研究。

【實例十】宏遠公司 2015—2017 年的產品銷量的有關資料見表 2-9，銷售單價和成本等有關資料見表 2-10。

表 2-9　　　　　　　　　　　　　　　　　　　　　　　　　　單位：件

年度 項目	2015 年	2016 年	2017 年	合計
期初存貨量	0	0	200	0
本期生產量	1,500	1,500	1,300	4,300
本期銷售量	1,500	1,300	1,500	4,300
期末存貨量	0	200	0	0

表 2-10　　　　　　　　　　　　　　　　　　　　　　　　　單位：元

單位售價	2,000
生產成本：	
單位變動成本	1,200
固定成本總額	300,000
推銷及管理成本：	
單位變動成本	0
固定成本總額	200,000

根據表 2-9 和表 2-10 的資料，分別採用全部成本法和變動成本法，編製各個會計年度的損益表，參見表 2-11 和表 2-12。

表 2-11　　　　　　損益表（按全部成本法計算）　　　　　　單位：元

項目	2015 年	2016 年	2017 年	合計
銷售收入	3,000,000	2,600,000	3,000,000	8,600,000
銷售成本				
期初存貨成本	0	0	2,800	0
本期生產成本（按產量計算）				
變動生產成本	1,800,000	1,800,000	1,560,000	5,160,000

表2-11（續）

項目	2015年	2016年	2017年	合計
固定生產成本	300,000	300,000	3,000,000	900,000
可供銷售的成本	2,100,000	2,100,000	2,140,000	6,340,000
減：期末存貨	0	280,000	0	0
銷售成本合計	2,100,000	1,820,000	2,140,000	6,060,000
銷售毛利	900,000	780,000	860,000	2,540,000
稅前利潤	700,000	580,000	660,000	1,940,000

表2-12　　　　　　　　損益表（按變動成本法計算）　　　　　單位：元

項目	2015年	2016年	2017年	合計
銷售收入	3,000,000	2,600,000	3,000,000	8,600,000
變動成本				
變動生產成本（按銷售量計算）	1,800,000	1,560,000	1,800,000	5,160,000
邊際貢獻	1,200,000	1,040,000	1,200,000	3,440,000
減：期間成本	200,000	200,000	200,000	600,000
固定生產成本	300,000	300,000	300,000	900,000
稅前利潤	700,000	540,000	700,000	1,940,000

通過對兩種方法下連續三個會計年度的稅前利潤的計算，可以看出：

（1）兩種方法計算出來的2015年的稅前利潤是相同的。這是因為期初存貨量為零，而當期的產量和銷量又相等，期末存貨量為零。這就可以得出一個結論：如果當期生產量等於銷售量（或期初存貨量與期末存貨量相等），那麼，按兩種方法計算出來的稅前利潤相同。

（2）2016年按全部成本法計算出的稅前利潤為580,000元，按變動成本法計算出的稅前利潤為540,000元，相差40,000元。這是因為當期產量大於銷量，有期末存貨200件。每件存貨的成本，按全部成本法計算為1,400元（1,200元變動生產成本加上200元固定生產成本），按變動成本法計算為1,200元（1,200元變動生產成本），每件相差200元。由於期末存貨增加200件，按全部成本法計算時，就有40,000元（200元/件×200件）的固定生產成本由本會計年度轉到下一會計年度。因此，本會計年度的銷售成本就減少40,000元，稅前利潤也就多了40,000元，這樣，又可以得出一個結論：如果當期的期末存貨增加，按全部成本法計算出的稅前利潤要大於按變動成本法計算出的稅前利潤，其差額為單位產品中的固定成本額與期末存貨增加量的乘積。

（3）2017年的稅前利潤，按全部成本法計算的結果比按變動成本法少40,000元（660,000元-700,000元）。這是因為當年的產量比銷量少200件，從而期末存貨也減少200件。這200件期末存貨是由上一會計年度轉來由本期銷售的。這樣，在採用全部成本法時，本期的銷售成本中，就要包括由期末存貨轉來的上一會計年度的40,000元固定成本。因此，本期的銷售成本增加40,000元，稅前利潤也就減

少 40,000 元。結論是：如果當期的期末存貨量減少，按全部成本法計算的稅前利潤必然小於按變動成本法計算的稅前利潤，其差額為單位產品中的固定生產成本額與期末存貨減少量的乘積。

（4）從連續三個會計年度來看，按兩種方法計算出來的稅前利潤的和技術是相同的，均為 1,940,000 元，這是因為從長期來看，公司的產量和銷量總是基本相等的，期末存貨也不會有什麼變化。

三、變動成本法與全部成本法的爭論

第二次世界大戰以後，變動成本法不僅已被廣泛地應用於美國、日本和西歐各發達國家的企業內部管理，而且理論和實務研究者提出了在對外報告計量損益時，變動成本法能否取代全部成本法的問題。就此問題，兩派學者進行了深入廣泛的討論，但由於兩種成本核算方法都有各自的理論依據，而且它們進行成本核算的目的也不一樣，從而產生了變動成本法與全部成本法並存的現狀。

變動成本法與全部成本法爭論的起點是應否按成本習性劃分產品生產領域的變動成本和固定成本，但爭論的實質在於固定性製造費應當計入產品成本還是期間成本。變動成本法的倡導者認為，按照成本習性，凡是直接與產品生產或銷售相聯繫的，並隨著產銷業務量的增減而成正比例變動的成本費用稱為變動成本。反之，與產品的產銷業務量無直接關聯，不隨業務量變動而變動的成本費用稱為固定成本。固定製造費儘管是在生產領域發生的，但它屬於固定成本，它們與產品的實際生產量無關。

變動成本法進一步認為，固定製造費用只是與企業的生產條件和能力有關的內容，如機器設備的折舊費、保險費、管理人員的工資等。這些費用是企業在一定期間進行生產經營活動所必然發生的，是一種經營能力成本。所以，固定製造費的發生是為了給企業提供一定的生產經營條件並保持一定的生產能力，這些生產經營條件一旦形成後，不管生產能力的實際利用程度如何，有關費用照常發生，如機器設備一旦購進並安裝完畢，就給企業提供了一定的生產條件和生產能力，為提供這種生產條件和生產能力所發生的設備購置支出（即原始購價）必須以折舊形式在企業的生產經營週期內加以收回。即使沒有用該設備生產任何產品，機器設備也會因時間推移而產生自然損耗和因技術進步而產生無形損耗。另外，在使用過程中為保持這種生產能力，也會在一定時期後對該設備加以維修從而發生維修費用。因此，固定性製造費同產品的實際生產量沒有直接聯繫，它的承擔對象不應當是產品，從而不能計入產品成本。固定製造費與產品的實際生產量沒有直接關係，但它們的發生與變化與時間有密切關係。它們隨著生產經營時間的開始而發生，隨著時間的推移而逐漸消逝。在規定的產量相關範圍內，固定製造費既不會因為擴大生產量而有所增加，也不會因削減生產量而有所減少，它們只是為生產經營提供了生產條件和生產能力。而利用這些生產條件和生產能力的機會是隨著時間而逐漸消逝的，所以為提供和保持這種生產條件和生產能力而發生的成本費用也應當是與時間相關的，它們承擔對象應當是時期，作為期間成本處理。如果將固定製造費作為產品成本，它

們的效用就會通過期末存貨遞延到下一個會計期間,由下一個會計期間的收益來補償,這種做法並不符合配比原則的要求。

全部成本法的倡導者認為,既然是計算產品成本,就沒有必要再區分什麼固定製造費用或變動製造費用。這些費用都是為生產產品而發生的,因而在計算產品成本時,理應同等對待,全部計入產品成本中去。只有所有的製造費用都按一定的比例分攤到產品成本中去,這樣計算出來的產品成本才是完全的產品成本。

變動成本法與全部成本法爭論的實質在於應否將固定製造費計入產品成本,儘管產品成本不同於期間成本,但產品成本最終還是與期間成本一樣由各期的收益補償。產品成本與期間成本的區別在於補償的時間不同:產品成本中只有已銷產品的成本才由本期收益補償,未銷產品的成本構成期末存貨成本由以後期間的收益補償;而期間成本則全部由本期收益補償,它並不構成期末存貨成本並遞延到後期。

存貨是一種資產,兩種方法對固定製造費歸屬的爭論又歸結在固定製造費應否作為資產處理上。會計基本理論認為,資產是能給企業帶來未來經濟利益的經濟資源,因此,如果一項成本有產生未來服務的潛力(Future Service Potential),那麼,這項成本就可以被看作是一項資產。比如,預付保險金是一項成本,但由於它可以使企業在未來遭到損失後得到補償,具有一定的保護作用,即具有未來服務的潛在能力,所以,預付保險金也可被認為是一項資產。

主張採用全部成本法的人認為,存貨成本具有未來服務的能力,如果本期的產量超過銷量,那麼,就有一批存貨轉移到下期,並在下期銷售後為下期帶來收益。所以,期末存貨中的所有成本(而不僅是變動成本),都應作為一項資產轉到下期去。折舊費、稅金、保險費、管理人員工資等固定製造費與變動成本一樣,是生產存貨必須要發生的成本,很難想像不發生這些固定費用就能製造出產品來。所以,固定製造費具有產生未來服務的潛力,只有將固定生產成本計入產品成本,才是合理的。

主張採用變動成本法的人認為,一項成本是否具有未來服務能力而成為一項資產,是基於這樣一個前提:現在發生後,將來不會再重複發生相同的成本,即「未來成本的避免」(Future Cost Avoidance)。如果現在一項成本發生後能保證以後不再發生同類成本,那麼,這項成本就具備未來服務的能力。也就是說,作為一項資產,其成本在未來不會再增加。如直接材料等變動性生產成本,現在發生後下期就不會再同樣發生,因此它們應構成資產的成本。而固定生產成本就不具備這樣的能力,今年發生了固定生產成本,明年同樣要發生,固定生產成本並不導致「未來成本的避免」,也就不存在未來服務的能力的問題。因此,沒有理由將固定生產成本作為資產而轉移到以後會計期間去。

四、對全部成本法和變動成本法的評價

(一) 對全部成本法的評價

在西方,全部成本法是一種傳統的計算產品成本的方法,許多年來,在會計實務中,人們都採用這種方法計算產品成本。這種方法的優點是:

(1) 它符合人們對產品成本的傳統看法：產品成本「是為了獲得某些產品或勞務而做出的一切犧牲」。這裡的「一切犧牲」顯然要包括為了生產產品而發生的所有變動成本和固定成本。按全部成本法計算出來的產品成本是符合上述成本定義的。

(2) 按全部成本法計算產品成本，其中的固定生產成本在相關範圍內是一個定數，只要增加產量，單位產品分攤的固定成本就必然減少。所以，採用全部成本法，可以激勵企業以擴大產量的辦法來降低產品成本。

全部成本法的局限性：

(1) 固定生產成本的分攤工作十分繁瑣，要採用不同的分攤方法和分攤標準，在不同的產品中進行攤銷，工作量很大。即使這樣，分攤的結果也不一定精確，主觀隨意性較大。

(2) 管理當局要對經濟活動進行有效的計劃和控制，就有必要將成本按成本特性劃分為固定成本和變動成本，而按全部成本法計算出的產品成本是混合成本，這就不能滿足管理當局的需要。

(3) 採用全部成本法，企業的利潤的多少，不是與銷售量成正比，而是主要受產量的影響，產量多，利潤就多，這就會促使企業盲目擴大產量，而不注重銷量，這是一種不正常的現象。

(二) 對變動成本法的評價

變動成本法自 20 世紀 30 年代產生以來，突破了傳統的成本觀念，得到了會計理論界的認可，並在一定範圍內在實踐中得到運用。因此，有不少會計學者都主張採用變動成本法，並對變動成本法做出了客觀的評價。

1. 變動成本法的主要優點

許多會計學者和會計權威機構認為，變動成本法具有全部成本法不可比擬的優點，它至少在一定程度上彌補了全部成本法的局限性，因此應廣泛推廣運用。變動成本法的優點主要表現在以下幾個方面：

(1) 從理論上來說，這種方法最符合配比原則的要求。

配比原則是公認的會計原則，它要求有關費用的發生應當與它所產生的收入相配合，據以計算某一會計期間的利潤。變動成本法要求將轉作本期費用的成本分為兩大部分：一部分是與產品製造有直接關聯的成本，它作為產品成本，如直接材料、直接人工、變動製造費；另一部分是與產品製造沒有直接關聯的成本，它作為期間成本，如固定製造費、全部推銷費用和管理費用。而且，變動成本法還認為所謂與產品製造有直接關聯，是以成本費用支出與產品生產量這種業務量的依存關係為標準衡量的。這樣，固定製造費是一種「生產經營能力」成本，它與產品生產量沒有這種依存關係，而與會計期間直接關聯，所以應作為期間成本而不是產品成本。

顯然，產品成本應與產品收入相配合，期間成本應與期間收入相配合，這是配比原則的基本要求。儘管支持全部成本法的學者認為固定製造費是為產品製造而發生的，應計入產品成本，但是，配比原則的根本點在於期間的配比而不是產品的配比。這是因為，會計報表中損益表是按期間計算損益的而不是按產品計算損益的，對於產品來說，只是把其中當期已銷售部分的產品成本轉作銷售成本，與當期銷售

收入配比，未銷售的產品成本只能轉作存貨，以便與未來預期獲得的收益配合。所以，在產品上的配比原則也是結合期間來進行的，是本期的產品成本（即銷售成本）與本期的產品收入（即銷售收入）的配比。既然固定製造費是提供生產條件和生產能力而發生的，那麼利用這種條件和能力的機會是隨時期消逝的，當期不利用這些條件和能力就會產生機會損失，這種機會損失不應當通過期末存貨轉移到以後會計期間。

只有把固定製造費列入期間成本，才能解釋某一會計期間沒有製造行為但會產生固定製造費的現象。

（2）能為企業內部管理提供有用的管理信息，體現管理會計作為決策支持系統的本質，管理會計是會計學科與管理學科的有機結合，是以會計信息系統形式存在的決策支持系統，這是管理會計的本質。變動成本法正是體現管理會計這種本質的一種專門方法，而採用變動成本法所計算的變動成本、固定成本和邊際貢獻數據，是企業內部管理最所需和最有用的資料。

變動成本法按成本習性劃分為固定成本和變動成本，揭示了業務量與成本變化的內在規律，進而反應了業務量、成本與利潤的依存關係；所計算的邊際貢獻數據，為企業管理提供了各種產品盈利能力的資料。按成本習性分類的成本資料和邊際貢獻資料，是管理會計規劃目標利潤、制訂全面預算和責任預算、組織生產經營活動、進行業績評價與考核的基礎。變動成本法是為企業內部管理而在會計反應這個會計基本職能上的體現。

（3）能正確評價責任主體的成本管理業績，加強成本控制。

從企業管理的角度出發，變動性生產成本的高低最能反應出生產部門的工作業績，直接材料、直接人工和變動製造費的升降，是生產部門成本控制的結果；至於固定性生產成本的高低，責任一般不在生產部門，通常應由高層管理部門負責。這樣，採用變動成本法，產品成本只是由變動性生產成本構成，其單位產品成本的升降能直接反應生產部門成本控制的效果，單位產品成本直接體現了成本耗費水準。

（4）能正確評價責任主體的銷售工作業績，重視銷售環節，防止盲目生產。在全部成本法下，利潤的高低不僅受銷售量的影響，而且在很大的程度上受生產量的影響。

（5）大大減少了會計核算的工作量。採用變動成本法，把固定生產成本列作期間成本，在本期收入中一次扣除。這樣，不僅節省了固定製造費在各種產品中進行分攤的手續，而且也避免了它們在各種產品之間進行分攤時不可避免的主觀隨意性。

2. 變動成本法的主要缺點

儘管變動成本法在對內管理上有很多優勢，但財務會計核算中一直沒有接受變動成本法，它們認為變動成本法存在如下局限：

（1）成本的劃分並不準確。採用變動成本法的前提是按成本習性將成本劃分為變動成本和固定成本，但由於企業大部分成本費用都是混合成本，這樣就必須先按一定的分解方法分解混合成本。對混合成本的分解是一種粗略的計算，根據不準確的變動成本數據所計算的產品成本自然是不準確的。而且，儘管變動成本法減輕了

成本分攤的工作量，但同時也加重了混合成本分解的工作量和主觀性。

(2) 不符合會計理論的成本概念。在會計理論中，成本是指「為達到特定目的而已經發生或可能發生的，能以貨幣計量的犧牲」。按照這種認識，成本是按「特定目的」或「特定領域」而區分的，而不是按成本習性即與業務量的「依存關係」區分的。所以，產品成本就應當包括發生在產品生產領域內的一切支出，固定製造費用也在其內。變動成本法一方面把固定製造費列作生產成本，另一方面又不把它列入產品成本，這就產生了一種誤解：似乎還存在著不是為了生產產品而發生的生產成本。顯然，變動成本法對固定製造費的處理並不符合一般的成本觀念。

(3) 不適應對外財務報表的要求。財務會計是一種外部會計，它要求所計量的財務狀況和經營成果保持公允、真實。由於變動成本法下固定製造費不計入產品成本而列作期間成本，這樣：一方面期末存貨的成本構成中排除了固定製造費，將影響到資產負債表上的資產價值偏低；另一方面期間成本偏高，又將造成損益表上的淨收益偏低。所以，變動成本法的這種處理，將影響股東等投資者的利益。

(4) 不便於長期決策和定價決策。從長期來看，單位變動成本和固定成本總額很難固定不變，因此按成本習性要求編製的損益表數據，無法用於增減生產能力等長期決策。同時，變動成本法下的產品成本只包括變動性生產成本，不包括固定性生產成本，不便於在接受特殊訂貨等定價決策中依據產品成本來制訂產品價格。

由於上述較為突出的缺點，導致了變動成本法一直未能被財務會計所接受，在對外報告問題上受到了有關各方的強烈反對，目前主要只是用於企業內部管理。

五、變動成本法的具體應用

自變動成本法產生至今，業界對於企業會計在對內和對外兩方面究竟是採用全部成本法還是採用變動成本法來計算成本和收益的爭論不斷，存在著各種觀點與派別。綜合來看，主要有下面三類論調：

(一) 主張企業在對內和對外提供財務報告時都採用變動成本法

美國會計學會（AAA）和美國全國會計人員聯合會（NAA）的許多會員以及一些大企業的經理和管理會計學家，都主張企業在對內和對外提供財務報告時都採用變動成本法。持該主張的人們認為這樣做主要是鑒於：

(1) 全部成本法和變動成本法的主要差異在於二者對固定製造費用處理上不同，變動成本法將固定性製造費用計入當期收益扣減，不僅是由於固定製造費用的成本習性決定的，而且能加快固定製造費用回收的期效。

(2) 採用變動成本法在對內管理上不僅能提供管理需要的資料，而且能正確反應盈利與銷售的關係。

(二) 主張企業在對內和對外提供財務報告時都採用全部成本法

美國目前權威會計機構——美國執業會計師協會（AICPA）、美國證券交易委員會（SEC）和美國國內稅務局（IRS）都持上述主張。他們認為：

(1) 固定製造費用是生產產品必需的支出，它與變動生產成本一樣，都應計入產品生產成本中，而變動成本法對固定製造費用的處理方式違背了人們對成本的一

般認識。

（2）變動成本法提供的資料只能為企業的短期分析服務，而從長期經營來看，則顯得不適，如果一個管理人員習慣於用變動成本法編製會計報表，則會在合同簽訂、價格制定時忽視固定成本，給企業造成損失。

（3）財務報告的讀者——投資人、債權人等，都是以一種長期的觀點來衡量一個企業的經營。為了滿足他們的要求，企業應當提供產品的全部成本資料，而這只能由全部成本法才能實現。正是由於國外的這些權威機構都持上述主張，同時，中國現行會計準則也規定採用全部成本法，因此，國內外企業目前編製對外財務報表，都採用全部成本法。

(三) 主張全部成本法和變動成本法相結合

這個主張的基本認識是：採用變動成本法，以滿足企業內部管理的要求；採用全部成本法，以滿足企業對外財務報告的要求。

這種觀點要求，日常核算以變動成本法為基礎，對外報告則採用全部成本法。這種模式的大致做法是：平時採用變動成本法進行核算，只將變動性生產成本登記匯總，作為產品成本計入「生產費用」科目。同時，將固定製造費單獨歸集於專門設置的「待分配固定製造費」科目中核算。期末，按全部成本法要求分配固定製造費，將「待分配固定製造費」科目的餘額按當期產品銷售的比例在本期已售和未售產品中分攤，已售產品所分配的數額轉入「產品銷售成本」科目，未售產品所分配的數額列入資產負債表中作為「存貨」項目的抵扣項目，同時進一步在產成品和在產品中加以分攤。這樣，對外報告的資產負債表和損益表都是以全部成本法為基礎的，而「生產費用」「產成品」等科目的餘額是以變動成本法為基礎的，既滿足了對外報告的需要，又滿足了內部管理的要求。

思考題

習題答案

1. 什麼是成本特性？
2. 什麼是固定成本？固定成本有什麼特點？
3. 固定成本有哪些類型？
4. 什麼是變動成本？變動成本有什麼特點？
5. 變動成本有哪些類型？
6. 什麼是混合成本？分解混合成本的基本方法有哪些？
7. 什麼是邊際貢獻與邊際貢獻率？如何計算？
8. 邊際貢獻的作用是什麼？
9. 什麼是全部成本法？其基本特點是什麼？有哪些優缺點？
10. 什麼是變動成本法？其基本特點是什麼？有哪些優缺點？
11. 全部成本法與變動成本法都有哪些區別？

計算題

習題一

一、目的：掌握混合成本分解的高低點法。

二、資料：甲公司 2017 年 1—9 月份的產量和製造費用的歷史資料如下表：

月份	產量（件）	製造費用（元）
1	6,250	28,000
2	7,000	29,000
3	5,000	23,000
4	4,250	20,000
5	4,500	22,000
6	3,000	17,000
7	3,750	18,000
8	5,500	24,000
9	5,750	26,000

三、要求：

1. 用高低點法計算該公司每個月的固定製造費用。

2. 該公司估計 2017 年 10 月份將會生產 4,600 件產品，試計算 10 月份的製造費用。

習題二

一、目的：掌握邊際貢獻的計算方法以及與其他因素之間的關係。

二、資料：某公司下屬四個小型工廠，去年每個工廠提供的有關數據如下表（設每個工廠只生產一種產品）：

項目\廠名	銷售數量（件）	銷售收入總額（元）	變動成本總額	單位邊際貢獻	固定成本總額	利潤或（虧損）
甲	15,000	180,000	120,000		50,000	
乙		100,000		10	32,000	8,000
丙	10,000		70,000	13		12,000
丁	6,000	30,000			10,000	(1,000)

三、要求：根據已給資料進行計算，寫出計算過程，並將計算結果填入表中空白處。

習題三：

一、目的：掌握變動成本法和全部成本法在產品成本計算方面的特點。

二、資料：假設大力公司今年僅生產一種產品，不考慮稅收及其他因素，有關資料如下表：

直接材料（元/件）	4
直接人工（元/件）	3
變動製造費用（元/件）	4
固定製造費用（元）	200,000
固定推銷及管理費用（元）	10,000
銷售單價（元/件）	20
生產數量（件）	50,000

三、要求：

1. 用全部成本法計算單位產品成本。
2. 用變動成本法計算單位產品成本。
3. 假設該公司當年只銷售產品 40,000 件，無期初存貨。試計算在全部成本法和變動成本法下各自的淨利潤。

習題四

一、目的：熟悉分別採用全部成本法和變動成本法編製的收益表的特點。

二、資料：假設樂兒公司為新設公司，某年生產一種甲產品，於年初投入生產，資料如下表：

期初存貨（件）	0
生產數量（件）	10,000
銷售數量（件）	9,600
銷售單價（元/件）	1,300
生產成本	
直接材料（元/件）	65
直接人工（元/件）	140
變動製造費用（元/件）	25
固定製造費用（元）	3,800,000
推銷及管理費用	
變動費用（元/件）	60
固定費用（元）	700,000

三、要求：
1. 採用全部成本法編製公司該年度的收益表。
2. 採用變動成本法編製公司該年度的收益表。
3. 兩種成本計算方法下各自計算出來的淨收益是多少？有何不同？原因是什麼？

習題五

某單位 2015—2017 年相關資料如下：

項目 \ 年度	2015 年	2016 年	2017 年
期初存貨	0	0	10,000
本期生產量	80,000	80,000	80,000
本期銷量	80,000	70,000	90,000
期末存貨	0	10,000	0

其中：單位變動成本（包括直接材料、直接人工和變動製造費用）5 元。固定製造費用基於正常生產能力 80,000 件，共計 240,000 元，每件產品應分攤 3 元 (240,000/80,000)。單位產品的售價 12 元。銷售與行政管理費假定全部都是固定成本，每年發生額均為 25,000 元。要求：根據上述材料，不考慮銷售稅金，分別採用變動成本法和完全成本法計算各年稅前利潤。

習題六

假設 A 公司是一家純淨水生產公司，每年僅生產一種產品，2016 年和 2017 年相關資料如下：

	2016 年	2017 年
銷售收入（5 元/噸）	1,000,000	1,500,000
產量（噸）	300,000	200,000
年初產成品存貨數量（噸）	0	100,000
年末產成品存貨數量（噸）	100,000	0
固定生產成本（元）	600,000	600,000
銷售和管理費用（全部固定）	15,000	15,000
單位變動生產成本（元/噸）	1.8	1.8

要求：(1) 用完全成本法為該公司編製這兩年的比較利潤表，並說明為什麼銷售增加 50%，營業淨利反而大為減少。

(2) 用變動成本法根據同樣的資料編製比較利潤表，並將它同上一比較利潤表進行比較，指出哪一種成本法比較重視生產，哪一種成本法比較重視銷售。

第三章
本-量-利分析

學習要點

本量利分析是一種預測分析的方法,是管理會計的基本方法之一。「本」是指成本,「量」是指數量,「利」是指利潤。這三者之間存在內在聯繫,對這種內在聯繫進行分析,就稱為本-量-利分析。

學習本-量-利分析法,可以從四個方面加以掌握:第一,是保本銷售數量的計算與目標利潤銷售數量的計算;第二,是安全邊際的計算和本量利分析的圖示法(包括保本圖和利潤圖);第三,是單一產品保本點的計算與多種產品保本點的計算;第四,運用本-量-利分析法時需要做一些基本的假設;第五,是不確定情況下的本-量-利分析(包括保本分析和目標利潤分析)。

企業的成本由固定成本與變動成本兩部分構成。這兩部分成本之間的比例關係對企業的利潤會產生影響。由此,本章還介紹了營業槓桿及其相關內容。

第一節 本-量-利分析概述

一、本-量-利分析定義

成本-數量-利潤分析(Cost-Volume-Profit Analysis),簡稱為 CVP 分析或本量利分析,它是通過數學分析和圖示分析等形式對銷售數量、銷售單價、變動成本、固定成本等因素與利潤指標的內在聯繫進行研究,以協助企業管理當局進行項目規劃和期間計劃的預測分析方法。

影響企業利潤的因素很多,從會計角度出發,企業利潤主要受銷售收入和銷售成本兩大因素影響。而銷售收入取決於產品銷售價格和銷售數量兩個因素,銷售成本按成本習性可分為變動成本和固定成本。因此,當企業產銷一種產品時,影響企業利潤的因素涉及銷售價格、銷售數量、變動成本和固定成本四個方面。如果企業產銷多種產品時,影響利潤的因素除上述四個之外還包括產品結構因素,即各種產品產銷量或金額占總的產銷量或金額的比重。

本量利分析作為一整套方法體系，它的各種具體方法主要用於企業經營管理工作的預測和決策兩大環節之中。在預測分析中，它既可以預測企業的目標利潤，也可以預測實現目標利潤而相應發生的成本或業務量，還可以預測某些因素發生變化後對其他因素的影響。在決策分析中，可以採用本量利分析中的某些具體技術或原理來計算、分析各個經營方案，從而為管理者選擇最佳經營方案。

企業的日常經營管理工作通常以生產量、銷售量等業務量為起點，以利潤為終點目標，影響利潤的銷售額和成本額因素均與業務量相關，因此，銷售單價、成本、業務量諸因素與利潤的關係表現在下述基本關係式中：

利潤＝銷售收入－銷售成本－期間費用
　　　＝邊際貢獻－固定成本
　　　＝銷售量×（單價－單位變動成本）－固定成本

在上述基本關係式中，含有利潤、業務量、單位變動成本、固定成本、單價等五個相互聯繫的變量，在進行本量利分析時，只要其中四個變量的數值被確定，就可以利用這個關係式推算出另一個變量的數值，這就是本量利分析的原理和根本目的。

二、本－量－利分析的基本假設

運用本－量－利分析，能揭示目標利潤、銷售數量、銷售單價、單位變動成本和固定成本總額等因素之間的內在聯繫，能給企業管理當局提供進行預測和決策所需的資料。所以，本－量－利分析方法不失為一種很好的預測分析方法。但是，在運用這種分析方法時，要注意一些基本的假設。離開這些基本假設，本－量－利分析的結果就會發生偏差。

（1）假設能夠將企業的所有成本都按照成本特性精確地劃分為變動成本和固定成本。

該假設是進行本－量－利分析的重要前提。如果成本劃分不準確，那麼據以提供的數據也是不準確的。

（2）假設企業的銷售收入和銷售成本在相關範圍內呈線性關係。

在相關範圍（或相關時期）內，產品的銷售單價、單位變動成本和企業的固定成本等都保持不變。如果銷售收入和銷售成本呈非線性關係，那麼，就很難準確地計算出企業的保本點。

（3）假設企業產品的銷售結構在相關期間內不發生變化。

由前文可知，如果產品的銷售結構發生變化，勢必影響加權邊際貢獻率的變化，從而導致保本點發生變化。

（4）假設貨幣的幣值在相關期間內不發生變化。

（5）假設企業的生產能力和生產效率在相關期間內不發生變化。

以上是一些主要的基本假設。從這些基本假設來看，有一個共同的特點，就是假設進行本－量－利分析所需的數據在相關範圍內基本處於靜止狀態。但事實上，各種因素都在不同程度地變化著。這樣，分析得出的結果，也只可能是一種近似值，

而不是精確的結果。

雖然本-量-利分析方法有上述局限性，但只要在分析時做到心中有數，並對分析的結果做適當調整，那麼，提供的數據對企業管理人員進行經營預測和決策，仍具有十分重要的參考價值。

第二節　單一產品本-量-利分析

運用本-量-利分析技術，通常把單價、單位變動成本和固定成本總額視為穩定的常量，主要規劃業務量和利潤這兩個變量。在規劃業務量時，按給定的目標利潤要求，可以測算應達到目標利潤的業務量；在規劃目標利潤時，按預計的業務量數值，能夠測算可以達到的預期利潤。

一、盈虧平衡分析

(一) 保本及保本點

盈虧平衡又稱為損益平衡，通常簡稱為保本，它是指企業當期銷售收入與當期成本費用剛好相等、不虧不盈時的狀態。因此，保本的基本公式為：

銷售收入＝銷售成本＋期間費用
　　　　＝變動成本＋固定成本　　　　　　　　　　　　　　　　①

由於邊際貢獻是用來補償固定成本的，補償後的餘額為最終利潤，因此在盈虧平衡、利潤為零時，可得出另一個保本公式：

邊際貢獻＝固定成本　　　　　　　　　　　　　　　　　　　　②

研究企業銷售收入與當期成本費用的平衡關係，並對達到盈虧平衡狀況的業務量進行規劃，稱之為盈虧平衡分析。盈虧平衡分析主要要求規劃保本點，即企業當期銷售收入與當期成本費用相等、不虧不盈時的銷售數量或銷售金額。測算保本點的方法一般有公式法和圖示法兩種。如果用公式法測算，則根據第二個保本公式即公式②得出：

銷售量×（單價－單位變動成本）＝固定成本

因此，保本點銷售數量的測算公式為：

保本銷售量＝固定成本／（單價－單位變動成本）
　　　　　＝固定成本／單位邊際貢獻　　　　　　　　　　　　③

由於銷售金額是銷售數量與單價的乘積，因此，從公式③可以得出保本點銷售金額測算公式為：

保本銷售額＝保本銷售量×銷售單價
　　　　　＝固定成本／邊際貢獻率　　　　　　　　　　　　　④

【實例一】X 製造企業生產和銷售一種螺絲釘，單位變動成本 6 元/盒，單位售價 10 元/盒，該企業每月發生固定成本 200,000 元。問：該企業每月銷售量應達到多少才能保本。

根據保本點銷售數量公式，代入本例有關數據計算如下：
保本銷售量＝固定成本／（銷售單價－單位變動成本）
　　　　　＝200,000／（10-6）＝50,000（盒）
這一結果表明 X 企業每月必須銷售 5 萬盒才能保本。同時，該例邊際貢獻率為：
邊際貢獻率＝單位邊際貢獻／銷售單價
　　　　　＝（10-6）／10＝40％
根據保本點銷售金額公式，代入本例數據計算如下：
保本銷售額＝固定成本／邊際貢獻率
　　　　　＝200,000／40％＝500,000（元）
這一結果表明，X 企業每月銷售金額必須達到 50 萬元才能保本。

保本分析的主要作用在於使有關管理者在經營活動發生之前，對該項經營活動的盈虧情況做到心中有數。例如，X 企業通過計算就可在生產和銷售螺絲釘之前十分清楚地知道：按照有關成本開支情況，每月的銷售數量必須達到 5 萬盒、銷售金額必須達到 50 萬元才能實現保本。銷售若低於此目標，經營結果必須虧損，高於此目標才會實現盈利，這就為該企業是否從事這種螺絲釘的生產和銷售提供了依據。

除上述作用外，還可利用保本分析原理進行有關預測和決策分析。

（二）降低保本點的途徑

企業經營管理者總是希望企業的保本點越低越好，保本點越低，企業的經營風險就越小。從保本點的兩個計算公式即公式③和公式④可以看出，降低保本點的途徑在於：

（1）降低固定成本總額。在其他因素不變時，保本點的降低幅度與固定成本的降低幅度相同。

（2）降低單位變動成本。在其他因素不變時，通過降低單位變動成本降低保本點，兩者降低的幅度並不一致。

（3）提高銷售單價。在其他因素不變時，通過提高單價來降低保本點，兩者的變動幅度並不一致。

二、目標利潤分析

（一）保利點

實現保本僅僅是企業經營的基礎，企業經營的最終目的或驅動力就在於為社會提供優質產品和服務的同時獲取最大限度的利潤。如果企業在經營活動開始之前就根據有關收支狀況確定了目標利潤，那麼，就可以計算確定為實現目標利潤而必須達到的銷售數量和銷售金額，即測算保利點。公式如下：

由於

目標利潤＝銷售數量×（銷售單價－單位變動成本－固定成本）

所以

實現目標利潤的銷售數量＝（固定成本＋目標利潤）／（銷售單價－單位變動成本）
　　　　　　　　　　　＝（固定成本＋目標利潤）／單位邊際貢獻　　⑤

根據保本點銷售金額公式原理，目標利潤的銷售金額公式建立如下：

實現目標利潤的銷售金額＝（固定成本+目標利潤）/邊際貢獻率

　　　　　　　　　　＝（固定成本+目標利潤）/（1-變動成本率）　　　　⑥

【實例二】按照例一資料，假若該企業希望獲取目標利潤100,000元，則必須達到的銷售數量和銷售金額計算如下：

實現目標利潤的銷售數量＝（200,000+100,000）/（10-6）＝75,000（盒）

實現目標利潤的銷售金額＝（200,000+100,000）/40%＝750,000（元）

這一結果表明，該企業產銷數量必須達到75萬盒，金額必須達到75萬元才能實現10萬元的目標利潤。

值得一提的是，上述兩公式中的目標利潤一般是指稅前（所得稅）利潤，如果企業的目標利潤為稅後利潤，則應做如下調整：

由於：稅後利潤＝稅前利潤×（1-稅率）

實現目標利潤的銷售數量＝[固定成本+稅後利潤/（1-稅率）]/單位邊際貢獻

實現目標利潤的銷售金額＝[固定成本+稅後利潤/（1-稅率）]/邊際貢獻率

【實例三】假設X企業的目標利潤100,000元為稅後利潤，所得稅率為30%，其他數據不變，則：

實現目標利潤的銷售數量＝[200,000+100,000/（1-30%）]/（10-6）

　　　　　　　　　　　＝85,714（盒）

實現目標利潤的銷售數量＝[200,000+100,000/（1-30%）]/40%

　　　　　　　　　　　＝857,142.86（元）

進行目標利潤點的銷售數量和銷售金額的計算與分析，其目的仍同於保本點的計算與分析目的，主要為企業經營提供依據，使經營管理人員在經營活動開始之前做到心中有數。

（二）實現目標利潤的措施

在本量利分析的諸個相關聯的要素中，核心要素是目標利潤，它既是企業經營的動力和目標，也是本量利分析的中心。如果企業在經營中根據實際情況規劃了目標利潤後，那麼對其他因素的調整就是實現目標利潤的條件。例如，企業要實現目標利潤，在其他因素不變時，銷售數量或銷售價格應當提高，而固定成本或單位變動成本則應下降。

【實例四】仍以例二的資料為例，X企業原來的目標利潤為100,000元，在此目標利潤下，銷售單價為10元，銷售數量為75,000盒，固定成本200,000元，單位變動成本6元。現在假定該公司將目標利潤定為150,000元，問：從單個因素來看，影響目標利潤的四個基本要素該做怎樣的調整？

調整措施有如下四種：

（1）銷售數量＝（固定成本+目標利潤）/（銷售單價-單位變動成本）

　　　　　　　＝（200,000+150,000）/（10-6）＝87,500（盒）

（2）銷售價格＝（固定成本+目標利潤）/銷售數量+單位變動成本

　　　　　　　＝（200,000+150,000）/75,000+6＝10.67（元）

（3）固定成本＝銷售數量×（銷售單價－單位變動成本）－目標利潤
　　　　　　　＝75,000×（10-6）-150,000
　　　　　　　＝150,000（元）
（4）單位變動成本＝銷售單價－（固定成本＋目標利潤）/銷售數量
　　　　　　　　＝10-（200,000+150,000）/75,000
　　　　　　　　＝5.33（元）

計算結果表明，該公司目標利潤定為 150,000 元，比原來的目標利潤增加 50,000 元（150,000 元-100,000 元）。為確保現行目標利潤的實現，從單個因素來看：銷售數量應上升到 87,500 盒，比原來的銷售數量增加 12,500 盒（87,500 盒-75,000 盒）；或銷售單價應上升為 10.67 元，比原來的售價增加 0.67 元（10.67 元-10 元）；或固定成本應下降到 150,000 元，比原來的固定成本降低 50,000 元（200,000 元-150,000 元）；或單位變動成本下降到 5.33 元，比原來的單位變動成本降低 0.67 元（6 元-5.33 元）。

三、本-量-利分析圖示法

用圖示法進行保本分析和目標利潤分析，可以根據不同的管理需求，繪製多種多樣的圖示，主要有保本圖和利潤圖。

（一）保本圖

通過繪製保本圖，可以確定保本點，並進而進行相關分析。現以例一資料為依據，介紹保本圖的繪製步驟（參見圖 3-1）如下：

（1）建立坐標圖，以橫軸代表業務量（此例為銷售數量），縱軸代表金額（此例為成本額和銷售額）。

（2）根據實例建立直線函數關係式，此例為：

總收入（S）＝10×銷售數量
總成本（C）＝200,000+6×銷售數量

（3）畫一條代表固定成本的與橫軸平行的直線（此例為金額 200,000 元）。

（4）在橫軸上任選某一銷售數量，再根據第（2）步建立的關係式，計算出該點的收入和成本。

此例假設銷售數量為 75,000 盒，則：

總收入＝10×75,000＝750,000（元）
總成本＝200,000+6×75,000＝650,000（元）

（5）將點（橫軸 75,000 盒，縱軸 750,000 元）與原點相連，即形成銷售收入直線；將點（橫軸 75,000 盒，縱軸 650,000 元）與點（橫軸 0，縱軸 200,000 元）相連，即形成總成本直線。

（6）總成本線與總收入線相交點即為保本點，對應到橫軸上即為保本點數量，對應到縱軸上即為保本點金額。

金額(元)

750 000 ——— 相關範圍　　　總收入線

500 000 ——— 保本點　　　總成本線

　　　　　　　　　盈利區

200 000

　　　　　虧損區

0　　　　50 000　75 000　銷售數量(盒)

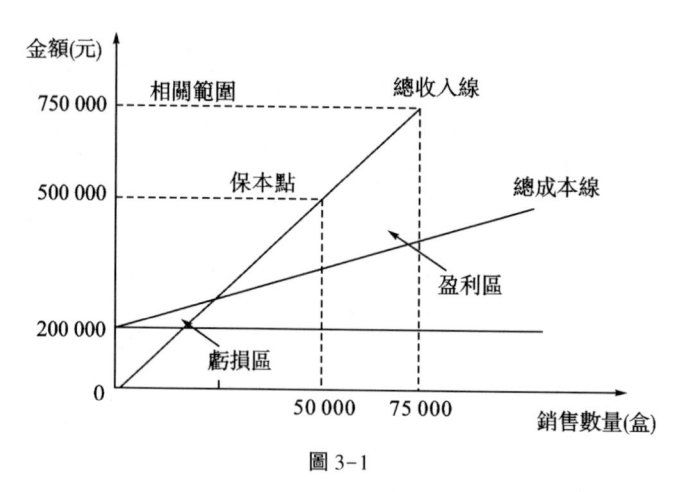

圖 3-1

通過保本圖 3-1，可以做出如下規律性分析和結論：

（1）可以從圖中瞭解收入、成本的變動趨勢，並確定保本點的數量和保本點的金額（如：X 企業保本點數量為 50,000 盒，保本點金額為 500,000 元）。

（2）在保本點以下的收入線和成本線相夾的區域為虧損區，在保本點以上的收入線和成本線相夾的區域為盈利區，因此，只要得知銷售數量或銷售金額信息，就可在圖上判明該銷售狀態下的結果是虧損還是盈利，使用十分方便。

（3）在總成本一定的條件下，保本點的高低取決於銷售單價的變動。若銷售單價越高，則保本點相應降低，反之，若銷售單價越低，則保本點也相應提高。

（4）在銷售收入一定的條件下，保本點的高低取決於固定成本和單位變動成本的多寡。若固定成本和單位變動成本越高，則保本點越高，反之，若固定成本和單位變動成本越低，則保本點也就越低。

（二）利潤圖

利潤圖又稱為量利式保本分析圖。通過繪製利潤圖也可以進行本量利分析。現仍以例一資料為依據繪製利潤圖如圖 3-2 所示。

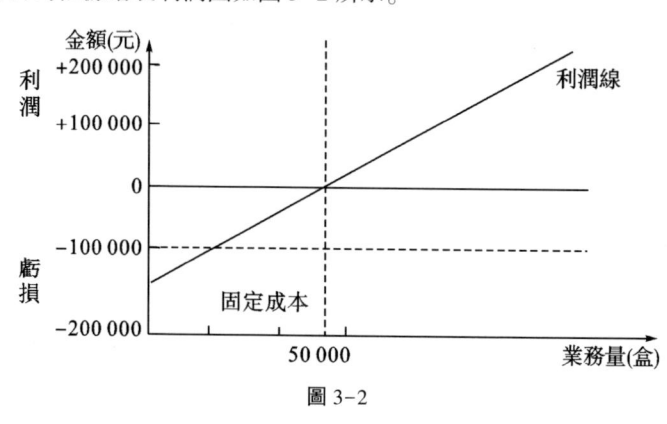

金額(元)

利　+200 000　　　　　　　利潤線
潤　+100 000

　　　　0

虧　-100 000
損　　　　　　固定成本
　　-200 000

　　　　　50 000　　　業務量(盒)

圖 3-2

利潤圖的做法步驟為：
（1）建立坐標圖（取坐標的第一、第四象限），以橫軸代表銷售數量，縱軸代表利潤（或虧損）金額。
（2）建立利潤直線函數關係式，此例為：
利潤＝銷售數量×銷售單價－（銷售數量×單位變動成本＋固定成本）
$y = 10x - (200,000 + 6x) = 4x - 200,000$
（3）在坐標圖上任找兩點，本例為（$x_1 = 0$，$y_1 = -200,000$）和（$x_2 = 75,000$，$y_2 = 100,000$），將兩點相連並延長，即構成利潤直線。
（4）利潤直線與橫軸相交點為保本點銷售數量。之下為虧損區域，之上為利潤區域。利潤圖的主要優點是形象直觀，正數區域為利潤，負數區域為虧損，符合人們的一般習慣，同時能提供保本點數量資料。但此圖無法提供銷售收入和銷售成本的信息。

第三節　多種產品本-量-利分析

前面對保本進行分析是以企業只銷售一種產品為前提的，而大多數企業都同時進行著多種產品的生產和經營，由於各種產品的銷售單價、單位變動成本、固定成本不一樣，從而造成各種產品的邊際貢獻或邊際貢獻率不一致。因此，需要對多種產品進行保本分析。

不同類型的產品的數量是不能簡單加總的，因此，在進行多種產品的保本分析時，一般是計算多種產品的綜合保本銷售金額，然後，再據以分別計算每種產品的保本銷售金額和保本銷售數量。具體步驟如下：
（1）計算出全部產品的總銷售金額；
（2）計算出各種產品銷售額占全部產品銷售總額的比重，即銷售比重；
（3）計算加權邊際貢獻率，計算公式為：
加權邊際貢獻率總計＝Σ每種產品的邊際貢獻率×該種產品的銷售比重
（4）計算綜合保本銷售金額，計算公式為：
綜合保本銷售金額＝固定成本總額/加權邊際貢獻率總計
（5）計算各種產品的保本銷售金額和保本銷售數量，計算公式為：
每種產品的保本銷售金額＝綜合保本銷售金額×每種產品的銷售比重
每種產品的保本銷售數量＝每種產品的保本銷售金額/該種產品的銷售單價
【實例五】假定某文具生產廠商2017年在銷售鉛筆的同時，還同時銷售圓珠筆和橡皮擦，三種產品有關資料如下，見表3-1。

表 3-1　　　　　　　　　　　產品資料表

摘要	鉛筆	圓珠筆	橡皮擦	全年
銷售數量（盒）	5,000	4,000	1,000	
銷售單價（元）	12	15	16	
單位變動成本（元）①	3	4	5	
固定成本總額				270,000

註：①這裡的單位變動成本是指商品的進貨單價。

根據上述資料測算該文具生產廠商同時銷售三種產品的全部產品保本銷售總額和各種產品保本銷售額時，先根據單位邊際貢獻計算各種產品的邊際貢獻率，然後再根據銷售金額比重計算加權邊際貢獻率，最終計算出全部產品綜合保本銷售額和各種產品的保本銷售額與銷售量。

根據表 3-1 資料，計算如表 3-2 和表 3-3 所示。

表 3-2　　　　　　　　　加權邊際貢獻率計算表

摘要	鉛筆	圓珠筆	橡皮擦	合計
單位邊際貢獻（元）	9	11	11	
邊際貢獻率	75%	73.33%	68.75%	
邊際貢獻總額（元）	45,000	44,000	11,000	100,000
銷售收入（元）	60,000	60,000	16,000	136,000
銷售比重	44.12%	44.12%	11.76%	100
加權邊際貢獻率	33.09%	32.35%	8.09%	73.53%

所以，綜合保本銷售額 = 270,000/73.53% = 367,197.06（元）。

表 3-3　　　　　　　　　　各產品的保本點

項目	保本銷售額（元）	保本銷售數量（盒）
鉛筆	367,197.06×44.12% = 162,007.34	162,007.34/12 = 13,500
圓珠筆	367,197.06×44.12% = 162,007.34	162,007.34/15 = 10,800
橡皮擦	367,197.06×11.76% = 43,182.37	43,182.37/16 = 2,698

如果已經知道每種產品的銷售比重和單位邊際貢獻，還可以通過以下方法計算出每種產品的保本銷售數量。

(1) 計算加權的單位邊際貢獻。

加權的單位邊際貢獻 = Σ 每種產品的銷售比重×該種產品的單位邊際貢獻

根據表 3-1 中的資料，計算加權的單位邊際貢獻，參見表 3-4。

表 3-4

項目	銷售比重（元）(1)	單位邊際貢獻 (2)	加權的單位邊際貢獻 (3)＝(1)×(2)
鉛筆	44.12%	9	3.97
圓珠筆	44.12%	11	4.85
橡皮擦	11.76%	11	1.29
合計	100%	—	10.11

（2）計算三種產品的綜合保本銷售數量。

綜合保本銷售數量＝固定成本總額/加權的單位邊際貢獻＝270,000/10.11＝26,706（盒）

（3）計算每種產品的保本銷售數量。

每種產品的保本銷售數量＝綜合保本銷售數量×每種產品的銷售比重

代入數字後，計算如表 3-5 所示。

表 3-5

項目	保本銷售數量（盒）
鉛筆	26,706×44.12%＝11,783
圓珠筆	26,706×44.12%＝11,783
橡皮擦	26,706×11.76%＝3,140
合計	26,706

註：不同產品的數量本來是不能相加的，這裡的合計數是在計算保本銷售數量這個具體情況下加總的。

第四節　本-量-利分析的其他技術

本量利分析除了包括能對企業單一產品或多種產品進行盈虧平衡分析和目標利潤分析外，還包括其他一些分析技術方法，如安全邊際分析、營業槓桿分析、敏感性分析、風險分析等。

一、安全邊際分析

安全邊際是指企業實際（或預算）銷售點與保本銷售點之間的差額，它有兩種表現形式：一種是絕對數，即安全邊際；另一種是相對數，即安全邊際率。

保本點是企業經營成果允許下降的下限，作為經營者，總是希望企業在保本的基礎上獲取更大的利潤。於是，在經營活動開始之前，根據企業具體條件，通過分析，制訂出實現目標利潤的銷售數量（或銷售金額），形成安全邊際。

一般來講，安全邊際體現了企業在生產經營中的風險程度大小。由於保本點是

下限,所以,目標銷售量(或銷售金額)和實際銷售量(或銷售金額)二者與保本點銷售量(或銷售金額)差距越大,安全邊際或安全邊際率越大,反應出該企業經營風險越小;反之則相反。

計算安全邊際既可以採用公式法,也可以採用圖示法。
公式法的計算公式如下:
安全邊際=預算(或實際)銷售數量-保本點銷售數量
　　　　=預算(或實際)銷售金額-保本點銷售金額
安全邊際率=安全邊際額數量(金額)/預算(或實際)銷售數量(或銷售金額)

【實例六】以例五數據為例,該文具生產廠商保本銷售數量為1,000盒,保本點銷售金額為15,000元;實現目標利潤12,000元的銷售數量為2,334盒,銷售金額為35,000元,根據安全邊際和安全邊際率公式計算如下:
安全邊際銷售數量=2,334-1,000=1,334(盒)
安全邊際銷售金額=35,000-15,000=20,000(元)
安全邊際率=1,334盒/2,334盒=20,000元/35,000元=57%

安全邊際體現了企業生產經營風險的大小,它是企業未來銷售數量或金額達不到目標銷售數量或金額時允許下降的最大限度,安全邊際越大,允許下降的限度越寬,經營風險越小。

保本點銷售量所提供的邊際貢獻為企業收回了固定成本,而安全邊際所提供的邊際貢獻則為企業提供了淨利潤。也就是說,超過保本點所取得的邊際貢獻就是最終利潤,這種關係如下:
利潤=安全邊際額×邊際貢獻率
　　=(實際收入-保本點收入)×邊際貢獻率
銷售利潤率=安全邊際率×邊際貢獻率

從上面關係式可以看出,要提高企業的銷售利潤率水準,途徑之一是提高現有銷售水準,提高安全邊際率;途徑之二是降低變動成本,提高邊際貢獻率。

二、營業槓桿分析

營業槓桿是企業經營管理的重要方法,尤其是在預測和決策分析時不可忽視。由於營業槓桿分析主要涉及產(銷)量、成本和利潤三個方面,故可視為本量利分析的內容之一。

(一)營業槓桿的基本原理

產品的成本可按成本習性劃分為固定成本和變動成本兩部分,固定成本和變動成本之間的這種比例在管理會計中稱為成本結構。

由於成本結構的不同,因此如果固定成本所占的比重較大,那麼在固定成本總額較高時的成本結構下,單位產品分攤的固定成本數額也就較大。因此,當產銷量發生變動時,利潤一方面直接隨銷量變動而變動,另一方面產銷量變動導致單位產品固定成本的變動,又間接影響利潤額的變動。這樣,利潤會以更大的幅度變動。

所以,營業槓桿是指由於固定成本的存在,從而使企業利潤的變動幅度大於產

銷量的變動幅度的現象。不同產品、不同企業、不同時期的成本結構不同，就會產生不同的營業槓桿。如果企業只有變動成本而沒有固定成本，也就不存在成本結構，自然也不會產生營業槓桿現象。因此，對於同一產銷業務量而言，營業槓桿越大，說明企業的成本結構中固定成本數額也越高。

【實例七】假設甲公司和乙公司都生產同樣一種產品，兩個公司目前有關資料如表3-6所示。

表3-6

公司	銷售單價（元）	銷售數量（臺）	固定成本（元）	單位變動成本（元）
甲	10,000	100	700,000	1,000
乙	10,000	100	200,000	6,000

根據表3-6的資料，編表計算兩個公司的利潤如下，見表3-7。

表3-7

項目	甲公司（元）	乙公司（元）
銷售收入	1,000,000	1,000,000
減：變動成本	100,000	600,000
邊際貢獻	900,000	400,000
減：固定成本	700,000	200,000
稅前利潤	200,000	200,000

由表3-7可知，兩個公司的成本結構不相同，邊際貢獻也不相同，但稅前利潤是相同的。這樣看來，似乎成本結構對公司的稅前利潤並無影響。但是假若兩個公司的銷售數量都同時增加20%，在其他因素不變的條件下，編表計算兩個公司的利潤，如表3-8所示。

表3-8

項目	甲公司（元）	乙公司（元）
銷售收入	1,200,000	1,200,000
減：變動成本	120,000	720,000
邊際貢獻	1,080,000	480,000
減：固定成本	700,000	200,000
稅前利潤	380,000	280,000

根據表3-8可知，將兩公司的銷售數量同時增加20%，則淨收益情況就會發生變動，此時，甲公司淨收益增長幅度為90%，乙公司淨收益增長幅度為40%，甲公司幅度大於乙公司幅度（見表3-8）。原因在於：甲公司的成本結構表現為固定成本

總額大，單位變動成本小，通過銷售數量的增加就可以較大幅度降低單位產品成本，從而增加淨利益；而乙公司由於成本結構表現為固定成本總額小，單位變動成本大，因此，通過銷售數量的增加從而降低單位產品成本的幅度低於甲公司，利潤增長幅度自然也就低於甲公司。

（二）營業槓桿系數

如果將企業的產銷業務量固定在一個水準上，即可計算出企業的營業槓桿大小程度。營業槓桿的大小程度是通過營業槓桿系數表達的。營業槓桿系數，簡稱為DOL（Degree of Operating Leverage）。從其概念出發，它是企業利潤變動幅度相對於銷售量變動幅度的倍數程度（多種產品情況下用銷售額變動幅度）。營業槓桿系數是邊際貢獻與稅前利潤之比，即：

營業槓桿系數＝邊際貢獻/稅前利潤

以表 3-8 的資料為例，在銷售額為 100 萬元的水準上，有：

甲公司

淨收益變動率＝（380,000－200,000）/200,000＝90%

銷售變動率＝（1,200,000－1,000,000）/1,000,000＝20%

營業槓桿系數 DOL＝90%/20%＝4.5

乙公司

淨收益變動率＝（280,000－200,000）/200,000＝40%

銷售變動率＝（1,200,000－1,000,000）/1,000,000＝20%

營業槓桿系數 DOL＝40%/20%＝2

（三）營業槓桿的作用

通過對營業槓桿產生的原因及性質的分析，在企業內部管理中我們可以利用營業槓桿的這些性質特點來加強日常經營管理，具體作用在於：

（1）用於衡量企業經營風險。營業槓桿系數大小反應了產銷量變動對利潤的影響程度，槓桿作用程度越大，說明產銷量變動對利潤的影響比較敏感，只要增加較少的產銷量，就能增加較多的利潤；反之，當產銷量稍有下降時，利潤會以更大幅度降低。因此，營業槓桿程度大小體現了企業經營風險程度。這種原理與安全邊際體現經營風險的原理是一致的，在給定的成本結構下，銷售額水準越接近保本點，槓桿系數逐漸增大，安全邊際也逐漸縮小。

（2）幫助企業調整成本結構。營業槓桿作用越大，儘管經營風險越高，但企業獲利可能性也越高。一旦銷售水準稍有上升，就會使利潤上升幅度更大。因此，當產品供不應求、市場銷售狀況景氣時，企業應選擇資本密集型生產方式，採用固定成本高的成本結構，充分利用營業槓桿效用；反之，當產品供過於求、市場銷售狀況不景氣，特別是接近保本點銷售時，企業應選擇人工密集型生產方式，採用單位變動成本高的成本結構，盡量避免營業槓桿的副作用。

（3）預測規劃未來的營業利潤和業務量水準。在已知營業槓桿的條件下，若預知未來規劃期的銷售量，則可直接迅速計算出未來規劃期的淨收益，而無須通過預計損益表編表測算。即有：

計劃期淨收益＝基期淨收益×（1+銷售變動率×營業杆系數）

三、不確定情況下的本-量-利分析

前文已述及，進行本-量-利分析時，至少涉及五個基本要素：銷售數量、銷售單價、固定成本總額、單位變動成本和目標利潤。在前面的論述中，我們都假設上述五個要素都是定數（即已知數）。但在實際生活中，上述五個要素實際上是在不斷變化的。五個要素又是相互關聯的，任何一個要素發生變化，都會導致分析結果發生變化。這樣，我們就有必要針對這些不確定情況，採用專門的方法，進行本-量-利分析，這就是不確定情況下的本-量-利分析。

不確定情況下的本-量-利分析又分為兩種：一種是不確定下的保本分析；一種是不確定情況下的目標利潤分析。

（一）不確定情況下的保本分析

保本分析分為單一產品保本分析和多種產品保本分析。為了便於說明，現僅以單一產品為例加以闡述。

進行單一產品的保本分析，需要取得三種數據，即銷售單價、單位變動成本和固定成本總額。由於進行的是不確定情況下的保本分析，所以還需要對每種數據可能發生的金額及其概率進行估計。

不確定情況下的保本分析的基本步驟如下：

第一，對銷售單價、單位變動成本和固定成本可能發生的金額及其每種金額的概率進行估計；

第二，對三個因素可能發生的金額及其概率進行搭配；

第三，計算出每一組合搭配下的保本點數量和聯合概率；

第四，以聯合概率為系數，計算出每一組合搭配下的保本數量，然後將各組保本數量加總，即可求得該種產品在不確定情況下的保本銷售數量。

現舉例說明如下：

【實例八】某公司產銷一種 A 產品，該產品的銷售單價、單位變動成本和固定成本總額的金額數據及其概率參見表 3-9。

表 3-9

項目	金額（元）	概率
銷售單價	20	0.7
	21	0.3
單位變動成本	16	0.8
	17	0.2
固定成本總額	40,000	0.6
	45,000	0.4

根據上述資料，可編製出不確定情況下的保本分析表，參見 3-10。

表 3-10

組合	銷售單價		單位變動成本		固定成本總額		保本銷售數量（件）	聯合概率	組合保本銷售數量（件）
	金額(元)	概率	金額(元)	概率	金額(元)	概率			
1	20	0.7	16	0.8	40,000	0.6	10,000	0.336	3,360
2	20	0.7	16	0.8	45,000	0.4	11,250	0.224	2,520
3	20	0.7	17	0.2	40,000	0.6	13,333	0.084	1,120
4	20	0.7	17	0.2	45,000	0.4	15,000	0.056	840
5	21	0.3	16	0.8	40,000	0.6	8,000	0.144	1,152
6	21	0.3	16	0.8	45,000	0.4	9,000	0.096	864
7	21	0.3	17	0.2	40,000	0.6	8,000	0.036	288
8	21	0.3	17	0.2	45,000	0.4	9,000	0.024	216
合　　計								1.000	10,360

表 3-10 的計算說明：以表中第一組數據為例，當產品的售價為 20 元，單位變動成本為 16 元，固定成本總額為 40,000 元時，保本銷售數量的計算公式為：

保本銷售數量＝40,000／(20－16) ＝ 10,000（件）

在這種情況下出現的聯合概率為：

0.7×0.8×0.6＝0.336

由此，得到該組合形式下的保本銷售數量為：

10,000 件×0.336＝3,360（件）

（二）不確定情況下的目標利潤分析

不確定情況下的目標利潤分析可以在保本分析的基礎上進行。只要把保本分析表的有關欄目稍加改變，即可根據有關數據，編製出不確定情況下的目標利潤分析表。現仍根據實例八的有關數據，設 A 產品的目標利潤為 10,000 元，則可編製出目標利潤分析表，參見表 3-11。

表 3-11　　　　　不確定情況下的目標利潤分析表

組合	銷售單價		單位變動成本		固定成本總額		目標利潤銷售數量（件）	聯合概率	組合目標利潤銷售數量（件）
	金額（元）	概率	金額（元）	概率	金額（元）	概率			
1	20	0.7	16	0.8	40,000	0.6	12,500	0.336	4,200
2	20	0.7	16	0.8	45,000	0.4	13,750	0.224	3,080
3	20	0.7	17	0.2	40,000	0.6	16,667	0.084	1,400
4	20	0.7	17	0.2	45,000	0.4	18,333	0.056	1,027
5	21	0.3	16	0.8	40,000	0.6	10,000	0.144	1,440
6	21	0.3	16	0.8	45,000	0.4	11,000	0.096	1,056

表3-11(續)

組合	銷售單價 金額（元）	概率	單位變動成本 金額（元）	概率	固定成本總額 金額（元）	概率	目標利潤銷售數量（件）	聯合概率	組合目標利潤銷售數量（件）
7	21	0.3	17	0.2	40,000	0.6	12,500	0.036	450
8	21	0.3	17	0.2	45,000	0.4	13,750	0.024	330
合　　　計								1.000	12,983

綜上所述，要進行不確定情況下的保本分析和目標利潤分析，關鍵是要估計出銷售單價、單位變動成本和固定成本總額等各要素可能發生的金額及其概率。由於事先考慮到了各種因素可能出現的情況，並且採用比較科學的方法進行計算，因此，其計算結果更能接近未來的實際情況。但是，這種分析方法的基本點是對要素概率進行估計，由於是估計，因此仍帶有一定的隨意性。同時，當各要素出現多種可能情況時，其計算工作量是相當大的。如果再把多種產品的因素加進去，則計算難度更大。

思考題

1. 什麼是本量利分析？其基本原理是什麼？
2. 什麼是保本？保本的基本公式有哪些？
3. 什麼是保本點？保本點的基本公式有哪些？
4. 什麼是目標利潤？如何計算？
5. 什麼是營業槓桿？如何計算？
6. 多種產品的保本分析有什麼
7. 本-量-利分析的基本假設條件有哪些？為什麼？
8. 什麼是安全邊際分析？它與企業經營風險有何關係？
9. 試比較利潤對固定成本、單位變動成本、單價以及銷量等因素變化的敏感程度。

計算題

習題一

一、目的：掌握保本銷售數量和保本銷售金額的預測方法。

二、資料：甲公司只生產一種X產品，有關資料如下表：

銷售單價	80
每件變動費用	
直接材料	20
直接人工	18
變動製造費用	10
固定費用（年）	
折舊費	12,000
房屋租金	24,000
推銷費用	16,000
管理費用	20,000

三、要求：（以下各小題之間無聯繫）

1. 計算 X 產品的保本銷售數量和保本銷售金額。

2. 該公司為了擴大銷售數量，計劃刊登廣告，每年需開支廣告費 48,000 元，其他條件不變。這樣，保本銷售數量和保本銷售金額是多少？

3. 如果每件 X 產品的變動費用減少 3 元，那麼該公司的保本銷售數量和保本銷售金額又將是多少？

習題二

一、目的：掌握安全邊際以及本量利分析中的有關因素的計算方法。

二、資料：大力公司只生產一種 A 產品，有關資料如下表：

銷售單價（元）	10
單位變動成本（元）	5
固定成本（元/月）	20,000
預計銷售數量	5,000

三、要求：

1. 計算該公司的保本銷售數量和保本銷售金額。

2. 計算 A 產品的安全邊際（數量和金額）

3. 根據上面所給的資料數據，如果公司要求每月獲得利潤 10,000 元，要求計算（以下各題之間無聯繫）：

(1) 銷售單價應為多少？

(2) 單位變動成本應為多少？

(3) 每月固定成本總額應為多少？

(4) 每月銷售數量應為多少？

習題三

一、目的：練習測算本-量-利分析中諸因素發生變動後對目標利潤的影響。

二、資料：中亞公司去年銷售一種燈具，每件售價20元，產銷數量40,000件，有關資料如下表：

直接材料（元/件）	4.5
直接人工（元/件）	3.5
變動製造費用（元/件）	3
固定製造費用（元/件）	2.5
變動銷售費用（元/件）	1.5
固定銷售費用（元/年）	195,000

在上述資料的基礎上，該公司擬從四個方案中選擇一個：

1. 增加廣告費5,000元，銷售數量可增加20%；
2. 售價降低1元，銷售數量可增加30%；
3. 如取消單位變動銷售費用，則需增加固定銷售費用30,000元，銷售數量可增加5%；
4. 減少固定費用20,000元，銷售數量降低5%。

試問：從盈利的角度看，公司應採用哪一個方案？

習題四

一、目的：掌握多種產品保本分析的方法。

二、資料：假定凱歌公司在計劃期內生產並銷售甲、乙、丙三種產品，有關資料如下表：

品名　　項目	甲	乙	丙	合計
銷售單價（元）	500	1,000	800	
單位變動成本（元）	420	820	680	
銷售數量（件）	80	80	100	
固定成本總額（元）				59,040

三、要求：

1. 計算該公司的保本銷售金額。
2. 計算每種產品的保本銷售金額和保本銷售數量。
3. 如要求獲得目標利潤8,200元，則該公司的目標利潤銷售金額應為多少？

第四章
短期經營決策分析

學習要點

　　現代管理會計學認為，企業的經營管理過程實際上就是決策的過程。短期經營決策是企業決策的重要內容。

　　短期經營決策是企業的日常經營決策，其對企業經營效益的影響時間在一年以內，故稱為短期決策。

　　本章主要闡述短期經營決策的概念、分類、程序和短期經營決策分析的基本方法以及短期經營決策在產品生產環節的運用，通過本章的學習，應該深刻瞭解各種成本的內涵及其在決策分析中的重要性，重點掌握短期經營決策分析的各種方法，並能熟練運用這些方法對產品的生產決策進行分析與評價。

第一節　短期經營決策概述

　　現代管理學認為，管理的重心在經營，經營的重心在決策。決策的正確與否，往往關係到一個企業的興衰存亡，因此，在科學預測的基礎上，利用會計信息進行決策分析，是管理會計的核心內容之一。

一、企業經營決策的意義

　　決策（Decision Making）是指企業管理者在現實條件下，為了達到預期的經營目標，通過預測及對比分析，在兩個以上的可行方案中選擇最佳方案的行為過程。

　　決策是事先做出的抉擇，正確的經營決策是企業正確進行生產經營活動的前提和基礎。決策是否正確，不僅直接影響企業的經濟效益，甚至關係到企業的盛衰成敗，從這個意義上說，決策是企業經營管理的核心問題。一個管理者每天都會採取許多行動，也就是說每天都會做出許多決策，有正確的決策，也有錯誤的決策。決策者的職位越高，他做出的決策就越重要，影響的範圍越大、程度越深。企業管理者的決策失誤，會影響企業的經營活動，導致財務狀況惡化，甚至危及企業的生存。

现代管理科学认为，企业的经营管理过程实际上就是决策的过程。一个组织的全部管理活动都是集团活动，决策过程就成为组织中许多集团和个人共同参与的活动：制订计划的过程是决策；在两个以上备选方案中选择其中一个也是决策；组织的设计、部门的分割、决策权的分配等是组织方面的决策；实际业绩与预算的比较和考核、控制方法的选择等是控制方面的决策。

经营决策作为现代管理科学的内容，它的产生和完善标志着企业经营管理已由过去的经验式定性管理发展到科学的定性与定量相结合的管理。经营决策是经过科学的计算与分析，全面衡量其得失后做出的最优抉择，一般说来具有较高的科学性与可靠性，这有助于企业决策者克服主观片面性，促进企业改进经营管理，提高经济效益。

管理会计人员为了有效地帮助管理当局做出正确的判断和决策，必须在充分利用会计资料及其他有关信息的基础上，对生产经营活动或固定资产投资活动的某些特殊问题所拟采取的各种备选方案的经济利益，运用专门方法进行科学的测算和比较分析，权衡利害得失，扬长避短，从中选出最优方案，这整个过程即「决策分析」过程。管理会计中的决策分析是针对企业生产经营中出现的各种问题进行财务可行性研究，从而为管理人员做出科学、正确的决策提供有用信息。

二、企业经营决策的分类

企业的经营决策涉及面较宽，为了掌握各类决策的不同特点，以便正确进行决策分析，有必要从不同的角度，对企业经营决策进行分类。从管理会计的角度出发，企业的经营决策可做如下分类：

（一）按决策受益期时间长短划分

（1）长期决策（Long-term Decision）。这类决策又称为投资决策，这类决策对企业经济效益的影响时间在一年以上，一般都涉及企业的发展方向及规模等重大问题，如厂房、设备的新建与更新，新产品开发，设计方案选择与工艺改革，企业剩余资金投向等。这类决策一般都具有使用资金量大、对企业发展影响时间长的特点。

（2）短期决策（Short-term Decision）。这类决策又称为日常经营决策，这类决策对企业经济效益的影响在一年以内，决策的主要目的是使企业的现有资源得到最充分的利用。经营决策一般不涉及对长期资产的投资，所需资金一般靠内部筹措。短期决策的内容与企业日常生产经营活动密切相关，包括企业的销售、生产、财务、组织等。

（二）按决策条件的肯定程度划分

（1）确定型决策。确定型决策是指影响决策的相关因素的未来状况是肯定的，决策的结果也是肯定的和已知的一种决策类型。它可以运用常规决策方法进行确切测算，并可以具体的数字反应出方案的经济效益。管理会计决策分析中大部分都是确定型决策。

（2）风险型决策。风险型决策是指影响决策的相关因素的未来状况不能确切肯定，但该因素可能存在几种结果，每一种结果出现的概率是已知的一种决策类型。比如：决策者在做销售决策时可能对计划期的销售量不能完全确定，只知道可能是 3,000 件、5,000 件或 6,000 件，其概率分别是 0.4、0.5、0.1。在这种情况下，决

策者可以通過計算銷量預計期望值大小來進行決策。由於決策是依據可能的而不是確定的因素結果進行的，因此對方案的選取帶有一定的風險。

（3）不確定型決策。不確定型決策是指影響決策的相關因素的未來狀況完全不能肯定，或者雖然知道它們存在幾種可能的結果，但不知道各種結果出現的概率是多少的一種決策類型。如管理者在進行銷售決策時，計劃期的銷量可能為500件、1,000件、2,000件、2,500件，但不知道每種銷售量的概率，這種決策就完全取決於決策者的經驗和判斷能力。

（三）按決策部門的層次劃分

（1）高層決策。這一類決策，屬於戰略性決策。是指企業的最高階層領導所做的決策。它所涉及的主要是有關企業長遠性、全局性的大問題，例如關係到企業的生產規模、發展方向和重點以及提高企業素質、增強競爭能力等方面的問題，都屬於這一類。

（2）中層決策。這一類決策，可稱之為戰術性決策。是指由企業中級管理人員所做的決策。其基本內容是使高層決策從更低的層次、更短的時間和更小的範圍內進行具體化，並制訂最優利用資源、保證最高決策得以順利實現的實施方案。

（3）基層決策。這一類決策是指由企業基層管理人員所做的決策。基層管理人員的基本職責，是對上一層次所做的決策付諸具體實施。因此這一類決策是屬於執行性決策，其目的是在執行上級既定決策過程中，存利除弊，妥善解決所遇到的問題。

除上述分類方法外，還有一些其他分類方法。如按決策問題是否重複出現可分為重複性決策和一次性決策；按管理會計職能劃分可分為規劃決策、控制決策、組織決策等。管理會計一般採用按受益時間長短分類的標準，著重分析短期經營決策和長期投資決策。

三、短期經營決策的分類及特點

短期經營決策的主要目的是使企業的現有資源得到最好的利用，主要涉及週轉期在一年以內的流動資產的營運，並對日常營業活動進行控制，其決策類型主要是生產經營活動中的銷售、生產、財務、組織等決策。

（1）銷售決策，包括市場的擴大與開拓、銷售的價格與數量、推銷機構的設置、廣告宣傳費開支等方面的決策。

（2）生產決策，包括生產產品的種類、產品品種結構、產品批量和生產時間的安排，生產能力的利用等方面的決策。

（3）財務決策，包括短期貸款資金籌措、銷售折扣、產品銷售信用期、各期現金流量的安排、稅後利潤的分配等方面的決策。

（4）組織決策，包括管理機構的設置和調整、權責的劃分、人員的安排、業績的考核及獎懲等方面的決策。

由於短期經營決策主要涉及企業的日常經營活動，因此，與長期投資決策相比，短期經營決策具有如下特點：

（一）它是企業的戰術性決策

短期經營決策的內容主要是現有生產能力和資源的有效利用，通常不涉及企業

生產能力的擴大問題，影響決策的有關因素的變化情況通常是確定的或基本確定的，許多決策問題如產品生產、材料採購耗用等都是重複性的。因此，短期經營決策是一種戰術性決策。

(二) 決策者通常是企業中下層管理人員

由於短期經營決策是一種戰術性決策，所涉及的是日常經營管理方面的事務，因此，這類決策通常由企業內部中下層管理部門（如生產車間班組、銷售部門、採購部門等）進行。

(三) 短期經營決策對企業的影響時間較短，通常不需考慮時間因素

短期經營決策的結果不論是時間上還是金額上對企業的影響均較小，經營決策所涉及的時間一般在一年以內，即使發生決策失誤，也只影響當年的經濟效益，並可以在第二年的決策中加以糾正。因此，與長期投資決策相比，企業對短期經營決策承擔的風險相對較低，在進行短期經營決策時不需考慮時間因素。

為了更好地理解短期經營決策，我們可與長期投資決策進行對比分析，如表4-1所示。

表4-1　　　　　　　　　長短期決策對比表

	短期決策	長期決策
決策時間不同	1年以內	1年以上
決策人員不同	企業部門負責人	企業最高管理當局
決策內容不同	生產、銷售	設備更新、新建、長期投資
決策目標不同	利潤	現金流量
考慮因素不同	不考慮貨幣的時間價值和投資的風險	考慮貨幣的時間價值和投資的風險

四、決策的一般程序

正確的決策取決於四個基本要素：明確的決策目標、正確的決策原則、優秀的決策者、科學的決策程序。其中，前三個要素貫穿於決策全過程並融合在決策基本程序的有關步驟之中。決策的一般程序如圖4-1所示。

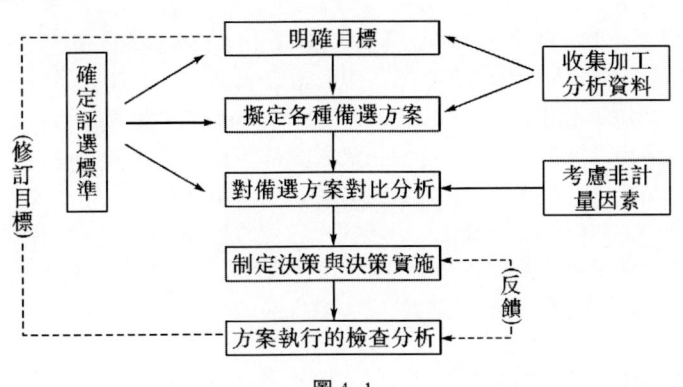

圖4-1

以下是決策的一般程序：

(一) 明確決策目標

決策目標是決策的出發點和歸結點，是進行決策的前提，沒有明確的決策目標會引起決策過程混亂。在確定決策目標時，應力求明確具體，盡可能做到數量化，並規定實現的期限和明確責任者，以便使實施決策的責任者考慮採用哪些措施和方案來完成目標。比如，增強市場競爭能力這一目標，就必須用增加利潤、降低成本等方式來表示，因為「增強市場競爭能力」這一目標過於籠統，而利潤、成本可以具體計量，並應明確增加多少利潤，降低多少成本。如果是多目標決策，應遵循一定的原則，採用分清主次、合併、捨棄等方法，使目標明確具體，並可利用函數關係，將若干子目標合併為一個整體目標。

(二) 收集相關信息

企業能否做出正確的決策，在很大程度上取決於所收集的信息是否全面和正確。國外很多管理學者認為「成功的決策＝90%的信息＋10%的判斷」。現代管理會計所運用的信息主要包括：企業生產經營中供、產、銷各環節的信息，企業財務會計提供的核算信息，同行業的有關經營財務信息，與決策相關的國家方針政策及法規等。

(三) 擬定備選方案

擬定備選方案的過程實際上就是根據決策目標要求，收集相關信息並進行設想、推斷、分析的過程。這是一項探索性的工作，是關係到決策目標能否實現的關鍵步驟，要集思廣益，盡可能提供各種可行方案。

(四) 選擇最優方案

決策的核心問題是從若干個可達到同一目標的可行方案中選定一個最優方案，這實際上是直接進行決策工作，也是管理會計提供決策支持的主要內容。在方案評優時，應遵循如下決策的基本原則：

(1) 全面考慮、綜合評價的原則。即要從經濟、技術、社會效益三個方面來綜合評價。對不同的方案進行優選時，既要從經濟上考慮合理性，又要從技術上考慮先進性，同時要考慮該方案的社會效益；既要考慮企業的內部條件，又要考慮企業的外部因素影響；既要重視可計量的因素的影響，又要注意不可計量因素的影響。不同的方案在這三方面是不統一和不平衡的，因此必須進行全面分析，在對不同方案綜合評價的基礎上進行對比與優選。

(2) 決策結果最優化原則。傳統觀念認為，「以最小的代價獲得最大的收益」是經營的核心問題，「最優決策」是決策的最高原則，並在運籌學中研究最優化方法，為「最優決策」提供手段和依據。美國管理學家西蒙教授認為：如果要求選擇最優方案，必須滿足四個前提：①決策者對全部可行方案及其未來執行結果能全面掌握；②必須要確實存在著全面的最優方案；③決策者要有充裕的人力、物力和時間；④全部因素和目標都能量化，以便採用數量方法加工。但人們發現，在實際經濟生活中同時滿足這些前提條件是很困難的，所以，所謂的「最優方案」，實際上只是「足夠好」「較優」或「相對最優」的方案。

(五) 考慮不可計量因素

除可計量因素外，與備選方案相關的因素還有一些是難於或不能用數量形式來

計量的，如社會環境、生態環境、國家方針政策、企業信譽等。決策時必須對這些不可計量因素加以考慮，並盡可能以可計量因素加以權衡。在很多情況下，某個方案定量分析時可能是最佳的，但考慮到不可計量因素後，原來的結論可能發生改變。

（六）決策實施中的信息反饋

決策的實施是決策的執行階段，也是檢驗決策是否正確，能否實現預期目標的實踐過程。在現實生活中，有些因素難以預料，客觀情況和市場行情會不斷發生變化，從而影響決策的預期結果。因此，在決策執行過程中，要及時進行信息反饋，糾正偏差，以保證決策目標的實現，並為今後的決策工作累積經驗，提供資料。

第二節　短期經營決策中要考慮的成本概念

決策是對未來行為的選擇。決策既需要與方案有關的未來資料，也需要財務會計的歷史資料。這兩類資料之間既有聯繫又有區別，前者往往是以後者為基礎進行必要的加工、改制和延伸而形成的。企業經營決策的目標有經濟、技術和社會三個方面，進行擇優可計量的因素主要是經濟效益。經濟效益的體現是多方面的，比如產量、勞動生產率、成本、資金週轉、產品質量、盈利等，都可以反應出方案經濟效益的好壞。但成本是經濟效益的一個關鍵因素，它是一個綜合性的經濟指標，企業所有工作的成績與缺點、成功與失誤都會反應到成本指標上來，而成本的高低最終又會體現到利潤中去。因此，決策方案的未來成本和未來利潤就成為評價不同方案經濟效益大小的依據。

為了滿足經營決策的需要，管理會計建立了若干新的成本概念，除前面涉及的固定成本與變動成本之外，還包括其他一些概念。這些成本概念主要是為了決策分析的需要而建立的，是適用於特定目的、特定條件和特定環境的成本概念。現將決策分析使用的成本概念簡要介紹如下。

一、相關成本概念

在經營決策分析過程中所使用的成本概念通常被稱為相關成本。相關成本是指與決策有關聯的、在制定決策時應該認真考慮的各種形式的未來成本。它具有兩個標誌：一是未來發生的成本，這是因為決策是對未來行動方案的選擇；二是必須是各個方案不相等的差別成本，這是因為只有各方案不相等的成本才能作為選擇方案的依據。

例如：某企業要選擇A、B產品中的一種進行生產，假設二者售價、銷售量等其他條件相同，資料如表4-2所示。那麼，應選擇哪個產品？

表4-2　　　　　　　　　單位產品成本比較　　　　　　　　單位：萬元

	A 產品	B 產品
直接材料	8	10
直接人工	7	9

表4-2(續)

	A產品	B產品
製造費用	4	4
成本合計	19	23

解：從總成本的角度出發，A產品總成本19萬小於B產品總成本23萬，應該選擇A產品生產。

此題中，相關成本是直接材料和直接人工，A產品的相關成本是15萬，B產品的相關成本是19萬，15萬小於19萬，所以選擇A產品。

綜上所述：應該選擇生產A產品。

下面是一些常見的相關成本。

（一）差別成本（Differential Cost）

差別成本又稱差額成本、差等成本。差別成本是指可供選擇的不同方案之間總成本上的差距，這個差額可稱為差量或差異。與差別成本相聯繫的一個概念是差別收入，不同方案在收入上的差量稱為差別收入。計算差別成本和差別收入可以用全額對比法，也可以用差量分析法。全額對比法是指將不同方案中的每個項目都加以對比的一種方法；差量分析法則是不考慮方案間的相同項目，只對比方案間發生增減變動的有關項目的一種方法。

差別成本與變動成本有一定的區別和聯繫。變動成本是與業務量的變動發生聯繫的，差別成本則是與可供選擇的變換方案發生聯繫的。如果某個變換方案僅改變業務量因素，在這種情況下兩個概念的實際表現會是一致的。在相關範圍之內，如果固定成本不發生變動，那麼，差別成本與變動成本就一致了。

例如，某服裝店可專門經營某一種品牌的服裝（方案一），也可同時經營多種品牌（方案二）。若選擇方案一，則每月預計總成本為60,000元；若選擇方案二，則每月成本總額預計為40,000元。兩者之間的差額20,000元為以上兩種方案的差量成本。與差量成本相對應的一個概念是差量收入。如上例，方案一中每月預計銷售收入為80,000元，若選擇方案二，每月預計銷售收入為50,000元，兩者之間的差額30,000元即為以上兩種方案的差量收入，所以，應選擇方案一。

（二）邊際成本（Marginal Cost）

邊際成本是指因業務量每變動一個單位所引起的成本總額的變動數額，它是由於多（或少）購進（或銷售）一個單位的商品而相應增加（或減少）的成本額。例如，某企業銷售某種商品100件時，成本總額為1,500元，當銷售量為101件時，成本總額為1,610元。因銷售量增加1件，使成本總額增加110元，即為此時銷售該種商品的邊際成本。邊際成本可用來判斷增加（或減少）某種商品的購進（或銷售）數量在經濟上是否合算。

與邊際成本相對應的一個概念是邊際收入。所謂邊際收入，是指業務量變動一個單位，所引起的收入的變動數額，它是由於多（或少）購進（或銷售）一個單位的商品，相應增加（或減少）的收入額。

（三）機會成本（Opportunity Cost）

從若干備選方案中選擇並實施其中某一方案，必然會同時放棄實施次優方案，由於實施某一方案而放棄次優方案所能獲得的利益，稱為機會成本。機會成本也可理解為由於放棄某一次優方案而損失的「潛在利益」。

機會成本並非現實已發生的成本支出，因此不必在財務會計的帳簿中進行記錄，但在決策分析評價中必須認真考慮，否則可能做出錯誤的抉擇。例如，有甲、乙兩個方案可供選擇，若放棄甲方案，則甲方案可能獲得的預期收益，應作為乙方案的機會成本。運用機會成本的概念，有利於對被選擇方案是否具有「最優性」進行全面評價。

還有一類成本稱為應負成本（Imputed Cost），亦稱作「視同成本」或「估計成本」，它是機會成本的一種表現形式。例如，企業要購買生產設備，有多種方案可供選擇，對各種可供選擇方案進行正確分析對比，以選擇最優方案，不論企業為此所用的資金是自有的還是外借的，都必須把利息作為機會成本看待。企業自有資金的應計利息就是應負成本的一種形式。

（四）現金支出成本（Out of Pocket Cost）

現金支出成本又稱為付現成本，是指決策執行當期需用現金或存款支付的成本。應注意的是，現金支出成本是指在決策付諸實施的決策執行期限內，以現金支付的成本。它與過去的以現金支出，並已入帳的成本是有區別的。不同方案在未來決策期內的付現成本往往不盡相同，為了適應企業付現能力，有時管理當局寧可選擇現金支出成本低的方案來取代經濟效益最優的方案，以適應其決策期的現金支付能力。

（五）重置成本（Replacement Cost）

重置成本又稱現時成本或現時重置成本，是指在現行條件下重新購置或建造一項全新資產所發生的成本。在物價變動較為頻繁的時期，以歷史成本作為計算依據，往往造成名盈實虧，無法重新買回與補償原有資產，因此，按現行價格計算的資產重置成本，在決策分析中是不可缺少的成本概念。

（六）可避免成本（Avoidable Cost）

可避免成本是指通過某項決策行動可以改變其數額的成本，也就是指那些發生與否取決於決策者是否選擇某種決策的成本。例如，某企業準備擴大經營品牌的範圍，如果該方案實施，需擴大營業規模，為此需投資 18,000 元。此例中的 18,000 元支出是否發生，完全取決於該項決策方案是否被實施，因此 18,000 元為可避免成本。再如，企業固定成本中的酌量性固定成本，如廣告費、培訓費等，對開拓經營業務是有益的，但它並非絕對不可缺少的，並且支付數額的多少要根據企業具體財務狀況，由決策者具體控制，因此，這些成本屬於可避免成本。

（七）專屬成本（Specific Cost）

專屬成本是指與特定的產品、作業、部門相聯繫的成本，沒有這些產品、作業或部門，就不會發生這些成本。例如，為了滿足一批特殊訂貨而發生的專用工模夾具費開支，就是該批訂貨的專屬成本。

二、非相關成本概念

與相關成本概念相對的是非相關成本。非相關成本也稱無關成本，是指企業的不可控成本，也是在決策時不需要考慮的成本，否則可能會導致決策失誤。不同方案之間無差別的未來成本就是一種典型的非相關成本。如表4-2所示，製造費用在A和B產品中均為4萬元，在兩個方案中毫無差別，這種未來成本為非相關成本。

下面是在決策中一些常見的非相關成本。

（一）沉入成本（Sunk Cost）

沉入成本又叫沉沒成本。它是指過去已經發生或由過去的決策所引起、現在的決策不能加以改變的、並已經支付過款項的成本。

例如，某企業過去購置了一臺設備，原價15,000元，累計折舊10,000元，隨著技術的進步，這臺設備已經過時，在考慮更新設備的決策中，若目前以舊換新的市場價為4,000元，則這臺設備原始支出（15,000元）以及無法收回的部分（5,000元）就屬於沉入成本，因為現在的決策不能加以利用。如果這臺機器有殘值或可出售並帶來少量收入，則這部分少量收入與殘值就不屬沉入成本，因為對決策來說它是可以利用的部分，與未來決策有關的，它不應包括在沉入成本當中。

（二）共同成本（Common Cost）

共同成本是指與幾種產品、作業、部門有關的，應由它們共同負擔的成本。例如，在生產過程中幾種產品共同使用的設備的折舊費、輔助生產車間成本等，都是共同成本。

（三）歷史成本（Historical Cost）

歷史成本是根據過去已發生的支出而計算的成本，也叫實際成本。在傳統的財務會計中，歷史成本是一切資產項目入帳的基礎，但它與當前的各種決策分析大多無關。例如，某企業5年前購買的一臺機器設備，其當時的總支出為50萬元，現在該項資產的帳面淨值為20萬元，該項資產的現時重置價值為80萬元。則該項資產建造時的支出50萬元為歷史成本。

（四）不可避免成本（Unavoidable Cost）

不可避免成本是同可避免成本相對應的成本概念，它是指不能通過某項決策行動改變其數額的成本。不可避免成本是不隨決策人意志而改變的，例如，現在的固定資產折舊費、已租賃房屋和機器設備的租金等，是企業過去決策的結果，除非把這些固定資產處理掉，否則它們的數額是不能變更的，因此，這些成本稱為不可避免成本。

第三節　短期經營決策分析常用的方法

短期經營決策分析的方法很多，按決策性質、決策內容和取得資料的不同進行劃分，可以分為定性分析法和定量分析法兩大類。管理會計主要採用定量分析法。

在進行定量分析時，由於決策所涉及的變量因素的預測結果的確定性程度不同，因而定量分析法又分為確定型決策分析方法、風險型決策分析方法和不確定型決策分析方法。

一、確定型決策分析方法

在確定型經營決策類型中，各種相關因素可能出現的結果是已知的，採取某一方案只會有一種確定的結果。確定型決策分析方法包括差量分析法、邊際貢獻分析法、本-量-利分析法、邊際分析法、線性規劃法等。

（一）差量分析法

差量分析法是通過兩個備選方案的差量收入與差量成本的比較，確定最優方案的決策方法。這裡「差量收入」是指兩個備選方案的預期收入的差異數，「差量成本」是指兩個備選方案的預期成本的差異數。

【實例一】紅星廠使用同一臺設備，可生產甲產品，亦可生產乙產品。該設備的最大生產能量為40,000工時，生產甲產品每件需20工時，生產乙產品每件需10工時。兩種產品的銷售單價、單位變動成本和固定成本總額資料參見表4-3。

表4-3　　　　　　　　　　產品資料表　　　　　　　　　　單位：元

摘要	甲產品	乙產品
銷售單價	20	30
單位變動成本	12	25
固定成本總額	60,000	

要求：根據上述資料，採用差量分析法，分析生產哪種產品較為有利。

解：由於無論生產甲產品還是乙產品，固定成本總額60,000元都是不變的，所以，在決策分析中，60,000元屬非相關成本，決策分析時不必考慮。

（1）按設備最大生產能量，分別計算甲產品和乙產品的最大產量。

甲產品的最大產量 = $\dfrac{最大生產能量工時}{甲產品每件工時}$ = $\dfrac{40,000}{20}$ = 2,000（件）

乙產品的最大產量 = $\dfrac{最大生產能量工時}{乙產品每件工時}$ = $\dfrac{40,000}{10}$ = 4,000（件）

（2）分別計算兩方案的差量收入與差量成本並進行比較。

差量收入 =（2,000×20）-（4,000×30）= -80,000（元）

差量成本 =（2,000×12）-（4,000×25）= -76,000（元）

差量利潤 = 差量收入 - 差量成本 = -80,000 -（-76,000）= -4,000（元）

（3）評價。計算結果為負4,000元，說明差量收入小於差量成本，即後一方案（生產乙產品）比前一個方案（生產甲產品）較優，因此，應選擇生產乙產品。

（二）邊際貢獻分析法

在短期經營決策分析中，當各備選方案固定成本相等時，可以直接比較各方案的邊際貢獻總額，這種決策分析方法稱為邊際貢獻分析法。邊際貢獻分析法實質上

是各方案固定成本相等時的差量分析法。

【實例二】在實例一中，甲、乙兩種產品均可利用同樣的現有設備生產，固定成本總額不變，這樣就可以直接比較兩種產品的邊際貢獻總額（參見表4-4）。由該表可見，乙產品邊際貢獻比甲產品多4,000元，與差量分析法的結論是一致的，故應生產乙產品。

表4-4　　　　　　　　　　邊際貢獻分析表

摘要	甲產品	乙產品
最大產量（件）	40,000/20 = 2,000	40,000/10 = 4,000
銷售單價（元）	20	30
單位變動成本（元）	12	25
單位邊際貢獻（元）	8	5
邊際貢獻總額（元）	16,000	20,000

採用邊際貢獻分析法時應當注意：儘管單位產品的邊際貢獻是反應產品盈利能力的重要指標，但在決策分析時，不能以備選方案提供的單位邊際貢獻大小作為選優標準，而應以各方案提供的邊際貢獻總額，或單位生產能力創造的邊際貢獻大小作為選優的依據。參見表4-5。

表4-5　　　　　　　　　　產品資料表

摘要	甲產品	乙產品
銷售單價（元）	20	30
單位變動成本（元）	12	25
單位邊際貢獻（元）	8	5
單位產品工時（小時）	20	10
單位工時邊際貢獻（元）	0.4	0.5

由表4-5可見，儘管甲產品的單位邊際貢獻高於乙產品，但生產乙產品單位工時創造的邊際貢獻比甲產品多0.1元，該設備40,000個生產能量工時共多創造4,000元的邊際貢獻。所以應選擇生產乙產品，這與前面按邊際貢獻總額分析結果一致。

（三）本-量-利分析法

本-量-利分析法是根據各個備選方案的成本、業務量、利潤三者之間的相互依存關係來確定在什麼情況下何種方案最優的決策分析方法。

本-量-利分析法的關鍵在於確定「成本分界點」。所謂「成本分界點」就是兩個備選方案預期成本相同情況下的業務量。找到了成本分界點，就可以確定在什麼業務量範圍內，哪個方案最優。

【實例三】某建築工地需用大型吊車一輛，現有兩個方案可供選擇：一是外購，需花費140,000元，估計可使用12年，每年需支付維修保養費9,750元，使用期滿有殘值14,000元，吊車每天營運成本為100元；二是向租賃公司租用，每天租金為

150 元。試問：應選擇哪個方案？

解：本題的關鍵是要確定吊車一年的使用天數，因為天數不同，兩種方案的成本就不同。現假定全年使用 x 天時，購買與租賃兩方案的成本相等，則：

購買方案總成本 = $(\dfrac{140,000-14,000}{12}+9,750)+100x$

$= 20,250+100x$

租賃方案總成本 = $(150+100)x = 250x$

令： $20,250+100x = 250x$

得： $x = 135$（天）

結論為：當全年使用吊車天數為 135 天時，購買或租賃均可；當全年使用吊車天數不足 135 天時，應選擇租賃方案；當全年使用吊車天數大於 135 天時，應選擇購買方案。

（四）邊際分析法

在現實生產經營活動中，銷售收入、總成本與業務量一般都表現為多元曲線函數關係。短期經營決策的目標是當期利潤最大化，因此，收入和成本曲線總是存在著極值（極大值或極小值）。在數學上，當曲線的一階導數為零時，曲線就達到一個轉折點。利用這個原理，就可以分析當業務量再增加一件時的成本變動額和收入變動額，從而找出最大利潤時的最優業務量，這種原理稱為邊際分析原理。

邊際分析法是運用邊際分析原理，尋找方案最優值以進行方案決策的決策分析方法。在邊際分析原理中，進行決策所依據的邊際分析結論有如下兩點：

（1）當邊際成本等於平均成本時，平均成本最低。

（2）當邊際成本等於邊際收入，邊際利潤為零時，利潤總額最大。

在上述結論中，進行邊際分析的關鍵是確定曲線函數關係式，即：

$y = a + b_1x + b_2x^2 + \cdots + b_mx^m$

在現實中，上述模型很少有 $m \geq 4$ 的情況，一般只假設 $m = 2$ 或 $m = 3$。當 $m = 3$ 時，上述模型為：

$y = a + b_1x + b_2x^2 + b_3x^3$ （1）

對於上式中各個系數 a、b_1、b_2、b_3，仍可以採用混合成本分解中迴歸直線法的最小二乘原理予以測算。即有下列聯立方程式：

$$\begin{cases} \sum y = na + b_1\sum x + b_2\sum x^2 + b_3\sum x^3 \\ \sum xy = a\sum x + b_1\sum x^2 + b_2\sum x^3 + b_3\sum x^4 \\ \sum x^2y = a\sum x^2 + b_1\sum x^3 + b_2\sum x^4 + b_3\sum x^5 \\ \sum x^3y = a\sum x^3 + b_1\sum x^4 + b_2\sum x^5 + b_3\sum x^6 \end{cases}$$ （2）

【實例四】某廠 2017 年 1—6 月有關 A 產品銷售量與利潤資料參見表 4-6。

表 4-6　　　　　　　　　　迴歸方程計算表

月份	銷售量 x（件）	利潤 y（元）	x^2	x^3	$x^4/10^6$	xy	$x^2y/10^6$
1	30	-3,400	900	27,000	0.81	-102,000	-3.06
2	60	1,400	3,600	216,000	12.96	84,000	5.04
3	100	5,000	10,000	1,000,000	100	500,000	50
4	150	5,000	22,500	3,375,000	506.25	750,000	112.5
5	170	3,600	28,900	4,913,000	835.21	612,000	104.04
6	180	2,600	32,400	5,832,000	1,049.76	468,000	84.24
Σ	690	14,200	98,300	15,363,000	2,504.99	2,312,000	352.76

在表 4-6 中，利潤先隨銷售量逐步上升，達到一定程度後又逐漸下降，表現為一種拋物線狀態，可以判斷利潤曲線為一個二次方程曲線。因此在式（1）中令 $b_3 = 0$，並將表 4-6 中其他數據代入式（2）得出：

$$\begin{cases} 14,200 = 6a + 690b_1 + 98,300b_2 \\ 2,312,000 = 690a + 98,300b_1 + 15,363,000b_2 \\ 352.76 \times 10^6 = 0.098,3 \times 10^6 a + 15.363 \times 10^6 b_1 + 2,504.99 \times 10^6 b_2 \end{cases}$$

解方程組，得：

$a = -10,000, \quad b_1 = 250, \quad b_2 = -1$

$y = -10,000 + 250x - x^2$　　　　　　　　　　　　　　　　　　　　（3）

在式（3）中，當 $y' = 0$ 時，y 取得極大值。此時：

令：

$y' = 250 - 2x = 0$

得：$x = 125$（件）

因此，當銷售量為 125 件時，利潤最大，此時最大利潤為：

$y_{max} = -10,000 + 250 \times 125 - 125^2 = 5,625$（元）

（五）線性規劃法

線性規劃法是管理科學中的運籌學方法，專門用來對具有線性聯繫的極值問題進行分析，以便在有若干約束條件的情況下，對合理組織人力、物力、財力做出最優組合決策，使企業的有限資源得到最佳運用。線性規劃問題具有以下特點：

（1）有目標函數。決策的目標在於追求目標函數的最大值或最小值。

（2）有若干約束條件。在追求目標函數極值的同時，必須受若干條件的限制。

（3）目標函數和約束條件函數，應具有直線式的線性關係。

線性規劃法主要採用單純形法求解，在只有兩個約束變量時，一般採用直觀的圖解法，管理會計中也主要採用圖解法。

【實例五】紅旗工廠擬生產 A、B 兩種產品，該廠生產能量為 360 工時，庫存材料可供使用的總數量為 240 千克。另外，A 產品在市場上的銷售無限制，B 產品在市場上每月最多只能銷售 30 件。A、B 兩種產品有關數據參見表 4-7。問：工廠應如何安排 A、B 兩種產品的生產，才能獲得最大邊際貢獻？

表 4-7　　　　　　　　　　　　產品資料表

產品名稱	單位生產工時（工時）	單位材料耗量（千克）	單位邊際貢獻（元）
A 產品	6	6	90
B 產品	9	3	80

解：設下月應生產 A 產品 x_1 件，B 產品 x_2 件，兩種產品邊際貢獻額為 S。根據已知條件可建立如下數學模型：

約束條件為：

$$約束條件 \begin{cases} 6x_1+9x_2 \leq 360 \\ 6x_1+3x_2 \leq 240 \\ x_2 \leq 30 \\ x_1, x_2 \geq 0 \end{cases}$$

目標函數為　　$S = 90\,x_1 + 80\,x_2$

在決策過程中，首先將約束條件方程式在坐標圖中標出，以確定可行解區域。如在圖 4-2 中，同時滿足上述約束條件的可行解區域為多邊形 ABCDO。多邊形 ABCDO 內任何一點所對應的坐標點都滿足上述約束條件，構成多組可行的組合方案。

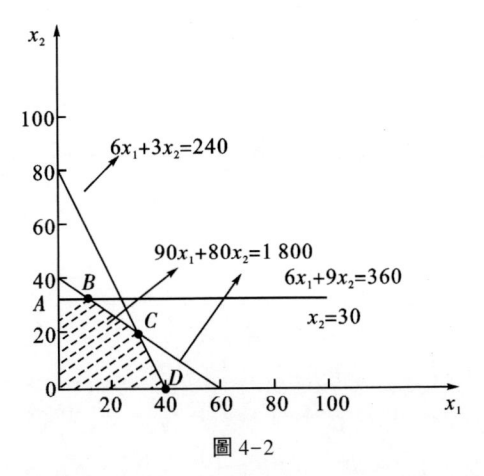

圖 4-2

確定了可行解區域後，再求使目標函數達到最大解的最優可行解。從數學中的凸集原理可知，目標函數的極值一定在凸集的頂點上，因此只要比較凸多邊形各頂點的目標函數值就能找到最優解。圖 4-2 中，各頂點的坐標分別為 A（0，30）、B（15，30）、C（30，20）、D（40，0），因此相應目標函數值為：

$S_A = 90 \times 0 + 80 \times 30 = 2,400$（元）

$S_B = 90 \times 15 + 80 \times 30 = 3,750$（元）

$S_C = 90 \times 30 + 80 \times 20 = 4,300$（元）　　（極大值）

$S_D = 90×40+80×0 = 3,600$（元）

另外，也可利用目標函數圖形求最優解，將目標函數 $S = 90x_1+80x_2$ 整理為：

$$x_2 = \frac{S}{80} - \frac{90}{80}x_1$$

該方程在坐標圖中表現為斜率為 $-9/8$、縱截距為 $S/80$ 的平行線組，平行線距原點越遠，S 越大，距原點越近，S 越小。如令 $S = 1,800$，則 $S = 90x_1+80x_2 = 1,800$ 的直線在圖 4-2 中如虛線所示。在可行解 $ABCDO$ 區域內與虛線平行並使 S 最大的平行線交於 C 點，C 點即最優解。此時，A 產品生產 30 件，B 產品生產 20 件，此組合下最大的邊際貢獻額為：

$S_{max} = 90×30+80×20 = 4,300$（元）

二、風險型和不確定型決策分析方法

（一）風險型決策分析方法

風險性決策分析問題是指決策過程中存在兩種以上無法確切肯定未來狀況的因素，但各種狀況下可能的概率大致可以判斷的決策問題，主要決策分析方法是決策樹法。

決策樹法是風險型問題的主要決策分析方法，又稱為概率分析法。決策樹法以網絡形式把決策的各個方案分佈在決策樹圖形上，並以定量比較各個方案的實施結果，以選擇最優方案。其基本要點是：

（1）繪製決策樹圖形。決策樹圖形是決策者對某個決策問題未來發展情況的可能性和可能結果所做出的預測在圖紙上的反應，所畫圖形因其決策分析思路為樹枝狀而得名。如圖 4-3 所示。

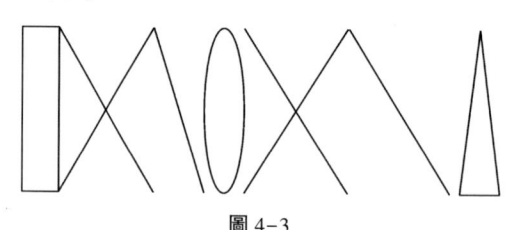

圖 4-3

圖中，□表示決策節點，從決策節點引出的分枝叫方案分枝。○表示機會節點，或稱自然狀態節點，從它引出的分枝叫概率分枝，表示可能出現的自然狀態數。△表示結果節點，反應每一行動方案在相應自然狀態下可能的結果。

（2）計算期望值。期望值是各方案下各種可能結果的數值與其相應的概率可能性乘積之總和。

（3）剪枝。從右到左在每個決策節點中，對各方案的分枝進行比較，剪去期望值較差的分枝，最後留下的分枝就是最優方案。

【實例六】某臺機床加工甲零件，每批 10,000 件，單位廢品損失 3 元。在不同條件下有三種廢品率，每種條件下廢品率及其出現的概率和損失參見表 4-8 上半部分。如果對機器進行改裝，可以降低廢品率，但改裝需投資 20,000 元，每批產品負

擔 1,400 元，機器改裝後不同條件下廢品率及其出現的概率和損失參見表 4-8 下半部分。試做出機器是否改裝的決策。

表 4-8　　　　　　　　　　廢品損失資料表

	廢品率	5%	12%	18%
改裝前	廢品損失（元）	1,500	3,600	5,400
	概率	0.4	0.3	0.3
	廢品率	5%	10%	15%
改裝後	廢品損失（元）	1,500	3,000	4,500
	概率	0.5	0.3	0.2

解：根據表 4-8 的資料，可繪製決策樹形圖，如圖 4-4 所示。

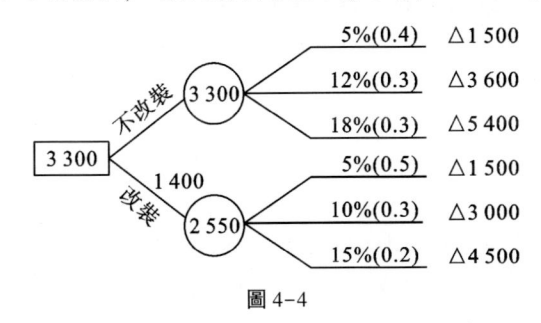

```
                          5%(0.4)   △1 500
             ┌─(3 300)──12%(0.3)──△3 600
       不改裝 │            18%(0.3)   △5 400
  ┌3 300┐────┤
  └─────┘    │ 1 400       5%(0.5)   △1 500
       改裝  └─(2 550)──10%(0.3)──△3 000
                          15%(0.2)   △4 500
```

圖 4-4

從樹的末端往回算，先算出每個機會節點的期望值，填入圖形○內：

不改裝的損失期望值 = 1,500×0.4+3,600×0.3+5,400×0.3 = 3,300（元）
改裝後的損失期望值 = 1,500×0.5+3,000×0.3+4,500×0.2 = 2,550（元）

比較機會節點值，改裝後廢品損失期望值 2,550 元低於不改裝的廢品損失期望值 3,300 元，但加上應分攤的改裝費用 1,400 元以後，費用和損失共計 3,950 元。故應將暫不改裝方案作為最優方案，損失期望值為 3,300 元，填入方形□內。

（二）不確定型決策分析方法

不確定型決策分析問題是指決策過程中存在兩種以上無法確切肯定未來狀況的因素，並且各種狀況可能的概率也無法判斷的決策分析問題，主要決策分析方法是小中取大法、大中取小法、最大後悔值最小化法、極端平衡法等。

1. 小中取大法

小中取大法是從各種決策方案的收益（利潤）值出發，在各方案不同狀態下最小收益值的基礎上，選擇最大收益值的決策方法。其特點是從不利情況出發，找出最壞的可能中最好的方案，因此也稱為悲觀準則。

【實例七】某企業在生產過程中收回一批腳料，其處理方案有三種：一種是撥給本企業家屬工廠，售價 3,500 元；二是直接對外出售，銷售情況好，可收入 5,000 元，銷售情況不好，可收入 3,000 元；三是經本廠輔助生產車間加工後出售（需支付加工費 1,000 元），若銷售情況好，可收入 6,500 元，銷售情況不好，可收入

3,500元。企業的決策參見表4-9。

表4-9　　　　　　　　決策表（小中取大法）　　　　　單位：元

行動方案	各狀態下收益值		最小收益值 P_{min}
	銷路好	銷路差	
撥給家屬工廠	3,500	3,500	3,500
對外直接出售	5,000	3,000	3,000
加工後再出售	5,500	2,500	2,500
小中取大 Max [Pmin]			3,500
最優決策方案			撥給家屬工廠

2. 大中取小法

大中取小法是從各種決策方案的支出（損失）值出發，在各方案各種狀態下最大支出（損失）值的基礎上，選擇最小支出（損失）值的決策分析方法。這種方法與小中取大法相同，也是從最差的情況出發，找出最壞的可能中支出或損失最小的方案。只不過小中取大法著眼於收益利潤，大中取小法著眼於支出損失。因此，該法也稱為穩健準則，在西方稱為沃爾德準則（The World Criterion）。

【實例八】某企業中途轉運10,000包水泥（每包15元，共150,000元），需在某地停放20天。如果露天存放，則遇下小雨要損失40%，下大雨要損失60%。如果租用簡易篷布每天租金1,000元，遇下小雨損失20%，下大雨損失30%。若租用每日租金2,000元的臨時敞棚，下小雨不受損失，下大雨損失15%。若當地20天內天氣情況不明，則企業的決策參見表4-10。

表4-10　　　　　　　決策表（大中取小法）　　　　　單位：元

行動方案	各狀態下支出（損失）值			最大支出值 Cmax
	不下雨	下小雨	下大雨	
露天存放	0	60,000	90,000	90,000
租用篷布	20,000	50,000	65,000	65,000
搭蓋敞棚	40,000	40,000	62,500	62,500
大中取小 Min [Cmax]				62,500
最優決策方案				搭蓋敞棚

從上述決策過程可以看出，大中取小法是從最差的狀態出發，即使最差狀況發生（下大雨），租用篷布也不至於造成較大的經濟損失。但反過來看，與小中取大法比較，如果出現最好的狀態（不下雨）時，卻失去了節省費用的機會，造成機會損失40,000元。因此，這是一種較為保守的決策標準。

3. 最大後悔值最小化法

該法也稱為薩維奇準則（The Savage Criterion），它是小中取大法和大中取小法的演化。當某種狀態出現後，事後知道哪種方案最優，而當初並未採取這個方案，

就會感到後悔。因此，最大後悔值最小化法是找出同一狀態下最大收益值方案與所選方案收益值的後悔值（或最小支出值與所選方案支出值的後悔值），然後從各方案在各狀態下的最大後悔值中選擇最小後悔值方案作為最優決策方案。從其原理出發，該法又稱為遺憾準則。

【實例九】從實例八中，首先找出對應於各狀態下的最小支出值。在表4-10的縱列中，不下雨時的最小支出值為露天存放下0元，下小雨時的最小支出值為搭蓋敞棚下40,000元，下大雨時的最小支出值為租用篷布下62,500元。然後，把每種狀態下各項支出值與最小支出值相減，求出後悔值，如表4-11中縱列所示。

表4-11　　　　　決策表（最大後悔值最小化）　　　　　單位：元

行動方案	各狀態下後悔損失值			最大後悔值 R_{max}
	不下雨	下小雨	下大雨	
露天存放	0	20,000	27,500	27,500
租用篷布	20,000	10,000	2,500	20,000
搭蓋敞棚	40,000	0	0	40,000
最小的最大後悔值 Min [R_{max}]				20,000
最優決策方案				租用篷布

在表4-10中，如遇下小雨時最小支出值為搭蓋敞棚40,000元，而露天存放和租用篷布的支出值（損失）分別為60,000元和50,000元，因此在表4-11中相應的後悔值分別為20,000元和10,000元。其餘狀態下類同。最大後悔值最小化法實際是從最壞的可能性出發，去爭取好的結果，以求損失最小。這種思路符合人們對事物判斷的一般邏輯推理，故較為穩妥，又不過於保守。

4. 極端平衡法

該法也稱赫維茲準則（The Hurwicz Criterion），其特點是不像悲觀者那樣保守，也不像樂觀者那樣冒險，而是認為既然未來出現的狀態是未知的，不能從最好或最差的狀態出發進行決策，而應以一個決策係數 α 作為一個折中的標準。α 的經濟含義是：最好狀態出現的概率為 α，當 α＝0 時為最差狀態，α＝1 時為最好狀態，α 的取值範圍是 0≤α≤1。這裡，α 的具體取值取決於決策者的主觀態度，如果小心謹慎，則 α 取值小，如果樂觀冒險，則 α 取值大。所以各方案的最終期望值為：

$$E = α×MaxP + (1-α)×MinP \quad (P 為收益)$$

或：

$$E = α×MinC + (1-α)×MaxC \quad (C 為支出)$$

【實例十】根據表4-10的資料，如果令 α＝0.7，即認為發生最大損失的可能性只有0.3時，則各方案的期望損失值為：

露天存放＝0.7×0＋0.3×90,000＝27,000（元）

租用篷布＝0.7×20,000＋0.3×65,000＝33,500（元）

搭蓋敞棚＝0.7×40,000＋0.3×62,500＝46,750（元）

可見當 α＝0.7 時，露天存放的期望損失最小，故為最優方案。但如果令 α＝0.2，

即認為發生最大損失的可能性為 0.8 時，則同樣可以計算出各方案的期望損失值分別為：露天存放為 72,000 元；租用篷布為 56,000 元；搭蓋敞棚為 58,000 元。可見，租用篷布的期望損失最小，為最優方案。

由上述計算可知，α 的取值對決策結果影響很大，若以露天存放與租用篷布相比較，設兩方案下期望損失相等時的決策系數為 α，則有：

$$0 \times \alpha + (1-\alpha) \times 90,000 = \alpha \times 20,000 + (1-\alpha) \times 65,000$$

所以： α = 0.56

這就是說，當決策系數取值大於 0.56 時，露天存放的期望損失要低些，否則應採用租用篷布方案。所以，只要認為出現最好狀態（不下雨）的可能性大於 56%，應採用露天存放的方案。

第四節　產品生產決策分析

產品生產決策分析是企業短期經營決策分析的重要環節和內容，企業所面臨的短期經營決策問題，大多數都是產品生產決策問題。例如，企業應該安排生產什麼產品？產量多少？在生產多種產品品種的情況下，如何實現產品的最優組合，產品最優生產批量應怎樣選擇，當企業還有剩餘生產能力的情況下，要不要接受附有特定條件的追加訂貨，企業生產中所需要的零部件應自制還是外購，以及新產品開發決策、虧損產品應否停產或轉產的決策分析，等等。這一系列的問題都屬於產品生產決策的問題，都要求企業能通過科學的計算與分析，權衡利害得失，以便選擇出最佳的生產方案。為進一步闡明這一問題，現列舉多類典型事例分析如下。

一、生產所需原材料採購的決策分析

【實例十一】北京 A 化工廠生產需原材料 100 噸，全國能夠提供該原材料的僅有兩家，一家是位於大連的 B 廠商，另一家則是位於青島的 C 廠商。從大連或青島將原材料運往北京可通過以下方式，見表 4-12。此外，購銷雙方達成協議，裝卸費由購買方承擔，裝卸費（每裝或卸一次）均為 500 元。試根據以上資料分析，北京化工廠應在何地採購，以何種方式運輸。

表 4-12　　　　　　　　　　運輸費　　　　　　　　　　單位：元/噸

	大連—北京	大連—天津	天津—北京	青島—北京	青島—天津
公路	322		48.8	285.2	
鐵路	25.6		7.7	22.8	
海運		64.8			126.6

解：若選擇從大連採購，則

情況一：選擇公路的費用 = 322×100 + 500×2 = 33,200

情況二：選擇鐵路的費用 = 25.6×100 + 500×2 = 3,560

情況三：選擇海運+公路的費用＝64.8×100+48.8×100+500×4＝13,360
情況四：選擇海運+鐵路的費用＝64.8×100+7.7×100+500×4＝9,250
若選擇從青島採購，則
情況五：選擇公路的費用＝285.2×100+500×2＝29,520
情況六：選擇鐵路的費用＝22.8×100+500×2＝3,280
情況七：選擇海運+公路的費用＝126.6×100+48.8×100+500×4＝19,540
情況八：選擇海運+鐵路的費用＝126.6×100+7.7×100+500×4＝15,430

經過上述計算分析可知，選擇從青島並以鐵路運輸方式採購，費用最少，最經濟。

二、產品生產安排決策分析

(一) 新產品開發決策分析

絕大多數企業使用現有生產能力可以生產不同的產品，因此，可以通過比較各種產品的差量收入和差量成本進行決策分析。

【實例十二】設某廠現有生產設備生產 A 產品，但當年研發的 B 產品與原有 A 產品共用同一生產設備，A、B 兩種產品有關資料列示如下：

	產品 A	產品 B
可銷售單位（臺）	4,000	6,000
單位售價（元）	85	62
製造成本：		
其中：單位變動成本（元）	20	25
固定成本（元）	98,000	98,000
銷售與行政管理費用：		
其中：單位變動成本（元）	15	12
固定成本（元）	20,000	20,000

若要使效益最大化，企業應該選擇生產哪種產品？

本例中，現有生產能力下的固定成本未發生變化，因此 A 產品與 B 產品比較順序如下：

差量收入＝4,000×85-6,000×62＝-32,000（元）
差量成本＝4,000×(20+15)-6,000×(25+12)＝-82,000（元）
差量利潤＝(-32,000)-(-82,000)＝50,000（元）

從以上計算可以看出，雖然產品 B 有 32,000 元差別收入，但差別成本有 82,000 元，超過差額收入 50,000 元，所以該廠現有生產設備用於生產 A 產品比用於 B 產品可多實現利潤 50,000 元。因此，從經濟上看生產 A 產品為宜。

(二) 剩餘生產能力利用的決策分析

一個可生產多種產品的企業，當企業外部的環境以及企業的供應、生產能力和銷售等方面都允許增加產量時，就存在應增產何種產品以有效利用剩餘生產能力的決策問題。

【實例十三】設某廠目前生產 A、B、C 三種產品，有關資料如下：

	A 產品	B 產品	C 產品
售價（元）	200	120	220
單位變動成本（元）	120	80	180
單位邊際貢獻（元）	80	40	40
全場固定成本總額（元）		20,000	
單位標準工時（小時/件）	100	40	80

現在該廠生產能力（用機器小時表示）的利用程度只達到 90%，尚有 10,000 機器小時的生產能力未被利用，為把剩餘的 10% 的生產能力充分利用起來，以增產哪一種產品為宜？

解：本決策分析中，固定成本保持不變，是一種非相關成本，只需比較各產品的邊際貢獻大小。從表面上看，A 產品的單位邊際貢獻較高，但由於剩餘生產能力是有限的，各產品在此生產能力下所能提供的產量也不相同，因此，應比較各種產品單位小時的邊際貢獻額。根據上述資料，我們可知：

	A 產品	B 產品	C 產品
最大產量（件）	10,000÷100＝100	10,000÷40＝250	10,000÷80＝125
單位小時邊際貢獻（元/小時）	80÷100＝0.8	40÷40＝1	40÷80＝0.5
邊際貢獻總額（元）	10,000×0.8＝8,000	10,000×1＝10,000	10,000×0.5＝5,000

上述分析表明，剩餘生產能力應該用於生產 B 產品 250 件，可獲邊際貢獻 10,000 元。

如果經市場預測，B 產品市場容量只有 200 件，那麼，單位小時邊際貢獻指標的大小表示了用剩餘生產能力生產產品的選擇次序。即先生產 B 產品 200 件，耗用 8,000 機器小時（200 件×40 小時/件），提供 8,000 元邊際貢獻（8,000 小時×1 元/小時）；然後，再將剩餘的 2,000 機器小時用於生產 A 產品，可生產 A 產品 20 件（2,000 小時÷100 小時/件），提供邊際貢獻 1,600 元（2,000 小時×0.8 元/小時）。搭配生產 B 產品 200 件和 A 產品 20 件，共提供邊際貢獻 9,600 元，比單獨全部生產 B 產品 250 件少提供邊際貢獻 400 元。

（三）特殊價格訂貨的決策分析

特殊價格訂貨決策是指企業利用暫時閒置的生產能力接受臨時訂貨，這些臨時訂貨的定價往往特別低，接近甚至低於產品的工廠成本。此時若用工廠成本作為定價基礎，這些訂貨往往是不會被接受的。以下分兩種情況加以說明。

（1）當企業利用閒置的剩餘生產能力又不影響現有的正常銷售時，可根據特殊訂貨的單價是否大於單位變動成本來進行決策。因為原有固定成本不變，只要追加收入大於追加成本，就可以新增利潤。

【實例十四】紅光燈泡廠生產日光燈管，每支變動生產成本為 3 元，全廠的固定成本總額為 15 萬元，每支日光管售價為 8 元，本月產銷燈管 40,000 支。現本廠有多餘生產能力。外地某一商家要求追加訂貨 10,000 支，但每支僅出價 5 元。經瞭

解，接受這筆訂貨不會影響本廠下月正常銷售。

要求：進行是否接受該項訂貨的決策分析。

企業現有利潤額＝40,000×（8-3）-150,000＝50,000（元）

現有產品單位成本＝$3+\frac{150,000}{40,000}$＝6.75（元）

上述計算說明，企業正常銷售量已補償了全部固定成本，儘管追加訂貨的單價小於產品的單位成本，但訂貨價5元大於日光燈管的變動成本3元，所以應接受。它會使企業多實現20,000元利潤。

所增加的利潤＝10,000×（5-3）＝20,000（元）

接受訂貨後利潤額＝40,000×（8-3）+10,000×（5-3）-150,000＝70,000（元）

（2）如果接受特殊訂貨，會影響企業的正常銷售，則只有當特殊訂貨的價格大於單位變動成本與機會成本之和時，才能接受這批特殊訂貨。即：

特殊訂貨價格＞單位變動成本＋單位機會成本

其中：

單位機會成本＝$\frac{因接受特殊訂貨而造成的損失}{特殊訂貨數量}$

【實例十五】仍用實例十四燈泡廠的資料，假設該廠現在還剩有30,000支燈管的生產能力。現有甲、乙兩個客戶前來洽談訂貨，客戶甲訂貨30,000支，每支出價5元；客戶乙訂貨20,000支，每支出價5.5元。經過調查和預測，如果接受客戶甲的訂貨，會使企業的正常銷售量減少10,000支；接受客戶乙的訂貨，會使企業的正常銷售量中15,000支也要降價到每支55元。要求：計算分析是否接受該項特殊價格訂貨，若接受應是哪一家？

若接受甲客戶訂貨，而甲客戶出價每支5元，則：

單位機會成本＝10,000×（8-3）/30,000＝1.67（元/支）

最低價格限度＝3+1.67＝4.67（元/支）＜5（元/支）

可增加的利潤＝30,000×（5-4.67）＝10,000（元）

若接受乙客戶訂貨，而乙客戶出價每支5.5元，則：

單位機會成本＝15,000×（8-5.5）/20,000＝1.875（元）

最低價格限度＝3+1.875＝4.875（元/支）＜5.5（元/支）

可增加的利潤＝20,000×（5.5-4.875）＝12,500（元）

從上述計算可知，甲、乙兩客戶的要求都是可以接受的，但接受乙客戶的訂貨要求能取得更好的效果，可以多增加利潤2,500元。

（四）零部件自製或外購的決策分析

在企業生產經營中，時常會遇到某些零件是自製還是外購的決策問題。如：因企業的業務發展，設備能力跟不上，需要停止部分零件的生產改為外購；由於企業的生產任務不足，為了充分利用企業的剩餘生產能力，將原來外購的零部件改為自製；由於產品設計改變，對某些零部件需要重新確定是自製還是外購；等等。對這類問題進行決策分析時應注意：

（1）一般採用差量分析法進行決策。由於自制或外購的預期收入總是相同的，所以進行差量分析時，無須計算差量收入，只需把自制零件所需的成本（包括直接材料、直接人工和變動製造費用等）與外購買價進行比較，然後選擇成本最低的方案。

（2）如果存在機會成本（如在外購情況下企業剩餘能力可以出租），則應考慮機會成本。

（3）由於零件不論是自制或外購，共同性固定成本總要發生，所以，在一般情況下，共同性的固定成本屬非相關成本。

【實例十六】自制方案不需要增加固定成本的決策分析。

假定某玩具廠，生產某電動玩具每年需要微型電動機30,000個，如果向外購買，市場批發價為12元。該廠現有剩餘生產能力，可以自制，並且可達到外購的質量。經會計部門核算，每個電動機的自制成本為14元，其單位產品成本構成為：

直接材料　　　　8元
直接人工　　　　2元
變動製造費用　　1.5元
固定製造費用　　2.5元

要求：進行該廠微型電機應自制還是外購的決策分析。

解：由於該廠有剩餘的生產能力可以利用，它原來的固定成本不會因自制而增加，也不會因外購而減少，所以，微型電機的自制成本內不應包括固定製造費用。可用差量分析法計算如下：

自制方案的預期總成本＝（8+2+1.5）×30,000＝345,000（元）

外購方案的預期總成本＝30,000×12＝360,000（元）

差量成本＝345,000-360,000＝-15,000（元）

兩種方案的收入相等，但自制比外購節約15,000元成本，故應選擇自制方案。

本例題也可用自制方案與外購方案的單位成本相比較進行決策分析。自制方案的單位成本為11.5元（8+2+1.5），比外購單價12元節約0.5元。

【實例十七】自制方案需要增加專屬固定成本的決策分析。

仍用實例十六的資料，假定該玩具廠自制微電機時，每年要增加專屬固定成本18,000元。

要求：進行微電機應自制還是外購的決策分析。

差量成本＝11.5×30,000+18,000-30,000×12＝3,000（元）

計算結果表明外購成本小於自制成本3,000元，故應選擇外購方案。

這種情況也可採用本-量-利分析法，求出自制與外購的成本平衡點，然後進行決策。設 x 為微型電機自制與外購的成本分界點。根據資料可得出：

$11.5x+18,000=12x$

$x=36,000$ 個（成本分界點）

該廠微電機需用量為30,000個，小於兩方案的分界點36,000個，所以應外購。

【實例十八】生產設備可以出租的決策分析。

仍用實例十六的資料，假定該廠不自己生產微電機，可將設備租給外廠，每月可獲租金收入 1,200 元，在這種情況下，微電機應自製還是外購？

在這種情況下，若決定自製，則將放棄外購方案可獲得的潛在利潤（即每年的租金收入），所以應將租金收入作為自製方案的機會成本考慮。據此，可進行差量分析如下：

自製方案總成本＝變動成本總額＋機會成本
$\qquad = 11.5 \times 30,000 + 1,200 \times 12$
$\qquad = 359,400$（元）

外購方案總成本＝$3,000 \times 12 = 360,000$（元）

差量成本＝$359,400 - 360,000 = -600$（元）

計算結果表明，考慮機會成本後，自製方案仍比外購方案節約成本 600 元，所以應選擇自製。

【實例十九】外購方案有價格優惠的決策分析。

假設某無線電廠生產中需用揚聲器，如果外購，採購量小於 200 只，每支價格為 9 元；超過 200 只，每只價格為 6 元。如果該廠自己組織生產，每只需開支變動成本 4 元，並要開支專屬固定成本 500 元。

要求：進行揚聲器是外購還是自製的決策分析。

解：從已知資料可得出該廠揚聲器需用量不定，因此無法直接計算出外購與自製的採購成本，只能通過計算成本分界點，對揚聲器分數量階段進行決策。

設 x_1 為 200 只以內外購或自製成本平衡點，x_2 為 200 只以上外購或自製成本平衡點。

則：$500 + 40\,x_1 = 9\,x_1$
$\qquad 500 + 4\,x_2 = 6\,x_2$

據以確定：$x_1 = 100$（只）
$\qquad\quad x_2 = 200$（只）

以上計算可用圖 4-5 表示如下：

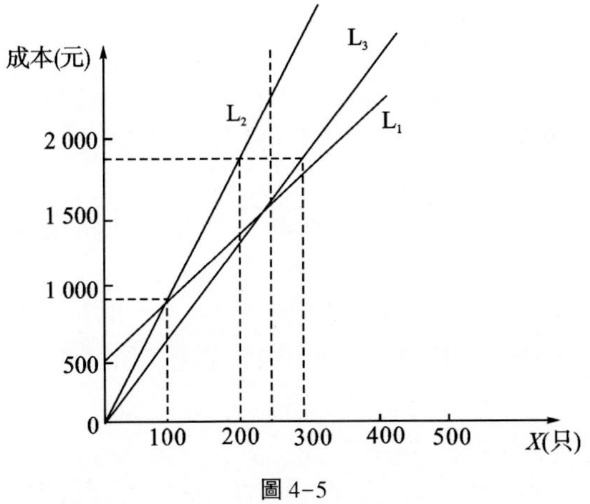

圖 4-5

圖中：L_1 代表自制成本，起點為 500 元，斜率為 4；

L_2 代表 200 只以內的外購成本線，起點為 0，斜率為 9；

L_3 代表 200 只以上的外購成本線，起點為 0，斜率為 6。

從圖 4-5 可看出：如果企業揚聲器採購量在 200 只以內時，只有 L_1 和 L_2 兩條成本線比較；如果企業揚聲器採購量大於 200 只時，應用 L_1 和 L_3 兩條成本線比較。分析結果見表 4-13。

表 4-13   自制或外購決策

產量（只）	結果	自制或外購的選擇
$X \leq 100$		外購
$100 \leq x < 200$		自制
$100 \leq x < 200$		外購
$X \geq 250$		自制

（五）半成品直接出售或進一步加工的決策分析

在工業企業中，有些產品經過若干加工程序成為半成品後，既可直接出售，又可進一步加工成最終產成品後出售。如棉紡織廠可出售半成品棉紗，也可繼續加工成棉布出售。完工產品的售價要高於半成品，但繼續加工，則要追加一定的變動成本和固定成本。對這類問題，一般可採用差量分析法進行決策分析。但應注意：

（1）半成品在進一步加工前所發生的全部成本，無論是變動成本還是固定成本，在決策分析時，都屬非相關成本，無須加以考慮。

（2）決策的關鍵是看半成品進一步加工增加的收入是否超過進一步加工中追加的成本。若增加收入大於追加成本，則以進一步加工為優。若增加收入小於追加成本，則應當立即出售，不應再加工。

【實例二十】假定某木地板廠用木料生產成木地板料後可直接出售，每平方米售價 40 元，每年產銷量為 80,000 平方米，單位變動生產成本為每平方米 24 元，固定成本總額為 480,000 元。如果把現在的木板料進一步精加工成帶花紋圖案的木板就可供出口，出口價為每平方米 100 元，但需追加單位變動成本 30 元，專屬固定成本 500,000 元。

要求：進行該廠是直接出售還是進一步加工後出口銷售的決策分析。

根據上述資料進行差量分析：

進一步加工增加的收入 =（80,000×100）-（80,000×40）= 480（萬元）

進一步加工追加的成本 =（30×80,000+500,000）-0 = 290（萬元）

差量利潤 = 480-290 = 190（萬元）

計算結果表明：進一步精加工後出口銷售比直接銷售可多獲利 190 萬元，所以應進一步加工後出口銷售。

（六）產品停產或轉產的決策分析

從事多種產品生產的企業，在其財務會計完全成本資料中，可能會顯示某種產

品虧損。當不能轉產其他產品時，應否停產這種虧損產品呢？如果僅僅根據財務會計的完全成本資料，出現虧損就決定停產，這可能是一個錯誤的決策。

一般而論，不管現有產品是否停產或轉產，企業的固定成本總是不變的。如果虧損產品為整個企業提供了邊際貢獻，則停產該產品就降低了整個企業的邊際貢獻總額，也降低了整個企業彌補固定成本創造盈利的能力。是否應該停產虧損產品，關鍵在於該產品有無邊際貢獻。只要虧損產品有邊際貢獻，就不應當停產。如果停產虧損產品所閒置出來的生產能力不能生產能提供更多邊際貢獻的產品，那麼該虧損產品也不應當轉產。

【實例二十一】假定麗康制藥廠原生產感冒清、氯霉素、磺胺三種藥品，年終結算全廠共實現利潤150,000元，其中感冒清創利180,000元，氯霉素創利120,000元，磺胺虧損150,000元。三種藥品的銷售量、銷售單價及成本資料參見表4-14，其中固定成本按銷售額分攤。

表 4-14　　　　　　　麗康制藥廠產品資料表

	感冒清	氯霉素	磺胺	合計
銷售量（瓶）	100,000	5,000	150,000	-
銷售單價（元）	6	8	10	-
單位變動成本（元）	3	4	9	-
銷售收入（元）	600,000	400,000	1,500,000	2,500,000
變動成本（元）	300,000	200,000	1,350,000	1,850,000
固定成本（元）	120,000	80,000	300,000	500,000
利潤（元）	180,000	120,000	(150,000)	150,000

要求：

（1）為麗康制藥廠做出磺胺是否應停產的決策分析。

（2）假設該廠磺胺停產後，剩餘生產能力可用來生產黃連素，經預測可生產200,000瓶，每瓶售價7元，單位變動生產成本6元。是否應轉產？

解：虧損產品是否停產或轉產，一般不涉及企業的生產能力的變動，無論企業轉產或停產，固定成本總是要發生的，在決策分析時可以不予考慮，只需看虧損產品是否提供邊際貢獻，若虧損產品有邊際貢獻就不能停產。轉產時，若轉產的新產品提供的邊際貢獻總額大於被轉產產品提供的邊際貢獻總額，即可轉產，否則應維持原生產。

從表4-14中可以看出，虧損產品磺胺有邊際貢獻150,000元，三種藥品總邊際貢獻為650,000元。如果停產磺胺，則該廠邊際貢獻總額將降為500,000元，而該廠固定成本總額500,000元是固定不變的，則全廠的固定成本500,000元將由感冒清和氯霉素兩種產品負擔，導致全廠利潤為零。相反不停產磺胺可使全廠盈利150,000元，所以，不應停產磺胺。

若轉產黃連素，則根據有關資料，黃連素單位邊際貢獻為1元，生產200,000瓶可提供200,000元的邊際貢獻，超過了磺胺現有的邊際貢獻150,000元，因此應

當轉產。轉產後，企業邊際貢獻總額增加 50,000 元，利潤總額也將增加 50,000 元。

在實際工作中，有些企業對虧損產品停產後，不是轉產，而是將停產後閒置的廠房、機器設備出租給別的單位。在這種情況下，只要租金淨收入大於虧損產品提供的邊際貢獻總額，出租方案就可行。

（七）不同加工設備選擇的決策分析

企業同一種產品或零件，採用不同設備進行加工，成本會相差較大。採用先進設備進行加工，單位變動成本可能較低，但固定成本較高；如果用一些簡易設備，單位變動成本可能較高，但固定成本較低。因此，進行這類決策必須和產品的加工批量聯繫起來分析，決策的關鍵是「成本分界點」。

【實例二十二】東風機器廠在生產某種型號的齒輪時，可以用普通銑床、萬能銑床或數控銑床三種設備進行加工，這三種銑床加工該齒輪的有關成本資料參見表 4-15。

表 4-15   單位：元

機床名稱	每個齒輪加工費	每批齒輪的調整準備費
普通銑床	8	300
萬能銑床	4	600
數控銑床	2	1,200

問：應採用哪種設備加工？

解：設 x_1 為普通銑床與萬能銑床的成本分界點；x_2 為萬能銑床與數控銑床的成本分界點；x_3 為普通銑床與數控銑床的成本分界點，則有如下方程：

$300+8x_1=600+4x_1$ $x_1=75$（個）

$600+4x_2=1,200+2x_2$ 解之得： $x_2=300$（個）

$1,200+2x_3=300+8x_3$ $x_3=150$（個）

根據以上計算和圖 4-6 可知：當齒輪加工批量小於 75 個時，採用普通銑床成本最低；當齒輪加工批量大於 75 個小於 300 個時，採用萬能銑床的成本最低；若齒輪加工比量超過 300 個，則採用數控銑床成本最低。

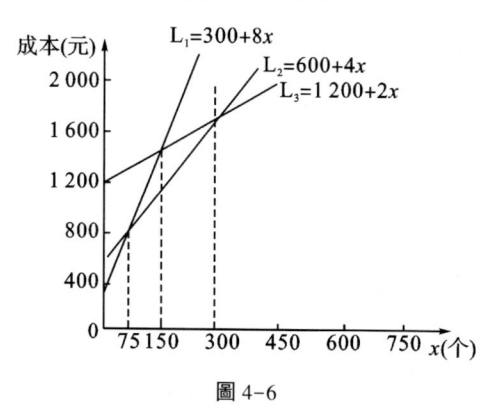

圖 4-6

(八)產品最優生產組合的決策分析

企業在同時生產幾種產品的情況下，各種產品的生產量往往要受企業生產能力的限制，同時企業還要考慮產品的盈利能力，這就需要採用線性規劃法對各產品生產數量進行規劃，使現有生產能力得到最充分的利用。

【實例二十三】某廠生產甲、乙兩種產品，每種產品都要經過鍛造、加工、裝配三個車間，各車間最大生產能力及單位產品需要的加工時間和盈利能力參見表4-16。為使企業邊際貢獻最大，要求：

(1) 如何安排各種產品的產量，才能使生產能力得到充分利用？

(2) 若各車間生產能力不生產A、B產品而對外提供勞務，每一工時提供純收入分別為：鍛造車間1.5元/工時，加工車間1元/工時，裝配車間6元/工時，問：如何安排兩種產品的產量，才能充分利用生產能力？

表4-16　　　　　　　　產品及生產能力資料表

		鍛造（工時）	加工（工時）	裝配（工時）	單位邊際貢獻（元）
單位產品工時消耗	A	20	40	15	200
	B	25	35	30	300
最大能力工時		800	1,400	900	-

解：設甲產品產量為 x 件，乙產品產量為 y 件，邊際貢獻總額為 s，根據上述資料有：

約束條件 $\begin{cases} 20x+25y \leq 800 \\ 40x+35y \leq 1,400 \\ 15x+30y \leq 900 \\ x, y \geq 0 \end{cases}$

目標函數 $S\max = 200x + 300y$

將上述約束條件在坐標圖上標出，如圖4-7所示。在圖中，ABCD區域為可行解區域，各頂點的坐標分別為A(0, 30)、B(6.67, 26.67)、C(23.33, 13.33)、D(35, 0)。各頂點相應的邊際貢獻為：

$S_A = 200 \times 0 + 300 \times 30 = 9,000$（元）

$S_B = 200 \times 6.67 + 300 \times 26.67 = 9,335$（元）　　（極大值）

$S_C = 200 \times 23.33 + 300 \times 13.33 = 8,665$（元）

$S_D = 200 \times 35 + 300 \times 0 = 7,000$（元）

圖 4-7

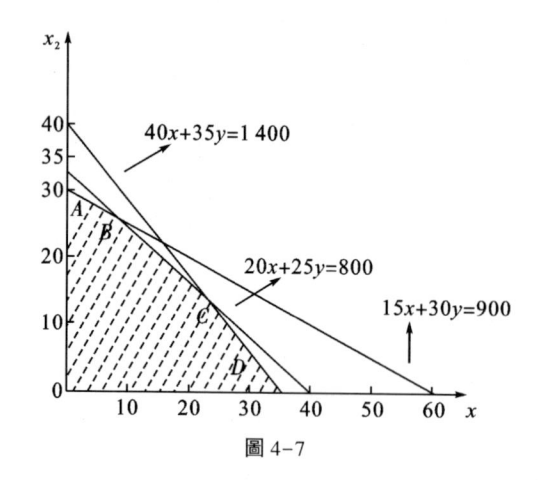

可見，能使邊際貢獻最大的可行解為 B 點，即最優安排為甲產品生產 6.67 件，乙產品生產 26.67 件，此時最大邊際貢獻為 9,335 元。

不過，由於各車間生產能力可以對外出租，因此還應當考慮租金收入。對於可行解 A（0，30）點來說，生產甲產品 0 件乙產品 30 件的組合，在鍛造車間中尚剩餘 50 個工時，在加工車間中尚剩餘 350 個工時，在裝配車間中無生產能力剩餘，共取得純租金收入 1.5×50+1×350＝425 元。同樣道理，對於可行解 B（6.67，26.67）點的生產組合來說，在加工車間剩餘 200 個工時的生產能力，純租金收入為 1×200＝200 元。在可行解 C（23.33，13.33）點的生產組合下，在裝配車間剩餘 150 個工時的生產能力，純租金收入為 6×150＝900 元。在可行解 D（35，0）點的生產組合下，在鍛造車間剩餘 100 個工時，在裝配車間剩餘 375 個工時，共獲租金純收入為 1.5×100+6×375＝2,400 元。因此各點的邊際貢獻總額分別為：

S_A＝9,000+425＝9,425（元）

S_B＝9,335+200＝9,535（元）

S_C＝8,665+900＝9,565（元）　　　　（極大值）

S_D＝7,000+2,400＝9,400（元）

可以看出，考慮剩餘生產能力出租後，C 點的組合即甲產品生產 23.33 件、乙產品生產 13.33 件為最優組合。上述分析也可以用下列公式表達：

S_{max}＝200x+300y+（800−20x−25y）×1.5+（1,400−40x−35y）×1+（900−15x−30y）×6

　　　＝40x+47.5y+8,000　　　　　　　　　　　　　　　　　　　　　　　　（1）

將各種生產組合下 x 和 y 的數值代入式（1），也可得到同樣結果。

但是，如果各車間的生產能力全部不用來生產產品，可以對外出租獲取租金收入，所以還應進一步考慮機會成本。在式（1）中，如果各車間生產能力全部對外出租的租金收入為 8,000 元（800×1.5+1,400×1+900×6），考慮機會成本後有：

S_{max}＝40x+47.5y　　　　　　　　　　　　　　　　　　　　　　　　　　　（2）

上述式（2）的結果也可以考慮為：各車間生產一定組合的產品後，就喪失了

在這些產品生產上所耗工時對外出租的收入，因此考慮機會成本後，原目標函數則變為：

$$S_{max} = 200x+300y-(20x+25y)\times 1.5-(40x+35y)\times 1-(15x+30y)\times 6$$
$$= 40x+47.5y \quad (3)$$

式（3）的結果與式（2）是完全一致的，考慮機會成本後，各產量組合的邊際貢獻總額分別為：

$S_A = 9,425-8,000 = 1,425$（元）

$S_B = 9,535-8,000 = 1,535$（元）

$S_C = 9,565-8,000 = 1,565$（元） （極大值）

$S_D = 9,400-8,000 = 1,400$（元）

以上分析說明：各車間的生產能力首先應當用於生產甲、乙兩種產品，而不是對外出租。生產的最優組合是甲產品生產 23.33 件，乙產品生產 13.33 件，這種組合下生產能力得到了最充分的利用，實際共獲邊際貢獻 9,565 元。

十、最優生產批量的決策分析

按批量生產的企業，常常要對每批生產多少數量的產品做出決策，這種決策與存貨經濟訂購批量決策的原理相同，常採用最優批量法進行決策。

在進行生產批量決策時，決策目標是使在生產批量下的總成本最低。在生產批量上的總成本主要由生產準備成本和儲存成本組成，至於為生產產品而發生的直接材料、直接人工、變動製造費等變動生產成本，屬於與批量無關的非相關成本，可不予考慮。另外，也不考慮由於停工待料造成的缺貨成本。

生產準備成本是指在每批產品投產前需要花費的調整、安裝等準備成本和計入產品成本的固定製造費用。儲存成本是指在產品或產成品存貨在儲存過程中發生的儲存費用。顯然，由於企業全年的總產量是固定的，每批的產量越大，全年生產批次就越少，生產準備成本越低。但是每批的產量大，又會增加期末存貨量，從而增加平均儲存成本。最優生產批量決策就是要確定一個適當的生產批量，使全年的生產準備成本與平均儲存成本之和達到最低。

與材料採購不一樣，在產品的生產過程中，存貨往往不是一次到貨入庫陸續領用的，本工序在產品或半成品的生產完工往往是陸續入庫並轉移供下一工序陸續領用的。

假設下一工序對本工序半成品的全年需要量（即本工序全年總產量）為 D，本工序每日的生產量為 P，下一工序每日耗用需要量為 d。又假設每批生產的生產準備成本為 K_1，每件半成品單位儲存成本為 K_2。如果每批生產的產量（即批量）為 Q，而每日產量為 P，則該批產品生產週期為 Q/P。又由於下一工序對本工序的生產要求量為 d，因此本工序生產週期內產品被下一工序耗用量為 $d\times Q/P$，本工序產品期末存貨的最高庫存量為 $Q-d\times Q/P$。因此：

$$\text{平均庫存量} = \frac{(Q-\frac{Qd}{P})+0}{2} = \frac{1}{2}(1-\frac{d}{p})Q$$

存貨總成本 TC =生產準備成本+平均儲存成本

$$= \frac{D}{Q}K_1 + \frac{1}{2}\left(1-\frac{d}{p}\right)QK_2$$

根據最優批量法原理,當 $TC'=0$ 時, TC 取得極小值,因此:

$$TC' = -\frac{D}{Q^2}K_1 + \frac{1}{2}\left(1-\frac{d}{p}\right)K_2 = 0$$

最優生產批量 $Q_0 = \sqrt{\frac{2K_1 D}{K_2} \times \frac{p}{p-d}}$

【實例二十四】假定東風廠全年需要甲零件 36,000 個,專門生產甲零件的設備每天能生產 120 個,每天平均領用 100 個,每批零件調整準備成本為 900 元,單位零件的平均儲存成本 4 元。

要求:為東風廠做出最優生產批量的決策分析。

解:將上述資料代入前面列舉的公式:

最優生產批量 $= \sqrt{\frac{2 \times 36,000 \times 900}{4 \times (1-100/120)}} = 9,859$(個)

最優生產週期 $= \frac{Q}{P} = \frac{9,859}{120} = 82.16$(天)

生產準備週期 $= \frac{Q}{d} - \frac{Q}{P} = \frac{9,859}{100} - 82.16 = 16.43$(天)

最低存貨總成本 $= \frac{36,000}{9,859} \times 900 + \frac{1}{2} \times \left(1-\frac{100}{120}\right) \times 9,859 \times 4 = 6,572.67$(元)

十一、資源限制條件下產量的決策分析

企業所能控制的資源總是有限的,如果多種產品受一種資源的限制,則應使該資源的耗用取得最大的效益,因此,人們總是以單位資源的邊際貢獻最大或單位資源的利潤最大為決策目標。如果多種產品受多種資源的限制,則應通過線性規劃法加以決策,其決策目標是企業邊際貢獻總額或利潤總額最大。在線性規劃法中,兩種產品的產量組合可用圖解法求得最優產量組合值,三種以上產品的產量組合應通過單純形法測算最優產量組合值。

【實例二十五】東亞公司目前生產甲產品 2,000 件,單位邊際貢獻 45 元,固定成本 120,000 元。由於該產品目前虧損 30,000 元,因此,想利用同一設備和同種材料轉產乙、丙、丁三種產品中任意一種。材料最大供應量為目前甲產品 2,000 件的生產耗用量,材料單價為 6 元/千克,其餘資料參見表 4-17。

要求:進行在下列情況下甲產品轉產的決策分析。

(1) 各產品市場銷售量無限制;

(2) 甲產品最大銷量為 2,000 件,乙產品最大銷量為 1,200 件,丙產品最大銷量為 200 件,丁產品最大銷量為 700 件。

表 4-17　　　　　　　　　東亞公司產品資料表

產品	甲	乙	丙	丁
材料單耗（千克/件）	15	12	20	18
銷售單價（元）	200	220	280	180
單位材料費用（元）	90	72	120	108
單位人工費用（元）	30	40	26	10
單位變動費用（元）	35	54	50	12
單位邊際貢獻（元）	45	54	84	50
固定成本（元）	共 120,000			
單位材料邊際貢獻（元/千克）	3	4.5	4.2	2.78

解：由於目前甲產品已經提供 90,000 元（2,000×45 元）的邊際貢獻，而固定成本保持不變，因此，所轉產的產品只要能提供大於 90,000 元的邊際貢獻額即可。

由於材料最大供應量為目前甲產品生產 2,000 件的耗用量，即 30,000 千克（2,000 件×15 千克/件），材料供應量受到了限制，因此，應轉產單位材料邊際貢獻較高的產品。根據表 4-14 的資料，乙產品單位材料的邊際貢獻額最高，達到 4.5 元/千克，故應轉產生產乙產品。此時：

乙產品最大產量 = $\frac{30,000}{12}$ = 2,500（件）

乙產品提供的邊際貢獻 = 30,000×4.5

或：　　　　　　　　　= 2,500×54

　　　　　　　　　　　= 135,000（元）

如果各產品在市場上的銷售量有限制，則應按各產品單位材料邊際貢獻額的大小確定產品生產順序。根據表 4-17 中的數據，各產品的單位材料邊際貢獻最大的是乙產品，其次為丙產品，然後為原有的甲產品，最後為丁產品。這樣，先生產乙產品 1,200 件，共耗用材料 14,400 千克（1,200 件×12 千克/件）；再生產丙產品 200 件，共耗用材料 4,000 千克（200 件×20 千克/件）。乙、丙兩種產品總共耗用材料 18,400 千克，剩餘材料 11,600 千克可生產甲產品 773.33 件（11,600 千克÷15 千克/件），尚未超過甲產品的市場容量。這樣：

乙產品邊際貢獻 = 1,200 件×54 = 64,800（元）
丙產品邊際貢獻 = 200 件×84 = 16,800（元）
甲產品邊際貢獻 = 773.33×45 = 34,800（元）
合計：　　　　　　　　　116,400（元）

應當注意的是，儘管丁產品也是可供選擇的新產品之一，但丁產品的單位材料邊際貢獻只有 2.78 元/千克，尚未超過老產品甲的水準，因此應當首先選擇原有的甲產品，可提供 34,800 元邊際貢獻。如果選擇丁產品，剩餘的 11,600 千克材料只能提供 32,248 元的邊際貢獻（11,600 千克×2.78 元/千克）。

【實例二十六】南方公司生產甲、乙兩種產品，由於能源供應緊張，因此每月

電耗不能超過 4,200 度。另外，由於生產這兩種產品的設備是租入的，為了盡量利用生產能力，規定開工臺時不得低於 1,600 臺時。各產品在市場上旺銷，單位消耗和單位盈利參見表 4-18。如果要求每月至少盈利 15,000 元，如何安排各產品的生產量，才能使每月總成本最低？

表 4-18　　　　　　　　　　　南方公司產品資料表

產品	單位電耗 （度/件）	單位臺時消耗 （臺時/件）	單位盈利 （元/件）	單位成本 （元/件）
甲	7	2	60	50
乙	6	8	25	80

解：此例中兩種產品受多種資源條件限制，應當使用線性規劃的圖解法進行決策分析。設甲產品的產量為 x_1 件，乙產品產量為 x_2 件，企業的總成本為 T，則有：

約束條件 $\begin{cases} 7x_1+6x_2 \leq 4,200 \\ 2x_1+8x_2 \geq 1,600 \\ 60x_1+25x_2 \geq 15,000 \\ x_1, x_2 \geq 0 \end{cases}$

目標函數　　　$T_{min} = 50x_1 + 80x_2$

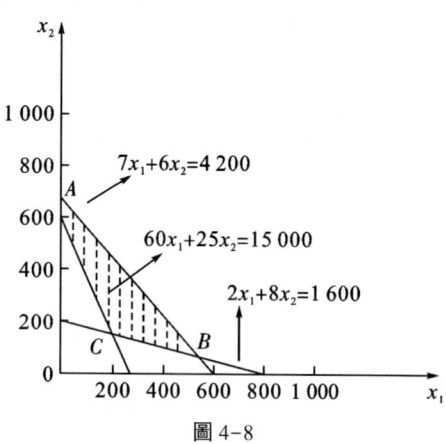

圖 4-8

將上述約束條件在坐標圖上標出，如圖 4-8 所示。在圖中，ABCD 區域為可行解區域，各頂點的坐標分別為 A (0, 700)、B (545, 64)、C (186, 153)、D (0, 600)。因此相應的成本值為：

$T_A = 50 \times 0 + 80 \times 700 = 56,000$（元）
$T_B = 50 \times 545 + 80 \times 64 = 32,370$（元）
$T_C = 50 \times 186 + 80 \times 153 = 21,540$（元）　　　（極小值）
$T_D = 50 \times 0 + 80 \times 600 = 48,000$（元）

因此，能使總成本 T 最小的可行解為 C 點，即最優產量組合為甲產品生產 186 件，乙產品生產 153 件，此時最小總成本為 21,540 元。

思考題

1. 什麼是決策？怎樣對企業的經營決策進行分類？
2. 決策的一般程序是什麼？
3. 短期經營決策一般包括哪些內容？它有何特點？
4. 什麼是機會成本？在經營決策中需要考慮機會成本嗎？為什麼？
5. 什麼是沉沒成本？它和相關成本有什麼聯繫和區別？
6. 什麼是可避免成本與可延續成本？在經營決策中應用這兩個概念有什麼現實意義？
7. 確定型決策的基本分析方法有哪些？
8. 什麼是不確定型決策？它與風險型決策有何區別？
9. 非確定型決策的基本方法有哪些？

計算題

習題一

一、目的：練習零部件自制或外購的決策分析。

二、資料：紅星電機廠每年需用 A 零件 10,000 件，該零件可自制（該廠有剩餘生產能力），也可外購、外購單價為 2.8 元，如果自制每件產品有關成本資料如下：

直接材料	1.2 元
直接工人	0.8 元
變動製造費用	0.6 元
固定製造費用	0.5 元

三、要求：

1. 根據上述資料分析 A 零件是自制或外購？為什麼？
2. 如果企業外購 A 零件，剩餘生產能力可以對外出租，每年可獲取租金 4,000 元。應自制還是外購？為什麼？

習題二

一、目的：練習生產能力充分利用的決策分析。

二、資料：某公司生產 A、B 兩種產品，每件 A 產品的邊際貢獻為 16 元，每件 B 產品的邊際貢獻為 20 元。該公司生產這兩種產品需要投入兩種資源甲和乙。已知每件 A 產品需要甲資源 5 單位，乙資源 2 單位；每件 B 產品需要甲資源 2 單位，乙

資源 4 單位。該公司能夠提供的甲資源有 120 單位，乙資源有 80 單位。

三、要求：應如何安排 A、B 兩種產品的生產，才能獲得最大的邊際貢獻？

習題三

一、目的：練習產品的定價決策分析。

二、資料：某公司生產車床需用 A 零件，全年需量為 8,000 件，單位購價 40 元，每次訂購成本為 100 元，年儲存成本為存貨金額的 25%。供應商規定，若每次採購量超過 4,000 件，在結算單價上可享受 5% 的數量折和。

三、要求：該公司是否接受這種折扣價？為什麼？

習題四

一、目的：練習生產能力充分利用的決策分析。

二、資料：某公司目前經營情況如下：生產一種 A 產品，最大生產能量為 10,000 件，目前產銷為 6,000 件，銷售單價為 12 元，單位變動成本為 9 元，固定成本總額為 22,000 元（在產銷 10,000 件範圍內不發生變化）。

三、要求：

1. 該公司準備增加廣告費 4,000 元，預計可以增加銷售量 3,000 件，這時的稅前利潤是多少？

2. 某客戶打算以每件 10 元的價格向該公司增購 A 產品 2,000 件，但該公司需一次性增加固定支出 1,000 元。問：該公司能否接受這項特殊訂貨？

第五章
長期投資決策分析

學習要點

　　管理會計的基本職能之一是決策分析。長期投資決策分析是管理會計決策分析方法中的一種專門方法，也用於財務管理。

　　長期投資和長期投資決策涉及眾多內容。從財務會計的觀點來看，長期投資主要是指企業的對外投資，包括股票投資、債券投資和其他投資。本章側重管理會計的觀點，認為長期投資重在決策與分析，主要涉及企業的「對內投資」，即企業出於自身的需要而發生的資本支出，如企業購置設備、修建廠房、新建生產線等。

　　本章重點介紹了長期投資方案的評價指標，包括淨現值、現值指數、內含報酬率、回收期、平均投資報酬率。學生可以從每項指標的基本概念、產生的基本原理、基本的計算方法以及每項指標的優缺點等各方面去加以認識。同時，還要掌握長期投資決策分析中的敏感性分析方法。

第一節　長期投資決策的相關概念

一、投資概述

（一）投資的基本概念

　　所謂投資，廣義地講，是指以營利為主要目的的資本支出，即現在投入一定資本，以便將來獲得預期經濟收益的經濟行為。例如，個人購買股票或債券，企業購建經營性資產，國家興建水電站等。如果個人或企業將錢用於救助災區或其他慈善事業，由於這種行為不必收回本錢，更不是為了獲得預期的經濟收益，因此，不能叫作投資。

（二）投資主體的劃分

　　投資主體是指具體從事投資行為的實體或個人。按投資者的具體情況劃分，投資主體可分為國家、企業和個人。

1. 國家作為投資主體

國家投資主要是指國家通過財政等渠道專項撥入一定資金，興建較大型的營利性項目，如興建工廠、鐵路、電站等。當然，國家的投資行為除了營利性目的外，同時還有從宏觀上來考慮產業合理佈局、改善交通運輸狀況和環境保護等非營利性目的。

2. 企業作為投資主體

企業是以營利為主要目的的經濟實體，因此，企業的投資行為基本上是營利性的（不排除企業的投資行為還兼有其他非營利性目的）。

企業投資按其投資範圍來劃分，可分為對內投資和對外投資。

對內投資又稱為狹義的企業投資或自我投資，是指企業以擴大自身的生產能力和生產規模等為主要目的的資本支出，例如，興建分廠、購建新生產線、修建新的房屋建築物等。這些支出都是企業對自身的資本投入，而不是對其他經濟實體的投入，因此稱為對內投資。

對外投資又稱為廣義的企業投資，是指企業以現金、實物、無形資產或者以購買股票、債券等有價證券方式對其他經濟實體的投資，亦即企業發生的與其他經濟實體有各種財務關係的資本支出。例如，企業購買其他經濟實體的股票、債券和國家發行的債券（國債）等，將資本投入到其他經濟實體或與其他經濟實體共同投資組建聯營實體等。

需要說明的是，上述投資概念與會計的投資概念是有區別的。從會計的角度看，只有企業對其他經濟實體發生的資本支出（如購買股票、購買債券和進行其他股權投資等），才屬於投資範疇。而企業自身與固定資產購建有關的資本支出，則不屬於投資。因此，從會計的投資概念來看，企業是不存在對內投資的。本章之所以採用了一般的投資概念，亦即包括了對內投資，是因為在採用管理會計專門方法進行投資決策分析時，對企業自身購建固定資產這樣的經濟行為，同樣要運用這些決策方法。因此，本書中的投資概念包括了對內投資和對外投資兩個內容。

企業投資按其投資對象來劃分，還可分為直接投資和間接投資。

直接投資是指把資金直接投放於生產經營性資產，以便獲取利潤的投資，如購置設備、興建房屋等。

間接投資是指把資金投放於金融性資產，以便獲取股利或利息收入的投資，如購買股票、購買債券等，故間接投資通常又稱為證券投資。

3. 個人作為投資主體

個人進行投資的途徑很多。個人將閒置的資金存入銀行以便取得利息，購買債券和股票以便取得利息和股息，以入股方式投入其他經濟實體以便取得投資收益，個人獨辦或與他人聯辦工廠、商店等營利性實體等，都是以個人作為投資主體的投資行為。

本章著重研究企業作為投資主體的投資行為（包括對內投資和對外投資）。

二、長期投資概述

（一）長期投資的基本概念

長期投資是指不準備隨時變現、持有時間在一年以上的有價證券以及超過一年

的其他投資。

長期投資是相對短期投資而言的。短期投資是指能夠隨時變現的、持有時間不超過一年的有價證券以及不超過一年的其他投資。

企業進行的投資，除由於資金運籌上的需要而進行的少量短期有價證券的買賣外，其餘大部分投資都屬於購買固定資產、購買股票（不打算隨時變現的）和國家債券（至少一年以上）或與其他經濟實體聯營等。這些投資有一個共同的特點，就是投資的結果對投資人的經濟利益有較長時期的影響。由於投資收回的時間長，對投資人在經濟利益上影響的時間也較長，故將這種投資稱為長期投資。

(二) 長期投資的特點

依上所述，企業的長期投資可分為對內投資和對外投資。對內投資主要是以增加生產能力為主要目的的固定資產投資；對外投資主要包括股票投資、債券投資和其他投資等。根據企業長期投資的類型，可歸納出長期投資的以下幾個特點：

1. 長期性

長期投資的投資收回時間至少在一年以上。如果是固定資產投資，收回的時間更長（幾年、十幾年或更長時間）。由於投資回收期長，因此，對投資人經濟利益的影響時間也長。

2. 耗資大

長期投資耗費資金數額通常都較大。企業如果是進行對內投資（如購置固定資產等），耗費的資金一般都較多；如果是進行對外投資（如購買股票、債券或其他投資等），投入的資金一般也較多，以期獲得更多的投資收益。

3. 風險大

由於長期投資涉及的時間長，在投資有效期內，投資項目的內部情況、外部環境等都會發生變化，而這些變化往往又是難以預測的。因此，長期投資面臨著較大的風險。

(三) 企業長期投資的內容

企業長期投資的內容包括對內投資的內容和對外投資的內容。

對內投資的內容歸納起來有兩大類：固定資產投資和流動資產投資。這兩類投資在投入和收回的時間、方式、數量等方面都是有區別的。

對外投資的內容大致分為三類：股票投資、債券投資和其他投資。其中股票投資和債券投資由於需支出現金，因而也可視為流動資產投資。其他投資（如與其他企業合資舉辦新企業等）則既包括流動資產投資（新企業所需開辦費以及經營週轉資金等），又包括固定資產投資（如購建房屋、機器設備等）。

三、長期投資決策概述

(一) 長期投資決策的基本概念

如前所述，決策按其對企業經濟效益影響時間的長短可分為短期決策（一年以內）和長期決策（一年以上）兩類。投資也可按投資收回時間的長短分為短期投資（一年以內）和長期投資（一年以上）。將決策的分類和投資的分類結合起來，就形

成了短期投資決策（一年以內）和長期投資決策（一年以上）。由於短期投資決策涉及的時間短，不超過一年，基本上屬於企業經營性的決策，故可稱為短期經營決策。

長期投資決策是指對各種長期投資方案進行分析、評價，最終確定一個最佳投資方案的過程。其通常包含兩層含義：一是同時存在幾個投資項目可供選擇時，對不同投資項目進行比較，從中選出經濟效益較佳的項目；二是對已選定的投資項目的各種實施方案進行比較，從中選出經濟效益等各方面都最佳的實施方案。

由於長期投資決策涉及的資金多，經歷的時間長，風險較大，對企業近期和遠期的財務狀況都有較大影響，因而是一項十分重要的決策行為，投資者必須認真對待，從而做出明智的決策。

(二) 長期投資決策的特點

長期投資決策具有以下幾個特點：

1. 它是企業的戰略性決策

長期投資決策的內容通常涉及企業的生產能力、發展方向、新產品開發、大量資金的運用等。這些決策對企業的發展都具有戰略性意義。企業應從不同角度，根據內部和外部等各種情況，綜合判斷，做出決策。

2. 決策者通常是企業高層管理人員

由於長期投資決策涉及的資金多，風險大，對企業影響的時間長，對企業的發展有重大影響等，因此，這種決策通常由企業高層管理人員（如總經理）甚至由董事會來行使最後決策權。

3. 要考慮貨幣的時間價值

長期投資決策涉及的時間長，而貨幣在不同的時間，其價值要隨各種因素（如利率及物價變動等）的變化而發生相應的變化，因此進行長期投資決策時必須考慮貨幣的時間價值，以便較為準確地計算投資收益，做出正確的投資決策。

(三) 長期投資決策的種類

1. 戰術性投資決策和戰略性投資決策

戰術性投資決策是指那些對企業的前途和命運影響不大的投資決策。比如，是否購置新機器以替代舊機器的決策，租入設備還是購入設備的決策，現在還是以後更新設備的決策，等等。

戰略性投資決策是指那些可以改變企業的經營方向，對企業的前途和命運影響較大的投資決策。比如，與其他經濟實體共同投資組建新的聯營實體的決策，投資開發新產品的決策，廠址選擇的決策，較大幅度地改變生產規模的決策，等等。

2. 篩分決策和選擇決策

篩分決策是指確定投資方案是否滿足某種預期標準的決策。例如，可以規定，凡提交決策的方案，其投資報酬率都要達到20%，達不到這個條件的不提交決策。

選擇決策是指從若干可行方案中選擇最佳方案的決策。例如，在投資報酬率都達20%以上的若干投資方案中選擇一項最優方案，這個過程就是選擇決策。

從時間順序上看，篩分決策在前，選擇決策在後。篩分決策是從若干投資方案

中確定若干能滿足企業預期目標的可行方案；選擇決策則是從篩分出來的可行方案中確定一個最優方案。篩分決策可以減少決策方案的數量，以使決策人能更集中有效地對入選方案進行分析和評價。

(四) 進行長期投資決策需要考慮的因素

企業進行長期投資決策要考慮的因素很多，一般來講，要考慮社會、經濟、政治、財務、環境保護等諸多因素。而對於具體的企業而言，則要根據特定的投資對象，考慮相關的因素。

1. 對內投資要考慮的因素

企業對內投資，大多與擴大企業經營規模、增加生產能力、開發新產品等有關。企業要根據自身的情況，對投資項目進行可行性分析，包括對國家的宏觀經濟政策、企業自身的財務狀況、市場情況、企業人員的素質及人員培訓條件、環境保護、資金的籌集和運用等方面加以綜合考慮。企業對內投資，其資本的支出和收回在很大程度上取決於企業的自身因素，所以，較之對外投資而言，對內投資需考慮的因素要少些。

2. 對外投資要考慮的因素

企業對外投資包括股票投資、債券投資和其他投資。不同投資對象，需要考慮的因素不同。

(1) 股票投資。首先要考慮國家的政治及經濟政策，股市行情，股票發行單位的經營、財務、產品或勞務等方面的情況以及今後的發展方向和前途等。其次，還要結合考慮本企業從事股票投資人員的素質等。股票投資的收益大，風險也大，考慮的因素周密一些為好。

(2) 債券投資。債券可分為企業債券和國債。購買企業債券時，要充分考慮債券發行單位的經營業績、財務業績以及今後還本付息的能力等。進行企業債券投資的風險雖不像股票投資那麼大，但也不是沒有風險的，債券發行單位也存在到期無力還本付息的可能性。因此，進行企業債券投資也要謹慎行事。

國債是一種沒有風險的債券，因此，進行國債投資是無風險投資。鑒於此，要考慮的因素要少一些。主要是企業要根據自身的財務狀況、資金的調配使用情況等，合理進行投資。另外，由於國債是無風險投資，其利息率通常較企業債券的利息率稍低一些（企業債券的利息率較國債利率高一些，其高出部分實際上是風險利率）。

(3) 其他投資。其他投資包括企業將現金、實物及無形資產等投入到其他經濟實體，或與其他經濟實體共同投資舉辦新的經濟實體等。無論哪種類型，企業的投資行為都與其他企業有著千絲萬縷的關係。進行這些投資都要簽訂投資協議或合同，雙方要履行相應的義務和承擔相應的法律責任。為此，企業除了要考慮上述的內部及外部因素外，還要考慮企業本身履行和承擔的法律責任、投資各方承擔法律責任的能力以及今後可能引起的法律事項等。其他投資較之股票投資和債券投資更為複雜，因此，對有關人員的素質要求更高，對決策正確性的要求也較高。

第二節　長期投資決策分析需要考慮的重要財務因素

上節已述及，進行長期投資決策需要考慮的因素較多，包括宏觀的和微觀的。從微觀因素來看，又包括企業的財務狀況、人員素質、管理水準、企業發展規模和方向等，其中重要的是財務狀況。管理會計的研究內容主要是微觀的，是著重從財務和會計的角度為企業內部管理服務的，因此，本章涉及的長期投資決策分析要考慮的因素僅限於企業的財務因素。

企業財務包含的內容很廣泛，與長期投資決策分析有關的財務因素歸納起來有四個：現金流量、貨幣的時間價值、資本成本和投資的風險報酬。

一、現金流量（Cash Flow）

（一）現金流量概念

1. 現金流量的基本概念

現金是一個廣義的概念，通常包括紙幣、硬幣、可轉讓支票和銀行存款帳戶上的存款餘額等。企業的經濟活動周而復始地進行，也就不斷地發生現金收支。在企業的經濟活動中所發生的現金收支，叫作現金流量。在一定期間內企業支出的現金叫現金流出量，在一定期間內企業收入的現金叫現金流入量。無論是企業日常的經營活動，還是與長期投資有關的經濟活動，都會產生現金流量。

為便於理解和分析，也可將現金流量分為兩類：與企業日常經營活動有關的現金流量稱為企業現金流量；與特定投資項目有關的現金流量稱為投資項目現金流量。

2. 現金流量的特點

（1）現金流量的計價基礎是現金收付實現制。長期投資決策分析中是以現金收付實現制來計算投資項目的現金流量的。按收付實現制計算的現金流量，才是實際的現金流量，這樣，才能把投資項目的實際收入、實際支出以及與這二者相聯繫的時間因素等三者結合起來，真實地反應不同時點上現金的收支情況，同時也便於以貼現的方式來對不同方案進行效益比較。

（2）不同時點的現金流量的內容不同。從整個運作上來看，投資項目（特別是企業購建固定資產）大致有三個時點：初始階段、營運階段和終結階段。

初始階段的現金流量主要是現金流出量，包括前期開辦費、固定資產投資和流動資產投資等。

營運階段的現金流量則包括現金流入量和現金流出量。

終結階段的現金流量主要是現金流入量，如固定資產的變價淨收入（扣除清理費用後的淨額）、原墊支流動資金的收回等。

3. 現金流出量（Cash Outflow）

廣義地講，企業在一定期間內，由於開展經營活動而支出的現金，叫現金流出量。在長期投資中，則把企業投放到特定投資項目中去的資本支出稱為現金流出量。

企業對內投資和對外投資都會發生現金流出量。需要說明的是，企業對內投資，其投資額本身仍構成企業的資金，沒有流出企業。之所以沿用了現金流出量的概念，是基於從長期投資決策的角度來分析問題，把對內投資項目看作一個特定的分析項目，對該項目需要耗費的資金和可能產生的效益等均要進行單獨測算。這就要單獨計算該項目的現金流出量和現金流入量。

企業對內投資和對外投資所發生的現金流出量的內容很多，現僅以直接投資為例，將現金流出量的內容歸納為以下兩類：

（1）在固定資產上的投資。其包括在固定資產的新建、購入、運輸、安裝、調試、試運行、驗收等方面所花費的支出。可能導致固定資產生產能力發生變化的更新改造支出，也屬於固定資產投資。

（2）在流動資產上的投資。其包括以下兩個方面：① 投資項目前期發生的籌建費、開辦費及其他費用支出等；② 投資項目投產後所需的經營週轉資金。

在間接投資（即證券投資）中，現金流出量即是指購買股票、債券的實際支付額。

4. 現金流入量（Cash Inflow）

廣義地講，企業在一定時期內由於開展經營活動而收入的現金，叫作現金流入量。在長期投資中，則把企業在實施一項投資方案後從該投資項目中收入的現金，稱為現金流入量。

投資項目的現金流入量包括的內容較多，流入企業的方式也各不相同。以企業對內直接投資興建一個分廠為例，現金流入量包括的內容如下：

（1）折舊費。這是企業以折舊方式逐年提取的折舊費，是企業對固定資產投資的收回。

（2）利潤。利潤是指投資項目投入使用後給企業創造的利潤額（指稅後利潤）。

（3）殘值收入。殘值收入是指投資項目的固定資產報廢後的變現淨收入。

（4）墊支流動資金的收回。這是企業在投資項目形成生產能力後，企業以墊支方式投入到該項目中的經營週轉資金，項目結束時，企業收回該經營週轉資金。

需要注意的是，投資項目不同，現金流出量和現金流入量的內容也不相同。一項戰術性投資項目，可能只涉及以一臺新機器代替舊機器，目的是降低生產成本，提高勞動生產率，而並不需要墊支流動資金。一項戰略性投資項目，例如，新建一條生產線，就不僅需要固定資產投資，而且需要墊支流動資金，作為生產週轉資金。

需要說明的是，有的教材將投資項目形成後取得的營業收入稱作現金流入量；相反地，把與營業收入相匹配的營業成本（不含折舊費）和各項稅金稱作現金流出量。這二者之差，即為稅後利潤。

5. 投資項目的現金流量表

現金流量表是指將投資項目的建設和使用期間內的現金流出和現金流入按時間順序排列而成的表式。

一個投資項目（主要是對內投資和聯營投資）在不同時點上現金流出量和現金流入量均不相同。企業事前要進行財務可行性分析，方法是編製「投資項目現金流

量表」。通過該表，測算投資項目的現金流出和現金流入的時間和數量，計算出投資項目的投資效益，同時也便於企業掌握資金的調配和運用情況。下面舉例加以說明。

【實例一】某投資項目需 4 年建成，每年投入資金 30 萬元，共投入 120 萬元。建成投產後，產銷 A 產品，需投入流動資金 40 萬元，以滿足日常經營活動的需要。A 產品銷售後，估計每年可獲利潤 20 萬元。固定資產使用年限為 6 年，使用期滿後，估計有殘值收入 12 萬元。採用使用年限法計提折舊。

根據以上資料，編製成「投資項目現金流量表」，參見表 5-1。

表 5-1　　　　　　　　　　投資項目現金流量表　　　　　　　　單位：萬元

年份(年末) 項目	1	2	3	4	5	6	7	8	9	10	總計
固定資產	(30)	(30)	(30)	(30)							(120)
固定資產折舊					18	18	18	18	18	18	108
利潤					20	20	20	20	20	20	120
殘值收入											12
流動資金					(40)						0
總計	(30)	(30)	(30)	(30)	(2)	38	38	38	38	38	120

表 5-1 中的數字，帶有括號的為現金流出量，表示負值，沒有帶括號的為現金流入量，表示正值，第 5 年投入週轉的流動資金在該投資項目使用期滿時要全數收回。

說明：「投資項目現金流量表」的編製沒有考慮貨幣的時間價值，因此，該表的數據只能作為財務可行性分析的基礎資料，而不能作為投資項目的決策資料。

6. 淨現金流量（Net Cash Flow）

淨現金流量是指現金流入量與現金流出量之差。這個差額既可以是整個投資項目現金流入量之和與現金流出量之和二者之間的差異，也可以是投資項目使用有效期內每年現金流入量與每年現金流出量之差。

(二) 現金流量的測算

長期投資決策分析涉及的現金流量是尚未發生的數據，因此在決策前，要對每個可供選擇的投資方案的現金流量進行測算。現金流量的測算，包括現金流出流入的時間和流出流入的數額等。

1. 現金流出量的測算

企業進行一項投資，首先要計算需要花費多少錢。測算現金的流出量，是企業進行投資首先要考慮的問題。一般來說，現金流出量的測算比較容易，根據有關數據資料即可得出。比如，企業打算購置一臺鍋爐，把預計的購價、運輸費、安裝費等加總，即為該投資項目的現金流出量；修建房屋或設施，可以通過工程預算得出。至於現金流出的時間，也可按投資項目實施的順序進行測算。

2. 現金流入量的測算

如前所述，現金流入量的內容包括：投資項目的固定資產折舊費，項目實施後新增的利潤額，固定資產報廢後的殘值收入以及根據需要事先墊支的流動資金的收回等。

現金流入量的測算相對來說要麻煩一些。首先，必須確定現金流入量的範圍，即只能是由特定投資項目所形成的現金流入量，要單獨進行計算。因為投資項目的新增利潤，可能是眾多因素（或項目）共同作用的結果，為了測定單個項目的現金流入量，就要單獨測算出單個項目可能產生的利潤。其次，按照現金流入量的每一個組成項目，從時間和數量上分別加以測算。

（1）固定資產折舊費流入的時間和數量。從時間來看，不管採用哪種折舊方法，折舊費的流入總是貫穿於固定資產的整個有效使用期間，即每期都有折舊費流入。從數量來看，折舊費流入的數量隨採用的折舊方法不同而不同。採用直線法折舊，每期折舊費的數量相同；採用其他折舊方法折舊，則每期的折舊費數量不相同。

（2）投資項目新增利潤的流入時間和數量。投資項目投入使用後，如該投資項目可以增加收入，則會給企業帶來利潤。在正常情況下，利潤的產生應貫穿於投資項目的整個使用期間，即每期都有。但如果受投資項目的性質和其他因素的影響，也不一定在項目投產後的每個時期都有利潤流入。從每期利潤的數量來看，也不盡相同，要根據企業的經營情況和外部條件而定。另外，從財務會計本身來講，也可能影響每期利潤的數量。比如採用不同的折舊方法或存貨計價方法，就可能影響每期利潤的數量。

（3）固定資產殘值收入流入的時間和數量。從時間來看，殘值收入總是在固定資產使用期滿或報廢時產生。從數量來看，殘值收入要依有關制度規定和主觀估計來確定。如果數量不大，甚至可以忽略不計。

（4）墊支流動資金的流入時間和數量。從流入時間來看，應在投資項目使用期滿的那一年年末收回（但如有應收款項，則可能晚些）。流入的數量應當與墊支數相同。

（三）運用現金流量概念來評估投資方案的意義

管理會計中，為什麼要用現金流量而不是經營利潤來評估投資方案呢？這是因為，現金流入量是企業實實在在的現金收入，是企業可以支配的資本，而帳表上的利潤僅僅是企業經營成果的體現，與企業的現金狀況並無直接的聯繫。因此，用現金流量評估投資方案，更為全面和安全。

二、貨幣的時間價值（The Time Value of Money）

企業在進行長期投資時，除應考慮投資金額外，還要考慮貨幣支出的時間和收回的時間。因為，貨幣的價值與時間是有密切聯繫的。這樣，在長期投資決策分析中，就要考慮一個十分重要的因素——貨幣的時間價值。

(一) 貨幣的時間價值概述

1. 貨幣的時間價值的基本概念

所謂貨幣的時間價值，是指貨幣擁有者放棄現在使用貨幣的機會而進行投資，按投資時間的長短計算的報酬，即貨幣擁有者將當前的貨幣投放出去，隨著時間的推移而得到的增值。時間越長，增值越多。

例如，現在將 100 元錢存入銀行，年存款利率 10%，則一年後連本帶利可得 110 元，多得到的 10 元錢便是投資人放棄現在使用貨幣的機會而得到的投資報酬，這種報酬就是貨幣的時間價值。

貨幣的時間價值實質上是投入到生產經營領域的貨幣資本的增值。對於貨幣所有者來說，它表現為讓渡貨幣使用權應得到的報酬；對於貨幣使用者來說，它表現為使用這部分貨幣資本而需要支付給貨幣所有者及仲介人的成本。

當然，貨幣的自行增值是在其被當作資本運用的過程中實現的，不能被當作資本利用的貨幣是不具備自行增值屬性的。

2. 計算貨幣的時間價值需要考慮的因素

貨幣的時間價值需要通過計算才能得出，計算時需要考慮一些因素，包括投資報酬率及其確定方法（即採用什麼樣的百分率來計算貨幣的時間價值），單利和複利（即採用什麼樣的計息法，計息方法不同，計算出來的貨幣時間價值也不相同），現值和終值（這是貨幣時間價值的兩種不同表現形式）等。貨幣時間價值與這些因素密切相關。

3. 貨幣的時間價值的表現形式

貨幣的時間價值有兩種表現形式：一種是絕對數（金額），一種是相對數（百分率）。

(二) 單利和複利

單利和複利是銀行採用的兩種不同的計息方法。按國際慣例，貨幣的時間價值是按複利計算的。

單利（Simple Interest）是指只按本金計算利息，本金所生利息不再計算利息的一種計息方法。其計算公式如下：

$V_n = V_0 (1+n \cdot i)$

式中：V_n 為 n 年後的本利和，V_0 為本金，n 為時期，i 為利率。

複利（Compound Interest）是指不僅本金要計算利息，本金所生利息如不提取也可計算利息的一種計息方法，俗稱利滾利。其計算公式如下：

$V_n = V_0 (1+i)^n$

式中各種符號的意義與單利公式相同。

(三) 終值和現值

1. 終值（Future Value）

終值是指一筆款項按一定利率計算的在今後某一時間的價值。其計算公式如下：

$F = PV (1+i)^n$

式中：F 為終值，PV 為現值，i 為利率，n 為時期。

【實例二】現在存入銀行 100 元錢，存期 5 年，存款年利率 10%，5 年後本利和的計算結果如下：

$100 \times (1+10\%)^5 = 161$（元）

我們稱：161 元是現在的 100 元，按 10%的年利率計算的 5 年後的終值。

2. 現值（Present Value）

現值是指按一定利率折算的、未來支付或收到款項的現在價值。其計算公式如下：

$$PV = \frac{F}{(1+i)^n}$$

式中：PV 為現值，F 為終值，i 為利率，n 為時期。

【實例三】存入一筆錢，存期 5 年，存款年利率 10%，5 年後本利和為 161 元，現值的計算結果如下：

$$100 = \frac{161}{(1+10\%)^5}$$

我們稱：現在的 100 元是按 10%的年利率折算的、5 年後的 161 元的現在價值。

（四）投資報酬率

1. 投資報酬率的基本概念

投資報酬率是投資方案實施後所獲利潤額與投資額之比。其計算公式為：

$$投資報酬率 = \frac{投資項目的利潤額}{全部投資額}$$

上述定義實際上是投資報酬率的一個極為簡單的含義，它沒有包括貨幣時間價值、投資風險、通貨膨脹等因素，僅僅簡單表示某投資項目的投資回報程度。如果用投資報酬率來計算貨幣時間價值，則對投資報酬率還要做進一步的分析和測算。

需要說明的是，投資項目的投資主體不同，利潤額的含義也不相同。

如果投資項目的投資主體是國家，那麼，利潤額應是稅前利潤，因為這是考核國家對該項目進行投資後所取得的投資效益，從國家的角度看，不僅應包括企業取得的利潤，還應包括企業上繳的所得稅。如果投資項目的投資主體是企業，則利潤額應是稅後利潤。

2. 投資報酬率的種類

（1）預期投資報酬率。預期投資報酬率是反應投資者進行投資時對投資項目未來投資報酬理想期望值的百分率。投資者進行投資時，總是期望將來獲得一筆投資報酬，而且對投資報酬還有一個期望值。這個期望值用百分率表示，就是預期投資報酬率。投資者在確定預期投資報酬率時，通常要考慮以下三個因素：

一是銀行利率。即將預期的投資報酬額與將同樣貨幣存入銀行所取得的利息額相比較。若預期投資報酬額大於利息額，則可考慮進行投資。投資者首先要考慮銀行利率這一因素，是因為銀行利率這個數據是已知的，而且利息的取得基本上是有保障的（即無風險或風險很小）。

二是投資風險。投資者在從事將貨幣存入銀行和購買政府債券等以外的其他各

種形式的投資時，常常存在不能達到預期投資目的的風險。因此，投資者在進行這些投資時，應考慮投資風險因素。設銀行存款年利率為10%，投資者從事其他投資項目的投資報酬率如果低於10%，寧肯將貨幣存入銀行取得利息；如等於10%，仍願將貨幣存入銀行，因為其他投資風險較大；只有高於10%，並且高出的部分至少足以抵償可能產生的風險損失時，投資者才願意進行其他形式的投資。

三是通貨膨脹。通貨膨脹是經濟發展中難以避免的一個因素。長期投資經歷的時間較長，一定的通貨膨脹率會減少投資報酬的實際價值。

由此可見，投資者在測算長期投資的預期投資報酬率時，應當考慮銀行利率、投資風險率和通貨膨脹率三個因素。從預測的角度看，銀行利率的資料容易取得，而投資風險率和通貨膨脹率的資料則不易取得，且難以測定。假設投資者在測算預期投資報酬率時，主要以銀行利率為標準，這樣，貨幣的時間價值就與銀行利率一致。而銀行利率的高低，則要受經濟狀、市場貨幣的供求關係以及政府的有關政策的影響，因而貨幣的時間價值也會隨之發生相應的變化。

(2) 最低投資報酬率。最低投資報酬率是反應投資者進行投資時對投資項目未來投資報酬最低期望值的百分率。所謂最低期望值，是指按此比率折算的投資項目的收入與支出基本持平，不盈也不虧。預期投資報酬率與最低投資報酬率之間的差異即為投資人從投資項目中可能獲得的投資報酬。

(3) 實際投資報酬率。對投資方案的現金流出量和現金流入量進行預測並確定後而測算的投資方案實際可能達到的投資報酬率，稱為實際投資報酬率。這裡的「實際」二字，不是指投資方案實施後實際達到的結果，而是指投資方案尚未實施，但其現金流量的預測結果已經確定，根據確定後的現金流量和一定的方法計算出來的實際可能達到的投資報酬程度。

實際投資報酬率必須大於最低投資報酬率，投資方案才有利可圖。實際投資報酬率以能接近或超過預期投資報酬率為好。

(五) 查表方法

要計算現金流量的現值和終值，僅用公式來計算是很麻煩的。在實際應用中，通常採用查表的方法，以簡化計算過程。本書最後附有四張表，每張表中列舉了在不同利率、不同複利期數下，每一元錢的折算系數。現分述如下。

1. 1元的複利終值表

如果要計算一筆款項若干時期以後的終值，可查此表（見附表1）。表中排列出在不同利率、不同複利期數下，以1元為基數的現值折算為終值的折算系數，以符號 $F\overline{n}/i$ 表示。由於此表是以1元錢為基數編製的，因此只要將已知的現值數與在表上所查得的折算系數相乘，即可求得該項金額的終值。

【實例四】現在將1,000元錢存入銀行，年利率10%，每年複利一次，5年後的複利終值是多少？

解：在複利終值表上查得利率10%，與時期5相交的系數為1.610，亦即 $F\overline{5}/10\% = 1.610$，所以，複利終值為：

$F = 1,000 \times 1.610 = 1,610$（元）

2. 1元的複利現值表

如果要計算未來支付或收到款項的現值，可查1元的複利現值表（見附表2）。表中排列出在不同利率、不同複利期數下，以1元錢為基數的終值折算為現值的折算係數，以符號 $PV\overline{n}/i$ 表示。由於此表是以1元錢為基數編製的，因此，只要將已知的終值數與在表上所查得的折算係數相乘，即可求得該項金額的現值。

【實例五】設年利率為10%，每年複利一次，5年後收到100元，求這100元的現值是多少？

解：在複利現值表上查得利率10%、時期5的折算係數為0.621，亦即 $PV\overline{5}/10\% = 0.621$。所以，複利現值為：

$PV = 100 \times 0.621 = 62.10$（元）

【實例六】設年利率為8%，每季度複利一次，3年後收到2,000元，要求計算這2,000元的複利現值是多少？

解：該例中，年利率為8%，季度利率為2%（8%÷4=2%），複利期數為12（3×4=12）。在複利現值表上查得利率2%、時期12的折算係數為0.789，亦即 $PV\overline{12}/2\% = 0.789$，所以，複利現值為：

$PV = 2,000 \times 0.789 = 1,578$（元）

【實例七】設某企業有一筆款項分4年收回，每年收回的金額分別為：1,000元、1,400元、2,000元、1,600元，共計6,000元。年利率5%，要求計算這4年收回款項總額的現值是多少？

解：由於4年內每年都有收入，而每年的折算係數又不一樣，所以，要列表進行計算（見表5-2）：

表5-2

年份	收入金額（元）	年利率	折現係數	現值（元）
1	1,000	5%	0.952	952
2	1,400	5%	0.907	1,269.80
3	2,000	5%	0.864	1,728
4	1,600	5%	0.823	1,316.80
合計	6,000			5,266.60

計算結果表明，企業在4年內總共收回6,000元，經過折算後，其現值僅為5,266.60元。

3. 1元的年金複利終值表

如果要計算不同時期的數量相等的現金流出量或現金流入量的終值，可查1元的年金複利終值表（見附表3）。

1元的年金複利終值表涉及一個新的概念——年金（Annuity）。每隔一定相同時期，收到或支付相同數量的一筆金額，這筆金額稱為年金。例如，定期領取的養老金、分期等額付款等，都屬於年金。

按收付款的時間不同，年金可以分為幾種形式：收入或支出在每期期末的年金，稱為普通年金（Ordinary Annuity）或後付年金；收入或支出在每期期初的年金，稱為期初年金（Annuity Due）或預付年金；收入或支出在第一期期末以後的某一時間的年金，稱為延期年金（Deferred Annuity）或遞延年金；等等。

與其他現金收支金額相比，年金的特點在於：年金涉及的每個時期的間隔期相同（如年、月等），每期的現金收入或支出的金額相同。在長期投資決策分析中運用年金概念，可以簡化計算過程，這種簡化是通過查年金終值表或年金現值表來實現的。這兩張表都是以1元錢為基數，按普通年金以複利方式編製的。查表的方法與前述的1元的複利終值表和1元的複利現值表基本相同，只是表中的折算系數的含義不同。

由於本書所附的年金終值表和年金現值表都是按普通年金編製的，所以，下面主要介紹普通年金的計算方法。

普通年金的終值是一定期間內每期期末收到或支付款項的複利終值之和。如以 F_A 表示年金終值，以 A 代表每期的收支款項，則普通年金複利終值的計算公式如下：

$$F_A = A(1+i)^0 + A(1+i)^1 + A(1+i)^2 + \cdots + A(1+i)^{n-2} + A(1+i)^{n-1}$$

上式經過整理後，則為：

$$F_A = A \cdot \frac{(1+n)^n - 1}{i}$$

採用公式計算普通年金的終值仍較麻煩，故實際工作中多採用查表計算。

1元的年金複利終值表排列出在不同利率、不同時期下，每期收入或支出1元的年金終值折算系數，以符號 $F_A \overline{n}/i$ 表示。下面舉例說明查表方法。

【實例八】某企業計劃建造一生產設施，每年年末投資100,000元，5年建成。該企業投資所需款項是向銀行借來的，借款的年利率為10%。問：企業建造該生產設施的投資總額為多少？解：企業建造該設施的投資總額，除了借款總額外，還要包括借款利息，也就是要考慮貨幣的時間價值。

查1元的年金複利終值表。利率10%、時期5的年金終值系數為6.105，亦即 $F_A \overline{5}/10\% = 6.105$，所以，年金複利終值為：

$F_A = 100,000 \times 6.105 = 610,500$（元）

計算結果表明，企業建造該生產設施的投資總額為610,500元（其中投資借款500,000元，借款利息110,500元）。

【實例九】寶元公司準備購買一臺精密儀器，採用分期付款方式，每年支付200,000元，4年付清，銀行存款利率為8%。問：如果考慮貨幣的時間價值，寶元公司購買這儀器將花費多少錢？

解：表面上看，購買這臺儀器僅花費800,000元（200,000元×4）。但公司如不購買這臺儀器，而將款項存入銀行，則可獲得一筆利息收入。但購買儀器後，公司失去了每年可得的這部分存款利息。所以，如果考慮貨幣的時間價值，這筆失去的利息額應當計入購買儀器的耗費中去。查年金複利終值表，利率8%、時期4的折算

系數為 4.506，亦即 $F_A \overline{4}/8\% = 4.506$，所以，年金複利終值為：

$F_A = 200,000 \times 4.506 = 901,200$（元）

可見，公司購買精密儀器的耗費共計 901,200 元，而不是 800,000 元。其差額是貨幣的時間價值。

4. 1 元的年金複利現值表

如果要計算不同時期的數量相等的現金流出量和現金流入量的現值，可查 1 元的年金複利現值表（見附表 4）。

普通年金的複利現值是一定期間內每期期末收到或支付款項的複利現值之和。如以 PV_A 表示年金現值，以 A 代表每期的收入或支出款項，普通年金的複利現值的計算公式為：

$PV_A = A(1+i)^{-1} + A(1+i)^{-2} + \cdots + A(1+i)^{-(n-1)} + A(1+i)^{-n}$

上面公式經過整理，則為：

$PV_A = A \cdot \dfrac{1}{i}\left[1 - \dfrac{1}{(1+i)^n}\right]$

採用公式計算普通年金的複利現值仍較麻煩，實際工作中多採用查表計算。

1 元的年金複利現值表排列出在不同利率、不同時期下，每期收入或支出 1 元的年金現值折算系數，以符號 $PV_A \overline{n}/i$ 表示。下面舉例說明查表方法。

【實例十】寶元公司在今後 5 年內每年可收入 500,000 元，年利率 10%，每年複利一次。要求計算 5 年內總收入的現值是多少？

解：寶元公司 5 年內每年收入 500,000 元，這筆金額是年金。查 1 元的年金複利現值表，利率 10%、時期 5 的年金複利現值系數為 3.791，亦即 $PV_A \overline{n}/i = 3.791$，所以，年金複利現值為：

$PV_A = 500,000 \times 3.791 = 1,895,500$（元）

計算結果表明，寶元公司 5 年內總收入的現值為 1,895,500 元。

【實例十一】華興公司準備購買一臺機床，現有兩個方案可供選擇。一是向甲廠購買，分 3 年付款，每年末支付 100,000 元；一是向乙廠購買，需當即一次性付款 250,000 元。當時的銀行年利率為 10%。問：華興公司應採用哪一個方案？

解：在進行方案決策前，應將兩個方案的現金流出量做一比較，這就要求把兩個方案的現金流出量都折算成現值，使其具有可比性。向乙廠購買，當即一次性付款 250,000 元，這已是現值。向甲廠購買，所需支付的款項應折算成現值。查 1 元的年金複利現值表，利率 10%、時期 3 年的年金複利現值系數為 2.487，所以向甲廠分期付款的年金複利現值為：

$PV_A = 100,000 \times 2.487 = 248,700$（元）

計算表明，向甲廠分期付款的現值為 248,700 元，向乙廠一次性付款的現值為 250,000 元，兩個方案相比較，向甲廠購買可少支付 1,300 元，因此，公司應向甲廠購買機床。

(六) 先付年金終值與現值的計算

前文已述及，按收付款的時間不同，年金可分為幾種形式。其中，收入或支出

在每期期末的年金，稱為普通年金（又叫後付年金）；收入或支出在每期期初的年金，稱為期初年金（又叫先付年金）。本書所附的「年金複利終值表」和「年金複利現值表」都是按後付年金編製的。如果要計算先付年金的終值和現值，則要在查表方法和計算公式上稍加調整，方可求得。

1. 先付年金終值

收入或支出在每期期初的系列等額付款的終值之和，稱為先付年金終值。由於「年金複利終值表」是按後付年金編製的，所以，在查表計算先付年金的終值時，需先查表計算出後付年金終值，再調整為先付年金終值。

在計算之前，先以圖說明一下先付年金終值與後付年金終值的區別（如圖 5-1 所示）。

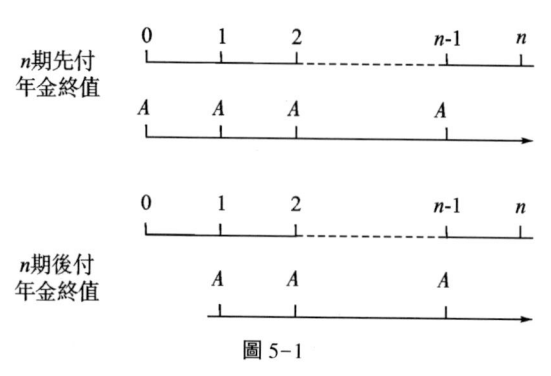

圖 5-1

說明：圖 5-1 中 A 為年金額。

從圖 5-1 中可以看出，n 期先付年金與 n 期後付年金的付款數額相同，但由於付款時間不同，n 期先付年金終值比 n 期後付年金終值要多計算一期利息。根據這個原理，可先求出 n 期後付年金終值，再乘上 $(1+i)$，便可求出 n 期先付年金終值。先付年金終值的計算公式為：

n 期先付年金終值＝年金×年金複利終值折算系數×（1+利率）

【實例十二】某人每年初存入銀行 100 元，銀行存款年利率為 10%，問：第 10 年年末時本利和共多少？

解：根據公式，計算如下：

10 年先付年金終值＝100×15.937×（1+10%）＝1,753.07（元）

2. 先付年金現值

收入或支出在每期期初的系列等額付款的現值之和，稱為先付年金現值。

由於「年金複利現值表」是按後付年金編製的，所以，在查表計算先付年金現值時，需先查表計算後付年金現值，再調整為先付年金現值。

在計算之前，先以圖說明一下先付年金現值與後付年金現值的區別（如圖 5-2 所示）。

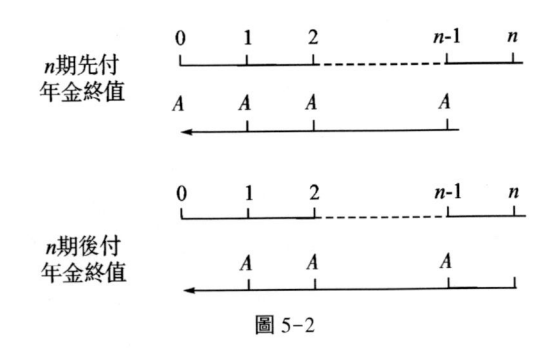

```
         0    1    2        n-1   n
n期先付   ├────┼────┼──── ─── ┼────┤
年金終值  A    A    A         A
              ←

         0    1    2        n-1   n
n期後付   ├────┼────┼──── ─── ┼────┤
年金終值       A    A         A   A
                            ←
```

圖 5-2

說明：圖 5-2 中的 A 為年金額。

從圖 5-2 中可以看出，n 期先付年金與 n 期後付年金的付款期相同，但由於 n 期後付年金是期末付款，因此，比 n 期先付年金多貼現一次。根據這個原理，可先求出 n 期後付年金現值，再乘上 $(1+i)$，便可求出 n 期先付年金現值。先付年金現值的計算公式為：

n 期先付年金現值＝年金×年金複利現值折算系數×（1+利率）

【實例十三】某公司需添置一臺打字機，購買價為 1,000 元，可用 10 年。如果租用，則每年年初需付租金 120 元。設銀行利率為 10%，問：該公司應購買還是租用？

解：先計算出 10 年租金的現值，再與買價相比較。依公式可計算出：

10 年先付年金現值＝120×6.145×（1+10%）＝811.14（元）

計算結果表明，10 年租金的現值低於買價，故應選擇租用方案。

三、資本成本（Cost of Capital）

(一) 資本成本的基本概念

廣義地講，資本成本是企業取得並使用資本所負擔的成本。例如，企業為了進行正常的生產經營活動，通過銀行借款取得資本而需支付的利息、發行債券取得資本而需支付的利息、發行股票取得資本而需支付的股息等，同時還包括與這些籌資活動相關的籌資費用。

狹義地講，長期投資中所講的資本成本是指為了取得投資所需資本而發生的成本。企業進行長期投資，所需資本數額大，需從外部籌資，如向銀行借款、發行股票和債券等，這樣，企業就要向債權人或股東支付利息或股息，並發生相關的籌資費用。這些由企業負擔的利息或股息以及籌資費用等，就是資本成本。

資本成本是企業經營中，尤其是長期投資決策分析中應當考慮的一個重要因素。在長期投資決策分析中，它是衡量投資項目在財務上是否可行的一個「取捨率」。如投資項目的實際投資報酬率高於資本成本，該項目可取；反之則應捨棄。由於資本成本是投資者必須通過投資項目的未來報酬加以補償的部分，補償以後有剩餘額，才能給企業新增利潤，所以，資本成本是衡量投資項目是否可行的最低投資報酬標準，故又將資本成本稱為投資項目的「極限利率」。

資本成本通常有兩種表示方法，一是絕對數（金額），一是相對數（百分率）。

(二) 資本成本的種類

按企業資本來源劃分，資本成本可分為兩類：借入資本的資本成本和自有資本的資本成本。

1. 借入資本的資本成本

借入資本是企業通過銀行借款、發行債券以及向其他企業借款等方式取得的資本。資本的權益屬於債權人。企業借入資本是要發生資本成本的。借入資本的資本成本是銀行借款利息、發行債券的利息、其他借款的利息以及發生的相關籌資費用等。

2. 自有資本的資本成本

自有資本是企業的所有者權益部分，包括實收資本、資本公積、盈餘公積和未分配利潤等。其中實收資本是股東投入企業的股本。

企業的自有資本也是有資本成本的。自有資本的權益屬於股東。股東對企業進行投資的目的在於獲得社會平均利潤以及超過這個標準的投資收益。企業必須承擔起這個責任和承諾。於是，社會平均利潤就成了企業使用自有資本的資本成本的最低標準。由於社會平均利潤是一個比較抽象的概念，所以人們往往又把比較直觀的銀行存款利率或無風險利率（國債利率）作為自有資本的資本成本的最低標準。將這個最低標準加上企業對投資者承諾的超過一般水準的投資期望值差異率，即構成企業的自有資本的資本成本。

例如，某企業擬用自有資本興建一個化工廠（分廠）。當時的3年期國債利率為13%，投資者超過無風險利率的投資期望值差異率為5%，則該企業投資該項目的資本成本為18%（13%+5%）。

(三) 不同資本來源的資本成本的計算

企業使用的資本有不同來源。企業的資本來源不同，資本成本也不盡相同。資本成本的多少對企業的經濟利益及其發展都有直接影響。這就需要企業對籌資方式進行選擇。

1. 借入資本的資本成本的計算

借入資本包括銀行借款、發行債券和向其他企業的借款等。借入資本都要發生利息支出及相關的籌資費用。在會計處理上，利息支出及籌資費用等均要作為期間費用計入當期的費用，這樣，就必然減少企業當期的稅前利潤額，從而減少企業的所得稅支出。

考慮了所得稅率後的借入資本的資本成本淨支出率的計算公式如下：

$$借入資本的稅後資本成本 = \frac{利息率 \times (1-所得稅)}{1-籌資費用率}$$

【實例十四】某企業發行3年期債券，年利率15%，籌資費用率1%，所得稅率40%。試計算該項借入資本的稅後資本成本。

解：根據上述公式：

$$借入資本的稅後資本成本 = \frac{15\% \times (1-40\%)}{1-1\%} = 9.09\%$$

需要指出的是，上述借入資本的資本成本中沒有涉及債券的溢價發行和折價發行，也沒有考慮貨幣的時間價值。

2. 發行股票的資本成本

股票分為優先股和普通股。兩者的股息都要由發行企業用稅後利潤來支付，不能減少所得稅。因此，其資本成本的計算方法與借入資本不同。

（1）優先股的資本成本。優先股是沒有到期日的（除非企業決定收回優先股股票），每年的股息率大致固定，定期支付，這樣，就可把每年股息視同永續年金。優先股的資本成本計算公式如下：

$$優先股的資本成本 = \frac{年股息率}{1-籌資費用率}$$

【實例十五】某公司發行優先股，籌資費用率2%，股息率14%，則優先股的資本成本為：

$$優先股的資本成本 = \frac{14\%}{1-2\%} = 14.29\%$$

（2）普通股的資本成本。普通股的資本成本有兩種計算方法：一種是假設普通股沒有到期日，每年的股息也相同，這樣，就可採用優先股資本成本的計算公式。另一種是假定普通股股息有逐年上升趨勢，則在優先股資本成本計算公式的基礎上再加上股息增長率。計算公式為：

$$普通股的資本成本 = \frac{年股息率}{1-籌資費用率} + 股息年增長率$$

【實例十六】某公司發行普通股，籌資費用率5%，第一年股息率10%，以後每年增長率為4%，則：

$$普通股的資本成本 = \frac{10\%}{1-5\%} + 4\% = 14.53\%$$

3. 未分配利潤的資本成本

未分配利潤是企業的一種內部資金來源，是股東權益的一部分。因此，未分配利潤的資本成本相當於普通股的成本，不同的是，未分配利潤沒有籌資費用。未分配利潤的資本成本計算公式如下：

未分配利潤的資本成本 = 年股息率 + 股息年增長率

【實例十七】某公司發行普通股，第一年股息率為10%，股息年增長率4%，則：

未分配利潤的資本成本 = 10% + 4% = 14%

需要指出的是，發行股票和未分配利潤的資本成本的計算都是以某種假定和預測為基礎的，因此，據以計算的結果只能是一個僅供參考的近似值。

四、投資的風險報酬

企業進行的投資，除購買國債投資外，都存在一定程度的風險。風險是與不確定性因素聯繫在一起的。因此，企業進行的任何投資，只要存在不確定因素，就會有風險。

投資者都希望投資於風險較少的項目。但是，由於經營管理、財務運作以及經營技巧等方面的需要，企業往往又尋求一種風險雖大，但效益亦大的行為。例如，舉債經營是一種財務技巧，籌劃得好，可以一本萬利；籌劃不好，則將給企業帶來難以想像的後果。可見，利益極大，風險也極大。投資者進行投資時，對被投資項目總是要做慎重考慮的。除了要考慮投資回報外，還要考慮其風險程度。把二者相加，就成為投資者對該投資項目的預期投資報酬率。考慮投資風險因素後的預期投資報酬率超過未考慮投資風險因素的投資報酬率的差額，即為投資的風險報酬。

投資項目不同，風險的大小也不相同。企業在測算貨幣的時間價值時，往往以銀行的利率或政府債券的利率為標準，因為在正常情況下，銀行存款和政府債券是不存在風險的。而其他的投資，或多或少都存在風險。如果排除通貨膨脹因素（這是一個難以預測的因素），投資的預期投資報酬率就是貨幣的時間價值（無風險的銀行利率或政府債券利率）與投資的風險報酬之和。投資者所要求的投資風險報酬量與投資項目的風險大小成正比。

衡量投資項目的風險程度及風險報酬是比較複雜的，可採用的方法有定性分析和定量分析兩種。首先對投資項目的未來情況做出判斷，整理成各種數據，然後在此基礎上進行計算分析，其結果都是估計和預測數。要讓分析的結論與投資項目的實際結果完全一致是不容易的。

第三節　長期投資方案的評價指標

長期投資決策是對各個可行方案進行分析和評價，並從中選擇最優方案的過程。在對長期投資方案進行分析評價時，需要運用一些專門的指標，這就是長期投資方案評價指標。

長期投資方案評價指標是指用於比較和衡量長期投資方案的優劣，以便據以進行決策的定量化標準，是由一系列綜合反應投資效益、投入產出關係等的量化指標構成的指標體系。

長期投資方案評價指標比較多，從財務評價的角度看，主要包括與投資額、利潤、稅收、負債等有關的各項計算指標。這些指標可以按不同的標準進行分類。例如，可以按指標本身的數量特徵不同劃分，分為絕對量指標和相對量指標；按指標性質不同劃分，分為在一定範圍內越大越好的正指標和越小越好的反指標；按是否考慮貨幣時間價值劃分，分為靜態指標和動態指標；等等。

在管理會計中，常用的長期投資方案的評價指標有淨現值、淨現值率、現值指數、內含報酬率、回收期和平均投資報酬率六種指標，其中回收期又分為靜態回收期和動態回收期。上述指標，如按是否考慮貨幣時間價值劃分，則可分為兩類：一類是考慮貨幣時間價值的動態指標，包括淨現值、淨現值率、現值指數、內含報酬率、動態回收期等；一類是不考慮貨幣時間價值的靜態指標，包括靜態回收期和平均投資報酬率等。

前文已述及，投資的主體有國家、企業和個人。本章著重介紹企業投資。企業投資又分為對內投資和對外投資。為便於介紹長期投資方案的評價指標，本書主要以對內投資為例，來對這些評價指標加以說明。

一、淨現值（NPV，Net Present Value）

淨現值指標分為淨現值（絕對數指標）和淨現值率（相對數指標）兩種指標。
（一）淨現值（絕對數指標）
一項投資項目的未來現金流入量的現值與所需投資額現值之間的差額，稱為淨現值。如用公式表示，則為：

淨現值＝未來現金流入量現值－所需投資額現值

淨現值指標的基本原理是：任何企業或個人進行投資，總是希望投資項目的未來現金流入量超過現金流出量，從而獲得投資報酬。但長期投資的特點是現金流出量和現金流入量在時間上和數量上是不相同的，這就不能將現金流出量和現金流入量簡單地進行比較。通常的辦法是：將現金流出量和現金流入量都按一定的折算系數折算成現值，再將二者的現值進行比較，其差額即投資方案的淨現值。這種將不同時間的現金流入量和現金流出量都折算成現值再進行比較的方法，考慮了貨幣的時間價值，使不同時間的現金流量具有可比性。

從淨現值的計算公式可見，淨現值的結果不外三種：正、負和零，其用於決策的標準為：

第一，淨現值為正的方案可行，說明該方案的實際投資報酬率高於投資者的預期投資報酬率（或資本成本）。

第二，淨現值為負的方案不可取，說明該方案的實際投資報酬率低於投資者的預期投資報酬率（或資本成本）。

第三，面對互斥方案時，在其他條件相同，選擇淨現值大的方案。

採用淨現值指標來評價投資方案，一般有以下步驟：

第一，測定投資方案每年的現金流出量和現金流入量。

第二，確定投資方案的貼現率。

確定的方法是：① 以實際可能發生的資本成本為標準，至少不能低於資本成本；② 以投資者希望獲得的預期投資報酬率為標準，這就可能包括資本成本、投資的風險報酬以及通貨膨脹因素等。

第三，按確定的貼現率，分別將每年的現金流出量和現金流入量按複利方法折算成現值。

第四，將未來的現金流入量現值與投資額現值進行比較，若前者大於或等於後者，方案可採用；若前者小於後者，方案不能採用，說明方案達不到投資者的預期投資報酬率。下面舉例說明。

【實例十八】南方公司有 A 和 B 兩個互斥的投資項目，A 和 B 項目的有關數據如表 5-3、表 5-4 所示。

表 5-3　　　　　　　　　　　　　　　　　　　　　　　　　　　　單位：元

	A 項目	B 項目
初始投資額	45,000	100,000
5 年後設備殘值	20,000	10,000

表 5-4　　　　　　　　　　　　　　　　　　　　　　　　　　　　單位：元

年度	1	2	3	4	5
A 項目年度現金淨流量	200,000	150,000	100,000	100,000	100,000
B 項目年度現金淨流量	50,000	40,000	30,000	20,000	20,000

我們假設初始投資發生在項目期期初，即第 1 年年初，而其他年度現金淨流量發生在每年年末。

要求：假設南方公司的資本成本為 10%，分別計算項目 A 和項目 B 的淨現值。

解（見表 5-5）：

表 5-5　　　　　　　　　　　　　　　　　　　　　　　　　　　　單位：元

年份	折現系數（10%）	項目 A 現金淨流量	項目 A 現值	項目 B 現金淨流量	項目 B 現值
1	0.909	200,000	181,800	50,000	45,450
2	0.826	150,000	123,900	40,000	33,040
3	0.751	100,000	75,100	30,000	22,530
4	0.683	100,000	68,300	20,000	13,660
5	0.621	120,000	74,520	30,000	18,630
現金流入現值合計 減：初始投資額現值 淨現值			523,620 450,000 73,620		133,310 100,000 33,310

因此，從表 5-5 中可知，項目 A 的淨現值為 73,620 元，項目 B 的淨現值為 33,310 元。

【實例十九】東方公司正在考慮投資一項新設備，每年的現金淨流量估計如表 5-6 所示。

表 5-6　　　　　　　　　　　　　　　　　　　　　　　　　　　　單位：元

年度	年度現金淨流量
0	(240,000)
1	80,000
2	120,000
3	70,000

表5-6(續)

年度	年度現金淨流量
4	40,000
5	20,000

假設公司的資本成本為9%。

要求：計算該項投資的淨現值，並根據計算結果說明東方公司是否應該投資新設備。解（見表5-7）：

表5-7　　　　　　　　　　　　　　　　　　　　　　　　　　　　　　　單位：元

年份	年度現金淨流量	折現系數（9%）	現值
1	80,000	0.917	73,360
2	120,000	0.842	101,040
3	70,000	0.772	54,040
4	40,000	0.708	28,320
5	20,000	0.650	13,000
現金流入現值合計			269,760
減：現金流出現值合計			240,000
淨現值			29,760

計算可知，該項目的淨現值為29,760元，說明該項目的收益率超過了公司的資本成本9%，也就是說該項目在收回其投資成本後還剩餘29,760元。因此，東方公司應該投資新設備，方案可行。

需要說明的是，上述兩個例子，均假設全部投資都在投資活動起點一次性投入。如果投資是分期投入，則需將各期投資款先按一定折現率折算成現值，再與現金流入量現值進行比較，計算淨現值。

採用淨現值指標評價投資方案，有以下優點：

第一，簡便易懂，易於掌握。

第二，考慮了貨幣的時間價值，對投資方案的評價更為客觀。

第三，使用比較靈活，尤其是對時期跨度較長的投資項目進行評價時更具靈活性。例如，一個投資項目，有效使用期限15年，資本成本率18%。由於投資項目時間長，風險也較大，所以，投資者決定，在投資項目的有效使用期限15年中，第一個五年期內以18%折現，第二個五年期內以20%折現，第三個五年期內以25%折現，以此來體現投資風險。採用淨現值指標評價投資方案，可以滿足上述要求和完成計算過程。

淨現值指標的不足之處，如果備選方案的投資額不相同，則不便於進行比較。下面舉例說明。

【實例二十】有兩個備選方案，資料見表5-8。

表 5-8　　　　　　　　　　　　　　　　　　　　　　　　　　　單位：元

項目	方案 A	方案 B
所需投資額現值	30,000	3,000
現金流入現值	31,500	4,200
淨現值	1,500	1,200

從淨現值的絕對數來看，方案 A 大於方案 B，似乎應採用方案 A；但從投資額來看，方案 A 大大超過方案 B。所以，在這種情況下，如果僅用淨現值來判斷方案的優劣，就難以做出正確的比較和評價。

（二）淨現值率（相對數指標）

淨現值指標還可以用相對數表示，即淨現值率。

淨現值率是一項投資項目的淨現值與所需投資額現值之比。如用公式表示，則為：

淨現值率＝（淨現值/所需投資額現值）×100%

淨現值率指數越大越好。

淨現值率指標的優點在於，可以對投資額不同的備選方案進行分析評價，從而克服淨現值（絕對數指標）的不足之處。

以實例二十的數據為例。

A 方案淨現值率＝$\dfrac{1,500}{30,000}\times 100\% = 5\%$

B 方案淨現值率＝$\dfrac{1,200}{3,000}\times 100\% = 40\%$

計算結果表明，僅從淨現值率指標來看，B 方案明顯優於 A 方案，故應選用 B 方案。

二、現值指數（Profitability Index，PI）

現值指數是投資項目的未來現金流入量總現值與初始投資額現值之比。

如用公式表示，則為：

現值指數＝$\dfrac{\text{未來現金流入量總現值}}{\text{初始投資額現值}}$

由於現值指數是未來現金流入量現值與所需投資額現值之比，所以，用現值指數來評價投資方案，可以克服淨現值（絕對數指標）不便於對不同投資額的方案進行比較和評價的缺點，從而使方案的分析評價更加合理、客觀。

從現值指數的計算公式可見，現值指數的計算結果有三種：大於 1、等於 1、小於 1。若現值指數大於 1，說明方案實施後的投資報酬率高於預期投資報酬率，方案可行；若現值指數小於 1，說明方案實施後的投資報酬率低於預期投資報酬率，方案不可行。現值指數越大的方案越好。

【實例二十一】某企業向銀行借款 500,000 元新建一生產設施，於年初一次投

入，借款年利率為 10%（以此作為貼現率）。該生產設施可使用 10 年，無殘值。當期建成並投入使用後，每年可創利潤 80,000 元。

要求：試用現值指數法評價該方案是否可行。

解：已知每年利潤額為 80,000 元，無殘值收入和流動資金收回，因此，只要計算出每年折舊費，便可計算出每年現金流入量。

(1) 每年折舊費 = $\dfrac{500,000-0}{10}$ = 50,000（元）

(2) 每年現金流入量 = 每年折舊費 + 每年利潤額 = 50,000 + 80,000 = 130,000（元）

(3) 現金流入量現值 = 130,000×6.145×（P/A，10，10%）= 798,850（元）

(4) 現值指數 = $\dfrac{798,850}{500,000}$ = 1.6

該投資方案的現值指數為 1.6，大於 1，因此，該投資方案可行。

【實例二十二】仍依據實例二十的資料，來計算兩個方案的現值指數，見表 5-9。

表 5-9

項目	方案 A	方案 B
現金流入現值（元）	30,000	3,000
所需投資額現值（元）	31,500	4,200
現值指數	1.05	1.4

計算結果表明，方案 B 的現值指數是 1.4，大於方案 A 的現值指數 1.05，應當選擇方案 B。由此可見，在評價投資方案優劣時，現值指數法比淨現值法更全面和客觀，因為現值指數實質上是一個相對數指標，它同時考慮了現金流入量現值和所需投資額現值兩個因素。

現值指數指標的主要優點是：能夠對不同投資額的方案進行比較，從而克服了淨現值（絕對數指標）的不足之處；能夠反應貨幣的時間價值；方法簡單易懂等。

現值指數指標的主要不足之處是不能提供投資方案實際可能達到的投資報酬率指標。這同時也是淨現值指標的不足之處。現值指數指標和淨現值指標主要適用於篩分決策即確定方案是否滿足某種預期標準的決策。這兩種指標有一個共同的局限性，即儘管這兩種指標能夠判斷方案實施後的投資報酬率是高於還是低於預期的或最低投資報酬率，從而確定該方案是否可行，但方案實際可能達到的投資報酬率究竟是多少，卻不能計算出來，而這個指標（指方案實際可能達到的投資報酬率）恰恰是決策者所需要的最直觀的決策數據。為了克服這兩種方法的局限性，提供決策所需要的數據，可採用另一種指標——內含報酬率指標。

三、內含報酬率（IRR，Internal Rate of Return）

內含報酬率是指對投資方案的每年現金流入量進行貼現，使所得的現值恰好與現金流出量現值相等，從而使淨現值等於零時的利率。

內含報酬率指標的基本原理是：在計算方案的淨現值時，按照預期投資報酬率貼現計算，淨現值的結果往往是大於零或小於零，這就說明方案的實際可能達到的投資報酬率大於或小於預期投資報酬率；而當淨現值為零時，說明兩種報酬率相一致。根據這個原理，內含報酬率指標就是要計算出使淨現值等於零時的百分率。這個百分率就是投資方案的實際可能達到的投資報酬率。

內含報酬率指標主要適用於選擇決策，即在若干可行方案中選擇最佳方案的決策。這是因為，經過篩分決策，各個不可行方案已被淘汰，進入選擇決策的都是可行方案。因此，只要分別計算出各個可行方案的內含報酬率，即可據以確定最佳方案，確定標準主要是：

第一，如果內含報酬率高於資本成本，那麼這個方案應該被採納。

第二，如遇互斥方案，應選擇內涵報酬率高的方案。

內含報酬率是經營管理人員較為熟悉和容易理解的概念，因此，內含報酬率指標被廣泛應用於長期投資決策分析中。

計算內含報酬率，要分兩種情況進行：

1. 每年現金流入量相同

每年現金流入量相同是年金形式，通過查年金現值表，可計算出未來現金流入量現值。其公式為：

每年現金流入量×年金現值折算系數＝現金流入量現值　　　　　　　　　　（1）

為使現金流入量現值與方案的投資額現值相等，即淨現值為零，從而求得方案的內含報酬率，則令：

每年現金流入量×年金現值折算系數＝投資額現值　　　　　　　　　　　　（2）

移項，得：

$$年金現值折算系數 = \frac{投資額現值}{每年現金流入量} \qquad (3)$$

當式（2）成立並變形為式（3）後，式（3）左邊年金現值折算系數中推算出來的利率 i 即為方案的內含報酬率（或實際可能達到的投資報酬率）。

【實例二十三】大安化工廠擬購入一臺新型設備，購價為 158,500 元，一次付清，使用年限 4 年，無殘值收入。該方案的最低投資報酬率為 12%（以此作為貼現率）。使用新設備後，估計每年現金流入量為 50,000 元。

要求：試用內含報酬率法評價該方案是否可行。

解：在本例中，已知投資額現值、每年現金流入量以及使用年限等資料，可通過計算並查年金現值表推算出方案的內含報酬率。

將數字代入式（3），得：

$$年金現值折算系數 = \frac{158,500}{500,000} = 3.170$$

年金現值折算系數是通過查年金現值表上的利率和時期兩個因素後得到的。這三個因素（即折算系數、利率和時期）中，只要已知其中兩個因素，就可在表中查到另一個因素。現已知方案的使用年限為 4 年，年金現值折算系數為 3.170。查年

金現值表，可查得：時期4、折系數3.170所對應的利率為10%，由此可確定，方案的內含報酬率為10%，低於最低投資報酬率12%，所以不宜採用。

需要指出的是，在實例二十三中，計算出來的年金現值折算系數3.170正好能在年金現值表中查到，從而能比較容易地查得所要求的內含報酬率。但如果計算出來的年金現值折算系數並不等於年金現值表中的任何一個數字，就無法確定利率是多少。在這種情況下，需要採用插補法來進行計算。

插補法是對在利率表中不能查到的數字進行進一步推算，從而計算出方案的內含報酬率的一種專門方法。

【實例二十四】某企業擬實施A方案，投資60,000元，可使用10年，每年現金流入量為15,000元。

要求：計算A方案的內含報酬率。

解：

年金現值折算系數 $=\dfrac{60,000}{15,000}=4.000$

查年金現值表上時期10的橫行中，沒有4.000的折算系數，只有與4.000相鄰近的兩個折算系數：4.193和3.682，它們對應的利率分別為20%和24%。由於4.000是介於4.193和3.682之間的，由此可以推論，系數4.000所對應的利率（暫定為X%，下同）亦應介於20%和24%之間。為了更精確地計算出A方案的內含報酬率，可採用插補法加以計算。方法如下：

將計算出來的年金現值折算系數4.000，需要計算的利率X%以及從表中查得的與4.000相鄰的兩個系數及其對應的利率，分別列示如表5-10所示。

表5-10

20%	X%	24%
4.193	4.000	3.628
4.193-4.000=0.193			
4.193-3.682=0.511			
$X\%=20\%+\dfrac{0.193}{0.511}\times(24\%-20\%)=21.51\%$			

計算結果表明，年金現值折算系數為4.000時的利率應為21.25%，也就是A方案的內涵報酬率為21.25%。

2. 每年現金流入量不相同

如果投資方案的每年現金流入量不相同，這就不是年金形式，不能採用查年金現值表的方法來計算內含報酬率，而需採用另外一種方法——驗誤法。

驗誤法是指在投資方案每年現金流入量不相同的情況下，通過逐次測算求得方案的內含報酬率的一種專門方法。具體做法是：根據已知的有關資料，先估計一個投資報酬率，用這個投資報酬率作為貼現率，來試算現金流入量的現值，並用這個現值與投資額現值相比較，如淨現值大於零，為正數，表示估計的報酬率低於方案

實際可能達到的投資報酬率，需要重估一個較高的報酬率進行試算；如果淨現值小於零，為負數，表示估計的報酬率高於方案實際可能達到的投資報酬率，需要重估一個較低的報酬率進行試算。如此反覆試算，直到淨現值等於零或基本接近於零，這時所估計的報酬率就是希望求得的內含報酬率。

可參考以下公式計算內含報酬率：

$$IRR = L + \frac{N_L}{N_L - N_H} \times (H - L)$$

其中，L 為低於 IRR 的利率，H 為高於 IRR 的利率，N_L 為選用 L 時的 NPV，N_H 為選用 H 時的 NPV。

【實例二十五】某公司有一投資項目 A，初始投資額為 450,000 元，項目壽命期為 5 年，假設項目的建設期為期為 0，每年現金流量如表 5-11 所示。

表 5-11　　　　　　　　　　　　　　　　　　　　　　　　　　　　單位：元

年份	年度現金流量
0	(450,000)
1	200,000
2	150,000
3	100,000
4	100,000
5	120,000

要求：計算該投資方案的內涵報酬率。

解：因方案的每年現金流入量不相同，需採用驗誤法計算方案的內涵報酬率。計算過程參見表 5-12。

表 5-12　　　　　　　　　　　　　　　　　　　　　　　　　　　　單位：元

年份	年度現金流量	第一次驗誤 14% 折算系數	現值	第二次驗誤 20% 折算系數	現值	第三次驗誤 16% 折算系數	現值
1	200,000	0.877	175,400	0.833	166,600	0.862	172,400
2	150,000	0.770	115,500	0.694	104,100	0.743	111,450
3	100,000	0.675	67,500	0.579	57,900	0.641	64,100
4	100,000	0.592	59,200	0.482	48,200	0.552	55,200
5	120,000	0.519	62,280	0.402	48,240	0.497	59,640
現金流入現值合計 減：投資額現值 淨現值			479,880 450,000 29,880		425,040 450,000 (24,960)		462,790 450,000 12,790

在第一次驗誤中，利率 14%，淨現值為正數，說明估計的利率低了。第二次驗

誤，利率20%，淨現值為負數，說明估計的利率高了。第三次驗誤，利率16%，淨現值仍為正數，但已較接近於零，因而可以估算，方案的內含報酬率在16%~20%。

為了求得較為準確的內含報酬率，可採用插補法對上表的計算過程加以補充計算，即求得 X%。

表 5-13

16%	X%	20%
12,790	0	(24,960)

使用公式求得

$$X\% = 16\% + \frac{12,790}{37,750} \times (20\% - 16\%) = 17.35\%$$

計算結果表明，當淨現值為零時的利率（也就是方案的內含報酬率）為17.35%。在上表的計算中，最終目的是要計算淨現值為零時的內含報酬率。但要估計一個剛好使淨現值為零的報酬率很不容易。不過總能找出淨現值為正和淨現值為負時的兩個利率，而零則介於正數和負數之間，正好利用插補法來進行計算，可見採用插補法可計算出較為精確的內含報酬率。

需要指出的是，在計算出一正一負的淨現值並採用插補法來計算內含報酬率時，這一正一負的淨現值的金額應盡可能地接近於零，這樣，通過插補法計算出來的結果才較為精確。如果一正一負的淨現值金額離零比較遠，那麼，就會計算出另一種結果。

仍依表5-12的資料，如用第一次驗誤（14%）和第二次驗誤（20%）的資料，採用插補法計算內含報酬率，計算出的 IRR 為17.27%。由此可見，同一方案的同樣數據，同樣採用插補法，但計算出的內含報酬率，一為17.35%，一為17.27%，相差0.08%。其差異的原因主要是所選定的一正一負的淨現值金額不同造成的。正確的方法是選擇盡量接近於零的一正一負的淨現值金額（因為內含報酬率是使淨現值等於零時的報酬率）。上述兩個結果中，17.35%的結果較為準確一些。

內含報酬率指標具有以下優點：

第一，能夠計算出每個投資方案實際可能達到的投資報酬率，從而彌補了淨現值指標和現值指數指標的不足。

以實例二十一的資料為例，根據計算可知，該方案的淨現值和現值指數為：

淨現值 = 798,850 - 500,000 = 298,850（元）

現值指數 = $\frac{798,850}{500,000}$ = 1.6

雖然計算出了投資方案的淨現值和現值指數，而且決定方案可行，但是，投資方案的投資報酬率究竟是多少，仍是未知的。淨現值絕對數指標是絕對數，難以表示投資方案的投資效益程度；淨現值相對數指標與現值指數指標一樣，也無法體現投資效益程度。因此，只有通過內含報酬率指標，來計算投資方案的實際可能達到的投資報酬率。下面計算該投資方案的內含報酬率。

分析：根據所給資料，投資方案的每年現金流入量相同，因此，可採用計算年金現值折算系數的方法。

年金現值折算系數＝投資額現值/每年現金流入量＝$\frac{500,000}{130,000}$＝3.846

根據計算結果，查「1元的年金複利現值表」，不能直接查到3.846這個系數，而只能查到左右相鄰的兩個系數：4.193和3.682，其對應的利率分別為20%和24%。現採用插補法進行計算。

將查表數據排列如表5-14所示。

表5-14

20%	X%	24%
4.193	3.846	3.628

4.193－3.846＝0.347

4.193－3.682＝0.511

$X\% = 20\% + \frac{0.347}{0.511} \times (24\% - 20\%) = 22.72\%$

計算結果表明，該投資方案的內含報酬率為22.72%。計算出的內含報酬率指標比淨現值指標和現值指數指標更能明白地反應投資方案的投資效益程度。

第二，內含報酬率與銀行利率相似，易於投資人、決策人員和有關人員理解和決策。

第三，內含報酬率指標能夠反應貨幣的時間價值。

內含報酬率指標的不足之處是計算比較麻煩，尤其是在每年現金流入量不相同時更是如此。當考慮到投資風險等其他因素，方案的最低投資報酬率要分期遞增或發生變化時（參見淨現值指標的優點），要計算方案的內含報酬率就很困難。

四、回收期（Payback Period）

回收期是指投資項目的現金流入量與現金流出量相等時所經歷的時間（年數）。

投資者希望投入的資本能以某種方式盡快地收回來。收回的時間越長，所擔風險就越大，因而，投資方案回收期的長短是投資者十分關心的問題，也是評價方案優劣的標準之一。用回收期指標評價投資方案時，回收期越短越好。

回收期指標的特點是用時間的概念而不是用收益的概念來評價方案的優劣。

按計算回收期指標時是否考慮貨幣的時間價值劃分，回收期指標又分為靜態回收期和動態回收期。

（一）靜態回收期

所謂靜態回收期是指在計算回收期時不考慮貨幣的時間價值的回收期指標。

靜態回收期指標的計算分兩種情況進行。

1. 每年現金流入量相同

在這種情況下，靜態回收期的計算公式為：

$$靜態回收期 = \frac{投資金額}{每年現金流入量}$$

【實例二十六】大威礦山機械廠準備從甲、乙兩種機床中選購一種機床。甲機床購價為 35,000 元，投入使用後，每年現金流入量為 7,000 元；乙機床購價為 36,000 元，投入使用後，每年現金流入量為 8,000 元。

要求：試用靜態回收期指標評價該廠應選購哪種機床？

解：甲、乙兩種機床各自每年的現金流入量都相同。計算如下：

$$甲機床靜態回收期 = \frac{投資金額}{每年現金流入量} = \frac{35,000}{7,000} = 5（年）$$

$$乙機床靜態回收期 = \frac{投資金額}{每年現金流入量} = \frac{36,000}{8,000} = 4.5（年）$$

計算結果表明，乙機床的靜態回收期比甲機床短，所以，工廠應購買乙機床。

2. 每年現金流入量不相同

在這種情況下，應把每年的現金流入量逐年加總，根據累計現金流入量來確定靜態回收期。

【實例二十七】甲企業有方案 1 和方案 2 兩個互斥投資項目。A 項目和 B 項目的詳情如表 5-15 所示。

表 5-15　　　　　　　　　　　　　　　　　　　　　　　　　　　　單位：元

	方案 1	方案 2
初始投資成本	450,000	100,000
5 年後設備殘值	20,000	10,000
第 1 年現金流入量	20,000	50,000
第 2 年現金流入量	150,000	40,000
第 3 年現金流入量	100,000	30,000
第 4 年現金流入量	100,000	20,000
第 5 年現金流入量	100,000	20,000

假設初始投資成本在項目一開始就投入，年度現金流在年度內均匀產生。

要求：分別計算方案 1 和方案 2 的回收期，並決定甲企業應該選擇哪個項目。

解（見表 5-16）：

表 5-16　　　　　　　　　　　　　　　　　　　　　　　　　　　　單位：元

年度	方案 1		方案 2	
	年度現金流入量	累計現金流入量	年度現金流入量	累計現金流入量
0	(450,000)	(450,000)	(100,000)	(100,000)
1	200,000	(250,000)	50,000	(50,000)
2	150,000	(100,000)	40,000	(10,000)
3	100,000	0	30,000	20,000

表5-16(續)

年度	方案1		方案2	
	年度現金流入量	累計現金流入量	年度現金流入量	累計現金流入量
	回收期=3（年）		回收期=$2+\dfrac{10,000}{30,000}=2.33$（年）	

由於方案2擁有更短的回收期，因此，甲企業應當選擇方案2。

靜態回收期指標的優點是計算簡便，易於理解。該指標以回收期的長短來衡量方案的優劣，投資的時間越短，所冒的風險就越小。可見，用靜態回收期指標來評價方案的優劣是一種較為保守和穩妥的方法。

靜態回收期指標的不足之處是不能考慮貨幣的時間價值，也就不能較為準確地計算出投資項目的經濟效益。下面舉例說明。

【實例二十八】A，B兩個投資方案的有關資料參見表5-17。

表5-17　　　　　　　　　　　　　　　　　　　　　　　　　　　　單位：萬元

項目	年份	A方案	B方案
初始投資額	0	(1,000)	(1,000)
現金流入量	1	100	600
	2	300	300
	3	600	100
回收期		3年	3年

分析：從表5-17來看，A、B兩個投資方案的投資額相同，回收期也相同。以回收期來評價兩個方案，似乎並無優劣之分。但如果考慮貨幣的時間價值，則B方案顯然要好得多。由此可見，單獨用靜態回收期指標來評價投資方案的優劣有失偏頗。

（二）動態回收期

所謂動態回收期是指在計算回收期指標時考慮了貨幣時間價值的回收期指標。

動態回收期指標的計算特點是要將現金流入量和現金流出量等均折算成現值以後再計算回收期。

動態回收期指標的計算也分兩種情況進行。

1. 每年現金流入量相同

在這種情況下，動態回收期的計算公式為：

$$年金現值系數=\dfrac{初始投資額現值}{每年現金流入量}$$

根據得出的年金現值系數以及選擇的折現率，使用插值法計算相應的年限即為動態回收期。

$$動態回收期=\dfrac{投資額現值}{每年現金流入量現值}$$

仍依實例二十六的資料，設甲、乙兩種機床均在購買時一次性付款，折現率為

10%，其他數據不變。試計算甲、乙兩種機床的動態回收期。

（1）計算甲機床的動態回收期

因為甲機床的折算系數為 5（$\frac{35,000}{7,000}$），查一元的年金現值系數表，當 $i=20\%$ 時，可查得與 5 相鄰的兩個系數為 4.868 和 5.335，其對應的年限分別為 7 年和 8 年，採用插補法計算後，得知甲機床的動態回收期 $n=7.28$ 年。

（2）計算乙機床的動態回收期

因為乙機床的折算系數為 4.5（$\frac{36,000}{8,000}$），採用上述與甲機床相同的查表方法並通過計算，可得知乙機床的動態回收期 $n=4.78$ 年。

2. 每年現金流入量不相同

在這種情況下，應把每年現金流入量現值逐年加總，根據累計現金流入量現值來確定動態回收期。

$$動態回收期 = 最後一個累計現金流量淨現值為負的年數 + \frac{剩餘未收回淨現金流量現值}{下一年現金流量現值}$$

仍以實例二十七的資料，設折現率為 10%，則動態回收期的計算參見表 5–18。

表 5–18　　　　　　　　　　　　　　　　　　　　　　　　　　　　　　單位：元

年份	折現系數（10%）	方案 1 現金流入量	現值	累計現金流入量	方案 2 現金流入量	現值	累計現金流入量
0	1.000	(450,000)	(450,000)	(450,000)	(100,000)	(100,000)	(100,000)
1	0.909	200,000	181,000	(268,200)	50,000	45,450	(54,550)
2	0.826	150,000	123,900	(144,300)	40,000	33,040	(21,510)
3	0.751	100,000	75,100	(69,200)	30,000	22,530	1,200
4	0.683	100,000	68,300	(900)	—	—	—
5	0.621	120,000	74,520	73,620	—	—	—

由於方案 1 的動態回收期 $= 4 + \frac{900}{74,520} = 4.01$（年），而方案 2 的動態回收期 $= 2 + \frac{21,510}{22,530} = 2.95$（年）。因此，方案 2 優於方案 1，甲企業應選擇方案 2。

動態回收期指標的優點是考慮了貨幣的時間價值，從而克服了靜態回收期指標的缺點。

五、平均投資報酬率（Average Rate of Return on Investment）

平均投資報酬率是每年平均利潤額與原投資額之比，計算公式為：

$$平均投資報酬率 = \frac{年平均利潤率}{原始投資額}$$

式中：

$$年平均利潤額 = \frac{各年利潤之和}{年數}$$

平均投資報酬率越大的方案越好。

【實例二十九】慶華公司有甲、乙兩個投資方案，甲方案投資額為 50,000 元，使用年限 4 年，每年利潤額分別為：6,000 元、7,000 元、6,500 元、7,500 元；乙方案投資額為 70,000 元，使用年限 5 年，每年利潤額分別為：8,500 元、8,200 元、7,800 元、6,000 元、8,000 元。

要求：計算甲、乙兩個方案的平均投資報酬率並選擇其中較好的一個方案。

解：

由於：甲方案的年平均利潤額 $= \dfrac{6,000+7,000+6,500+7,500}{4} = 6,750$（元）

乙方案的年平均利潤額 $= \dfrac{8,500+8,200+7,800+6,000+8,000}{5} = 7,700$（元）

所以，甲方案的平均投資報酬率 $= \dfrac{6,750}{50,000} = 13.5\%$

乙方案的平均投資報酬率 $= \dfrac{7,700}{70,000} = 11\%$

計算結果表明，甲方案平均投資報酬率為 13.5%，乙方案平均投資報酬率為 11%，應當選擇甲方案。

【實例三十】某公司擬購買一臺設備，需投資 80,000 元，使用年限 4 年，無殘值，按使用年限法折舊。投入使用後，每年現金流入量為 28,000 元。

要求：試計算該投資方案的平均投資報酬率。

解：已知每年現金流入量，由於無殘值收入和墊支流動資金收回，因此，上述現金流入量的內容只包括利潤額和折舊費。又知採用使用年限法折舊，只要計算出每年折舊費，便可計算出每年平均利潤額。

(1) 每年折舊費 $= \dfrac{80,000-0}{4} = 20,000$（元）

(2) 每年平均利潤額 $= 28,000 - 20,000 = 8,000$（元）

(3) 年平均投資報酬率 $= \dfrac{8,000}{80,000} = 10\%$

該投資方案的年平均投資報酬率為 10%。

平均投資報酬率指標的優點是簡單、易於理解和掌握。由於平均投資報酬率受利潤額和投資額兩個因素的影響，所以，採用這種指標評價投資方案，可以促使投資人更加重視利潤額和投資額的增減情況。

這種指標的不足之處是未考慮貨幣的時間價值，所以，不能較為客觀準確地對投資方案的經濟效益做出判斷。

【實例三十一】 某企業有 A、B 兩個投資方案，有關資料及計算結果參見表 5-19。

表 5-19　　　　　　　　　　　　　　　　　　　　　　　　　　單位：萬元

項目	年份	A 方案	B 方案
投資額	0	（1,000）	（1,000）
	1	100	600
	2	150	50
	3	100	50
	4	400	50
	5	50	50
利潤總額		800	800
經濟年限		5 年	5 年
年平均利潤額		160	160
平均投資報酬率		16%	16%

從表 5-19 來看，A，B 兩個方案的年平均投資報酬率相同，如僅以該指標來判斷方案的優劣，兩個方案經濟效益都相同，似乎都可行。但由於兩個方案每年利潤額不相同，從貨幣時間價值角度來看，顯然 B 方案好一些。

鑒於此，採用平均投資報酬率指標評價投資方案時，最好同時採用其他可以考慮貨幣時間價值的指標綜合評價，以便得出更為正確的結論。

需要說明的是，年平均投資報酬率還有其他幾種計算方法（主要是原公式中分母的計算方法不同）。前面講的年平均投資報酬率計算公式中的分母是原始投資額，而有的書有關公式中的分母則為平均投資額。平均投資額的計算方法有以下兩種：

第一，按原始投資額的 50%計算，即：

$$平均投資額 = \frac{原始投資額}{2}$$

第二，按固定資產投資額扣除固定資產預計殘值後的餘額的 50%，再加上流動資產投資額，作為平均投資額。計算公式為：

$$平均投資額 = \frac{固定資產投資額 - 固定資產預計殘值}{2} + 流動資產投資額$$

第四節　運用不同指標對方案的評價問題

長期投資方案評價指標是評價長期投資方案優劣的量化指標。由於每項指標都有各自的計算方法，考慮的因素、收取的資料以及運用的範圍等各不相同，因此，在運用這些指標對方案進行評價時，就要根據不同的情況，做出符合實際的評價，

從而得出正確的評價結論。

一、單一投資項目的評價

在只有一個投資項目可供評價的條件下，需要利用評價指標考查該獨立項目是否具有財務可行性，從而對該方案的優劣做出評價。例如，當有關正指標大於或等於某些特定數值，反指標小於特定數值時，則該項目具有財務可行性，反之，則不具備財務可行性。具體地說，如果某一項目的淨現值和淨現值率大於 0 或等於 0，現值指數大於 1 或等於 1，內含報酬率大於或等於預期投資報酬率，回收期大於或等於預計回收期等，則可判定該投資項目具備財務可行性，可採納該投資方案；反之，則不具備財務可行性，應當拒絕採納。

需要說明的是，由於長期投資方案評價指標分為考慮貨幣時間價值的動態指標和不考慮貨幣時間價值的靜態指標，因此，可能出現某投資方案的動態指標評價結論與靜態指標評價結論發生矛盾的情況。如果出現這種情況，則應充分考慮動態指標的評價結論。

二、多個互斥方案的評價與選擇

所謂互斥方案是指多個相互排斥、不能同時並存的方案。這些方案，均是已經具備財務可行性的投資方案，再利用長期投資方案評價指標，從各個備選方案中最終選出一個最優方案。根據方案投資額是否相等劃分，又分為原始投資額相等和不相等兩類多個互斥方案的評價與選擇。

(一) 原始投資額相等的多個互斥方案的評價與選擇

原始投資額相等的多個互斥方案的評價，可以先計算出每個方案的有關動態指標和靜態指標。其中動態指標可以以淨現值和內含報酬率為主要參考因素，靜態指標以靜態回收期為主要參考因素，來對各個方案進行評價。因為淨現值和內含報酬率等動態指標均為在一定範圍內越大越好的正指標，所以評價時應選擇正指標最大的方案；靜態回收期指標是在一定範圍內越小越好的指標，所以評價時應選擇指標最小的方案。在動態指標評價結論與靜態指標評價結論發生矛盾時，仍應以動態指標評價結論為主要評價標準，再輔之以靜態指標評價結論作為參考。

(二) 原始投資額不相等的多個互斥方案的評價與選擇

原始投資額不相等的多個互斥方案的評價，應以專門用來評價這類投資方案的動態指標為主來進行評價。這些指標主要是現值指數和內含報酬率，尤其是現值指數指標，它是反應投資方案未來現金流入量現值與投資額現值之間比率的一項指標，因此，現值指數指標應當是評價原始投資額不相等的多個互斥方案的主要指標。同時，也可以輔之以內含報酬率指標和回收期指標（包括靜態回收期和動態回收期）等作為參考指標。

第五節　長期投資決策分析中的若干問題

前文已述及現金流量、貨幣的時間價值、資本成本和投資的風險報酬等與長期投資決策分析有關的重要因素。在進行長期投資決策分析時，理解、掌握和運用這些因素十分重要。此外，還要考慮其他一些因素，如稅後成本、折舊稅盾等。

一、稅後成本

任何企業都應按規定繳納所得稅。企業的利潤分為稅前利潤和稅後利潤。稅前利潤中包括企業必須繳納的所得稅，稅後利潤才是真正留歸企業的利潤，也是企業十分關心的數據。稅前利潤是企業當期銷售收入減去當期各種成本費用後的餘額，因此，當期費用增加，稅前利潤就減少，企業的納稅額和稅後利潤也減少；反之，當期費用減少，稅前利潤就增加，企業的納稅額和稅後利潤也增加。可見，當期費用的增減，直接影響到企業稅後利潤的數額。但是，由於企業是按一定的所得稅率繳納所得稅的，所以，當期費用的增（減）額與稅後利潤的減（增）額在量上是不一樣的。也就是說，一筆費用的發生，由於所得稅率的影響，它對企業稅後利潤的影響在量上要小於費用實際發生數。這種扣除了所得稅影響後的費用發生額，就叫作稅後成本。現舉例說明如下。

【實例三十二】有 A、B 兩個公司，每月的銷售收入各自均為 100,000 元，每月的費用發生額各自也均為 65,000 元。但 A 打算今後每月刊登一則廣告，需開支廣告費 5,000 元。所得稅率為 25%。

要求：計算 A 公司每月刊登廣告的稅後成本是多少。

解（見表 5-20）：

表 5-20　　　　　　　　　　　　　　　　　　　　　　　　　單位：元

項目	A 公司	B 公司
銷售收入	100,000	100,000
減：費用		
工資、保險費及其他	65,000	65,000
廣告費	5,000	——
費用總計	70,000	65,000
稅前利潤	30,000	35,000
減：所得稅（25%）	7,500	8,750
稅後利潤	22,500	26,250
刊登廣告的稅後成本	=5,000×（1-25%）= 3,750 元	

計算結果表明，雖然 A 公司每個月比 B 公司多開支廣告費 5,000 元，但由於所得稅率的影響，A 公司的稅後利潤僅比 B 公司少 3,750 元。這說明，A 公司每月刊

登廣告的稅後成本僅為 3,750 元。

稅後成本的計算公式如下：

稅後成本＝費用發生額×（1－所得稅率）

將實例三十二中 A 公司的廣告費數額代入上式，則：

稅後成本＝5,000×（1－25%）＝3,750（元）

稅後成本實際上是一筆現金支出的實際成本，這個概念對管理者來說是十分重要的。在長期投資決策分析中，也有必要考慮稅後成本。

同樣的道理可以用來解釋稅後收入的概念。一項現金收入，在扣除了所得稅後的餘額，稱為稅後收入。其計算公式為：

稅後收入＝現金收入×（1－所得稅率）

需要注意，公式中的現金收入是指需要繳納所得稅的收入，不包括不繳納所得稅的現金收入。例如，為長期投資項目墊支的流動資金的收回數，由於這種資金的收回僅僅是原始投資額的收回，故不應包括在應納稅收入額中。

二、折舊稅盾（Depreciation Tax Shield）

折舊稅盾是指企業通過採用加速折舊的方式來減少應納所得稅的一種方法。

前文已述及，固定資產折舊費是構成現金流入量的要素之一，而每期折舊費的數額是採用一定的折舊方法計算出來的。儘管從投資項目的有效期限來看，不論採用哪種折舊方法，固定資產折舊費總額總是基本相同的，但每期的折舊額卻因採用的折舊方法的不同而不同。這就使每期的現金流入量發生變化（儘管在投資項目的有效期限內，現金流入量總額不會變）。再考慮到貨幣的時間價值這個因素，很明顯，不同的折舊方法，對企業和投資項目的經濟效益是有一定影響的。因此，折舊方法的選用是進行長期投資決策分析時要考慮的一個重要因素。折舊的方法有很多種，例如使用年限法、使用年數法、定率遞減法、償債基金法等。將這些折舊方法進行分類，一般可以分為兩大類：直線折舊法（例如使用年限法）和非直線折舊法（例如使用年數法）。下面以使用年限法和使用年數法為例，說明不同的折舊方法對企業或投資項目經濟效益的影響。

使用年限法，是用固定資產的原值扣除預計殘值收入後的餘額，除以固定資產的規定使用年限，求得每年平均計提的折舊額的一種折舊方法。計算公式為：

$$每年折舊費 = \frac{固定資產原值 - 預計殘值收入}{規定使用年限}$$

採用使用年限法折舊，每年計提的折舊費相等，所以又稱為平均折舊法。

使用年數法，是將固定資產有效使用期內的各年年數相加，再按比例進行折舊的方法。舉例說明如下：

【實例三十三】一項固定資產，原值 90,000 元，使用年限 5 年，無殘值，按使用年數法折舊。

要求：計算各年的折舊額。

解：

使用年數 = 1+2+3+4+5 = 15

如用一般公式表示，則為：

使用年數 = $n\left(\dfrac{n+1}{2}\right)$

上式中的 n 是指固定資產的使用年限，代入數字，則為：

使用年數 = $5\times\left(\dfrac{5+1}{2}\right) = 15$

每年折舊額計算參見表 5-21。

表 5-21　　　　　　　　　　　　　　　　　　　　　　　　　　　單位：萬元

年份	1	2	3	4	5	合計
折舊額	$9\times\dfrac{5}{15}=3$	$9\times\dfrac{4}{15}=2.4$	$9\times\dfrac{3}{15}=1.8$	$9\times\dfrac{2}{15}=1.2$	$9\times\dfrac{1}{15}=0.6$	9

按使用年數法折舊，該項固定資產第一年的折舊額最多，以後逐年遞減，實際上這是一種加速折舊法，目的在於使企業能在固定資產使用的前幾期就收回其大部分投資。剩餘的少量投資，如因故收不回來，也無關緊要。同時，相對於使用年限法，使用年數法（或加速折舊法）的採用將使企業最初幾年的折舊費用增加，可以減少相應期間企業的應納稅所得額，從而減少企業相應期間的納稅額。儘管從長期來看，無論採用哪種折舊方法，企業的納稅總額總是相同的，但從貨幣的時間價值的觀點來看，對企業無疑是有利的。所以，有些企業樂意採用加速折舊的方法（在稅法允許的範圍內）來減少前期的納稅額，這種做法被稱為「折舊稅盾」。下面以使用年限法和使用年數法這兩種折舊方法為例，說明折舊稅盾的作用。

【實例三十四】某企業計劃新建一條流水作業線，需投資 96,000 元，使用 12 年，無殘值。每年可產銷 A 產品 10,000 件，每件售價 100 元，所得稅率為 25%。A 產品每年的有關成本資料如下：

直接材料　　　　　　　　　　　　　　　　50,000 元
直接人工　　　　　　　　　　　　　　　　20,000 元
其他各種費用（不包括折舊費）　　　　　　2,000 元

要求：計算分別採用使用年限法和使用年數法這兩種不同的折舊方法對企業經濟效益的影響（以第一年情況為例）。

解：

(1) 使用年限法下第一年的折舊額：

第一年折舊額 = $\dfrac{96,000}{12} = 8,000$（元）

(2) 使用年數法下第一年的折舊額：

第一年折舊額 = $96,000\times\dfrac{12}{78} = 14,770$（元）

(3) 計算兩種不同折舊方法對企業第一年的經濟效益的影響，參見表 5-22。

表 5-22   單位：元

項目	使用年限	使用年數法
銷售收入	100,000	100,000
減：銷售成本		
直接材料	50,000	50,000
直接人工	20,000	20,000
其他各種費用	2,000	2,000
折舊費	8,000	14,770
銷售成本合計	80,000	86,770
稅前利潤	20,000	13,230
減：所得稅（25％）	5,000	3,307.5
稅後利潤	15,000	9,922.5
現金流入量	20,000	22,708

在表 5-22 中，從稅後利潤來看，使用年限法比使用年數法多，似乎使用年限法對企業有利些；但從現金流入量來看，使用年數法比使用年限法多些。由於現金流入量是實際流入企業的現金，是實實在在的利益，說明使用年數法對企業更有利些。另外，從納稅的角度去觀察，使用年數法下的納稅額比使用年限法少 1,692.5 元（5,000 元-3,307.5 元）。由於納稅額是企業實際要支出的現金，少納稅就意味著多收入，所以，使用年數法對企業更有利。這就是為什麼企業的經營者樂意採用加速折舊方法的原因之一。

需要指出，從長期來看，兩種折舊方法的折舊額是相等的。在銷售收入相同的情況下，兩種方法所計算出來的稅後利潤總額和現金流入量總額也都是相等的。企業樂意採用使用年數法的原因在於：在這種方法下企業各期的現金流入量是先多後少，從貨幣的時間價值的觀點來看，對企業是有益的。

儘管加速折舊法對企業有利，但企業並不能隨心所欲地任意選用折舊方法或選用加速時間。按照慣例，在選擇折舊方法上，企業一旦選定一種折舊方法，就不能輕易變動，這是會計上的「一貫性」原則所規定的。這方面的約束實際上又把折舊稅盾的某些優勢限制在一定範圍內了。

下面舉例對稅後成本和折舊稅盾等概念加以綜合說明。

【實例三十五】格羅公司現有舊機器一臺，是兩年前購進的，使用年限為 8 年，當時的購價為 84,000 元，採用使用年限法折舊，預計殘值為 4,000 元，該機器每年的營運成本（指付現成本，下同）為 60,000 元，並且從現在起的 2 年後，要進行大修理，預計修理費 8,000 元。

該公司打算購買一臺功率更高的新機器來代替現有的舊機器。新機器購買價為 93,000 元，使用年限 8 年，預計殘值 5,000 元，採用使用年限法折舊，新機器每年的營運成本為 35,000 元。購買新機器後可出售舊機器，預計收入現金 40,000 元。

格羅公司的最低投資報酬率為 10%，所得稅率為 25%。

要求：用淨現值指標評價格羅公司應繼續使用舊機器還是購買新機器。

解：該例提供了兩個方案供決策，即保留舊機器和購買新機器。將上面的資料整理後，如表 5-23 所示。

表 5-23

保留舊機器		購買新機器	
舊機器淨值	64,000 元	購價	93,000 元
尚可使用年限	6 年	使用年限	8 年
每年折舊費	10,000 元	殘值收入	5,000 元
殘值收入	4,000 元	每年折舊費	11,000 元
大修費（2年後）	8,000 元	每年營運成本	35,000 元
每年營運成本	60,000 元	出售舊機器收入	40,000 元

根據表 5-23 中經過整理的資料，試對兩個方案進行比較分析（分別參見表 5-24、表 5-25）。

表 5-24　　　　　　　　　　保留舊機器　　　　　　　　　　單位：元

項目		有現金流的年份	現金流量	折現系數	現值
1. 每年稅後營運成本	60,000×(1-25%) = 45,000	1~6 年	(45,000)	4.355	(195,975)
2. 每年折舊抵稅	10,000 × 25% = 2,500	1~6 年	2,500	4.355	10,887.50
3. 殘值變現淨收入	4,000×75% = 3,000	6	3,000	0.565	1,695
4. 兩年末稅後大修理成本	8,000×75% = 6,000	2	(6,000)	0.826	(4,956)
淨現值					(188,348.50)

表 5-25　　　　　　　　　　購買新機器　　　　　　　　　　單位：元

項目		有現金流的年份	現金流量	折現系數	現值
1. 投資金額	93,000	0	(93,000)	1.000	(93,000)
2. 每年稅後營運成本	35,000×75% = 26,250	1~8 年	(26,250)	5.335	(140,043.75)
3. 每年折舊抵稅	11,000×25% = 2,750	1~8 年	2,750	5.335	14,671.25
4. 出售舊設備收入	40,000	0	40,000	1.000	40,000
5. 舊設備變現損失抵稅	(60,000 - 40,000)×25% = 5,000	1	5,000	0.909	4,545
6. 殘值淨收入	5,000×75% = 3,750	8	3,750	0.467	1,751.25

項目		有現金流的年份	現金流量	折現系數	現值
淨現值					(172,076.25)

　　從以上兩個方案來看，淨現值均為負數，但購買新機器方案的淨現值負數小於保留舊機器方案，從這一點看，應當購買新機器以替換舊機器。

　　關於這個例子，需要說明幾點：

　　（1）該例中沒有涉及產品銷售收入的內容，而只是成本支出、折舊費和殘值等，這樣，現金流入量中就沒有利潤，致使兩個方案的淨現值均為負數。但這並不是說這兩個方案均不可取。

　　（2）例中應用了稅後成本和稅後現金流入量的概念，從而使決策更加正確可靠。

　　（3）舊機器帳面價值和出售舊機器收入二者之差是舊機器的報廢損失，金額為20,000元，這種情況只有在購買新機器的情況下才發生，雖然有報廢損失，但並不是現金支出，而是沉入成本，決策時可不予考慮，所以，這筆損失不作為現金流出量；相反，由於報廢損失，可以使企業在損失確認後，按損失數抵減當年的稅前利潤，從而使企業可以少交所得稅5,000元（20,000元×25%）。對企業來說，少支出就意味著多收入，因此，這5,000元應作為企業的一筆現金流入量。

　　【實例三十六】福蘭公司擬新建一封閉式生產車間，生產一種新產品，經過測算，取得下列有關資料，參見表5-26。

表5-26

購買新設備成本（元）	80,000
需墊支營運資金（元）	60,000
每年現金收入（元）	120,000
每年現金支出（元）	70,000
設備使用年限（年）	8
6年後需支出設備維修費（元）	15,000

　　該公司採用使用年限法折舊，最低投資報酬率12%，所得稅率25%。

　　要求：試用淨現值指標並結合稅後成本、稅後收入以及折舊稅盾等概念評價該公司是否可以採納這一投資方案。

　　解：根據以上資料，列表計算如表5-27。

表5-27　　　　　　　　　　　　　　　　　　　　　　　　　　　　單位：元

項目		有現金流的年份	現金流量	折算系數	現值
1. 新設備成本	80,000	0	(80,000)	1.000	(80,000)
2. 墊支營運資金	60,000	0	(60,000)	1.000	(60,000)
3. 每年稅後現金淨流入	120,000×75% = 90,000	1~8年	90,000	4.968	447,120
4. 每年稅後現金支出	70,000×75% = 52,500	1~8年	(52,500)	4.968	(260,820)

項目		有現金流的年份	現金流量	折算系數	現值
5. 每年折舊抵稅	10,000×25%=2,500	1~8年	2,500	4.968	12,420
6. 稅後設備維修成本	15,000×75%=11,250	6	(11,250)	0.507	(5,703.75)
7. 營運資金的回收	60,000	8	60,000	0.404	24,240
淨現值					77,256.25

計算結果表明，淨現值為 77,256.25 元，公司可以採納這一投資方案。

下面，對表 5-27 中的某些計算方法加以說明：

（1）營運資金。項目投入使用，需墊支營運資金，這是一筆墊支資金，不是營業費用，所以，在投入和收回時，都不做納稅調整。

（2）設備維修費。設備維修費在項目投入使用後的第 6 年發生，這是一筆費用，可以抵減納稅額。

（3）折舊費。折舊費不屬於現金支出，因此單獨列出。折舊費可以減少一部分納稅額，其減少額相當於企業的一筆現金流入量。

三、永續年金（Discounting Perpetuities）

永續年金是指在可預見的未來，每年都有現金流，時間無窮長，是一種理想狀態，其年金計算公式為：

$$PV = \frac{年現金流量}{r}$$

式中，r 為利率，$\frac{1}{r}$ 為永續年金因子。

【實例三十七】一項 50,000 元的投資，期待在未來一直獲得每年 5,670 元的現金流，假設投資成本為 9%，請計算淨現值。

解：淨現值 $= \frac{5,670}{9\%} - 50,000 = 13,000$（元）

第六節　長期投資決策分析中的敏感性分析

敏感性分析是測算在若干相關因素中，如果某個因素發生變化，對目標或其他因素產生影響的程度的一種分析方法。在長期投資決策分析中採用敏感性分析方法，其目的是測算與長期投資決策分析有關的某些因素發生變化後，可能對相關因素以及決策的預期效果產生的影響。

進行長期投資決策分析，首先要確定投資方案的現金流入量。方案的年現金流入量可能是相等的，也可能是不相等的。長期投資決策分析中的敏感性分析只是對那些每年現金流入量相等的方案進行分析。

當方案的每年現金流入量相等時，要計算現金流入量現值，一般是通過查年金表來計算的，其計算公式為：

現金流入量現值＝每年現金流入量（年金）×年金現值折算系數 $PV_A \overline{n}/i$

在公式中共有四個因素：每年現金流入量（年金）、時期（n）、利率（i）和現金流入量現值。當現金流入量現值大於原投資額現值（淨現值為正）時，方案可行；反之則不可行。影響淨現值增減的因素主要是公式右邊的三個因素，這三個因素中的任何一個因素發生變動，都會引起淨現值發生變動。

在採用淨現值指標評價投資方案的可行性時，其基本要求是淨現值應為正數（至少為零），而不能為負數。這樣，就規定了每年現金流入量、投資項目使用年限和利率等三個因素發生變動的範圍。也就是說，如這三個因素偏離原預測目標而發生變動，其變動範圍的極限至少使淨現值為零，而不能使淨現值為負。通過對因素變動的敏感性分析，就可為決策者提供有關因素允許變動幅度的資料，從而有助於幫助決策者在實施方案之前，對方案有較全面的瞭解，事後考慮適當的措施，以保證方案的可行性。

在長期投資決策分析的敏感性分析中，因素被允許變動的幅度較大的方案，稱為彈性較大的方案。這樣的方案保險系數較大，即使實施結果可能偏離目標，但由於彈性較大，也不至於影響到方案的可行性；反之，因素被允許變動的幅度較小的方案，稱為彈性較小的方案。這樣的方案保險系數較小，實施結果稍一偏離目標，就可能影響到方案的可行性。在進行決策時，應盡可能選擇彈性較大的方案。

下面舉例說明長期投資決策分析中的敏感性分析方法。

【實例三十八】賽羅公司擁有對一個礦山的開採權。該公司擬定一開採方案，預計需一次性投資 200,000 元，可開採 5 年，每年現金流入量 70,000 元，最低投資報酬率為 20%。

要求：用淨現值指標對方案進行評價並進行敏感性分析。

解：

（1）方案的淨現值＝70,000×2.99（$PV_A \overline{5}/20\%$）－200,000＝9,370（元）
該方案的淨現值為正數，方案可行。

（2）下面對該方案進行敏感性分析。

第一，確定每年現金流入量的變動幅度。這是確定每年現金流入量的下限值，即每年的現金流入量至少應為多少，才能使方案的淨現值為零，從而使方案具有可行性。要計算使投資方案的淨現值等於零的每年現金流入量的下限值，其計算公式為：

每年現金流入量的下限值×（$PV_A \overline{5}/20\%$）－投資額現值＝0

移項，得：

$$\text{每年現金流入量的下限值} = \frac{\text{投資額現值}}{PV_A \overline{5}/20\%} = \frac{200,000}{2.991} = 66,867（元）$$

計算結果表明，在投資額現值、使用年限和最低投資報酬率等因素與預期數一致的情況下，每年的現金流入量至少應為 66,867 元，才能使投資方案的淨現值為零。每年現金流入量的變動範圍在預期值 70,000 元與下限值 66,867 元之間，允許變動幅度為 3,133 元（70,000 元－66,867 元）。如果每年現金流入量下降幅度超過 3,133 元，方案的淨現值將成為負數，方案則不可行。

第二，確定使用年限的變動幅度。這是確定投資項目使用年限的下限值，即投資項目的使用年限至少應為多少，才能使投資方案的淨現值為零，從而使方案具有可行性。要計算使投資方案的淨現值等於零的投資項目的使用年限的下限值，其計算公式如下：

每年現金流入量 × ($PV_A\bar{n}/20\%$) －投資額現值＝0

移項，得：

$$PV_A\bar{n}/20\% = \frac{投資額現值}{每年現金流入量} = \frac{200,000}{70,000} = 2.857$$

查 1 元的年金複利現值表（見附表 4），查得在 20% 欄內與 2.857 相鄰的兩個折算系數所對應的年限分別為 4 年和 5 年，說明投資項目使用年限的下限在 4 年和 5 年之間。為計算準確，採用插補法加以計算。

先將有關數據排列如表 5-28 所示。

表 5-28

4 年	n 年	5 年
2.589	2.857	2.991

然後進行計算：

2.589－2.857＝－0.268

2.589－2.991＝－0.402

$$n = 4 + \frac{-0.268}{-0.402}(5-4) = 4.67 \text{（年）}$$

計算結果表明，在投資額現值、每年現金流入量和最低投資報酬率等因素與預期數一致的情況下，投資方案的使用年限至少應為 4.67 年，才能使投資方案的淨現值為零。投資方案使用年限的變動範圍在預期值 5 年與下限值 4.67 年之間，允許變動幅度為 0.33 年（5 年－4.67 年）。

如果使用年限的下降幅度超過 0.33 年，方案的淨現值將成為負數，方案則不可行。

第三，確定投資報酬率的變動幅度。確定投資方案的投資報酬率的變動幅度，就是確定在每年現金流入量和使用年限已定的情況下，方案的投資報酬率年限值可達到多少。再與預期的最低投資報酬率相比較，求出方案的投資報酬率的變動幅度，然後計算投資報酬率在這個範圍內變動時，對每年現金流入量和使用年限的影響。要計算使投資方案的淨現值等於零時的投資報酬率的上限值（即實際可達到的投資報酬率），其計算公式為：

每年現金流入量 × $PV_A\bar{5}/i$ －投資額現值＝0

移項，得：

$$PV_A\bar{n}/20\% = \frac{投資額現值}{每年現金流入量} = \frac{200,000}{70,000} = 2.857$$

在 1 元的年金複利現值表上，查得在時期 5 的行內與 2.857 相鄰的兩個數 2.991

和 2.745 所對應的利率分別為 20%和 24%。採用插補法進行計算。

先將有關數據排列如表 5-29 所示。

表 5-29

20%	X%	24%
2.911	2.857	2.745

然後進行計算：

2.991-2.857＝0.134

2.991-2.745＝0.246

$X\% = 20\% + \dfrac{0.134}{0.246} \times (24\% - 20\%) = 22.18\%$

計算結果表明，方案的投資報酬率的上限值（即實際可能達到的投資報酬率）為22.18%。這個數據可說明以下三個問題：

首先，在每年現金流入量為70,000元，使用年限為5年的情況下，方案的投資報酬率最高只可能達到22.18%，投資者要想獲得比這更高的投資報酬率是比較困難的。

其次，方案投資報酬率的下限值為20%（即最低投資報酬率）。上限值與下限值相差2.18%，這是投資報酬率的允許變動範圍。

最後，投資報酬率可以在20%和22.18%之間變動而不會影響方案的可行性；但是，投資報酬率的每一點變動都會引起每年現金流入量和投資項目使用年限發生相應的變動。例如，可以測算當投資報酬率從22.18%（上限值）下降到20%（下限值）後，對每年現金流入量和投資項目使用年限的影響。

1. 投資報酬率的變動對每年現金流入量的影響

投資報酬率的變動對每年現金流入量的影響的計算公式如下（在使用年限不變的情況下）：

投資報酬率的變動對每年現金流入量的影響

＝投資報酬率上限時的每年現金流入量－投資報酬率下限時的每年現金流入量

$= \dfrac{200,000}{PV_A\overline{5}/22.18\%} - \dfrac{200,000}{PV_A\overline{5}/20\%} = \dfrac{200,000}{2.857} - \dfrac{200,000}{2.991} = 70,000 - 66,867 = 3,133$（元）

計算結果表明，在使用年限不變的情況下，當投資報酬率由上限值22.18%降到下限20%（下降幅度為2.18%）時，每年現金流入量將減少3,133元。這就是投資報酬率的變動對每年現金流入量的影響程度。

2. 投資報酬率的變動對投資項目使用年限的影響

投資報酬率的變動對投資項目使用年限的影響的計算公式如下（在每年現金流入量不變的情況下）：

投資報酬率的變動對使用年限的影響

＝投資報酬率上限時的使用年限－投資報酬率下限時的使用年限

$\dfrac{投資額現值}{每年現金流入量} = \dfrac{200,000}{70,000} = 2.857$

已知：

$PV_A \overline{5}/22.18\% = 2.857$

設：

$PV_A \overline{n}/20\% = 2.857$

則：

$PV_A \overline{5}/22.18\% = PV_A \overline{n}/20\%$

在1元的年金複利現值表中，查得在20%這一欄中與2.857相鄰的兩個數2.589和2.991所對應的年限分別是4和5。採用插補法加以計算。

先將有關數據排列如表5-30所示。

表5-30

4年	n年	5年
2.589	2.857	2.991

然後進行計算：

$2.589 - 2.857 = -0.268$

$2.589 - 2.991 = -0.402$

$n = 4 + \dfrac{-0.268}{-0.402}(5-4) = 4.67$ （年）

計算結果表明，在投資方案的投資額現值和每年現金流入量與預期數一致的情況下，方案的投資報酬率如果要達到22.18%，投資項目的使用年限至少應為5年。如果投資報酬率下降到20%（下降幅度為2.18%），投資項目的使用年限就將縮短為4.67年。這就是投資報酬率的變動對投資項目使用年限的影響程度。

思考題

1. 什麼是長期投資決策？
2. 什麼是現金流入量？它包括哪些主要內容？
3. 什麼是現金流出量？它包括哪些主要內容？
4. 什麼是貨幣的時間價值？什麼是現值與終值？
5. 什麼是投資報酬率？它有哪些種類？
6. 什麼是年金？如何查找年金系數表？
7. 什麼是淨現值？如何計算淨現值？
8. 什麼是現值指數？如何計算現值指數？
9. 什麼是內含報酬率？如何計算內含報酬率？
10. 什麼是回收期？如何計算回收期？
11. 什麼是平均投資報酬率？如何計算平均投資報酬率？
12. 什麼是長期投資決策分析中的敏感性分析？

習題答案

第六章
全面預算

學習要點

全面預算作為管理會計方法體系中的一環，其基本內容包括兩個大的方面：內容體系與方法體系。本章主要就全面預算的內容體系與方法體系加以介紹。

掌握預算的基本原理是學習全面預算的切入點。預算的基本原理可以從預算的概念、作用、分類、原則、程序和預算期等方面去加以認識。

在此基礎上，本章結合製造業全面預算的基本內容進行了討論，包括全面預算的編製起點是銷售預算、全面預算的內容（分為三大部分，即業務預算、資本支出預算和財務預算）、每一個預算的具體內容與編製。

最後，本章單獨介紹了預算編製的傳統和現代方法，包括傳統的固定預算法與現代彈性預算法、傳統的增量（減量）預算法和現代零基預算法、現代的概率預算法和滾動預算法。如何結合中國國情加以有效運用，是需要慎重考慮的問題。

第一節　企業預算原理

任何企業，不論規模大小，它所擁有的人力、物力和財力等資源都是相對有限的，在市場競爭條件下，企業都希望能以較少的資源投入獲取較大的產出，這就要求企業必須重視和搞好預算管理。

一、預算（Budget）概念

通過決策程序確定的最優方案，為企業的經營活動確定了整體經營目標。為了充分利用企業有限的人力、物力和財力，並使企業各部門預期經濟活動協調起來，實現企業整體經營目標，必須編製期間計劃。期間計劃的具體形式是編製預算。一般認為，預算是指對企業所制定的在未來一定期間內的生產經營活動的計劃用金額加以反應的一種方式。預算與計劃二者既有聯繫又有區別。聯繫在於：兩者都是企業事前管理的工作內容，目標一致。區別在於：計劃是完成企業決策目標的方法，

它可以用實物計量單位或貨幣計量表示；預算是完成目標方法的貨幣表現，主要用貨幣計量單位反應。從這一點看，可以認為，「預算是以貨幣計量方式表達的一種計劃」。

管理會計中所介紹的預算，是針對整個企業而言的，故又稱為「總預算」或「全面預算」。企業為了達到和超過預定的目標利潤，銷售、生產、採購、財務等職能部門都必須相互配合、相互協調。銷售部門應努力拓展銷售，保證實現目標利潤；製造部門必須根據銷售部門的要求組織適銷對路的產品生產，既不能因過多積壓而造成存儲費用和利息支出上升，也不能因生產過少造成脫銷而失去占領和擴大市場的機會；採購部門應按較低購進成本保質保量地備足生產所需材料；財務部門應經常保證有足夠的現金，以應付各種開支。通過預算，可以協調各部門預期的生產經營活動，以期實現企業的決策目標。

企業預算在實際工作中體現為一系列具體的工作範疇，稱為預算管理。預算管理是指通過編製整個企業在未來一定時期的預算，根據預算對企業各部門進行綜合性的指導和調整，並通過對預算和實際的差異分析，反應經營管理的成績，從而促使企業不斷提高經營管理水準的一種管理活動。因此，企業預算管理一般包括預算編製、預算實施、預算差異分析與控制等環節。

(一) 預算編製

預算編製是指在進行科學的預測和決策基礎上，根據企業經營目標和經營條件，採用科學的方法，制定出企業在未來一定時期內應達到的具體經營目標體系。編製企業預算，是企業進行預算管理的第一步，為企業以後進行的實際經營活動提供了目標，目標制定是否合理，對預算管理的效果影響甚大。目標制定過低或過高．都會對企業各部門管理的積極性以及經濟效益的提高產生負面效應。

(二) 預算實施

預算一經編成就下達給各執行部門，並於預算的期初開始執行，經營管理者必須嚴格執行預算，根據預算綜合地調整和控制企業的全部活動，這一過程即為預算的實施。在預算的實施過程中，為了使預算真正落到實處，必須做到：各級預算執行部門的負責人應當有權、有責、有利，明確知道各自的責權範圍，並有權對各自負責的業務和收支進行處置；企業管理有關部門（如計劃部門、財務部門）應當隨時瞭解各部門預算執行情況，協同有關部門隨時糾正預算實施中出現的「例外」情況，以保證預算實施順利。預算實施是預算管理的核心環節。

(三) 預算差異分析與控制

預算差異分析與控制一般是指在預算實施一定階段或全部結束之後，根據業務、統計、財務等部門所核算的實際數據，將其與預算相比較，找出差異，並進一步分析差異發生的原因和責任歸屬，制定出控制差異的具體措施。這一環節是使預算管理真正發揮作用的落實環節。

本章著重介紹預算編製這一環節，至於預算實施、預算差異分析與控制等方面則在標準成本、責任會計等有關章節中論述。

二、企業預算的作用

預算是計劃的貨幣表現。計劃是企業管理最根本的職能。一個企業的成功與失敗，在很大程度上與計劃有密切的關係。企業有了計劃，才有奮鬥目標，才有為實現目標而採取的具體步驟和方法。計劃就是企業為實現目標而進行活動的行動綱領，也是控制和組織經營活動與檢查考核工作成績的依據。企業的經營活動是一個非常複雜的過程，要使這樣一個複雜的過程能夠協調地進行，沒有極為周密的計劃，是不可能實現的。企業全面預算的主要作用具體表現在如下幾個方面。

（一）明確經營目標

企業預算有助於使近期目標與長遠目標相結合併得到落實，編製預算是將企業的目標和方向予以具體化。預算要對整個企業以及各職能部門在預算期間的工作分別定出目標，並指出確定目標的意圖和根據，以及為達到此目標應採取的方法措施等。通過預算的編製，不僅能使整個企業明確遠期和近期目標，使各級管理人員明確本部門業務活動與整個企業經營目標之間的關係，也能使企業基層的全體職工瞭解自己的工作崗位與整個企業經營目標的聯繫，明確各自崗位應達到的業務量、成本、收入水準，從而激勵每個職工參與實現企業目標的積極性。

（二）傳達任務，協調平衡

預算的編製過程，也就是向企業部門經理和職工傳達企業最高管理當局經過決策所選定的目標，從而使包括各級管理人員在內的全體職工都有明確的任務，齊心協力地去實現企業總目標的過程。在企業內部職工與管理當局之間、各個管理層次之間，有一定的溝通路線是實現高效率的前提。讓企業內部各個部門和環節參與預算的編製能起到溝通路線的作用，因為這可將企業的目標及時下達到各個責任部門，通過定期的控制和考核報告，如實地反應和報告每一責任中心的業績。

編製預算也是對企業內各部門進行協調的工具。各部門自行擬定的「最佳計劃」，對其他部門和整個企業來說不一定是最佳的。例如，銷售部門更多的是關心市場與售價，不斷擴大銷售，而對企業生產部門生產能力的最優利用不一定加以考慮；生產部門為充分利用生產能力可能會忽視某些產品過剩而積壓或某些產品因短缺而脫銷。因此，編製預算可以使企業各部門和供、產、銷各環節都能在企業統一的目標下協調進行，減少內部矛盾，動員企業一切力量，為實現企業的決策目標而努力。

（三）控制成本的依據

預算的編製和執行，可在企業裡起到控制成本的作用，表現在：①在預算的編製過程中需要對計劃和應支出金額逐項進行分析說明，斟酌其合理性，起到事前成本控制的作用。②經預算管理部門審議和批准的各部門的預算數，就成為各部門實際支出的標準，是日常成本控制的依據。這有利於各部門通過計量、對比、發現差異和分析原因，並採取必要的措施，是企業的經濟活動符合目標的要求。③在預算期終了時，對比實際支出數和預算數，能揭示超支或節約，作為評價各部門業績和確定偏離預算責任的依據。

（四）評價考核的標準

經審批確定的各項預算數據，可以作為評價職工工作業績的尺度，對企業各個部門及其主管的業務活動業績，都應以預算作為衡量標準，將預算與實際對比，要比將本期實際與上期實際對比更有意義，因為本期實際超過上期實際只能說明本期有所進步，但不能說明是否已達到了應有的程度。然而以預算作為評價標準並非只看預算是否安全執行，有時預算的某些偏離，或許對企業是有利的、合理的，而對預算的完全執行卻不一定沒有失誤。比如，為拓展市場擴大銷售而使銷售費用超支應是合理的；為保持行政管理費的預算基數而年終突擊花錢，雖未突破預算金額，也不應給予好評。但這些分析也要以預算為標準進行調整計算，才能正確地評價其變換結果的得失，做出正確的結論。

三、企業預算的分類

企業應根據各自的規模大小、機構多少、業務繁簡、管理要求等，確定本企業需要編製哪些預算。通過研究企業預算分類，發現各個企業所編預算的普遍規律，使我們對預算的認識更進一步，從而更好地掌握和運用預算管理工具。

（一）按預算性質，企業預算可以劃分為業務預算、財務預算和資本支出預算三大類

業務預算（Operating Budget）是用於計劃企業日常經營活動的預算，主要涉及銷售預算、生產預算、採購預算、製造費用預算、銷售費用預算和管理費用預算等。財務預算（Financial Budget）是反應預算期內有關現金收支、經營成果和財務狀況的預算，它主要包括現金預算、預計損益表、預計資產負債表和預計財務狀況變動表等。資本支出預算（Capital Expenditure Budget）是指那些不經常發生的，需要投入大量資金，並對今後若干年生產經營有持續影響的長期投資支出預算。按預算性質不同對企業預算的分類，是企業預算其他分類的基礎。

（二）按預算使用時期，企業預算可以劃分為短期預算和長期預算兩大類

短期預算是指有效期在一年之內的預算，這種預算每年編製一次，主要針對企業日常經營和財務活動。業務預算和財務預算一般屬於短期預算。長期預算是指有效期在一年以上的預算，長期預算是一種規劃性質的預算，雖然數字計算可以粗略一點，但編製的好壞，將影響到一個企業的長期戰略目標是否能夠如期實現，影響到企業今後若干年的經濟效益。資本支出預算一般屬於長期預算。

（三）按預算編製方法，企業預算可以劃分為固定預算和彈性預算兩大類

固定預算是指根據一個固定的業務量水準來編製的預算。用以這種方法編製的預算來考核評價企業的業績，其前提必須是實際業務量與編製預算所用業務量一致。一般來講，固定預算方法適用於各種業務預算、財務預算和資本支出預算。彈性預算是指按不同業務量水準來編製的預算。這種預算，富有彈性，能靈活地考核預算執行的實際效果。彈性預算的適用範圍不及固定預算，主要用於與業務量關係密切的收入、支出預算。

除以上三種經常使用的分類外，企業預算還可以按另外一些方式分類。如按預

算的編製基礎，可以分為增量預算（或減量預算）和零基預算；按預算涉及的範圍，可以分為總預算和專門預算；按預算編製涉及的變量是否確定，可以分為確定性預算和概率預算等。上述各種基本分類，並不互相排斥，而是相互交叉重疊的。

四、預算編製的基本原則

企業在編製預算時，一般應遵循以下基本原則：

第一，預算編製的全面性、完整性。凡是對經營目標產生影響的經濟業務或事項，都應以貨幣或其他計量形式來具體地加以反應，盡量避免由於預算缺乏周密的考慮而影響目標的實現。有關預算指標之間要相互銜接，勾稽關係要明確，以保證整個預算的綜合平衡。

第二，預算編製要以明確的經營目標為前提。例如，只有確定了目標利潤，才能相應地確定目標成本，進而編製有關營業收入和費用的預算。

第三，預算既要積極可靠，又要留有餘地。積極可靠是指要充分估計目標實現的可能性，不要把預算指標定得過低或過高，保證預算能在實際執行過程中，充分發揮其指導和控制作用。為了應付實際情況的千變萬化，預算又必須留有餘地，具有一定的靈活性，避免在意外事項發生時造成被動，影響平衡，以致影響原定目標的實現。

五、預算的編製程序

在規模較大的企業中，通常要設置一個常設的機構——預算委員會，負責組織、領導並審核整個預算的編製工作。在小型企業中，這一工作則由企業財務主管部門負責。預算委員會通常由企業總經理、總會計師、供產銷業務部門和財務部門的主管人員等組成。其主要任務是：①制定和頒發有關預算制度的政策；②審查和協調各部門所編的預算；③解決各個方面在預算編製中可能發生的矛盾；④批准預算，下達指標，並隨時檢查預算的執行情況，分析實際與預算的差異，促使各有關方面協調一致地完成預算所規定的目標和任務。

隨著管理的進步和行為科學的廣泛應用，在現代企業預算編製工作中，普遍採用了「自我參與預算」的方式。這種方式是指全面預算的編製首先由各個部門草編，再由預算指導機構綜合平衡，通常要經數次往返，批准後再交回各部門實施。在這一過程中，盡量吸收預算的執行者參加，並向全體職工徵求意見。這種自下而上逐級綜合、廣泛吸收預算的執行者和各部門負責人及職工參與編製的預算，較之傳統的由上級直接編製並下達預算的方式可收到更好的效果。

企業編製預算的程序應視預算的編製方法而不同，但一般來講，大型企業的預算編製程序可歸納為如下步驟：

（1）在預算期開始前三個月，由企業最高管理當局提出預算期的戰略目標。

（2）企業各部門主管人員根據戰略目標，在預算期開始前兩個半月提出詳細的本部門自編預算。

（3）企業各部門主管人員審查修訂所屬責任中心的自編預算，並在預算期開始

前兩個月報送企業預算委員會。

(4) 企業預算委員會審查各部門的預算，要經過多次反覆平衡協調，然後匯總編製企業的全面預算，並在預算期開始前一個半月報送企業最高管理當局審批。

(5) 在預算期開始前一個月，企業最高管理當局應將經過審批的全面預算經由預算委員會下達各部門貫徹執行。

六、預算期確定與內容安排

預算期是指預算所覆蓋的時期，可以是一年以上，也可以是一年、一個季度或者一個月等。預算時期的長短由企業管理水準和預算種類決定。從管理水準來看，具有編製長期預算經驗、管理水準和基礎條件較好的企業，可以編製三年、五年甚至更長時期的預算。而經驗少、基礎條件差的企業則只能編製一兩年以內的預算。從預算種類來看，企業的業務預算和財務預算多為「短期預算」（一年以內），資本支出預算則為「長期預算」（一年以上）。

企業生產經營的全面預算，通常每年編製一次，使預算期間和會計年度相一致，以便於對預算執行結果進行分析、評價和考核。在年度預算內要有分季的預算數字，還應將第一季度按月劃分，明確各月份的預算數；其他各季度可暫列總數，到第一季度將要執行完畢時，再把第二季度按月劃分，以此類推。對於重要的預算如現金預算，必須有預計準確的現金需要量，以保證應付款到期能有足夠的付現能力，要列出詳至每旬、每週的日常預算，才有利於對預算執行情況做經常性的分析研究，在發現差異過大時加以機動調整。

在實際工作中，預算期長短及其內容詳略，應當考慮預算使用部門的等級。不同等級的管理部門所管理的工作類型是不相同的，關心的內容也就不相同。通常最高管理部門主要負責戰略計劃，確定企業的總目標；二級管理部門（如分公司、分廠等）負責戰術計劃，即用什麼方法完成總目標；三級管理部門（如車間）負責作業計劃，要使人工、原料、設備等生產因素互相配合以完成企業總目標；最低一級管理部門（如工段、班組）負責生產活動。由於各類管理工作的需要不同，因而預算期長短和內容也各不相同：越是高級管理部門的預算，預算期越長，內容也越簡略；反之則相反。

第二節　企業全面預算體系

一、全面預算體系

企業在每個預算期開始之前所編製的預算，一般是針對整個企業而言，即所編預算應該覆蓋企業生產經營的各個方面和各個環節。這種針對企業各方面經營活動所編製的預算體系，被稱為全面預算（Comprehensive Budget）。準確地講，全面預算是指通過各種具體預算，把企業在預算期內的各項生產經營活動全面、系統地進行安排的預算體系。全面預算又稱為總預算。編製全面預算對企業進行有效的綜合

控制，具有十分重要的意義。

全面預算由各種具體預算組成，形成一個預算體系。在製造性企業中，全面預算體系可以劃分為三大類：業務預算、財務預算和資本支出預算。若再進一步具體化，則包括：①銷售預算；②生產預算；③直接材料預算；④直接人工預算；⑤製造費用預算；⑥單位生產成本預算；⑦銷售與管理費預算；⑧現金預算；⑨預計損益表；⑩預計資產負債表；⑪資本支出預算。上述第①~⑦種具體預算可劃歸業務預算，第⑧~⑩種具體預算劃歸財務預算，第⑪種具體預算單獨為一類即資本支出預算。各種預算之間的關係如圖6-1所示。

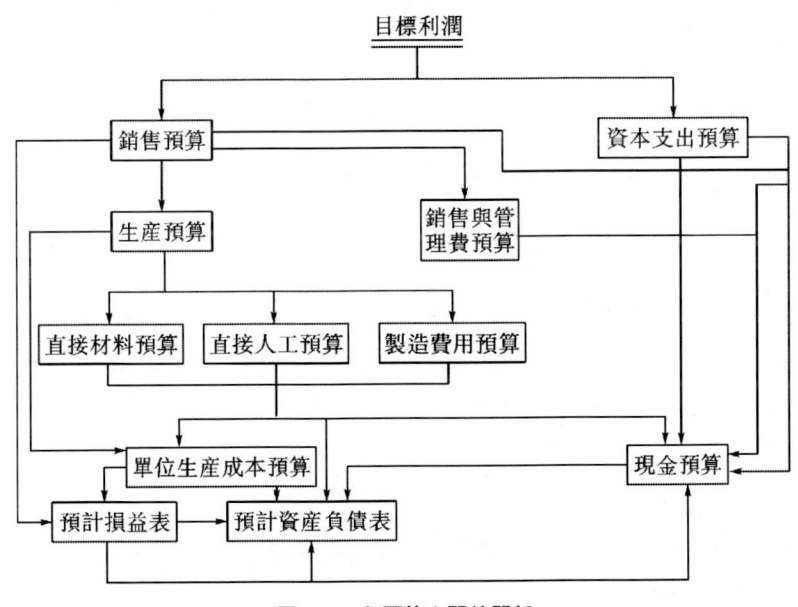

圖6-1　各預算之間的關係

從圖6-1可以看出，全面預算體系的編製順序和特點是：銷售預算是編製全面預算的起點，企業在確定了戰略目標以後，首先就要編製銷售預算；生產預算、銷售與管理費預算要在銷售預算確立之後才能編製；製造預算（包括直接材料、直接人工和製造費用等預算）需在生產預算的基礎上編製，進而在生產預算和製造預算基礎上編製單位生產成本預算；資本支出預算應根據企業的戰略目標來確定，它以長期的銷售預測為依據，不受短期銷售預算的直接影響，但在編製資本支出預算時，應全面考慮銷售、生產、現金等有關因素；在上述各種預算確立以後，編製現金預算；最後編製各種預計財務報表（包括預計損益表、預計資產負債表等）。因此，全面預算體系是以銷售預算為起點，以預計財務報表為終點。如果編製出的預算底稿不能符合戰略的要求，就應當重新編製預算或修改戰略目標，最終使兩者相符。

由於銷售預算是編製全面預算的起點，所以必須十分慎重地編製銷售預算。而要編好銷售預算，首先要進行周密的銷售預測，銷售預測的正確與否，對於編製銷售預算有極大的影響。企業的銷售預測應建立在對市場供需的預測基礎上，有了精

確的銷售預測，才能編製出切實可靠的銷售預算。

二、各種預算的基本內容

（一）銷售預算

在以銷定產的經營思想指導下，銷售預算是全面預算的起點。銷售預算是根據年度目標利潤所規定的銷售量和銷售額來編製的。在銷售預算中，通常是以貨幣量度反應，只有在企業產品品種單一時可同時以實物量度反應。為了方便編製現金預算，可在銷售預算中設置一個現金收入計算表，計算預算期內可收到的現金收入。由於許多企業允許客戶在一定期間內延期付款，所以企業在預算期內實現的銷售，不可能收到全部現金，將有一部分作為本期的應收帳款在以後時期才能收到，同時本期也會從前期實現的銷售中收到部分現金。在特殊的環境下，還應扣除估計的呆帳和提前收款的折扣。由此可見，企業在銷售預算（含預期現金收入表）中，主要確定預算期的銷售數量、銷售金額、實收款項和應收帳款等項指標數據。

（二）生產預算

在銷售預算的基礎上編製生產預算，對預算期內的生產規模做出安排。但預算期的生產量不一定等於預算期的銷售量，預算期的生產量應該是以該期的預計銷售量為基礎，同時考慮期初和期末存貨量因素來加以確定的。其計算關係式為：

預算期生產量＝（預算期銷售量＋預算期期末存貨量）－預算期期初存貨量

生產預算中包括期末存貨是為了使下一季度銷售活動能正常進行，不致因存貨不足而使產品在市場上脫銷。因此，生產預算主要確定預算期的生產數量以及期初存貨數量和期末存貨數量等指標數據。

（三）直接材料預算

根據生產預算，即可編製直接材料預算，以確定預算期材料採購量和採購額，一般包括三部分內容：

1. 直接材料需要量

這是根據生產預算中確定的生產量和單位產品材料耗用量來確定的。

2. 直接材料採購量和採購額

直接材料採購量是在直接材料需用量的基礎上，考慮期初、期末材料庫存量來確定的，計算公式為：

預算期材料採購量＝（預算期生產量×單位產品材料用量＋預算期末材料庫存量）－預算期初材料庫存量

材料採購額是以材料採購量乘以材料單位成本計算確定的，一般來說，生產一件產品不會僅僅只消耗一種材料，因此，預算期的材料採購額應是預算期的各種材料採購額之和。計算公式如下：

預算期材料採購額 ＝ Σ（各種材料預算期採購量×該種材料單位成本）

3. 計算預算期內需要支付的材料採購款

為了給現金預算編製提供資料，在編製直接材料預算時通常要設置一個現金支出計算表，由於賒銷制的存在，企業每期購買材料預期的現金支出，包括前期採購

材料將於本期支付的現金和本期採購材料應由本期支付的現金,計算公式為:
　　本期需要現金支付的採購款＝本期材料採購額＋前期採購於本期的支付額－本期採購於後期的支付額
　　公式中,本期採購於後期的支付額即為預算期的應付帳款。因此,直接材料預算主要確定預算期的材料需要量、材料採購量和採購額、預算期內實付的採購款、預算期的應付帳款等項數據。
　　(四)　直接人工預算
　　它是根據生產預算中所確定的預算期生產量來計算的。具體來講,以預算期的生產量乘以生產單位產品所需工時(標準工時或定額工時),可得預算期需用的直接人工工時,再乘以單位工時的直接人工成本(小時工資率),即得預算期的預計直接人工成本。計算公式為:
　　預算期直接人工成本＝預算期生產量×∑(單位產品需用工時×單位工時直接工成本)
　　如果期初、期末產品有變動,則計算上應做些調整。如果生產產品的人工工種和熟練程度等級不止一種,則不同工種、不同等級的單位工時人工成本就有差別,這就要求計算預算期的直接人工成本應按各工種和各等級先分類別計算,然後再相加匯總求得預算期的直接人工成本。可見,直接人工預算主要是確定預算期的直接人工總工時、單位工時人工成本和直接人工成本總額等項指標數據。
　　(五)　製造費用預算
　　製造費用項目較多,按其特性可劃分為變動製造費用和固定製造費用。在採用全部成本法計算成本的企業中,全部製造費用都要計入產品成本,企業應計算出單位產品或單位工時的製造費用分配率。在採用變動成本計算法的企業裡,只將變動製造費用計入產品成本,生產單一產品的企業可計算單位產品變動製造費用分配率,生產多品種產品企業可計算單位直接人工工時的變動製造費用分配率,這樣就可以把變動製造費用在各種產品和各季(月)之間進行分配。變動成本法下固定製造費用則直接列入損益表,作為期間成本處理,並作為當期產品銷售收入的一個扣除項目。
　　在製造費用預算中,也應包括一個現金支出預計表,計算預算期內在製造費用方面的現金支出,以便於現金預算的編製。一般來講,製造費用的項目一般都表現為現金支出,只有個別項目如固定資產折舊等表現為非現金支出,用整個製造費用減去非現金支出的製造費用即為現金支出的製造費用,因此,製造費用預算主要是確定預算期內各項製造費用的支出數和現金支出額等數據。
　　(六)　單位生產成本預算
　　產品單位生產成本是正確計算預計損益表的產品銷售成本及預計資產負債表的期末產品存貨的依據。單位生產成本預算的具體制定方法是:根據直接人工預算、直接材料預算和製造費用預算,取得預算期內的產品成本數據,然後再從生產預算中取得預算期內的生產量數據,將兩類數據相結合,則可以計算出預算期內各項成本的單位數以及單位產品生產成本,從而編製單位生產成本預算。在西方很多企業

中，由於推行了標準成本制度，因此，其單位生產成本預算即為單位產品的「標準成本卡」。單位生產成本預算（或標準成本卡）內成本項目還取決於企業採用的成本方法：若企業採用全部成本法，則該預算的成本項目包括直接材料、直接人工、變動製造費用和固定製造費用；若企業採用變動成本法，則該預算的成本項目包括直接材料、直接人工和變動製造費用，不包括固定製造費用項目。所以，企業的單位生產成本預算主要確定預算期單位生產成本這一項數據。

（七）銷售與管理費預算

銷售與管理費是為推銷產品和對企業進行行政管理而發生的各種非生產性成本開支，這類費用一般作為期間成本計入當期損益中。如果企業按變動成本法編製該預算，則應按成本特性把這些費用區分為變動銷售與管理費用和固定銷售與管理費用兩類。變動銷售與管理費用應按銷售量或銷售額計算出分配率，以便據以在各個期間（月或季）進行分配。為了方便現金預算的編製，在銷售與管理費用預算中也應包括一個現金支出計算表，預計在預算期內銷售與管理費用中的現金支出數額。由此看來，銷售與管理費用預算主要確定預算期內的銷售與管理費用數額和現金支出數額等數據。

（八）資本支出預算

資本支出預算是指對經過決策分析並審核批准的各個長期投資項目，將其現金流量等財務資料詳細列示成明細表，作為檢查投資效果和控制資本支出的預算。資本支出預算與全面預算中所包含的其他預算不同，它是企業不經常發生的、一次性的預算，而其他預算都是按一定預算期編製的，只對該預算期有效。資本支出預算是按各個長期投資項目計劃編製的，需要的資金較多，涉及的預算期較長，對企業今後若干年的經濟效益產生影響。資本支出預算格式和內容的繁簡對於不同的企業和同一企業的不同時期不盡相同，因此，不存在統一的預算表格，可按具體內容和需要自行設計。

資本支出預算中各期的投資額除應列入該期的現金預算支出部分外，還應列入預計資產負債表的資產方。如果同一時期企業的投資項目較多，應將預算年度內的各項目投資額匯總，編製預算年度分季（或分月）的資本支出預算。資本支出預算主要提供各個預算期內的投資額數據。

（九）現金預算

它是反應預算期內企業現金流轉狀況的預算。這裡所說的現金，包括企業庫存現金、銀行存款等貨幣資金。編製現金預算的目的是合理地處理現金收支業務，調度資金，保證企業財務處於良好狀態。編製現金預算要依據銷售預算、直接材料預算、直接人工預算、製造費用預算、銷售與管理費用預算、資本支出預算以及預計損益表中有關利潤分配的現金收支數據來編製。一般來講，現金預算包括四部分內容。

1. 現金收入

這一部分即為期初現金結餘額和預算期內預計現金收入兩者之和。預算期內的預計現金收入數據包括現金銷售收入、應收帳款回收、票據貼現等，這些數據主要

從銷售預算中獲得。而預算期期初現金結餘額則直接從上一預算期期末結餘額結轉而得。

2. 現金支出

現金支出是指預算期內各種預計現金支出數。例如，支付材料採購款、支付工資、支付各種製造費用、管理費用和銷售費用、償還應付帳款、交納稅金、分配紅利、購買設備等。這部分數據可以從相關的業務預算、財務預算和資本支出預算中收集。

3. 現金餘缺

企業為了保證生產經營的正常進行，一般都要規定一個時期用於週轉的最低庫存現金餘額。用預算期的現金收入減去現金支出後，若差額低於這個最低庫存現金餘額，表示預算期的現金將會不足；反之，若差額高於這個最低庫存現金餘額，表示預算期的現金會出現盈餘。

4. 現金籌集與運用

如果出現現金不足，將會對企業預算期的生產經營活動產生不利影響，這時，企業就應當想辦法籌集資金，如向銀行申請借款、對內對外發行債券或股票等；反之，若出現現金多餘，則會造成企業資金浪費，這時就應當考慮如何利用多餘的現金，如購買債券、購買股票、歸還前期借款等。

（十）預計損益表

它根據前述業務預算來編製，以貨幣量度綜合反應預算期的全部經營活動，並預計全部經營活動的最終財務成果，是財務預算的重要組成部分。預計損益表反應企業在一定人力、物力、財力情況下預期的經濟效益，將它與企業目標相比，如能達到決策目標，全面預算的編製才能最終定案，可見，預計損益表是全面預算的焦點。預計損益表與損益表的格式基本相同，只是它編製的依據是各業務預算數。它提供企業核心指標——期間利潤。

（十一）預計資產負債表

它反應預算期期末時點的預計財務狀況，是以預算期開始的期初資產負債表為基礎，再根據預算期間全面預算的各種資料來調整編製的，可據以預計全面預算中的各種預算對企業最終財務狀況的影響。如果這種影響的不利程度超過了可容許的限度，應修改有關預算，或對有關經濟活動做重新安排。只有具有良好財務狀況的預計資產負債表，才能在預算期內發揮控制經營活動的作用。預計資產負債表主要提供預算期期末的資產、負債和所有者權益等的預計數。

三、全面預算編製實例

【實例一】華興公司是一家中等規模的股份制製造性企業，該公司在進行了周密調研的基礎上，經董事會認可，確定了2018年度（預算年度）的目標利潤為110萬元。根據這個目標，公司預算委員會和各部門著手進行2018年預算的編製工作。首先，他們找出報告年度（2018年）的經會計核算所編製的實際資產負債表（參見表6-1）。

表 6-1   資產負債表
                          2018 年 12 月 31 日   單位：元

資產	金額	負債和所有者權益	金額
流動資產：		流動負債：	
庫存現金	350,000	應付帳款	24,000
應收帳款	90,000	長期負債：	
原材料①	12,500	長期借款	1,300,000
產成品②	48,000	負債合計	1,324,000
流動資產合計	500,500	所有者權益：	
固定資產：		普通股股本	2,000,000
設備	3,000,000	留存收益	376,500
土地	1,000,000	所有者權益合計	2,376,500
累計折舊	(800,000)		
固定資產淨值	3,200,000		
資產總計	3,700,500	負債和所有者權益總計	3,700,500

註：①材料 = 2017 年期末庫存量 2,500 千克×材料外購單價 5 元 = 12,500 元；
　　②產成品 = 2017 年期末庫存量 800 件×2016 年單位生產成本 60 元 = 48,000 元。

然後，根據上述資料，結合調查、預測，分別編製 2018 年各個預算如下。

（一）銷售預算

公司經過市場調查，取得以下有關資料：①2018 年內各季度的銷售量分別為：第一季度 8,000 件、第二季度 9,000 件、第三季度 10,000 件、第四季度 11,000 件；②每件銷售價格為 120 元；③估計各期的銷售收入中有 70% 於當季收到現金，其餘 30% 將於下一季度才能收現。公司根據以上資料編製銷售預算（含現金收入計算表），參見表 6-2。

表 6-2   銷售預算
                               2018 年   單位：元

	第一季度	第二季度	第三季度	第四季度	全年合計
預計銷售量（件）	8,000	9,000	10,000	11,000	38,000
銷售單價	120	120	120	120	120
銷售收入	960,000	1,080,000	1,200,000	1,320,000	4,560,000
預計現金收入					
2017 年年末應收帳款	90,000				90,000
第一季度銷售額	672,000	288,000			960,000
第二季度銷售額		756,000	324,000		1,080,000
第三季度銷售額			840,000	360,000	1,200,000
第四季度銷售額				924,000	924,000
現金收入合計	762,000	1,044,000	1,164,000	1,284,000	4,254,000

(二) 生產預算

在銷售預算的基礎上進行生產預算編製，相關資料為：①2018年年初產成品存貨為800件（參見表6-1），年末產成品存貨估計為1,200件；②2017年實際單位生產成本為60元（參見表6-1）；③預計各季度末產成品存貨數量相當於下一季度銷售數量的15%。根據上述資料編製生產預算，參見表6-3。

表 6-3　　　　　　　　　　　　**生產預算**

2018年　　　　　　　　　　　　　　　　　　單位：件

	第一季度	第二季度	第三季度	第四季度	全年合計
預計銷售量	8,000	9,000	10,000	11,000	38,000
加：預算期末存貨量	1,350	1,500	1,650	1,200	5,700
合計	9,350	10,500	11,650	12,200	43,700
減：預算期初存貨量	800	1,350	1,500	1,650	5,300
預計生產量	8,550	9,150	10,150	10,550	38,400

(三) 直接材料預算

直接材料預算的編製要以生產預算為依據。相關資料為：①假定該公司只需要一種材料，單位產品材料消耗量為4千克，每千克單位外購成本為5元；②假定每季度的購料款當季只付40%，餘下的60%可以在隨後的兩個季度內分別依次支付50%和10%；③2017年年末（發生於12月份）應付帳款為24,000元（參見表6-1）；④各季度末材料庫存按下一季度生產需用量的10%計算；⑤2017年年末材料庫存為2,500千克（參見表6-1），估計2018年年末材料庫存量為4,500千克。根據上述資料編製直接材料預算（含現金支出計算表），參見表6-4。

表 6-4　　　　　　　　　　　　**直接材料預算**

2018年

	第一季度	第二季度	第三季度	第四季度	全年合計
預計生產量（千克）	8,550	9,150	10,150	10,550	38,400
單位產品消耗量（千克）	4	4	4	4	4
預計生產需用量（千克）	34,200	36,600	40,600	42,200	153,600
加：預計期末材料存貨量（千克）	3,660	4,060	4,220	4,500	16,440
合計（千克）	378,600	40,660	44,820	46,700	170,040
減：預計期初材料存貨量（千克）	2,500	3,660	4,060	4,220	14,440
預計材料採購量（千克）	35,360	37,000	40,760	42,480	155,600
材料外購單價（元）	5	5	5	5	5
預計材料採購金額（元）	176,800	185,000	203,800	212,400	778,000
預計現金支出					

表6-4(續)

	第一季度	第二季度	第三季度	第四季度	全年合計
年初應付帳款（元）	20,000	4,000①			24,000
第一季度採購額（元）	70,720	88,400	17,680		176,800
第二季度採購額（元）		74,000	92,500	18,500	185,000
第三季度採購額（元）			81,520	101,900	183,420
第四季度採購額（元）				84,960	84,960
採購現金支出合計（元）	90,720	166,400	191,700	205,360	654,180

註：①2018年年初第一季度收到2017年年末的應付帳款20,000元＝24,000÷（50%＋10%）×50%，第二季度收到2017年年末的應付帳款4,000元＝24,000÷（50%＋10%）×10%。

②2018年年末應付帳款總額＝203,800×10%＋212,400×60%＝147,820（元）。

（四）直接人工預算

直接人工預算的編製也要以生產預算為依據。相關資料為：①單位產品生產需耗直接人工工時4小時；②各等級的單位直接人工成本為8元；③假定直接人工全部表現為現金支出。直接人工預算參見表6-5。

表6-5　　　　　　　　　直接人工預算
2018年

	第一季度	第二季度	第三季度	第四季度	全年合計
預計生產量（件）	8,550	9,150	10,150	10,550	38,400
單位產品人工工時（工時）	4	4	4	4	4
直接人工總工時（工時）	34,200	36,600	40,600	42,200	153,600
單位工時人工成本（元）	8	8	8	8	8
直接人工成本（元）	273,600	292,800	324,800	337,600	1,228,800

（五）製造費用預算

製造費用預算的編製也應以生產預算所確認的生產量作為基礎，但不像直接材料、直接人工預算與生產預算關係緊密。該公司經過預計，將2018年所要開支的製造費用開支預計數編製成預算，並確定出分季度的現金支出數（固定資產折舊為非現金支出成本，應在計算現金支出時扣除），參見表6-6。

表6-6　　　　　　　　　製造費用預算
2018年　　　　　　　　　　　　　　　　　　單位：元

項目	金額
車間管理人員、修理人員工資	232,600
輔助材料費	115,200
修理費用，其中：	
日常修理費用	38,400
大修理費用	20,000

表6-6(續)

項目	金額
車間設備保險費	43,000
水電費	76,800
車間設備折舊費	50,000
製造費用合計	576,000

現金支出計算表

	第一季度	第二季度	第三季度	第四季度	全年合計
現金支出額	131,500	131,500	131,500	131,500	526,000①

註：①製造費用全年現金支出總額52,600元=576,000元-50,000元。假定52,600元現金支出在年內各季度平均發生。

（六）單位生產成本預算

編製該預算要結合前述直接材料預算、直接人工預算、製造費用預算以及生產預算的有關數字。華興公司採用全部成本法，則編製的單位生產成本預算參見表6-7。

表6-7　　　　　　　　單位生產成本
2018年

	單位數量	單位價格	合計
直接材料	4千克	5元/千克	20元
直接人工	4工時	8元/千克	32元
製造費用	1件	15元/件①	15元
單位生產成本			67元

註：①單件製造費用價格（分配率）15元/件=576,000元（全年製造費用總額）÷38,400（全年產量）。

（七）銷售與管理費預算

公司根據銷售預算所確定的銷售量和有關行政管理活動，估計出預算期內的銷售與管理費用並編成預算，同時，對其中的現金支出做出安排（假定平均分配）。銷售與管理費用預算參見表6-8。

表6-8　　　　　　　　銷售與管理費用預算
2018年　　　　　　　　　　　　　　　單位：元

項目	金額
廠部行政管理人員工資	125,000
廠部設備折舊費	65,800
其他費用	83,500
合計	274,300

表6-8(續)

<table>
<tr><th colspan="6">現金支出計算表</th></tr>
<tr><th></th><th>第一季度</th><th>第二季度</th><th>第三季度</th><th>第四季度</th><th>全年合計</th></tr>
<tr><td>現金支出數</td><td>52,125</td><td>52,125</td><td>52,125</td><td>52,125</td><td>208,500[①]</td></tr>
</table>

註：①現金支出額208,500元=274,300-65,800元。

(八) 資本支出預算

公司計劃在2018—2021年進行一項新項目（甲）開發，總投資額預計為280萬元，安排在2018年內第二季度的投資額為150萬元（用於購置設備）。公司編製資本支出預算，參見表6-9。

表6-9　　　　　　　　　　　資本支出預算

項目名稱	2018年	2019年	2020年	2021年	合計
甲	150	60	50	20	280
乙	…	…	…	…	…
丙	…	…	…	…	…
合計	…	…	…	…	…

註：①2018年投資額150萬元全部表現為現金支出。

(九) 現金預算

公司在編製了上述業務預算和資本支出預算基礎上，開始進行財務預算編製。其中，本例編製現金預算的相關資料預計如下：①公司規定預算期內每季度的最低庫存現金餘額為10萬元，2017年年末庫存現金餘額為35萬元（參見表6-1）；②若向銀行借款，則應於季初借入，償還應安排在季末進行，借款利息，按年利率10%計算，在借款償還時一併歸還；③預計2018年內共付股利40萬元（每季度平均安排支付），每季度預計繳納所得稅分別是：第一季度110,373元，第二季度127,000元、第三季度137,849元，第四季度160,250元；根據以上資料，華興公司編製現金預算，參見表6-10。

表6-10　　　　　　　　　　　現金預算
　　　　　　　　　　　　　　　2018年　　　　　　　　　　　　　　　單位：元

項目	第一季度	第二季度	第三季度	第四季度	全年合計
期初現金餘額	350,000	103,682	127,857	91,383	350,000
加：本期現金收入	762,000	1,044,000	1,164,000	1,284,000	4,254,000
可動用的現金合計	1,112,000	1,147,682	1,291,857	1,375,383	4,604,000

表6-10(續)

項目	第一季度	第二季度	第三季度	第四季度	全年合計
減：現金支出					
材料採購支出（表6-4）	90,720	166,400	191,700	205,360	654,180
直接人工支出（表6-5）	273,600	292,800	324,800	337,600	1,228,800
製造費用支出（表6-6）	131,500	131,500	131,500	131,500	526,000
銷售與管理費用支出（表6-8）	52,125	52,125	52,125	52,125	208,500
支付所得稅（表6-11）	110,373	127,000	137,849	160,250	535,472
支付設備款（表6-9）		1,500,000			
支付股利（表6-11）	100,000	100,000	100,000	100,000	400,000
現金支出合計	758,318	2,369,825	937,974	986,835	5,052,952
現金餘缺	353,682	(1,222,143)	353,883	388,548	(448,952)
現金籌集與運用：					
向銀行借款		1,350,000			1,350,000
歸還銀行借款			(250,000)	(200,000)	(450,000)
支付借款利息			(12,500)①	(15,000)②	(27,500)
購入有價證券	(250,000)				(250,000)
融通資金合計	(250,000)	1,350,000	(262,500)	(215,000)	622,500
期末現金餘額	103,682	127,857	91,383	173,548	173,548

註：①第三季度應付利息＝250,000×10%×（6/12）＝12,500元；
　　②第四季度應付利息＝200,000×10%×（9/12）＝15,000元。

（十）預算損益表

公司產品成本計算採用全部成本法，存貨計價採用先進先出發。編製出的2018年度預計損益表參見表6-11。

表6-11　　　　　　　　　　**預計損益表**
　　　　　　　　　　　　　　2017年　　　　　　　　　　　　　　單位：元

項目	金額
銷售收入	4,560,000
減：銷售成本	
期初存貨成本	48,000①
本期生產成本	2,572,000②
可供銷售成本	2,620,800
減：期末存貨成本	80,400③
銷售成本合計	2,540,400
銷售毛利	2,019,600
減：銷售與管理費用	274,300
利息支出	27,500
納稅前淨損益	1,717,800
減：所得稅	429,450

表6-11(續)

項目	金額
稅後淨損益	1,288,350

註：①期初存貨成本48,000元＝800件（期初存貨量）×60元/件（2017年實際單位成本）；
②本期生產成本2,572,800元＝38,400（本期產量）×67元/件（2018年預計單位成本）；
③期末存貨成本80,400元＝1,200件（期末存貨量）×67元/件（2018年單位生產成本）（採用先進先出法）。

（十一）預計資產負債表

根據上年年末實際資產負債表（表6-1）和預算期有關預算數據，編製2018年預計資產負債表，參見表6-12。

表6-12　　　　　　　　　　　　預計資產負債表
　　　　　　　　　　　　　　　2018年12月31日　　　　　　　　　　　　　　單位：元

資產	金額	負債和所有者權益	金額
流動資產：		流動負債	
庫存現金①	173,548	應付帳款⑧	147,820
應收帳款②	396,000	長期負債	
原材料③	22,500	長期借款⑨	2,200,000
產成品④	80,400		
流動資產合計	672,448	負債合計	2,347,820
固定資產：		所有者權益	
設備⑤	4,500,000	普通股股本	2,000,000
土地	1,000,000	留存收益⑩	1,158,828
累計折舊⑥	(915,800)	所有者權益合計	3,158,828
固定資產淨值	4,584,200		
長期投資⑦	250,000		
資產總計	5,506,648	負債和所有者權益總計	5,506,648

註：①現金餘額173,548元見表6-10；
②應收帳款396,000元見表6-2附註；
③原材料22,500元＝4,500千克×5元（表6-4）；
④產成品80,400元＝1,200件（表6-3）×67元（表6-4）；
⑤設備4,500,000元＝3,000,000元（表6-1）＋1,500,000元（表6-9）；
⑥累計折舊915,800元＝800,000元（表6-1）＋50,000元（表6-6）＋65,800元（表6-8）；
⑦長期投資250,000元見表6-10（購入有價證券）；
⑧應付帳款147,820元見表6-4附註；
⑨長期借款2,200,000元＝1,300,000元（表6-1）＋900,000元（表6-10，第二季度借入1,350,000元，第三季度和第四季度已歸還450,000元）；
⑩留存收益1,158,828元＝376,500元（表6-1）＋1,182,328元（表6-11）－400,000元（表6-10）。

第三節　企業預算編製的常用方法

編製企業的全面預算，方法多種多樣，目前通行的編製方法主要包括：固定預算、彈性預算、增（減）量預算、零基預算、滾動預算以及概率預算六種。其中，固定預算和彈性預算目前在國內外企業的管理中廣泛使用，成為最常用的兩種預算編製技術方法，本節將專門介紹這兩種方法，其餘幾種方法將在本章第四節中簡略介紹。

一、固定預算（Fixed Budget）

固定預算又稱為靜態預算，它是以計劃期某一特定的業務量水準為基礎而編製的一種預算。

固定預算的主要特點是，預算編製後，在預算期內除特殊情況必須追加預算外，一般不做變動，具有相對固定性。固定預算通常每年編製一次，使預算期間同會計年度相一致，便於對預算的執行情況和結果進行考核和評價。年度預算中一般要有分季度的數字，近期預算要比遠期預算更詳細一些。本章第二節所舉華興公司編製的全面預算實例，從編製技術角度看，就是固定預算。該公司就是根據預測所得的唯一銷售量 38,000 件（參見表 6-2），考慮期初期末產品存貨量，定出了預算年度的生產量為 38,400 件，並以此為基礎，確定了預算年度的單位成本 67 元（參見表 6-7），稅後利潤 1,288,350 元（參見表 6-11）以及其他有關指標的預算數。

固定預算的優點主要是：①預算編製工作相對簡單；②各預算之間關係緊密；③在實際業務量與預算業務量相同或差距不大時，有利於控制、評價、考核企業的生產經營活動。但是，固定預算的最大局限在於，如果企業業務量經常波動，出現實際業務量和預算業務量差異較大的情況，就難以公正地根據固定預算的數據去考核企業的實際業績（特別是費用支出和損益）。

【實例二】在實例一中，表 6-7 中的單位生產成本為 67 元，是根據生產量 38,400 件（表 6-3）制定的。這樣，生產總成本預算如表 6-13 所示。另外，假定 2018 年度實際產量為 42,500 件，實際核算資料參見表 6-14。

表 6-13　　　　　　　生產總成本預算資料（固定預算）
2018 年　　　　　　　　　　　　　　　　　　單位：元

成本項目	單位成本	總成本
直接材料	20	768,000
直接人工	32	1,228,800
製造費用	15	576,000
合　計	67	2,572,800

表 6-14　　　　　　　　　　　生產總成本實際資料

2018 年　　　　　　　　　　　　　　　單位：元

成本項目	單位成本	總成本
直接材料	22	935,000
直接人工	28	1,190,000
製造費用	14	595,000
合　計	64	2,720,000

企業主管部門若將預算與實際對比考核，則差異資料可參見表 6-15。

表 6-15　　　　　　　　　　　　　　　　　　　　　　　　　　　　　單位：元

成本項目	預算數	實際數	差異數
直接材料	768,000	935,000	+167,000
直接人工	1,228,800	1,190,000	-38,800
製造費用	576,000	595,000	+19,000
合　計	2,572,800	2,720,000	+147,200

通過上述計算可以看出，實際產量比預算產量增加了 4,100 件（42,500 件 - 28,400 件），實際單位成本比預算下降了 3 元（64 元 - 67 元），各項目中單位製造費用和單位直接人工實際比預算下降，直接材料實際比預算上升，因而，造成實際總成本比預算總成本增加 147,200 元（其中，直接材料增加 167,000 元，直接人工下降 38,800 元，製造費用增加 19,000 元）。若進一步分析就會發現：製造費用增加的 19,000 元中，由於產量提高造成的是多少，由於單位製造費用下降抵減的又是多少；總成本增加的 147,200 元中，由於產量提高造成的是多少，由於單位生產成本下降抵減的又是多少。很明顯，我們是無法直接回答這些問題的。固定預算中的其他一些預算（如預計損益表）也存在上述問題。鑒於固定預算的局限性，它一般適用於管理水準較高、業務量穩定的企業。

二、彈性預算 (Flexible Budget)

預算的一個重要作用就是考核業績，而一個部門的業績（如生產部門）主要體現在生產控制和成本控制上。所謂生產控制就是看該部門是否達到預計的目標生產數量；所謂成本控制就是看該部門是否以最低的成本支出來完成目標生產數量。這兩項任務應當分別考核，才能分清責任，明確是非。但是運用固定預算與實際成績進行比較時，如果實際生產量發生了變化，那麼實際發生的成本費用就無法與預算費用對比。因為從成本控制的角度來看，把兩項基礎不同的成本資料進行比較是沒有意義的。為了正確評價和考核成績，我們可以採用彈性預算的方法。

彈性預算是指在編製預算時，考慮到預算期內業務量可能發生的變動，為了使預算與實際具有可比性，根據成本特性和銷售收入、成本與業務量之間的函數關係，依據一系列可達到的業務量水準而編製的預算。這種預算隨著業務量的變動而做機

動調整，具有彈性。這裡所說的業務量，是根據所編的預算具體確定的，一般可用產量、銷售額、服務量、直接人工工時、機器工時、材料消耗量、直接人工工資等表示。彈性預算又稱為變動預算或滑動預算，將它用於成本預算時，能夠有效地控制支出，因此也有人稱之為費用控制預算。彈性預算的編製步驟為：

第一步，選擇和確定業務量的計量單位和相關範圍。計量單位可以按上述若干方式（如產量、工時等）選取；業務量範圍視實際情況而定，但通常以正常生產能力的70%～110%為宜（其中間隔一般以5%或10%為好）。在相關範圍內，單位變動成本和固定成本總額保持不變。

第二步，根據成本特性，分析每項成本。將所有成本逐一劃分為變動成本和固定成本兩類，如有混合成本，則要進行分解，將固定成本和變動成本兩部分區分開來。

第三步，計算確定相關範圍內各項變動成本的單位數。將每項成本分為變動或固定以後，根據原始固定預算的數據計算出單位變動成本，以此作為確定彈性預算中變動成本的依據。

第四步，確定相關範圍內各項固定成本的總額。在編製彈性預算時，對相關範圍內的各項固定成本，仍以原始預算中的數據（總數）反應，超出相關範圍，則要做相應的調整。

第五步，編製預算，確定數據。在完成上述各步驟的基礎上，具體採用某種方法編製彈性預算，確定預算中各項收入、支出的預算數據。

可見，編製彈性預算的關鍵是將各項成本按成本特性劃分為變動和固定兩大部分。彈性預算是為克服固定預算的缺點而產生的。它的優點是：比固定預算適用範圍更為廣泛，使預算與實際具有可比基礎，使預算控制和差異分析更有意義和說服力。彈性預算一經編製，只要各項消耗標準和價格等依據不變，彈性預算就可以連續使用，不必每一預算期重複編製。由於彈性預算是建立在按成本特性劃分成本以及成本與業務量的函數關係基礎上的，同時又與其他預算一樣，都是對預算期應發生的經濟活動做出的一種估計，故不能做到絕對準確。但是，它能夠控制和考核成本和利潤，並可提出改進企業管理的方向，是一種有效的管理工具和預算編製方法。

彈性預算主要用於全面預算中的成本預算和利潤預算。其中彈性成本預算主要用於製造費用預算，至於直接材料、直接人工項目單一，本身就是一種彈性預算方式。

在對成本預算和利潤預算採用彈性預算方式時，具體的技術手段有三種：列表法、公式法和百分率法。

（一）列表法

列表法，就是在預定的業務量變化範圍內，劃分不同水準的業務量階段，再將成本項目按變動性分類排列，然後對各成本項目（以及收入）按不同水準業務量階段分別計算預算數，最後匯總填列出一張彈性預算表。這種技術方法既可用於成本預算也可用於利潤預算。

【實例三】大宇公司採用彈性預算形式來編製本公司 2018 年度的製造費用預算，假定原始固定預算預計的業務量（正常業務量）為 5,000 直接人工小時，採用列表法方式編製出正常業務量 70%~110%的製造費用彈性預算，參見表 6-16。

表 6-16　　　　　　大宇公司製造費用彈性預算（列表法）
2018 年

業務量（直接人工小時）	3,500	4,000	4,500	5,000	5,500
占生產能力的百分比	70%	80%	90%	100%	110%
變動費用：					
間接材料（0.8元/小時）	2,800	3,200	3,600	4,000	4,400
間接人工（1.2元/小時）	4,200	4,800	5,400	6,000	6,600
變動費用小計（元）	7,000	8,000	9,000	10,000	11,000
混合成本：					
維修費（1,500+0.2元/小時）	2,200	2,300	2,400	2,500	2,600
動力（800+0.5元/小時）	2,550	2,800	3,050	3,300	3,550
油料（500+0.3元/小時）	1,550	1,700	1,850	2,000	2,150
混合成本小計（元）	6,300	6,800	7,300	7,800	8,300
固定費用：					
車間管理費用（元）	5,000	5,000	5,000	5,000	5,000
折舊費（元）	4,000	4,000	4,000	4,000	4,000
保險費（元）	1,000	1,000	1,000	1,000	1,000
財產稅（元）	1,000	1,000	1,000	1,000	1,000
固定費用小計（元）	11,000	11,000	11,000	11,000	11,000
總計（元）	24,300	25,800	27,300	28,800	30,300

在表 6-16 中，分別列示了五種業務量水準的預算費用數，每一水準的上下間距是 10%。這一間距可大可小，但選擇的間距必須適度，間距太大，容易失去編製彈性預算的作用，間距太小，雖預算數額比較準確，有利於發揮彈性預算的作用，但編製工作量增大。

在採用列表法方式編製彈性預算時，由於表內不可能具體羅列每一種業務量下的支出（或收入）數額（這是由於表格篇幅的限制），故在進行實際考核時，如果實際業務量恰好與預算表內的某種業務量完全相等，則可以直接將實際各項收入、支出與預算上該種業務量下的收入、支出預算數進行對比，根據差異進行控制與考核。但如果實際業務量與表內任何一種業務量都不相同，這時應採用插補法計算出實際業務量的預算收、支數額。

【實例四】假定大宇公司預算期的實際業務量為 4,800 直接人工小時，所核算的實際製造費用數，參見表 6-17。

表 6-17 大宇公司製造費用實際數
2018 年　　　　　　　　　　　　　　　　　　　　　　單位：元

業務量（直接人工小時）	4,800
變動費用：	
間接材料	3,950
間接人工	5,680
變動成本小計	9,630
混合成本：	
維修費	1,500+4,800×0.25=2,700
動　力	850+4,800×0.4=2,770
油　料	600+4,800×0.25=1,800
混合成本小計	7,270
固定費用：	
車間管理費用	5,500
折舊費	3,000
保險費	1,000
財產稅	1,000
固定費用小計	10,500
總計	27,400

根據表 6-16，採用插補法，大宇公司計算出實際業務量（4,800 直接人工小時）的費用預算數並編製製造費用預算執行情況表，參見表 6-18。

表 6-18 大宇公司製造費用預算執行情況表
2018 年

項目	實際業務量下預算數	實際數	差異數
業務量（直接人工小時）	4,800	4,800	
變動費用：			
間接材料	4,800×0.8=3,840	3,950	110
間接人工	4,800×1.2=5,760	5,680	-80
變動成本小計（元）	9,600	9,630	30
混合成本：			
維修費	1,500+4,800×0.2=2,460	2,700	240
動力	800+4,800×0.5=3,200	2,770	-430
油料	500+4,800×0.3=1,940	1,800	-140
混合成本小計（元）	7,600	7,270	-330
固定費用：			
車間管理費用	5,000	5,500	500
折舊費	4,000	3,000	-1,000
保險費	1,000	1,000	/
財產稅	1,000	1,000	/
固定費用小計（元）	11,000	10,500	-500
總計（元）	28,200	27,400	-800

列表法的最大優點在於：便於比較不同業務量下的預算費用支出（以及利潤預算中的收入），特別是在實際業務量與預算中某一種業務量相同時，不經計算就可以找到相似的預算數額，用於控制、考核較為方便。缺點在於：若預算中估計的業務量過多，則會造成預算表格過大。

（二）公式法

公式法是指在編製彈性預算時，不具體確定各種業務量下的收、支預算數，而是以原始固定預算為依據，確定各項收、支指標不變的常數，從而編製預算的一種方法。公式法既適用於彈性成本預算，也適用於彈性利潤預算。

【實例五】 根據實例三的資料，大宇公司若採用公式法來編製彈性成本預算，則編製成的彈性成本預算參見表 6-19。

表 6-19　　　　　　　大宇公司製造費用彈性預算（公式法）
2018 年　　　　　　　　　　　　　　　　　　　　單位：元

業務量範圍（直接人工小時）	3,500～5,500	
費用項目	固定費用 a	單位變動費用 b
變動費用：		
間接材料		0.80
間接人工		1.20
混合費用：		
維修費	1,500	0.20
動力	800	0.50
油料	500	0.30
固定費用：		
車間管理費用	5,000	
折舊費	4,000	
保險費	1,000	
財產稅	1,000	
合計	13,800	3.00

如果採用公式法來編製彈性利潤預算，除了增加銷售單價（以及利潤）項目外，其餘方式與彈性成本預算完全一樣。但需注意的是，如果產品售價是隨著市場的供求而變動，那麼在編製彈性利潤預算（用公式法）時，對售價也應加以彈性處理，即按照可能採用的幾個售價，分別編製幾個彈性利潤預算表，這些表共同組成一個完整的彈性利潤預算。與列表法相比，採用公式法來編製彈性預算的優點是：編製的彈性預算表格不大，簡明清晰，可以減輕編表工作量。

（三）百分率法

它是按各項目的構成比重來編製彈性預算的一種方法，主要適用於彈性利潤預算。

如果一個企業生產和銷售多種產品，按前述公式法或列表法來編製彈性利潤預

算，只能按品種分別編製（因為各種產品的單位售價和單位變動成本各不相同），並且還要把企業全部固定成本總額在各產品之間進行合理分配，工作量大，又不便於對實際利潤進行控制和考核，這時，可以採用百分率法來編製預算。

採用百分率法編製彈性利潤預算，應事先掌握各種產品的變動成本率、邊際貢獻率、固定成本總額等，從事多品種產品生產的企業應事先算出加權平均的變動成本率和邊際貢獻率。

【實例六】假定大宇公司預算銷售收入為 88,000 元，變動成本率為 60%，固定成本總額為 15,000 元，變動成本率為 60%，固定成本總額為 15,000 元，該公司採用百分率法編製的彈性利潤預算（相關範圍內）參見表 6-20。

表 6-20　　　　　　　　大宇公司彈性利潤預算（百分率法）
2018 年　　　　　　　　　　　　　　　　　　　　單位：元

項目	%						
銷售收入	100%	64,000	72,000	80,000	88,000	96,000	104,000
減：變動成本	60%	38,400	43,200	48,000	52,800	57,600	62,400
邊際貢獻	40%	25,600	28,800	32,000	35,200	38,400	41,600
減：固定成本		15,000	15,000	15,000	15,000	15,000	15,000
利潤（稅前）		10,600	13,800	17,000	20,200	23,400	26,600

在表 6-20 中，當銷售收入在相關範圍內時，變動成本率始終是不變的，均為 60%，固定成本也不發生變動，均為 15,000 元，這是兩個不變的基本數據。每至期末，應對企業利潤預算執行情況進行評價和考核，編製利潤預算執行情況表，參見表 6-21。

表 6-21　　　　　　　　大宇公司利潤預算執行情況報告

項目	利潤預算		利潤預算執行情況					
	金額（元）	百分率	實際銷售收入下的利潤預算		實際執行情況		差異	
			金額（元）	百分率	金額（元）	百分率	差異額（元）	差異率
銷售收入	88,000	100%	86,000	100%	86,000	100%	0	0
減：變動成本	52,800	60%	51,600	60%	46,440	54%	-5,160	-10%
邊際貢獻	35,200	40%	34,400	40%	39,560	46%	5,160	15%
減：固定成本	15,000		15,000		14,100		-900	-6%
利潤（稅前）	20,200		19,400		25,460		6,060	31.24%

在表 6-21 中，「實際銷售收入下的利潤預算」，是根據實際銷售收入 86,000 元並結合彈性利潤預算中的變動成本率 60% 和固定成本總額 15,000 元在期末重新計算編製的。它反應在已達到的實際銷售水準下應該達到的成本水準和利潤水準，將它與實際發生數額對比，可以把銷售量變動的因素對利潤的影響予以排除，達到在相同銷售水準的基礎上對比成本和盈利，揭示企業經營管理業績及問題的目的。從表 6-21 來看，大宇公司銷售收入實際與預算同為 86,000 元時，按預算的規定水準應

取得 19,400 元利潤，但實際利潤卻達到 25,460 元，增加了 6,060 元，這是由於變動成本節約了 5,160 元和固定成本降低了 900 元所致。從表中數據可以看出，大宇公司的成本控制工作成績較好。

第四節　企業預算編製的其他方法

企業編製預算，除了常用的固定預算和彈性預算等方法外，還可根據需要，選用其他一些方法，如零基預算、概率預算或滾動預算等等。採用這些方法編製的預算，可以在管理實踐中發揮預算的積極作用，並在某些方面發揮其特有的作用。

一、零基預算 (Zero-base Budget)

零基預算產生於 20 世紀 60 年代。1968 年美國得克薩斯州儀器公司預算負責人 P. A. 派爾 (Pyhrr) 對該公司的一些綜合性費用項目，試用了這種新的預算方法。實行零基預算的良好效果引起了美國實業界和政府機構的濃厚興趣，這一方法隨後在 100 多家大公司和各州及地方政府相繼推行。1977 年美國卡特總統上臺後不久即做出決定：美國聯邦政府要全面實行零基預算法。隨後西方許多國家中不少企業和組織也採用了零基預算法。

(一) 增 (減) 量預算與零基預算的比較

傳統的預算編製方法是由專職機構或專職人員負責編製的，基層預算執行單位並不參與其事，往往與實際業務脫節，除了新創建的企、事業機構在首次編製預算時能按業務對人力、物力、財力做較為詳細的估算外，一般都是以當年實際數為基數，然後預測計劃年度業務工作的增減項目及通貨膨脹等因素，確定計劃年度比當年 (報告年度) 實際的增減額。這種預算方法以現有開支為基數。如果編製的預算是在現有基礎上增加一定的數量，稱為增量預算法；如果是在現有基礎上減少一定的數量則稱為減量預算法。本章第二節實例一的預算實際上也採用增 (減) 量的方法，如其中的預計資產負債表 (表 6-12)。採用增 (減) 量方法編製預算，其優點主要在於：它是以基期數據為依據，考慮計劃年度有關因素變動來編製預算，因此，編製預算的基礎資料易於取得，編製工作較易，同時，又使各個年度預算相互銜接。但是，採用這種方法編製預算有一個最大的局限性：如果基期預算不合理，則會因襲下來，不利於預算本身的改進。

零基預算與傳統的增 (減) 量預算截然不同，它的基本原理是：對於任何一個預算期，任何一種費用項目的開支數，不是從原有的基礎出發，不考慮基期費用開支水準，而是一切以零為起點，對各項費用進行分析，在此基礎上編製預算。將它與傳統的增 (減) 量預算相比較，兩者的主要區別表現在：

(1) 零基預算要求對一切業務活動都必須進行「成本-效益分析」，增 (減) 量預算只對新增業務活動進行成本-效益分析，而對已從事過的業務活動則不再做分析。

（2）零基預算是以零為起點，根據預測的未來業務量以及費用水準、報酬率等來確定各種預算。增（減）量預算是以現有預算為基礎，根據執行情況和預算年度業務上的需要進行增減而編製的。

（3）零基預算強調業務的重要性，注重整體利益原則。不論新增業務還是原有業務，均被視為企業業務整體的一部分，按業務工作的重要程度來分配預算資金。增（減）量預算在業務量無多大變化時，就按原來的預算執行，業務量變化較大時，僅根據其變化情況按比例地調整原來的預算，因此，增（減）量預算的著眼點僅限於預算金額的增減，不側重於業務工作本身的分析。

（二）零基預算的基本做法

採用零基預算來編製預算，其基本做法可以分為以下三個步驟：

第一步，確定預算編製的基層單位，提出總體目標並讓基層單位明確目標。企業內部各基層業務單位要參與編製預算，它們被稱為基層決策單位。基層決策單位的劃分對預算的編製、執行和考核是十分重要的。基層決策單位的劃分原則應以該單位領導能對本單位的預算收支具有控制權為準，亦即對業務範圍具有一定的決策權力。劃分的基層決策單位既不能過大，也不宜過小，一般來說，凡是能夠確定成本、費用、收益、資金的經濟責任單位，都可以劃分為基層決策單位。

企業最高管理部門根據調查、預測，提出預算年度的總體目標，各基層決策單位則提出預算草案的依據。企業最高管理部門還要對所屬各業務部門提出較為具體的要求，以便使它們在編製預算時不致背離企業的總體目標。

第二步，對基層單位所提出的方案進行「成本－效益分析」。編製預算的基層單位應根據企業總體目標所提出的任務和要求，有效地安排自己的業務活動。所謂有效地安排業務活動，是指所提出的產品或服務在質量上是有保證的，在經濟上是合算的。由此，基層單位可提出本部門各項業務活動可供選擇的方案。方案提出後，應對所提方案進行初步比較，哪些方案是可行的，哪些方案在經濟上是不合算的，哪些方案效率是最高的。逐步排列後，對不合算的或無法實現的方案予以淘汰，最後保留可以選擇的方案。企業預算編製部門應對各個可供選擇的方案進行「成本－效益分析」，詳細匡算增加預算支出能實現多少業務量，能增加多少收益，對比成本與效益比值等，還要對所提出的各種方案依輕重緩急，效益高低，分類排隊。

第三步，確定各預算基層單位方案的順序，並結合可動用的資金來源，分配資金，編製預算表。企業或行政事業單位的最高管理部門對下屬基層單位所提出的方案，按其必要程度劃分層次、順序。這個層次與順序一般可以劃分為：第一層次為必要項目，是非進行不可的業務，包括法律、政策和制度規定的，履行合同規定的，或離它即無法進行生產經營活動的項目。第二層次為需要項目，是對提高效率有利、能預防問題產生的項目，如與提高產量、保證質量、降低成本、增加盈利等有關的項目。第三層次為合理項目，是一些改善工作條件的項目，如為使生產部門職工減少事務性工作負擔，而改善職工工作環境和條件的項目等。這三個層次，第一層次具有約束性，而第二、三層次則帶有選擇性。通過劃分層次與順序，最高管理部門最後可排列出一份整個單位的全部業務項目和方案的等級順序總表，然後確定預算

年度資金來源總額，分配資金，編製預算表，這時，預算工作基本上大功告成。

【實例七】假定大宇公司在編製下年度的製造費用預算和銷售與管理費用預算時，採用零基預算法。

首先，由製造部門、管理部門和銷售部門的有關人員，根據公司預算年度（2018年）的總目標和各部門具體目標，經討論研究；提出預算費用方案，參見表6-22。

表6-22　　　　　　　　　　大宇公司費用預計表
2018年　　　　　　　　　　　　　　　　　　　單位：元

製造費用項目	金額	管理與銷售費用項目	金額
車間管理人員工資	232,600	廠部管理人員工資	125,000
輔助材料費	115,200	旅差費	20,000
大修理費	50,000	辦公費	45,000
日常修理費	38,400	房屋租金	8,000
車間設備保險費	43,800	廣告費	37,500
水電費	76,800	教育培訓費	75,000
製造費用合計	556,800	管理與銷售費合計	310,500

其次，經過討論研究，將上述費用劃分為三個層次。第一層次包括製造費用中的車間管理人員工資、輔助材料費和水電費等及管理與銷售費用中的廠部管理人員工資、旅差費、辦公費和房屋租金等，這一層次為必要項目，須全額得到保證。第二層次包括製造費用中的車間設備保險費及管理與銷售費用中的廣告費和教育培訓費等，這一層次為需要項目。第三層次包括製造費用中的大修理費用和日常修理費用，這一層次為合理項目。第二、三層次項目需要在進行「成本-效益分析」的基礎上結合預算期資金來源進行資金安排。大宇公司將對第「成本-效益分析」的結果編製成表，參見表6-23。

表6-23　　　　　　　　　費用項目成本效益分析表　　　　　　　　單位：元

項目	成本金額	效益金額[①]
大修理費	1	60
日常修理費	1	80
教育培訓費	1	50
廣告費	1	45
車間設備保險費	1	40
合　計	/	275

註：①表中效益金額可以是直接或間接收益，也可以是避免損失額，都為近似估計值。

再次，預計出預算年度內（2018年）的可用於製造費用、管理費用和銷售費用支出的資金來源為：

(1) 帳面現金	215,000 元
(2) 當年的銷貨收款	392,600 元
(3) 銀行存款	200,000 元
合計	807,600 元

最後，公司預算部門根據各項費用順序、效益比及資金來源，確定資金安排，編製預算，參見表6-24。

表6-24　　　　　大宇公司費用預算（零基預算法）
2018年　　　　　　　　　　　　　　　　　　　　　單位：元

製造費用項目	金額	管理與銷售費用項目	金額
車間管理人員工資	232,600	廠部管理人員工資	125,000
輔助材料費	115,200	旅差費	20,000
水電費	76,800	辦公費	45,000
大修理費	40,364①	房屋租金	8,000
日常修理費	26,909	廣告費	33,636
車間設備保險費	30,273	教育培訓費	53,818
製造費用預算合計	522,146	管理與銷售費預算合計	285,454

註：①大修理費＝60÷275×185,000＝40,364元（其中，185,000元＝807,600－232,600－115,200－76,800－125,000－20,000－45,000－8,000），表中日常修理費、教育培訓費、廣告費和車間設備保險費的計算方法與大修理費用相同。

(三) 零基預算的優缺點

與增（減）量預算法相比，零基預算的優點主要表現在：

(1) 零基法對所有業務活動均重新進行評價。以零為基點來衡量其經濟效益和支出的必要性，不受現行做法的束縛，這樣就能調動各級職工的積極性和創造性。

(2) 按零基法編製的預算不僅是測算盈利的手段，而且能提供各種不同方案的業務量及其成本水準，可作為生產經營的依據。

(3) 零基預算不僅是實行財務監督的重要手段，同時也是對各部門業務活動進行監督的方法。實行零基法編製預算的前提是以一定的業務量為基礎，在一定的業務量水準上規劃收入與費用開支，這就把各部門的業務經營活動與預算收入緊密聯繫起來，監督預算的執行，即是對各部門的業務活動進行監督。

(4) 最高管理當局也能在基層主管所提項目方案以及「成本-效益分析」的基礎上做出更合理、更科學的選擇，把有限的經費用在最需要的地方。

當然，零基預算也存在一些缺點，主要表現在它的編製工作量較大；另外，成本-效益分析結果準確度的高低也影響資金安排合理與否。

零基預算法作為一種新型預算方法，既可用於編製政府機關和事業單位的預算，也可用於企業編製製造費用、管理費用和銷售費用等綜合費用項目的預算。

二、概率預算

在編製預算的過程中，涉及的變量很多，如產量、銷售量、價格、成本等。在生產和銷售正常的情況下，這些變量的預計可能是一個定值（如當業務量為多少時，其相應的收入、成本也為多少），但是，在市場的供需、產銷變動比較大的情況下，這些變量的定值就難以確定了，這就需要根據客觀條件，對有關變量做一些近似的估計，估計它們可能變動的範圍，分析它們在該範圍內出現的可能性（即概率），然後，對各變量進行調整，計算期望值，編製預算。這種運用概率來編製預算的方法，叫作概率預算法。概率預算實際上就是一種修正的彈性預算，即將每一項可能發生的概率結合應用到彈性預算的編製中。

概率預算編製一般分兩步進行：

第一步，根據各種業務量、變動成本水準、標明的概率編製損益表各項目的預期值。

第二步，在損益表各項目的預期值的基礎上，結合管理上的要求，確定概率利潤預算表。

概率預算必須根據不同的情況來編製。

（1）如果業務量的變動與成本的變動無直接聯繫，則只要用各自的概率分別計算銷售收入、變動成本、固定成本等的期望值，最後就可直接計算利潤的期望值。

【實例八】某產品有關銷售量、銷售單價、單位變動成本、固定成本和相關概率資料參見表6-25。

表6-25　　　　　　　　　　概率情況表

銷售量		銷售單價	單位變動成本		固定成本	
數量（件）	概率	元	金額（元）	概率	金額（元）	概率
3,000	0.4	12	4	0.6	4,000	0.2
3,500	0.5	12	3	0.2	3,500	0.5
3,800	0.1	12	3	0.2	5,000	0.3

銷售收入的期望值 =（3,000×12×0.4）+（3,500×12×0.5）+（3,800×12×0.1）= 39,960（元）

變動成本的期望值 =（30,000×4×0.6）+（3,500×3×0.2）+（3,800×3×0.2）= 11,580（元）

固定成本的期望值 = 4,000×0.2+3,500×0.5+5,000×0.3 = 4,050（元）

利潤的期望值 = 39,960-11,580-4,050 = 24,330（元）

（2）如果業務量的變動與成本的變動有著密切的聯繫，就要用計算聯合概率的方法來計算期望值。

【實例九】某企業某年度預計的有關資料參見表6-26。

表 6-26　　　　　　　　　　　概率情況表

銷售量		銷售單價（元）	單位變動成本		固定成本（元）
數量（件）	概率		金額（元）	概率	
8,000	0.3	10	4	0.2	25,000
			3	0.6	
			3	0.2	
10,000	0.5	10	4	0.2	20,000
			3	0.6	
			3	0.2	
11,000	0.2	10	4	0.2	30,000
			3	0.6	
			3	0.2	

根據上面資料計算利潤期望值（參見表6-27）。

表6-27的計算說明：當銷售量為8,000件、單位變動成本為4元、固定成本為25,000元時，利潤為23,000元［8,000×（10-4）-25,000］，而這種情況的可能性（聯合概率）為0.06（0.3×0.2），所以利潤的期望值為1,380元（13,000×0.06），以此類推，匯總計算，得到利潤期望總值為41,780元。為便於更直接地說明問題，也可將表6-27的每一種組合改制為通用損益表的形式，參見表6-28。

表 6-27　　　　　　　　　　利潤期望值測算表

組合	銷售量		變動成本		固定成本（元）	利潤	聯合概率	利潤期望值
	件數（件）	概率	單價（元/件）	概率				
1	8,000	0.3	4	0.2	25,000	23,000	0.06	1,380
			3	0.8		31,000	0.24	7,440
2	10,000	0.5	4	0.2	20,000	40,000	0.1	4,000
			3	0.8		50,000	0.4	20,000
3	11,000	0.2	4	0.2	30,000	36,000	0.04	1,440
			3	0.8		47,000	0.16	7,520
合計							1	41,780

表 6-28　　　　　　　　　　　　　　概率損益預算表
　　　　　　　　　　　　　　　　　××年度　　　　　　　　　　　　　　　單位：元

項目\組合	(1)	(2)	(3)	(4)	(5)	(6)	(7)	(8)	(9)
銷售收入	80,000	80,000	80,000	100,000	100,000	100,000	110,000	110,000	110,000
減：變動成本	32,000	24,000	24,000	40,000	30,000	30,000	44,000	33,000	33,000
邊際貢獻	48,000	56,000	56,000	60,000	70,000	70,000	66,000	77,000	77,000
減：固定成本	25,000	25,000	25,000	20,000	20,000	20,000	30,000	30,000	30,000
利潤（E_i）	23,000	31,000	31,000	40,000	50,000	50,000	36,000	47,000	47,000
聯合概率（P_i）	0.06	0.18	0.06	0.1	0.3	0.1	0.04	0.12	0.04
利潤期望值	1,380	5,580	1,860	4,000	15,000	5,000	1,440	5,640	1,880

根據表 6-28，運用風險價值分析原理可做進一步的分析如下：

利潤期望值 = Σ（各組合下利潤值 E_i×聯合概率 P_i）= 41,780（元）

標準差 $= \sqrt{\sum [(E_i - \overline{E})^2 \times P_i]}$ = 8,739（元）

這樣，查「正態分佈曲線面積表」（附表 5）可知，實際利潤在 33,041 元～50,519 元（即置信區間為 $\overline{E}\pm\sigma$）的可能性為 68.26%，實際利潤在 24,302 元～59,258 元（即置信區間為 $\overline{E}\pm2\sigma$）的可能性為 95.44%，實際利潤在 15,563 元～67,997 元（即置信區間為 $\overline{E}\pm3\sigma$）的可能性為 99.72%。

三、滾動預算（Rolling Budget）

滾動預算是一種預算編製的新方法，其主要特點是以「滾動」形式來編製預算。它把整個預算期分為若干段，前一段是比較詳細的實施預算，後一段是比較粗略的預計預算。在執行了一個階段的實施預算以後，根據所掌握的實施預算完成情況及在滾動預算的滾動期內的各種因素的變化情況，對預計預算進行調整，並續編一段預算。這樣，整個預算的長度仍未改變，而每間隔滾動一次，就使預算前後相互銜接和協調。滾動預算的應用範圍十分廣泛，它既可以應用於一年以上的長期預算，也可應用於年度內分季、月的短期預算。滾動預算的基本模式（以短期預算為例）如圖 6-2 所示。

編製滾動預算，必須注意幾個基本要素的正確處理：

（1）滾動預算期和間隔期。前者是指編製預算的時間長度，它一般按年份、季度、月度來劃分；後者是指間隔多長時間編製和修改一次預算。

（2）實施預算與預訂預算。最近階段的預算，是近期內要執行的，故稱實施預算，它要求詳細具體，措施得力；後面階段的預算是預訂的，在近期內不執行，故可概略一些。這實際上體現了「近細遠粗」的原則。

（3）階段預算量，它是指每個滾動間隔期內應完成的生產經營任務的具體數量。

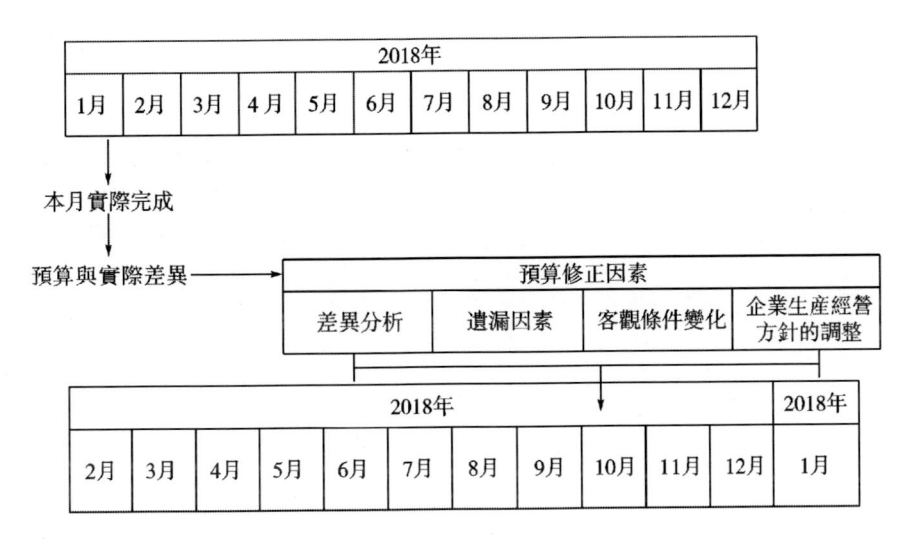

```
┌─────────────────────────────────────────────────────────┐
│                        2018年                            │
├──┬──┬──┬──┬──┬──┬──┬──┬──┬──┬──┬──┤
│1月│2月│3月│4月│5月│6月│7月│8月│9月│10月│11月│12月│
└──┴──┴──┴──┴──┴──┴──┴──┴──┴──┴──┴──┘
    │
    ↓ 本月實際完成

預算與實際差異 →  ┌─────────────────────────────────┐
                 │          預算修正因素             │
                 ├──────┬──────┬──────┬──────┤
                 │差異分析│遺漏因素│客觀條件變化│企業生產經營│
                 │      │      │      │方針的調整 │
                 └──────┴──────┴──────┴──────┘

┌──────────────── 2018年 ────────────────┬─2018年─┐
│2月│3月│4月│5月│6月│7月│8月│9月│10月│11月│12月│  1月   │
└──┴──┴──┴──┴──┴──┴──┴──┴──┴──┴──┴────┘
```

圖 6-2

企業採用滾動預算，其理由在於：

（1）企業的生產經營活動是延續不斷的，因此，企業的預算也應該全面反應這一延續不斷的過程，使預算方法與生產經營活動過程相適應。

（2）企業應根據目前的事項推斷未來。企業生產經營活動是複雜的，隨著時間的變遷，它將產生各種難以預料的變化，並且，人們對未來客觀事物的認識也是由粗到細，由簡單到具體的過程。

滾動預算之所以在短期內能夠推廣應用，這是由它的諸多優點所決定的，其優點主要表現在：

（1）保持預算的完整性和繼起性，從動態預算中把握企業的未來。

（2）能使各級管理人員始終保持對未來一定時期（月、季、年）的生產經營活動做周詳的考慮和全盤規劃，保證企業的各項工作有條不紊地進行。

（3）便於外界（如銀行、稅務、投資者等）對企業經營狀況的一貫瞭解。

（4）由於預算不斷調整和修訂，因而預算與實際情況更相適應，有利於充分發揮預算的指導和控制作用。當然，採用滾動預算的方法，預算編製工作的頻率較傳統方式有所增多。

思考題

1. 什麼是預算？如何看待預算與計劃的關係？
2. 預算有哪些主要作用？
3. 預算可以按不同標準劃分為哪些類型？
4. 預算編製應遵循哪些基本原則？如何表述預算的編製程序？

5. 什麼是全面預算？全面預算的內容體系包括哪三大部分？

6. 什麼是固定預算？固定預算的主要特點是什麼？固定預算有哪些主要優點和局限？

7. 什麼是彈性預算？彈性預算的主要特點是什麼？彈性預算的編製有哪些具體方法？彈性預算有哪些主要優點和局限？

8. 什麼是增量（減量）預算？增量（減量）預算的主要特點是什麼？增量（減量）預算有哪些主要優點和局限？

9. 什麼是零基預算？零基預算的主要特點是什麼？零基預算是怎樣具體編製的？零基預算有哪些主要優點和局限？

10. 什麼是概率預算和滾動預算？

計算題

習題一

一、目的：練習全面預算中的生產預算的編製。

二、資料：A公司採用以銷定產的方式，2017年下半年的銷售數量預測如下表：

月份	7	8	9	10	11	12
預計銷售量（臺）	20,000	40,000	30,000	35,000	40,000	50,000

另外，2018年1月的銷售數量預測為65,000臺，2017年6月存貨為4,000臺，每月期末存貨預計為下月銷售量的20%。

三、要求：確定7—12月的生產量預算。

習題二

一、目的：練習全面預算中銷售預算現金收入部分的編製。

二、資料：B公司2017年第二季度的銷售預測如下：4月份300萬元；5月份280萬元；6月份380萬元。2017年第一季度2月份銷售額310萬元，3月份銷售額360萬元。公司每月銷售額在當月收現60%，在第二個月收現30%。在第三個月收現10%。

三、要求：編製公司2017年第二季度現金收入明細預算。

習題三

一、目的：練習全面預算中的現金預算的編製。

二、資料：C企業2017年現金預算如下表所示。假定企業發生現金餘缺均由歸還或取得流動資金借款解決，且流動資金借款利息可以忽略不計。除表中所列項目

外，企業沒有有價證券，也沒有發生其他現金收支業務。預計 2017 年年末流動負債為 5,000 萬元，需要保證的年末現金比率為 30%。

現金預算 單位：萬元

項　　目	第一季度	第二季度	第三季度	第四季度
期初現金餘額	2,000			1,200
本期現金收入	20,000	25,000	E	23,000
本期現金支出	15,000	C	18,000	26,000
現金餘缺	A	800	2,200	G
資金籌措與運用	-1,000	800	F	I
取得流動資金借款		800		
歸還流動資金借款	-1,000			
期末現金餘額	B	D	1,200	H

三、要求：
根據所列資料，計算填列表中用字母表示的項目。

習題四

一、目的：練習彈性預算（公式法）的編製。

二、資料：D 公司預計 2017 年的生產量為 50,000 件，一次所編製的 2017 年的製造費用預算（固定預算）如下表：

D 公司製造費用預算
2017 年　　　　　　　　　單位：元

間接材料	400,000
間接人工	600,000
維修費	750,000
動力費	650,000
油料費	800,000
折舊費	1,200,000
保險費	200,000
車間差旅和辦公費	450,000
車間管理人員工資	1,050,000
合　　計	6,100,000

經分析：間接材料和間接人工為變動成本，折舊費、保險費、車間差旅和辦公費、車間管理人員工資為固定成本，維修費、動力費和油料費為混合成本（三項混合成本中的固定成本分別為 200,000 元、100,000 元和 150,000 元）。

三、要求：根據所列資料，採用公式法編製該公司 2017 年度的彈性預算。

習題五

一、目的：練習彈性預算執行情況報告的編製。

二、資料：依據習題四，D 公司 2017 年實際生產量為 65,000 件，各項製造費用實際發生額如下表：

間接材料（件）	650,000
間接人工（元）	720,000
維修費（元）	885,000
動力費（元）	840,000
油料費（元）	1,020,000
折舊費（元）	1,200,000
保險費（元）	220,000
車間差旅和辦公費（元）	490,000
車間管理人員工資（元）	980,000
合計（元）	7,005,000

三、要求：根據所列資料，按照彈性預算對 D 公司 2017 年的製造費用編製執行情況報告。

第七章
標準成本系統

學習要點

　　標準成本是成本控制及其業務考核的基礎，制定標準成本有助於明確成本管理的目標值，並便於成本的考核和分析。

　　標準成本是在事先經過調查研究、技術測定與分析而制定的，在企業目前的生產技術水準和生產經營條件下應發生的成本。

　　本章主要對標準成本系統進行簡要介紹，並分別對直接材料標準成本、直接人工標準成本和製造費用標準成本的制定方法逐一介紹。本章的重點內容是對標準成本差異的計算與分析，並進行合理的帳務處理，從而找出產生差異的直接原因並進行有效控制。

第一節　標準成本系統概述

　　19世紀末至20世紀初，世界各主要發達國家的經濟開始由自由競爭向壟斷競爭發展，企業規模不斷擴大，大公司、大財團迅速發展。這一客觀實際狀況使許多企業家逐漸意識到：預計成本比根據歷史資料匯總的實際成本更為有用。1904年，標準成本會計的先行者H. 埃默森首次在美國鐵路公司中運用了類似於標準成本的一些做法，之後，美國會計學家丁·惠特曼於1908年在美國紐約大學所做的「制鞋工廠的成本計算」講學中，明確提出了「標準成本」（Standard Cost）這一概念。時隔不久，被譽為「現代標準成本會計之父」的美國會計學家G. C. 哈里遜於1911—1920年設計出了世界上第一套完整的標準成本系統。經過以後幾十年的實踐，標準成本會計不斷得到豐富和完善，成為當今世界各發達國家企業廣泛採用的成本控制方法。標準成本系統之所以能在20世紀20年代的美國出現，除了客觀現實的需要外，也同當時盛行的泰羅制科學管理緊密相關。泰羅制強調提高效率，運用時間動作研究，制定工作標準，作為對實際工作評價和考核的根據。這些要求，對標準成本內容體系建立影響甚深。

一、現代成本會計制度分類

西方企業的成本費用一般可以分為三類：一是製造成本，二是銷售費用，三是一般行政管理費用。三類中的第一類稱為製造成本，它是發生在產品的製造領域內，與產品生產密切相關，為生產產品而發生的支出，具體包括直接材料、直接人工和製造費用三項。在管理會計中，把製造費用按成本特性劃分為變動製造費用和固定製造費用兩種，前者屬於變動成本，後者則歸為固定成本。至於直接材料和直接人工，都應歸入變動成本。製造成本是產品成本的主要構成部分，它的高低將直接影響企業當期的銷售成本水準，也決定著企業當期損益的大小。因此，對製造成本的控制一直是會計核算、成本控制乃至整個企業管理工作的重心之一。

按照成本核算與管理的要求，現代成本會計可以劃分為三類：實際成本會計、正常成本會計和標準成本會計。

實際成本會計是指產品生產成本（製造成本）完全根據各項目的實際發生數額來計算的一種成本會計制度。其運作的基本流程如圖7-1所示。

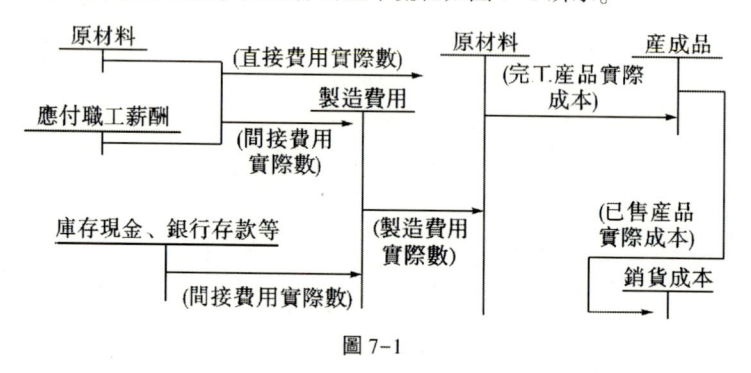

圖7-1

根據圖7-1，實際成本會計所計算的產品成本為實際成本。這種成本會計制度的最大優點在於：產品實際成本是財務會計中的一項重要數據，可據以確定產品價格、對存貨進行計價、計算銷貨成本，並最終編製出反應企業財務狀況和經營成果的會計報表。但就管理而言，實際成本會計也有其局限性。首先，採用這種方法，只能在期末結算和分配實際的製造費用，如果在期初或期中已有一批產品完工，就無法計算其全部實際成本，若延至期末計算，就使成本資料失去時效。其次，實際發生的製造費用中，有一部分屬於固定成本，每期金額基本相同，如果各期產量不同，則分配到單位產品上的固定成本就各不相同，特別是受季節影響的企業，單位產品成本波動就較大，這種波動對於計算存貨價值、確定各期損益、進行成本控制等工作都是不利的。

正常成本會計也是一種實際成本會計，它計算的產品成本也是實際成本。它與實際成本會計的主要差異在於：它使用一個「預計製造費用分配率」來分配產品應分攤的製造費用。預計分攤的製造費用與實際發生的製造費用之間有一個差額，這個差額在期末出現時，一般不再進行分配，而是直接進入本期的銷貨成本。正常成本會計的成本核算流程圖如圖7-2所示。

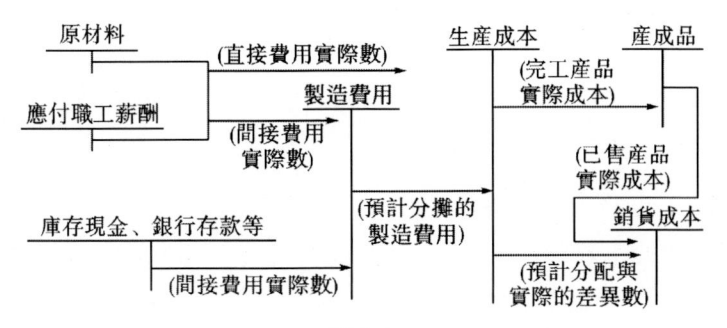

```
原材料 ──┐
         ├──(直接費用實際數)──┐    生產成本         產成品
應付職工薪酬 ┤       製造費用 ─┤    ├──(完工產品實際成本)──┤
             └(間接費用實際數)─┤    │                      │
                               │    │      (已售產品實際成本)
庫存現金、銀行存款等 ──┐       │    └──銷貨成本
                        ├─(預計分攤的製造費用)
                        └(間接費用實際數)   (預計分配與實際的差異數)
```

圖 7-2

從正常成本會計的做法中不難發現，它不僅具有實際成本會計下的優點，同時，由於製造費用平時按「預計製造費用分配率」計算分攤完工產品應負擔的製造費用，故可加快成本核算速度，提高成本核算的時效，同時也防止了因季節性產量波動對產品成本的影響。但是，由於在正常成本會計下所計算的成本仍然是實際成本，這就不可避免地存在一些局限性，即只能是事後算帳，無法起到事前預測、決策和事中控制的積極作用。

標準成本會計的出現，正好彌補了實際成本會計和正常成本會計所存在的單純事後算帳的局限，使企業對成本的管理、控制不僅體現在事後，而且延伸至事中、事前，實施全方位的立體控制。

二、標準成本系統

為了保證實現企業未來一定期間的經營目標，不斷降低成本耗費，加強成本控制，應在科學決策的基礎上，制定企業的全面經營預算，搞好成本管理。成本的有效控制取決於能否科學地開展事前的成本預測、事中的成本控制和事後的成本考核評價。標準成本系統（又稱標準成本會計）是指將事先制定的標準成本與實際成本相比較，揭示實際成本脫離標準成本的差異，並對差異進行分析從而加強成本控制的會計信息系統。因此，一套完整的標準成本系統的基本內容應當包括以下三大方面：

（一）制定標準成本

在生產經營活動開始之前，在對影響成本的經濟活動進行科學的預測和決策基礎上，制定出每一種產品所要發生的直接材料、直接人工和製造費用的標準數，以此作為今後控制實際支出的目標。它屬於事前控制的範疇。

（二）差異計算與分析

它是指通過會計核算，記錄一定時期生產產品所發生的實際成本數，然後將實際數與事前制定的標準數相對比，計算出各項目的差異數，並在此基礎上，對每一項差異的性質和產生原因做深入的分析，從而判明差異責任承擔者，作為事後考核與評價的依據。這屬於事中和事後控制的範疇。

（三）差異的帳務處理

一個完整的標準成本會計，應建立一套完善的會計核算系統，在這個系統內，

不僅要記錄每種產品各項目的標準成本數，同時還要將第二步所計算出的成本差異數按照一定的方式記入有關帳戶內。差異記錄的作用主要在於：一方面使管理者瞭解各自所負責的差異的性質及其數額大小；另一方面可以在一定時期結束時將標準數與差異數結合，從而確定產品的實際銷售成本，為正確計算損益提供符合實際的成本數據。

標準成本系統會計核算流程（帳務處理）如圖7-3所示。

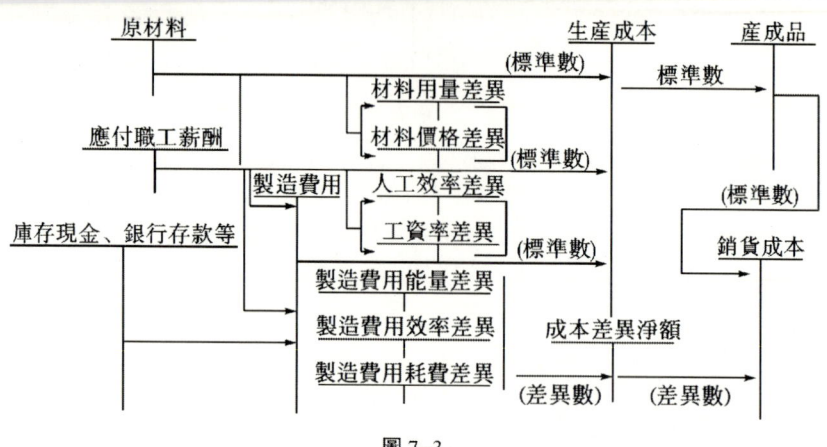

```
原材料 ──────────────→ 生產成本 ──────────→ 產成品
                       (標準數)    標準數
         ┌→ 材料用量差異 ┐
         └→ 材料價格差異 ┘ (標準數)
應付職工薪酬 ──────────────────────────
         ┌→ 製造費用 ┐
         │  人工效率差異                    (標準數)
         └  工資率差異 ┘ (標準數)         銷貨成本
庫存現金、銀行存款等 ─────
         ┌→ 製造費用能量差異
         │  製造費用效率差異    成本差異淨額
         └  製造費用耗費差異
                       (差異數)   (差異數)
```

圖7-3

三、標準成本系統的優越性

標準成本系統是正常成本會計的進一步發展。它在生產經營活動發生之前，就對構成每單位產品成本的直接材料、直接人工和製造費用，通過預計，以科學的程序制定出每一單位產品允許耗用的成本標準，然後以實際耗用數與之比較，從而計算出差異，並通過對差異的分析，查明原因和責任，採取措施，實現對成本的管理控制。因而，標準成本會計不是一種單純的成本計算方法，而是成本計劃、成本核算和成本控制的有機結合。企業既可以按全部成本法來建立標準成本系統，也可以按變動成本法來建立標準成本會計，它的應用範圍比較廣泛。在現代企業成本控制、企業管理中，標準成本會計越來越顯示出它明顯的優越性：

（1）標準成本是一種目標成本，是職工應當努力完成的目標任務，如果把標準成本和考核業績結合起來，可以起到激勵作用。

（2）標準成本是控制的依據，在生產過程中，隨時可以將標準成本同實際成本比較，發現差異，即可採取改進措施，具體實現「按例外進行管理」的原則，收到控制的效果。

（3）標準成本是考核的尺度，標準成本應用於責任會計中，能有效地評價和考核各個責任中心的經營管理工作質量和成果，是進行業績評價的重要依據。

（4）標準成本是企業經營決策的參考。由於標準成本是預計合理的、並且能達到的成本水準，因而可以廣泛運用於企業短期經營決策，為定價決策、成本決策、生產決策提供參考。

（5）在標準成本系統下，用預計數計算產品成本，只在期終調整差異，可以簡化帳務處理，並可及時計算出產品成本，有利於在複雜多變的市場形勢下，加強競爭能力。

第二節　標準成本的制定

在企業中建立標準成本會計，首先就要正確合理地制定出標準成本，這是標準成本會計系統的第一步，它的好壞直接影響到以後的各環節。這裡，首先應明確的是：標準和預算是兩個不同的概念，但是在實際工作中往往容易混淆。預算和標準涉及的範圍不同，預算是企業全部計劃的數量總額反應，預算與企業全部活動有關，而標準則是以每一單位產品為根據所提出的預計成本指標。所以，標準是一個單位概念，預算是一個總括概念。也可以說，標準成本就是單位產品成本預算。

一、標準成本的概念

標準成本是事先經過調查研究、技術測定和分析而制定的，在目前生產技術水準和正常生產經營的條件下生產某產品應發生的成本，所以又稱為應該成本。

標準成本作為控制成本開支、衡量實際成本水準、評價工作成績的尺度，具有以下特點：

（一）科學性

標準成本是經過調查研究後，根據實際情況，採用科學的方法制定的，因此，具有科學性。

（二）正常性

所制定的標準成本是企業在正常生產技術水準條件下應該達到的成本水準，故標準成本亦稱為「應該發生的成本」。

（三）相對穩定性

標準成本一經制定，不可經常更改，只要標準成本的制定依據（即企業的生產技術條件和經營條件）未發生大的變動，標準成本就應保持相對穩定，以利於實際貫徹和評價考核。

二、標準成本的分類

西方會計學界對於應當制定怎樣的標準成本眾說紛紜，他們提出了許多不同的標準成本觀念。其中，通常提到的標準成本一般有以下三種：

（一）基本的標準成本

基本的標準成本，又稱為靜態的標準成本或固定的標準成本，它是指以某一時期（這裡的時期通常為年）的成本為基礎來制定標準成本。制定後一般多年保持不變，以後每年都將當年的實際數與這種標準成本進行對比，計算出差異並根據差異對有關部門進行考核與評價。

採用這種方式制定標準成本，優點在於標準成本制定較少重複進行，故工作量較輕。缺點在於，由於這種標準成本一經制定多年不變，時間一長，隨著產品生產技術和企業經營條件等發生變化，這種標準將顯得陳舊過時，再用它去評價和考核，其結果就幾乎毫無意義。因此，這種標準成本在實際中較少採用。

(二) 理想的標準成本

它是指在採用最新先進技術設備，擁有最佳生產經營環境，工時、設備利用和原材料供應都不會出現低效和浪費情況的前提下所確定的標準成本。

這種標準成本只是一種理論上的標準成本，實際上是幾乎無法達到的。有些管理人員認為，這種標準成本可以向職工提供一個心理上的生產經營目標，可以起到積極作用。而實際上，由於無人能達到這種標準，因此，它形同虛設，等於沒有標準。故這種標準成本企業一般不採用。

(三) 正常的標準成本

這是根據企業現有生產技術水準和正常的生產經營條件所制定的標準成本。這種標準成本對於企業職工來講，經過努力是可以達到的。在制定標準時考慮了正常的損耗、檢修、閒置等低效因素以及不可避免的損失，實現這種標準既非輕而易舉，又非高不可攀。當生產技術和經營條件發生變化時應及時修訂。標準成本會計中所採用的標準成本一般是正常的標準成本。

三、標準成本的制定

進行標準成本會計工作，首先要制定標準成本，為以後的差異計算分析等提供目標和依據。

(一) 標準成本制定的一般方法

西方企業的標準成本會計一般只針對產品生產成本中的直接材料、直接人工和製造費用三大項目進行，至於公司管理部門、銷售部門所發生的管理費用、銷售費用，則採用編製費用預算的方式進行控制，一般不對其制定標準成本。在制定標準成本時，儘管三大項目具體內容、性質不同，但它們的基本形式相同，都是以「數量標準」乘以「價格標準」構成的。公式為：

單位標準成本＝單位產品耗用數量標準×單位產品價格標準

公式表明，要制定三大項目中任何一個項目的標準數，都必須從數量標準和價格標準兩方面進行，最後合併而得之。它們的制定，都要遵循「正常的標準成本」要求，從實際出發，對企業的生產技術和經營條件做出通盤考慮再行制定。一般來說，對於數量標準，主要應由工程技術部門研究決定，通常採用「工程估計法」「時間與動作研究」等來確定每單位產品或每一工時需要的數量。對於價格標準，主要應由會計部門會同有關採購、工程技術、銷售、人事或工會等部門共同制定，最後由企業管理當局審批同意後執行。

(二) 直接材料標準成本

直接材料標準成本是指生產單位產品應耗用材料成本的標準數，包括直接材料數量標準和直接材料價格標準。制定方法為：

（1）數量標準。數量標準指在現有的生產技術條件下生產單位產品應耗用的材料數量，包括正常的耗用數量、必要的損耗、不可避免的廢品損失等。如果同時耗用多種材料，應分別按各種材料制定。

（2）價格標準。價格標準由採購部門與財會部門共同根據材料供貨單位價格與運輸距離、方式等因素加以確定，一般包括買價、運雜費、正常損耗等。同樣，如果為多種材料，應按每一種材料分別確定。

當分別確定了材料的數量標準和價格標準後，就可以按下列公式制定直接材料的標準成本：

直接材料標準成本＝材料標準單耗×材料標準單價

【實例一】假定躍華公司生產 A 產品僅需一種甲材料，經過工程技術人員測算，每生產單位 A 產品正常耗用甲材料 2.1 噸，生產過程允許損耗 0.2 噸，允許廢品損失報廢 0.2 噸。甲材料系外購取得，外購單價預計為每噸 40 元，運輸費為每噸 8 元，裝卸及搬運費為每噸 2 元。

則生產單位 A 產品耗用甲材料的標準成本制定如下：

材料標準單耗＝2.1+0.2+0.2＝2.5（噸）

材料標準單價＝40+8+2＝60（元）

A 產品標準材料成本＝2.5 噸×60 元＝125（元）

（三）直接人工標準成本

直接人工標準成本是指每生產單位產品所耗用的人工成本標準數，它包括直接人工效率標準（數量標準）和直接人工工資率標準（價格標準）兩部分。制定方法為：

（1）數量標準。數量標準是指生產單位產品所需要的工作時間，由生產技術部門根據歷史資料或通過技術測定方式來確定，一般包括對產品直接加工所用的時間、必要的間歇和停工時間以及在不可避免的廢品上耗費的時間等。實際制定時先按產品的加工步驟分別計算，然後再按產品分別加以匯總。

（2）價格標準。如果企業實行計時工資制，它就是每一工時應分配的標準工資。如果企業實行計件工資制，它就是每一工時的標準計件單價。在西方企業，人工價格一般由廠方與工會協商簽訂合同，按合同執行，在合同期內，變化是不大的。

當分別確定了直接人工效率標準和直接人工工資率標準後，應可按下列公式確定直接人工標準成本：

直接人工標準成本＝直接人工效率標準×直接人工工資率標準

＝標準工時單耗×標準工資率

【實例二】依照實例一，假定躍華公司生產 A 產品，經技術測定，每件基本生產時間為 30 小時，允許休息時間為 2 小時，必要的整理時間為 1 小時，允許停工時間為 2 小時，允許的廢品時間為 3 小時。每小時人均基本工資為 10 元，補貼為 5 元。則生產 A 產品的標準人工成本制定如下：

標準工時單耗＝30+2+1+2+3＝38（小時）

標準工資率＝10+5＝15（元/小時）

A 產品標準人工成本 = 38 小時 × 15 元 = 570（元）

（四）製造費用標準成本

製造費用是指某產品在生產（製造）過程中發生的，除直接材料和直接人工以外的其他有關費用。對單位產品製造費用制定標準成本，應當注意的是：

（1）要將製造費用各項目按它們與生產能量的關係劃分為變動製造費用和固定製造費用兩大類。變動製造費用是因本期製造產品而引起的費用，其總額隨生產量變動而呈正比例變動，例如，生產過程中耗用的某些燃料、動力、輔助材料等。固定製造費用是維持一定生產能量而發生的費用，其總額並不隨本期生產量的變動而變動，例如，車間管理人員工資、固定資產折舊費等。此外，若有混合性製造費用，則應採用適當的方法將其分解為變動與固定兩部分。

（2）確定製造費用各項目的預算數。由於製造費用是一個綜合性項目，包括了許多明細項目，因此，直接給每一單位產品制定出製造費用各個項目的標準成本是不切實際的，故一般在每個會計期開始之前，根據計劃期間的預計生產量確定製造費用各項目的預算數，通過彈性預算方式加以確定。

（3）制定單位產品製造費用的標準成本。與直接材料和直接人工一樣，製造費用也必須從兩個方面加以確定：①數量標準。這是指生產單位產品需耗用的直接人工小時（或機器小時），這與確定直接人工的數量標準一樣，製造費用的數量標準也是由生產技術部門根據歷史資料或通過技術測定來確定。②價格標準。這是指製造費用的分配率標準，即單位生產能量應負擔的固定製造費用或變動製造費用標準。它由兩個因素決定：一是「計劃生產能量」，這是指企業在充分利用現有生產能力後預算期可達到的最高生產量；二是「製造費用預算」，在預算年度開始前分別按固定製造費用和變動製造費用編製。

單位產品製造費用（包括固定製造費和變動製造費）標準成本制定步驟如下：

（1）在會計年度開始之前，預測全年的製造費用需用量，然後，按照變動製造費用和固定製造費用分別編製全年的製造費用預算。

（2）預計企業全年的計劃生產能量。由於企業一般生產多種產品，生產能量若以實物量表示就無法綜合統計，因此，一般都以直接人工小時或機器小時表示。

（3）在上述兩步基礎上，分別計算變動製造費用和固定製造費用的標準分配率（即價格標準）。公式為：

$$變動（固定）製造費用分配率 = \frac{全年變動（固定）製造費用預算總額}{全年計劃生產能量}$$

（4）制定單位產品變動製造費用和固定製造費用的標準成本。公式為：

變動（固定）製造費用標準成本 ＝ 標準工時單耗 × 變動（固定）製造費用標準分配率

【實例三】依照實例二，假定躍華公司在現有生產能力充分發揮的條件下，預算期全年計劃生產 A 產品的生產能量為 16,500 工時，生產 A 產品單位標準工時為 38 小時。公司預計全年將發生製造費用總額為 107,250 元。制定 A 產品製造費用標準成本如下：

第一，經過分析，全年預計製造費用總額 107,250 元中，變動製造費用總額為 24,750 元，固定製造費總額為 82,500 元。

第二，全年 A 產品計劃生產能量為 16,500 工時。

第三，變動製造費用和固定製造費用的分配率（價格標準）計算如下：

變動製造費用標準分配率＝82,500÷16,500＝5（元／小時）

固定製造費用標準分配率＝24,750÷16,500＝1.5（元／小時）

第四，單位 A 產品製造費用（變動和固定）的標準成本為：

A 產品變動製造費用標準成本＝38 小時×5 元＝190（元）

A 產品固定製造費用標準成本＝26 小時×1.5 元＝57（元）

（五）單位產品標準成本的制定

在分別對直接材料、直接人工和製造費用制定出標準成本後，將它們加以匯總，就形成了單位產品的標準成本。但必須注意，產品的標準成本在採用不同的成本計算方法的情況下，其內涵是有差別的，以公式表現如下：

$$\text{全部成本法下產品標準成本} = \text{直接材料標準成本} + \text{直接人工標準成本} + \text{變動製造費用標準成本} + \text{固定製造費用標準成本}$$

$$\text{變動成本法下產品標準成本} = \text{直接材料標準成本} + \text{直接人工標準成本} + \text{變動製造費用標準成本}$$

產品的標準成本通常是以填製「標準成本卡」的形式來制定的。它既是單位成本預算，又是單位產品標準成本。在生產活動開始前一式數份，分送給有關部門，作為領料、派工、支付費用等的參考。

【實例四】躍華公司根據各項目的標準成本，採用全部成本法，編製出生產 A 產品的單位成本預算（標準成本卡），參見表 7-1（假定生產 A 產品只需經過一道工序）。

需要注意的是，此例是假定 A 產品的生產只需一道工序即可完成。如果實際工作中，產品的生產須經過兩道或兩道以上的工序才能完工，則在制定標準成本卡時，還須反應出在每道工序上各項目的耗用標準。這樣，對於各部門進行成本控制就非常方便。

表 7-1　　　　　　　　　　　標準成本卡

（A 產品）　　　　　　制定日期：××年×月×日

項目	數量標準	價格標準（元）	標準成本（元）
直接材料	2.5 噸	50	125
直接人工	38 小時	15	570
變動製造費用	38 小時	5	190
固定製造費用	38 小時	1.5	57
合計	/	/	942

第三節　成本差異的計算與分析

　　企業在產品生產之前，經過周密分析計算確定單位產品的標準成本，並以「標準成本卡」的形式下達到各個生產部門，作為日常支出控制的參考。但是，實際的生產經營活動與制定標準成本時考慮的因素總是有差異的，這就會造成實際成本與標準成本不一致，出現成本差異。建立標準成本會計系統，就要對出現的差異進行計算和深入的分析，為控制成本指明方向。

一、例外管理原則

　　例外管理原則是企業對經營活動進行日常控制的一項管理原則，它要求企業的管理人員將注意力集中於未能符合預算或標準的一些重要的「例外事項」上。這一原則也可運用於標準成本會計的成本差異計算與分析。

　　按例外管理原則進行成本日常控制，要求通過對各種成本差異進行計算、分析與研究，從中發現問題，挖掘降低成本的潛力，提出改進工作或糾正缺點的具體措施。實際工作中，企業日常出現的成本差異，往往頭緒紛繁，為提高成本控制的工作效率，管理人員就不應把精力和時間分散在全部成本差異上，而是應該突出重點，把注意力集中到那些屬於不正常的、不符合常規的關鍵性差異（即「例外」）上，對它們要追根溯源，查明發生的原因，並及時反饋給有關責任中心，迅速採取措施進行控制，而對其他的細小差異則不必花費太大的精力。在西方企業中，確定「例外」的標準一般有以下幾條：

（一）重要性

　　這是指對於任何成本差異，只要其相對量或絕對量超過規定界限即可認為屬於例外，應當引起管理當局的重視。這種界限要視企業的具體情況而定。例如，規定凡實際成本與預算（或標準）成本金額相差10%以上或相差5,000元以上者，均屬於重要的差異。這裡所說的差異，既包括有利差異，又包括不利差異。對有利差異一概肯定是沒有道理的，因為在企業中某一責任中心的有利差異，可能給另一個責任中心帶來不利影響；有時造成有利差異的因素在較長時間內會對企業產生不良後果。確定重要性差異，不僅要看相對量，還要看絕對量。常有一些成本項目，雖然僅有5%的差異，但對利潤的影響程度或許會超過差異為20%的成本項目。因此，用絕對量來補充相對量指標才可較全面地掌握和認識重要性差異。

（二）一貫性

　　這是指一項差異的相對量和絕對量雖然未超過規定的範圍，但它經常與這個範圍很接近，也應引起企業管理當局的重視。因為這類差異的頻繁出現，可能表明成本預算或標準業已過時，也可能表明該項成本長期失控，應當加強業已鬆弛的成本管理。管理人員有必要查明原因，採取措施。西方國家一些小企業規定：任何一項差異，持續一個星期超過50元，或持續三個星期超過30元，均可視為例外。

（三）可控性

可控性是指管理人員可以控制的內容。在實際工作中，有些是管理人員無法控制的成本項目，這樣，即使發生重要性的差異，也不應視為例外。例如，由於稅率或水、電、氣等收費標準的變動而發生金額較大的差異，管理人員無須加以追查，因為這不是企業所能控制的。

（四）特殊性

這是指對於企業的長期獲利能力有舉足輕重影響的項目，即使其差異沒有達到重要性的程度，也應視為例外，對其加以高度重視。例如，固定資產的維修費，如果片面追求節約，在短期內可能降低成本，形成有利差異。但正因為維修不足，使固定資產（尤其是機器設備）帶病運轉，可能造成未來的停工損失，以及因生產能力及工作效率的降低而引起收益的減少。這些損失往往比節約的維修費數額要大得多。因此，必須引起管理人員的重視。

二、成本差異計算與分析原理

成本差異是由種種原因造成的產品的實際成本與預定的標準成本之間的差額。成本差異包括直接材料成本差異、直接人工成本差異和製造費用差異三個部分。製造費用差異又可分為變動製造費用差異和固定製造費用差異兩部分。成本差異計算與分析就是要將上述四大項目實際與標準的差額數額計算出來，並深入分析差異產生的原因和責任歸屬，為控制差異指明方向。實際成本超過標準成本的差異稱為不利差異（用 U 表示），用正數表示；實際成本低於標準成本的差異稱為有利差異（用 F 表示），用負數表示。

【實例五】假定躍華公司本月實際生產 A 產品 400 件，其實際單位成本與總成本參見表 7-2，結合實例四的標準成本數據，編製出成本差異表，參見表 7-3。

表 7-2　　　　　　　　實際成本表（A 產品）　　　　完工數量：400 件

項目	單位數量	單位價格	單位成本	總成本
直接材料	2 噸	55	110	44,000
直接人工	40 小時	13	520	208,000
變動製造費用	40 小時	4.5	180	72,000
固定製造費用	40 小時	1.8	72	28,800
合計	/	/	602	352,800

表 7-3　　　　　　　　成本差異表（A 產品）　　　　完工數量：400 件

項目	標準成本（元）	實際成本（元）	成本差異（元）
直接材料	50,000	44,000	6,000（F）
直接人工	228,000	208,000	20,000（F）
變動製造費用	76,000	72,000	4,000（F）
固定製造費用	22,800	28,800	6,000（U）
合計	376,800	352,800	24,000（F）

表 7-3 表明，躍華公司本月成本總額出現了有利差異 24,000 元。從各項目來看，主要是直接材料有利差異 6,000 元，直接人工有利差異 20,000 元和變動製造費用有利差異 4,000 元造成的，而同時，固定製造費用出現了 6,000 元的不利差異。

對於企業管理當局來說，差異是一種信號，反應出企業在各方面取得的成績或存在的問題。要弄清差異產生的原因，還必須對差異進行進一步的計算。儘管直接材料、直接人工、製造費用具有的差異各有特點，但都可以把它們的具體差異歸結為「價格差異」與「數量差異」兩大類，每類差異的計算原理和方法基本相同。為了掌握各類差異的具體計算，我們可以將成本差異的通用模式歸納如下：

① 實際價格×實際數量
② 標準價格×實際數量
③ 標準價格×標準數量

價格差異＝①－②
　　　　＝實際價格×實際數量－標準價格×實際數量
　　　　＝（實際價格－標準價格）×實際數量

數量差異＝②－③
　　　　＝標準價格×實際數量－標準價格×標準數量
　　　　＝（實際數量－標準數量）×標準價格

總差異＝①－③
　　　＝實際價格×實際數量－標準價格×標準數量
　　　＝價格差異＋數量差異

通過上述差異計算的通用模式可以看出，差異計算分析的做法是：價格差異的計算是建立在實際數量基礎之上的，數量差異的計算是建立在標準價格基礎之上的。

三、各成本項目差異的計算與分析

（一）直接材料成本差異

直接材料成本差異是一定產品產量的直接材料實際成本與標準成本之間的差額。由於直接材料成本的標準包括價格標準和數量標準，因此，直接材料成本差異也由材料價格差異與材料用量差異兩部分構成。根據成本差異的通用計算模式，可以演變出直接材料成本差異計算公式如下：

材料價格差異＝（實際單價×實際用量）－（標準單價×實際用量）
　　　　　　＝（實際單價－標準單價）×實際用量

材料用量差異＝（標準單價×實際用量）－（標準單價×標準用量）
　　　　　　＝（實際用量－標準用量）×標準單價

材料成本總差異＝（實際單價×實際用量）－（標準單價×標準用量）
　　　　　　　＝材料價格差異＋材料用量差異

【實例六】根據實例四和實例五的資料，躍華公司生產 A 產品耗用甲材料的成本差異計算如下：

材料價格差異＝（55－50）×400×2＝4,000 元（不利差異）

材料用量差異＝（400×2-500×2.5）×5＝-10,000 元（有利差異）
材料成本總差異＝44,000-50,000
　　　　　　　＝4,000+（-10,000）
　　　　　　　＝-6,000 元（有利差異）

實際工作中，企業生產產品消耗的直接材料也不止一種，那麼，就要將產品消耗的各種材料按上述方式分別進行成本差異計算，然後再加以匯總。這一問題將在本章第五節中加以介紹。

（二）直接人工成本差異

直接人工成本差異是一定產量的直接人工實際成本與標準成本之間的差額。由於直接人工成本的標準包括價格標準和數量標準，因此，直接人工成本差異也由工資率差異（價格差異）和人工效率差異（數量差異）兩部分構成。根據成本差異的通用計算模式，可以演變出直接人工成本差異計算公式如下：

工資率差異＝（實際工資率×實際工時）－（標準工資率×實際工時）
　　　　　＝（實際工資率-標準工資率）× 實際工時
工人效率差異＝（標準工資率×實際工時）－（標準工資率×標準工時）
　　　　　　＝（實際工時-標準工時）× 標準工資率
材料成本總差異＝（實際工資率×實際工時）－（標準工資率×標準工時）
　　　　　　　＝工人工資率差異 ＋ 工人效率差異

【實例七】根據實例四和實例五的資料，躍華公司生產 A 產品耗用直接人工的成本差異計算如下：

工資率差異＝（13-15）×400×40＝-32,000 元（有利差異）
人工效率差異＝（400×40-400×38）×15＝12,000 元（不利差異）
人工成本總差異＝208,000-228,000
　　　　　　　＝-3,200+12,000
　　　　　　　＝-20,000 元（有利差異）

實際工作中，產品從投料到完工需要不同工種、不同熟練程度等級的工人加工，其工資率是不相同的，這就必須按不同等級人工進行成本差異分析，再進行匯總。這一問題將在本章第五節中加以介紹。

（三）變動製造費用差異

變動製造費用差異是一定產量的實際變動製造費用與標準變動製造費用之間的差額。變動製造費用的標準與直接材料、直接人工一樣，也是由價格標準和數量標準兩部分構成的。因而，變動製造費用的差異也是由價格差異和數量差異兩方面合計而得的。其中，變動製造費用的價格差異又稱為變動製造費用開支差異，變動製造費用的數量差異又稱為變動製造費用效率差異。根據差異計算的通用模式，可以演變出變動製造費用差異計算公式如下：

變動製造費用開支差異＝（實際分配率-標準分配率）× 實際工時
變動製造費用效率差異＝（實際工時-標準工時）× 標準分配率

變動製造費用總差異＝（實際分配率×實際工時）－（標準分配率×標準工時）
　　　　　　　　＝變動製造費用開支費用＋變動製造費用效率差異

【實例八】據實例四和實例五的資料，躍華公司生產 A 產品耗用變動製造費用的差異計算如下：

變動製造費用開支差異＝（4.5-5）×400×40＝-8,000 元（有利差異）
變動製造費用效率差異＝（400×40-400×38）×5＝4,000 元（不利差異）
變動製造費用總差異＝72,000－76,000
　　　　　　　　　＝-8,000+4,000
　　　　　　　　　＝-4,000 元（有利差異）

（四）固定製造費用差異

固定製造費用差異是一定期間的實際固定製造費用與標準固定製造費用之間的差額。固定製造費用差異仍然由價格差異和數量差異兩方面構成。在具體計算時，方法有兩種：一是將固定製造費用差異分為開支差異（價格差異）和能量差異（數量差異）；二是將固定製造費用差異分為開支差異（價格差異）、能量差異（數量差異）和效率差異（數量差異）三部分。本書按第二種方式對固定製造費用差異進行計算。

固定製造費用的開支差異反應的是固定製造費用實際開支與預算開支間的差異；固定製造費用能量差異是由生產總能量實際與計劃之間的差異造成的；固定製造費用效率差異反應的是由單位生產時間（效率）變動所造成的差異。對固定製造費用進行差異計算，之所以不能像變動製造費用那樣簡單區分為「效率差異」和「開支差異」，而必須涉及「能量差異」，是因為固定製造費用開支的性質是與生產能力的形成和正常維護相聯繫的。生產活動水準在一定範圍內發生變動，並不會對固定製造費用的數額產生多大影響。在產量的相關範圍內，固定製造費用不會隨產量變動而變動，所以固定製造費用標準分配率以計劃生產能量作為分母計算，而計劃期實際生產能量與計劃生產能量經常不一致，實際生產能量小於計劃生產能量就會使生產能力的利用程度達不到預算（計劃）水準，相反則會使生產能力的利用程度超過預算所預定的水準。由於實際中企業一般生產多種產品，故計劃生產能量與實際生產能量都是以工時計量的。根據成本差異計算的通用模式的基本原理，可以建立固定製造費用差異的計算公式如下：

固定製造費用開支差異＝（實際分配率×實際耗用工時）－（標準分配率×計劃能量工時）＝固定製造費用實際發生額-固定製造費用預算額

固定製造費用能量差異＝（標準分配率×計劃能量工時）－（標準分配率×實際耗用工時）＝（計劃能量工時-實際耗用工時）×標準分配率

固定製造費用效率差異＝（標準分配率×實際耗用工時）－（標準分配率×標準耗用工時）＝（實際耗用工時-標準耗用工時）×標準分配率

固定製造費用總差異＝（實際分配率×實際耗用工時）－（標準分配率×標準耗用工時）＝固定製造費用開支費用+固定製造費用能量差異+固定製造費用效率差異

【實例九】根據實例三至實例五的資料，躍華公司生產 A 產品耗用固定製造費用的差異計算如下：

固定製造費用開支差異 = 1.8×400×40 − 1.5×16,500
　　　　　　　　　　 = 28,800 − 24,750
　　　　　　　　　　 = 4,050 元（不利差異）
固定製造費用能量差異 = 1.5×16,500 − 1.5×400×40
　　　　　　　　　　 = 750 元（不利差異）
固定製造費用效率差異 = 1.5×400×40 − 1.5×400×38
　　　　　　　　　　 = 1,200 元（不利差異）
固定製造費用總差異 = 28,800 − 22,800
　　　　　　　　　 = 4,050+750+1,200
　　　　　　　　　 = 6,000 元（不利差異）

（五）差異責任歸屬

會計部門在計算分析差異後，應向管理當局和有關部門提供差異報告，各部門根據其責任範圍，對這些差異產生的原因做出解釋。

【實例十】躍華公司會計部門根據 A 產品成本各項目差異計算（實例六至實例九），將差異結果匯總編製差異匯總表，參見表 7-4。

表 7-4　　　　　　　　躍華公司產品成本差異匯總表

（A 產品）　　　　　　　　　　　　　　　產量：400 件
　　　　　　　　　　　　　　　　　　　　　　　　　　　單位：元

項目	實際	標準	量差	價差	開支差	效率差	能量差	總差異
直接材料	44,000	50,000	−10,000	4,000	/	/	/	−6,000（F）
直接人工	208,000	228,000	12,000	−32,000	/	/	/	−20,000（F）
變動製造費用	72,000	76,000	/	/	−8,000	4,000	/	−4,000（F）
固定製造費用	28,800	22,800	/	/	4,050	1,200	750	6,000（U）
合計	352,800	376,800	2,000	−28,000	−3,950	52,000	750	24,000（F）

企業管理當局通過對差異進行分析，可以發現差異產生的原因和責任者，並按「例外管理原則」提出改進措施。各項成本差異有不同的原因，也有不同的責任者，故要具體分析。

1. 直接材料成本差異原因及責任歸屬

當直接材料差異確定後，應進一步查明差異產生的原因及責任，才能使之在成本控制中發揮應有的作用。一般而言，直接材料用量差異應由領用料的生產部門負責。如果發生了有利差異，可能是加工技術有了改革、設備工具有了更新等；如果發生了不利差異，可能是生產中材料損失浪費增加、廢品增多、設備工具陳舊等原因造成的。當然也不能一概而論，若由其他部門造成，則應由這些部門負責。直接材料價格差異一般是由採購部門負責。但影響實際價格的因素很多，諸如供應者及價格提升、購買數量及採購批量、運輸方法、數量折扣、緊急訂貨、購入材料的質量等等。如果是由外部因素或超過了材料採購部門能夠控制範圍的原因造成直接材料價格差異，則不應由採購部門負責。屬於企業內部的原因，則由有關責任部門負責。

2. 直接人工成本差異原因及責任歸屬

當直接人工成本差異計算出來以後，分析差異的原因和落實其責任歸屬部門也很重要。工資率差異中，如果出現實際工資率超過標準工資率的情況，多數原因是人工代用差異，例如，用高技術等級的工人去做技術要求不高的工作，這種差異就應由生產部門或人事部門負責。人工效率差異的影響因素較多，例如，勞動者熟練程度與勞動態度、設備的保養及完好程度、能源供應保證程度、被加工材料質量等。人工效率差異一般應由生產部門負責，但屬於其他部門原因造成的，應由這些部門負責。

3. 變動製造費用差異原因及責任歸屬

變動製造費用是一個綜合性費用項目，如果直接根據前述計算結果，則不便於對變動製造費用進行考核及原因分析。在實際工作中，通常採用根據變動製造費用彈性預算的明細項目，結合同類項目的實際發生數編製「實績報告」，將預算數與實際數進行對比，從而找出差異的原因及責任歸屬。應明確的是，變動製造費用效率差異實際上反應的是產品製造過程中的工時利用效率，在分析時應結合人工效率差異進行分析。由於這種差異實質上是工時利用的效率差異，因此，這項差異的形成與人工安排和工時利用有關，一般應由人事部門與人工管理人員對這項差異負責。

4. 固定製造費用差異原因及責任歸屬

固定製造費用同樣是一個綜合性的費用項目，僅僅反應一個預算總差異是不夠的，為了較準確地查明差異產生的原因及責任，必須按固定製造費用預算項目與預算的實際發生數編製「實績報告」，以便分別分析各個明細項目，逐項分析原因及責任。出現固定製造費用開支差異，原因可能是屬於企業外部的，如市場人工及資源的提價、稅率變動等，但大多數屬企業內部原因，如選擇性固定成本的增加、過量的管理人員及輔助生產人員的雇用等，會使本期固定製造費用增加，或經理為不突破預算，人為地延緩選擇性固定成本支出等。固定製造費用能量差異的出現，原因可能是經濟蕭條、產品價格過高等造成銷路不好或開工不足，或原材料、能源供應不足造成生產能力利用不充分。形成固定製造費用效率差異的原因與變動製造費用效率差異原因一樣，是由工時利用效率所造成的，它一般由人事部門或人工管理部門負責。對固定製造費用三種差異應具體分析，仔細研究原因，以便確定責任人員，做到公正而又恰當地落實責任。

在分析認定各項成本差異責任承擔者時，要注意一種「責任替換」（或稱為責任轉嫁）的現象，就是一個部門的工作績效（或責任）會轉移至另一個部門。例如，採購部門貪圖便宜，購入了一些低質材料，可能產生有利的材料價格差異，但是影響了生產部門，產生不利的材料用量差異和人工效率差異；又如，計劃部門發生臨時訂貨，使採購部門產生不利材料價格差異；等等。企業管理當局在注意這些相互替換現象時，應當權衡輕重，以企業的最終經濟效益為準則，選擇較優的措施。在認定這些差異的責任時，應當認真仔細分析，責任的歸屬必須公平，否則，各部門對於標準成本會計將會喪失信心，使其推行難獲成功。

第四節　成本差異的帳務處理

標準成本會計包括標準成本制定、成本差異的計算與分析、成本差異的帳務處理三部分，可見，建立一套切合實際的完善的帳務處理系統是標準成本會計不可缺少的重要組成部分。

一、標準成本會計的帳戶體系

會計帳戶是進行帳務處理的必要工具。實行標準成本會計，必須設置和運用一系列帳戶，這些帳戶可以分為兩大類：一類是進行基本業務處理的有關帳戶，如「原材料」「應付工資」「製造費用」「在產品」「銷貨成本」等；另一類是專門用來登記、匯總差異的帳戶。根據差異的具體內容，標準成本會計的差異帳戶主要包括：「材料用量差異」「材料價格差異」「工資率差異」「人工效率差異」「變動製造費開支差異」「變動製造費效率差異」「固定製造費能量差異」「固定製造費開支差異」「固定製造費效率差異」「成本差異淨額」等。

標準成本會計系統的日常核算，既可按變動成本法核算，也可按全部成本法核算。標準成本會計系統日常核算的要點如下：

（1）在平時，主要帳戶按標準成本入帳，「原材料」「生產成本」「產成品」「銷貨成本」等帳戶借、貸方均按標準成本入帳。

（2）實際成本與標準成本之間的成本差異分別記入各類差異帳戶，借方登記不利差異，貸方登記有利差異。

（3）每月月終，企業應將所有差異匯總，記入「成本差異淨額」帳戶。借方匯總不利差異，貸方匯總有利差異，「成本差異淨額」帳戶的餘額表示本月成本差異匯總後的淨額。

（4）對成本差異淨額的處理目前存在著兩種意見：第一種意見認為，由於標準成本不是實際成本，為計算產品的實際成本，應當把這個成本差異淨額按比例分配給當期的銷貨成本、產成品、在產品和原材料，從而使這些帳戶的餘額由原來的標準成本調整為實際成本。這種方式的優點是使資產負債表上的存貨項目以及損益表上的銷貨成本項目反應的都是實際成本，缺點是發生的超支和浪費將虛增資產負債表上的產成品、在產品、原材料等資產項目，而節約將貶低這些資產的價值，從而不能真實地反應企業的財務狀況，而且，分攤會增加核算工作量。第二種意見認為，將成本差異淨額全部由當期銷貨成本負擔，直接列入損益表，不再分配給在產品和產成品。其理由在於，標準成本是採用科學的方法嚴密計算確定的，故出現差異淨額就不會很大。如果標準制定不合理，差異淨額很大，那麼，應當修訂標準，而不是去分配差異。這樣處理，有利於企業控制成本（因為差異淨額全部計入銷貨成本，由當期收入承擔），同時，使資產負債表上的在產品和產成品等資產項目按標

準成本反應，避免因差異而造成波動，另外，可以簡化核算工作量。目前，在實行標準成本會計的現代企業中，對成本差異淨額的處理一般採用第二種意見的方式。

二、成本差異帳務處理實例

【實例十一】仍以本章躍華公司業務（實例四至實例九）為例介紹成本差異的帳務處理過程。

1. 直接材料的購入與生產耗用

（1）購入材料。假定躍華公司月初購入甲材料 1,000 噸，實際單價 55 元，標準單價 50 元，實際總成本為 55,000 元，貨款已付。編製會計分錄如下：

借：原材料	50,000
材料價格差異	5,000①
貸：銀行存款	55,000

（2）領用材料（生產耗用）。躍華公司本月生產 A 產品 400 件，單位 A 產品實耗甲材料 2 噸，直接材料實際總成本為 44,000 元（見實例五），單位 A 產品甲材料耗用標準數量為 2.5 噸，標準單價為 50 元（見實例四），則：

按標準單耗計算的直接材料標準成本＝400×2.5×50＝50,000（元）
按實際單耗計算的直接材料標準成本＝400×2×50＝40,000（元）
材料用量差異＝（400×2－400×2.5）×40＝－10,000（元）（有利差異）
根據計算結果編製會計分錄如下：

借：生產成本	50,000
貸：原材料	40,000
材料用量差異	10,000

2. 生產中耗用直接人工成本

躍華公司本月生產 A 產品 400 件，應耗直接人工標準成本 228,000 元，實際耗用直接人工成本 208,000 元，實際與標準的總差異為 20,000 元的有利差異（見實例五）。經計算，其中直接人工工資率差異為 32,000 元的有利差異，直接人工效率差異為 12,000 元的不利差異（見實例七）。編製會計分錄如下：

借：生產成本	228,000
直接人工效率差異	12,000
貸：應付職工薪酬	208,000
直接人工工資率差異	32,000

3. 變動製造費用

躍華公司本月生產 A 產品 400 件，變動製造費用支出的標準成本總額為 76,000 元，實際支出總額為 72,000 元，實際與標準的總差異為 4,000 元的有利差異（見實例五）。經計算，其中變動製造費用開支差異為 8,000 元的有利差異，變動製造費用

---

① 實例六計算的材料價格差異 4,000 元，是耗用材料 800 千克的價格差異，本例計算的是購入材料 1,000 千克的價格差異。

效率差異為 4,000 元的不利差異（見實例八）。編製會計分錄如下：
　　借：生產成本　　　　　　　　　　　　　　　76,000
　　　　變動製造費用效率差異　　　　　　　　　 4,000
　　　貸：變動製造費用　　　　　　　　　　　　　72,000
　　　　　變動製造費用開支差異　　　　　　　　　 8,000
　4. 固定製造費用
　　躍華公司本月生產 A 產品 400 件，固定製造費用支出的標準成本總額為 22,800 元，實際發生固定製造費用總額為 28,800 元，實際與標準之間的總差異為 6,000 元的不利差異（見實例五）。經計算，其中固定製造費用開支差異為 4,050 元的不利差異，固定製造費用能力差異為 750 元的不利差異，固定製造費用效率差異為 1,200 元的不利差異（見實例九）。編製會計分錄如下：
　　(1) 按全部成本法
　　借：生產成本　　　　　　　　　　　　　　　22,800
　　　　固定製造費用開支差異　　　　　　　　　 4,050
　　　　固定製造費用能力差異　　　　　　　　　　 750
　　　　固定製造費用效率差異　　　　　　　　　 1,200
　　　貸：固定製造費用　　　　　　　　　　　　　28,800
　　(2) 按變動成本法
　　借：期間成本　　　　　　　　　　　　　　　22,800
　　　　固定製造費用開支差異　　　　　　　　　 4,050
　　　　固定製造費用能力差異　　　　　　　　　　 750
　　　　固定製造費用效率差異　　　　　　　　　 1,200
　　　貸：固定製造費用　　　　　　　　　　　　　28,800
　5. 完工產品入庫
　　假定躍華公司本月生產 400 件 A 產品全部完工，並且沒有期初在產品，根據「在產品」丁字帳借方發生額計算生產成本，再進行完工產品成本結轉。
　　根據「生產成本」丁字帳編製會計分錄如下：
　　(1) 按全部成本法
　　借：產成品　　　　　　　　　　　　　　　 376,800
　　　貸：生產成本　　　　　　　　　　　　　　 376,800
　　(2) 按變動成本法
　　借：產成品　　　　　　　　　　　　　　　 354,000
　　　貸：生產成本　　　　　　　　　　　　　　 354,000

生產成本（全部成本法）				生產成本（變動成本法）			
借		貸		借		貸	
材料	50,000	完工轉出	376,800	材料	50,000	完工轉出	354,000
人工	228,000			人工	228,000		
變動製造費用	76,000			變動製造費用	76,000		
固定製造費用	22,800						
本月發生額合計	376,800	本月發生額合計	376,800	本月發生額合計	354,000	本月發生額合計	354,000
月末結餘額	—			月末結餘額	—		

6. 產品出售

假設躍華公司本月出售 A 產品 350 件，A 產品售價 1,500 元，銷售收入為 525,000 元，貨款收存銀行。編製會計分錄如下：

借：銀行存款　　　　　　　　　　　　　　　525,000
　　貸：銷售收入　　　　　　　　　　　　　　　525,000

7. 結轉已售產品生產成本（生產 400 件，銷售 350 件）

(1) 按全部成本法（單位成本 942 元，參見表 7-1）

借：銷貨成本　　　　　　　　　　　　　　　329,700
　　貸：產成品　　　　　　　　　　　　　　　　329,700

(2) 按變動成本法（單位成本 885 元，參見表 7-1）

借：銷貨成本　　　　　　　　　　　　　　　309,750
　　貸：產成品　　　　　　　　　　　　　　　　309,750

8. 成本差異

月終，躍華公司根據各個成本差異帳戶的月末餘額編製「成本差異匯總表」，計算成本差異淨額，參見表 7-5。

表 7-5　　　　　　　　　躍華公司成本差異匯總表　　　　　　　　單位：元

差異項目	借方餘額（不利差異）	貸方差異（有利差異）
直接材料價格差異	4,000	/
直接材料用量差異	/	10,000
直接人工工資率差異	/	3,200
直接人工效率差異	12,000	/
變動製造費用開支差異	/	8,000
變動製造費用效率差異	4,000	/
固定製造費用開支差異	4,050	/

表7-5(續)

差異項目	借方餘額（不利差異）	貸方差異（有利差異）
固定製造費用能量差異	750	/
固定製造費用效率差異	1,200	/
本月成本差異額合計	26,000	50,000
成本差異淨額	/	24,000

根據「成本差異匯總表」編製會計分錄如下：
借：直接材料用量差異　　　　　　　　　　　　10,000
　　直接人工工資率差異　　　　　　　　　　　　32,000
　　變動製造費用開支差異　　　　　　　　　　　80,00
　貸：成本差異淨額　　　　　　　　　　　　　　24,000
　　　直接人工效率差異　　　　　　　　　　　　12,000
　　　直接材料價格差異　　　　　　　　　　　　4,000
　　　變動製造費用效率差異　　　　　　　　　　4,000
　　　固定製造費用開支差異　　　　　　　　　　4,050
　　　固定製造費用能力差異　　　　　　　　　　750
　　　固定製造費用效率差異　　　　　　　　　　1,200

9. 結轉成本差異淨額

躍華公司採用將「成本差異淨額」全部轉入當月銷貨成本的方式（不利差異用藍字，有利差異用紅字），編製會計分錄如下：
借：成本差異淨額　　　　　　　　　　　　　　24,000
　貸：銷貨成本　　　　　　　　　　　　　　　　24,000

如果「成本差異淨額」分別由存貨和銷貨成本負擔，則會計分錄格式為：
借：原材料
　　生產成本
　　產成品
　　銷貨成本
　貸：成本差異淨額

10. 月終編製損益表

假定躍華公司本月生產 A 產品 400 件，銷售 A 產品 350 件，發生銷售費用 58,200 元（其中，變動銷售費用為 38,200 元，固定銷售費用 20,000 元），管理費用 64,000 元（其中，變動管理費用 38,000 元，固定管理費用 26,000 元），利息支出 15,000 元，所得稅率 30%。分別採用全部成本法和變動成本法編製損益表，參見表 7-6 和表 7-7。

表 7-6　　　　　　　　　　　　　躍華公司損益表
　　　　　　　　　　　　　　　（按全部成本法計算）　　　　　　　　　單位：元

項目	金額
銷售收入	525,000
減：銷貨成本	
期初存貨成本　　　　　　　　　　　0	
本期生產成本（標準）　　　　376,800	
期末存貨成本（標準）　　　　 47,100	
銷貨成本合計（標準）	329,700
調整前毛利	195,300
加：成本差異淨額（有利差異）	24,000
調整後毛利	219,300
減：銷售費用　　　　　　　　　　58,200	
管理費用　　　　　　　　　　64,000	
利息支出　　　　　　　　　　15,000	
稅前淨利	82,100
減：所得稅費用　　　　　　　　　24,630	
稅後淨利	57,470

表 7-6　　　　　　　　　　　　　躍華公司損益表
　　　　　　　　　　　　　　　（按變動成本法計算）　　　　　　　　　單位：元

項目	金額
銷售收入	525,000
減：變動銷貨成本（標準）	
期初存貨成本　　　　　　　　　　　0	
本期變動生產成本　　　　　　354,000	
期末存貨成本　　　　　　　　 44,250	
變動銷貨成本合計	309,750
變動銷售費用	38,200
變動管理費用	38,000
調整前邊際貢獻	139,050
加：成本差異淨額（有利差異）　　24,000	
調整後邊際貢獻	163,050
減：期間成本	
固定製造費用　　　　　　　　 22,800	
固定銷售成本　　　　　　　　 20,000	
固定管理費用　　　　　　　　 26,000	
利息支出　　　　　　　　　　 15,000	
稅前利潤	79,250
減：所得稅費用　　　　　　　　 23,775	
稅後利潤	55,475

第五節　成本差異專題分析

標準成本的差異計算與分析中，對於直接材料、直接人工來說，往往是假設某種產品耗用一種材料和使用一個等級的人工。但實務中同一產品往往需要消耗多種材料和使用多等級的人工。不同材料和不同等級人工在生產同一產品中的投料比例不同和人工配合不同，將會使直接材料和直接人工的數量差異進一步分解為「耗用差異」和「配比差異」。

一、數量差異分解分析原理

數量差異是由某一成本項目中某一實物要素的實際用量與標準用量不一致造成的，如直接材料的千克量、直接人工的時量等。在多種材料和多等級人工同時使用時，儘管材料總用量和人工工時總用量保持不變，也會產生由各種材料和各等級人工結構變動引起的「配比差異」。

配比是指產品中不同材料或不同人工等級之間的用量比例。不同材料或不同人工等級的單價或工資率水準是不同的，儘管材料總用量或人工工時總用量保持不變，也會產生多使用單價較高的材料或小時工資率較高的人工，從而使材料總成本或人工總成本上升的現象。由於各類材料或各級人工比重結構變動會使材料總成本或人工總成本發生變動，這種差異稱為「配比差異」，所以，配比差異是由材料投料比例或人工組合比例變動造成的，屬於數量差異。

對於直接材料和直接人工數量差異的分析，在多種材料或多種人工的情況下，往往包含著配比差異和結構不變時的純用量差異。我們把各種材料或人工配比結構不變時的純用量差異，稱為「耗用差異」。

【實例十二】某產品生產耗用甲、乙兩種材料，有關資料參見表7-8。

表 7-8　　　　　　　　　　材料耗用表　　　　　　　　　　單位：千克

材料	標準用量		標準結構的實際用量		實際用量		單價
	用量	結構	用量	結構	用量	結構	
甲	60	60%	90	60%	105	70%	10
乙	40	40%	60	40%	45	30%	8
合計	100	—	150		150		

根據表 7-8 的資料可知，該產品的材料成本數量差異為：
材料用量差異 = Σ [（實際用量−標準用量）×標準單價]
　　　　　　 = (105−60)×10+(45−40)×8
　　　　　　 = 490（元）

本例中，用量差異 490 元是該產品耗用兩種材料的共同用量差異。甲材料用量由標準用量 60 千克變為實際用量 105 千克這一過程中，既包括純用量變動（由 60

千克變為 90 千克），也包括配比結構變動（由 90 千克變為 105 千克）。乙材料也是如此。因此，上面計算的用量差異 490 元是一種混合性差異，應分解為材料總用量差異（即耗用差異）和各種材料用量差異（即配比差異）。由於：

材料總成本＝材料總用量×材料平均單價

其中：

材料平均單價＝Σ（各材料用量×各材料單價）/材料總用量
　　　　　　＝Σ（各材料比重×各材料單價）

所以，材料配比差異是各材料結構比重變動造成的，表現在材料平均單價的變動上。這樣：

(1) 材料耗用總差異＝(實際總用量－標準總用量)×標準配比的標準平均單價
　　　　　　　　　＝(150－100)×(60×10＋40×8)/100＝(150－100)×9.2
　　　　　　　　　＝460（元）

(2) 材料配比差異＝實際總用量×(實際配比的標準平均單價－標準配比的標準平均單價)
　　　　　　　　＝150×[(105×10＋45×8)/150－9.2]
　　　　　　　　＝150×(9.4－9.2)＝30（元）

(3) 材料用量差異（總差異）＝460＋30＝490（元）

二、直接材料耗用差異與配比差異

在化工、紡織、藥品等行業中，常常將幾種直接材料按一定比例混合耗用生產同一產品，從而產生了材料耗用差異與配比差異。

材料耗用差異是產品生產中的材料純用量差異，即由材料實際平均單耗與標準平均單耗不一致造成的差異。材料配比差異是產品生產中材料比重差異，即由實際投料比例與標準投料比例不一致造成的差異。其中：

材料耗用差異＝(材料實際總用量－材料標準總用量)×材料標準平均單價
　　　　　　＝實際產量×(實際平均單耗－標準平均單耗)×標準平均單價

材料配比差異＝材料實際總用量×(實際配比的標準平均單價－標準配比的平均單價)
　　　　　　＝材料實際總用量×Σ[(各材料實際比重－各材料標準比重)×各材料標準單價]

【實例十三】星光公司生產產品 M，需要 A、B、C 三種材料混合而成。生產一件 M 產品，標準需要消耗 4 千克混合材料。本期實際生產 M 產品 27,000 件，混合材料標準成本和實際耗用成本參見 7-9 和表 7-10。

表 7-9　　　　　　　　　　混合材料標準成本

材料名稱	標準數量（千克）	標準價格（元/千克）	標準成本（元）
A 材料	0.5	6	3
B 材料	0.2	4.5	0.9
C 材料	0.3	3	0.9
合計	1		4.8

表 7-10　　　　　　　　　　混合材料實際成本

材料名稱	實際用量（千克）	實際單價（元/千克）	金額（元）
A 材料	40,000	5.5	220,000
B 材料	60,000	5	300,000
C 材料	20,000	3	60,000
合計	120,000		580,000

根據上述資料，對星光公司 M 產品的材料成本差異分析如下：
（1）材料成本總差異
總差異 = 580,000−27,000×4×4.8 = +61,600（元）
（2）材料價格差異
A 材料 = 40,000×（5.5−6）= −20,000（元）
B 材料 = 60,000×（5−4.5）= +30,000（元）
C 材料 = 20,000×（3−3）= 0（元）
材料價格差異合計：+10,000（元）
（3）材料用量差異
A 材料 =（40,000−27,000×4×0.5）×6 = −84,000（元）
B 材料 =（60,000−27,000×4×0.2）×4.5 = +172,800（元）
C 材料 =（20,000−27,000×4×0.3）×3 = −37,200（元）
材料用量差異合計：+51,600（元）
其中，材料用量差異進一步分解為：
①材料耗用差異 = 27,000×（120,000/27,000−4）×4.8 = +57,600（元）
②材料配比差異 = 120,000×[（40,000×6+60,000×4.5+20,000×3）/120,000−
　　　　　　　　4.8]
　　　　　　　　= 120,000×（4.75−4.8）
　　　　　　　　= −6,000（元）

三、直接人工耗用差異與配比差異

在製造企業中，產品（或勞務）的生產常常要由幾種熟練等級不同的工人加工完成，由於各種不同等級的工人的工資率是不相同的，所以導致在一定總量的總工時中，等級不同的工人耗用工時所佔的比重變動，從而引起直接人工成本發生差異，這種差異即為人工配比差異。

與直接材料分析相同，人工耗用差異是產品生產中的工時純用量差異，即由工時實際平均單耗與標準平均單耗不一致造成的差異。人工配比差異是產品生產中人工等級比重差異，即由實際人工等級配合與標準人工等級配合不一致造成的差異。

其中：
人工耗用差異 =（實際總工時−標準總工時）×標準平均工資率
　　　　　　 = 實際產量×（實際平均工時單耗−標準平均工時單耗）×標準平均

工資率

人工配比差異＝實際總工時×(實際配比的標準平均工資率－標準配比的標準平均工資率)

＝實際總工時×Σ[(各等級人工實際比重－各等級人工標準比重)×各等級人工標準工資率]

【實例十四】星光公司本期生產 M 產品 27,000 件，由三種等級的工人加工完成。生產　件 M 產品需要標準混合人工工時 0.5 小時，混合人工標準成本和實際人工成本參見表 7-11 和表 7-12。

表 7-11　　　　　　　　　　　混合人工標準成本

人工等級	標準用量（工時）	工資率標準（元/工時）	金額（元）
1 級	0.2	10	2
2 級	0.2	13	2.6
3 級	0.1	14	1.4
合計	0.5	—	6

表 7-12　　　　　　　　　　　混合人工實際標準成本

人工等級	實際用量（工時）	實際工資率（元/工時）	金額（元）
1 級	6,000	11	66,000
2 級	5,300	12	63,600
3 級	2,500	15	37,500
合計	13,800	—	167,100

根據上述資料，對星光公司 M 產品的人工成本差異分析如下：

（1）人工成本總差異

總差異＝167,100－27,000×0.5×6/0.5＝＋5,100 元

（2）人工工資率差異

工資率差異＝6,000×(11－10)＋5,300×(12－13)×2,500×(15－14)
　　　　　＝3,200（元）

（3）人工效率差異

效率差異＝(6,000－27,000×0.5×0.2/0.5)×10＋(5,300－27,000×0.5×0.2/0.5)×13＋(2,500－27,000×0.5×0.1/0.5)×14
　　　　＝＋1,900（元）

其中，人工效率差異進一步分解為：

①人工耗用差異＝27,000×（13,800/27,000－0.5）×6/0.5＝＋3,600（元）

②人工配比差異＝13,800×[(6,000×10＋5,300×13＋2,500×14)/13,800－6/0.5]
　　　　　　　＝－1,700（元）

思考題

1. 何謂「標準成本」？它具有哪些特點？
2. 什麼是標準成本系統？它包括哪些內容？
3. 標準成本一般分為哪幾種類型？每種標準成本的適用性如何？
4. 如何判斷例外的標準成本差異？
5. 如何制定標準成本？
6. 成本差異的計算與分析有哪些方面？
7. 對成本差異淨額的期末結轉如何處理？
8. 標準成本系統的優越性有哪些？
9. 標準成本會計系統的日常核算有哪些方面？

計算題

習題一

一、目的：練習計算產品的標準成本。

二、資料：某公司生產 A 產品，有關標準如下：①直接材料：用量標準 2.5 千克/件，價格標準 1.6 元/千克。②直接人工：用量標準 2 小時/件，價格標準 10 元/小時。③變動製造費：價格標準 2 元/小時。④固定製造費：預算總額 16,000 元。

全廠預計生產 2,000 件產品，實際生產 1,500 件。耗用材料 4,500 千克，計 6,750 元。消耗人工 3,500 小時，計 31,500 元。發生變動製造費 6,750 元，固定製造費 15,700 元。

三、要求：

1. 計算 A 產品的標準成本和實際成本。
2. 對固定製造費進行成本差異分析。

習題二

一、目的：練習計算產品成本差異。

二、資料：某公司生產某種產品，需用 A、B、C、三種材料構成的混合材料每單位產品標準需要混合材料 1.2 千克，本期實際生產 80,000 單位產品，混合材標準成本和實際耗用成本如下表所示：

混合材料標準成本

材料名稱	標準數量（千克）	標準價格（元）	標準成本（元）
A	0.8	1.5	1.2
B	0.4	4.5	1.8
C	0.3	5	1.5
合計	1.5	—	4.5

混合材料實際成本

材料名稱	實際數量（千克）	實際價格（元）	實際成本（元）
A	55,000	1.8	99,000
B	25,000	4.6	115,000
C	20,000	6	120,000
合計	100,000	—	334,000

三、要求

1. 計算材料成本總差異。
2. 計算材料價格差異。
3. 計算材料用量差異。

習題三

一、目的：練習成本差異的計算。

二、資料：某公司固定製造費用有關資料如下表：

產能總工時　　　　12,000 工時
實際總工時　　　　13,000 工時
標準總工時　　　　12,000 工時
預算總額　　　　　24,000 元
實際發生數　　　　26,000 元

三、要求：

試計算固定製造費用總差異，並進行因素分析（按三因素法分析）。

習題四

一、目的：練習產品成本差異的計算。

二、資料：某產品的標準成本與實際成本信息資料如下表所示：

成本項目	標準成本	實際成本
原材料（每件）	10 千克×0.15 元/千克	11 千克×0.16 千克
直接人工	0.25 小時×10 元/小時	0.45 小時×12 元/小時

製作費用：

固定成本（總額）	5,000元	5,000元
單位變動成本	1元/小時	1.2元/小時
產量	預計10,000件	實際8,000件

三、要求：根據上述資料計算各成本項目的各項成本差額。

習題五

一、目的：練習成本差異分錄的編製。

二、資料：某工廠裝配車間採用標準成本計算產品成本，本月月末，成本會計師準備了有關成本的信息，如下表所示：

	原材料（元）	直接人工（元）	製造費用（元）
實際成本	32,000	27,500	41,080
標準成本	30,000	28,000	38,500

另外，有關成本差異的信息如下：原材料價差-800元，原材料量差為2,800元；工資率差異為-1,000元，效率差異為500元；變動製造費用的支出差異為1,080元，效率差異為1,500元。

月初無產成品存貨，每單位產品標準成本為10元，本月完工入庫產品9,000件，本月售出8,800件產成品。

三、要求：

1. 編製基本生產科目的會計分錄。
2. 結轉主營業務成本（標準成本）。
3. 結轉成本差異。

第八章
存貨控制

學習要點

　　存貨控制的目的一方面是滿足企業經營的需要，另一方面是要將存貨的資金占用與成本支出控制在合理的水準上。

　　本章分別從存貨控制的基本問題、經濟訂貨批量的確定方法、存貨的日常控制三大方面來闡述存貨控制問題。

　　掌握存貨控制的基本問題是學習存貨控制的切入點。在這裡，首先要明確存貨的概念，並進一步掌握存貨成本的構成內容，明確存貨控制的目標，同時也要瞭解存貨的功能。

　　在此基礎上，本章重點突出了經濟訂貨批量的確定方法。這一問題又分為兩個層次：一是簡化條件下的經濟訂貨批量的確定方法，通過這個問題，要掌握存貨控制的相關成本及其關係、經濟訂貨批量確定的三種方法以及不同採購方式下的存貨控制等；二是經濟訂貨批量數學模型的擴展應用，通過這個問題，要掌握在生產批量、陸續供應或陸續生產、數量折扣等條件下的經濟訂貨批量數學模型的擴展應用。

　　本章最後介紹了存貨日常控制的兩個常用方法：掛簽制度和ABC分析法。

第一節　存貨控制概述

　　存貨是指企業在生產經營中為銷售或耗用而儲存的各種資產，如原材料、燃料、包裝物、低值易耗品、在產品、半成品、產成品以及外購商品等。在製造性企業中，原材料、半成品、產成品等存貨往往要占極大部分流動資金，以保證生產部門加工的需要及其市場對產品的需求。加強對存貨的控制是企業經營管理中的一個十分重要的內容。本章以製造性企業為例來研究存貨控制。主要內容是介紹基本的經濟訂購批量模型和存貨控制方法。

一、存貨的功能

　　存貨的功能是指存貨在保證與維護企業生產經營活動的正常進行中所發揮的作

用。存貨的功能大致可以歸納為以下幾個方面。

1. 平衡市場供求

一般說來，企業很難做到完全按市場需求適時按量供應商品，同時市場需求也是不均衡與不穩定的，因此，保持一定的庫存以平衡供求是必需的。當市場需求超過當期企業提供商品的能力時，可減少庫存存貨以保證市場需要；當市場需求減少時，恢復和增加庫存以吸收企業所生產的過量商品。這樣，不僅可在產量少於市場需求時，能以存貨滿足需要，同時，又能使生產企業保持足夠的生產批量，從而降低生產成本。

2. 保證生產需要

從事產品製造的企業，產品品種與批次不斷更迭，所需材料的品種規格多種多樣，供應廠商的距離及渠道也各不相同。在這些情況下，要求將所需原材料與備件，按時、按質、按量源源不斷地送到生產現場，是不太可能的。因此，按批次購進，保持一定存貨是非常必要的。同時，上下工序之間還要保持一定數量的半成品。人們常把存貨比作貯水池，進貨如同向池中注水，領貨如同水流出池外，注水量和流出量是決定水位高低即存貨水準的因素。所以，一定數量的存貨，是保證生產正常進行所必需的。

3. 降低購進成本

企業必須均衡生產或分批輪換產銷才能利用設備潛力，獲得較好的經濟效益，因此，企業常採用數量折扣、區段價格等方式推銷產品。購買量大，價格較低；購買量少，價格較高。企業有時還規定最低訂貨起點，低於起點不願供貨。此外，適當增大購進數量，企業還可採用廉價的運輸工具，以降低購進成本。以上這些都會使企業形成存貨。

4. 緩衝由工作失誤或意外事故造成的損失

生產經營的各個環節和原材料及外購零部件採購、運輸以及產品銷售，不可能完全避免失誤和意外，這就會引起缺料或缺貨，從而給企業造成經濟損失。因此，企業應有適當的存貨。

綜上所述，存貨是企業生產與經營必須具備的經營條件之一，現階段提高管理水準僅能減少與降低存貨數量，完全取消存貨是不可能的。

二、存貨成本構成

採購環節存貨的成本主要包括：存貨的買價、訂購成本、儲存成本和缺貨成本。

1. 存貨的買價

一般情況下，存貨的價格並不隨購買數量的增減而有所變動，這樣，以購買數量乘以單價便可得存貨的買價，如存貨是企業生產的產品、半成品或自製工具，雖然單位成本可能不同，但也不會受每批生產數量影響，因此存貨的買價在採購批量決策中，通常屬於非相關成本。但是，當供應廠商採取「數量折扣」「區段價格」等鼓勵大批量購買的優惠辦法時，存貨的買價成為採購批量決策中的相關成本，應予以考慮。

2. 訂購成本

訂購成本是對外訂貨、採購而發生的成本,包括採購人員工資,採購部門的管理費(辦公費、水電費、折舊等),採購業務費(如差旅費、郵費、檢驗費等)。訂購成本就其與訂購次數的關係可分為:與訂購次數無關而具有相對穩定性的固定部分和隨訂購次數增加而成比例增加的變動部分。

訂購成本的成本資料,均可以從帳簿資料中取得,可按成本特性將其分解成固定成本和變動成本兩部分。

3. 儲存成本

儲存成本,又稱為持有成本,是指因儲存與持有存貨而發生的成本,包括因存貨的資金占用而發生的費用和保管存貨實物而發生的費用。

(1) 與存貨的資金占用有關的成本支出

利息:這是儲存存貨占用的資金的成本開支,對自有資金與借入資金都必須計算其使用效率,利息率一般應稍高於銀行利率。自有資金來源的資金成本應考慮機會成本,存貨占用資金越多,利息支出越多。

保險費:由於存貨在企業的經營資金中占的比重較大,為減少盜竊與自然災害所造成的風險損失,要進行財產保險。保險費發生的多少,視存貨性質及投保種類而定。

陳舊與跌價損失:在存貨的儲存過程中,由於技術進步,新品種、新式樣推陳出新,致使原有存貨陳舊,因而只好降低價格出售,這會造成一定損失,其損失大小可按占存貨金額的比例來加以計算。

(2) 與存貨的實物保管有關的成本支出

倉儲費用:包括倉庫折舊費、保險費、維修費、通風照明費、冷暖氣費等。通常,倉儲費用的發生額相對穩定,不隨存儲量的增減而變動,可以存儲空間作為分倉儲費的依據。

倉庫內部搬運費:包括儲存、調整、盤點、清倉等為搬運存貨所發生的人工設備油電消耗及維修等開支。

倉庫管理費:倉庫人員工資及水電、辦公、業務開支等。

儲存成本可以劃分為固定成本與變動成本兩部分。對於訂購成本與儲存成本中的混合成本,可依據歷史成本資料,採用適當的方法進行分解。將儲存成本中不隨存貨存儲量變化的劃歸固定部分,隨存貨存儲數量變化而變動的劃歸變動部分。存儲成本中的變動部分可按兩種方式表現:一是以每單位存貨儲存一年的變動儲存成本來表現;二是以一元存貨儲存一年的儲存成本率來表現,這是按利率的形式來表現的。至於訂購成本中的固定訂購成本和儲存成本中的固定儲存成本,在存貨決策中是作為非相關成本的。

4. 缺貨成本

缺貨成本是因存貨數量不能滿足生產和銷售需要而導致產銷中斷、停工待料、設備閒置而發生的損失。例如,由於停工待料導致拖延交貨而引發的罰金;停工後發生的固定成本開支;為補足拖欠訂貨所發生的額外成本開支;由於存貨不足而失

去的銷售收入中的邊際貢獻；未能滿足客戶需要使企業的「商譽」方面蒙受的損失等。缺貨成本由機會成本與損失組成，牽涉的面較為廣泛，很難精確計算，一般僅依企業的直接損失來確定。

以上四項成本的合計數，即為全部存貨成本，但就存貨控制來看，相關成本只是其中的變動成本。

三、存貨控制的目標

企業為建立存貨，總要付出一定的代價，包括倉庫費用和占用資金的利息等。企業應力求以最低的成本來實現存貨的目標。因此，企業面臨兩方面的威脅：一方面是存貨不足，供應中斷，將會給企業造成損失，包括停工損失和失去銷售機會；另一方面是存貨過多，要承擔不必要的成本。存貨不足的損失和建立存貨的成本是此消彼長的，需要統一加以考慮。企業需要尋找一個最優的存貨水準，使上述兩方面能取得平衡。決定進貨時間和批量，通常被稱為存貨控制。

存貨控制研究的主要目標是探索經濟上合理的存貨量，以便為企業的經營決策提供定量的分析依據。通過適量的庫存，用最低的存貨成本，實現對企業生產經營活動的供應，即最佳或經濟合理的供應。因此，科學的存貨控制是提高企業經濟效益的重要手段。

第二節　經濟訂購批量的確定方法

對於製造性企業來說，供應環節主要是指完成為生產而需外購的原材料、零部件或半成品等（其中主要是原材料）的儲備工作。在進行採購之前，企業就應當作出計劃，來控制採購數量和採購成本。

一、經濟訂購批量的確定方法

在企業採購環節，對上述外購存貨進行成本控制的基本目標是確定經濟訂購批量。

經濟訂購批量（Economic Order Quantity，EOQ）是指在盡量避免缺貨成本的基礎上，使存貨的訂購成本與儲存成本之和最低時的訂購批量。

存貨水準高低取決於訂購批量，隨著採購次數的增加，每次購入批量減小，可使存貨水準降低，從而降低儲存成本。在全年需要量確定的情況下，每次採購批量小，必然會使採購次數增多，這又會增加訂購成本。在這兩種互為消長的成本中，尋求能使這兩種成本的年合計數達到最低的訂購批量，即為經濟訂購批量。顯然，經濟訂購批量應使這兩個互為消長的矛盾的兩個方面取得適當的協調，求得合理平衡，才能使存貨總成本達到最低。

確定能使全年存貨總成本最低的經濟訂購批量基本方法有三種：列表法、圖解法和數學模型法。

(一) 列表法

列表法又稱為逐次測試法，它是假定全年總需求量一定時，列出各種訂貨狀態下成本支出數額，通過比較來確定出經濟訂購批量的一種方法。

【實例一】華西公司全年耗用某種材料 2,000 千克，預計採購單價為 5 元，每次訂購該材料的成本為 25 元，存貨的儲存成本按平均存貨金額的 12.5% 計算。

表 8-1　　　　　　各種訂貨批量所需總成本計算表
D＝2,000 千克

項目	各種訂貨批量							
每批訂貨量（千克）	2,000	1,000	667	500	400	250	200	100
全年訂貨次數 （全年需要量÷每批訂貨量）	1	2	3	4	5	8	10	20
每批訂貨金額（元） （每批訂貨量×5）	10,000	50,000	3,335	2,500	2,000	1,250	1,000	500
平均存貨金額（元） （每批訂貨金額÷2）	5,000	2,500	1,667	1,250	1,000	625	500	250
年訂購成本（元） （訂貨次數×每次訂購成本）	25	50	75	100	125	200	250	500
年儲存成本（元） （平均存貨金額×12.5%）	625	313	208	156	125	78	63	31
年存貨總成本（元）	650	363	283	256	250	278	313	531

表 8-1 表明，全年訂貨 5 次，每次訂貨 400 千克的全年存貨總成本為最低，應為經濟訂購批量和經濟訂貨次數，從表中還可看出當存貨的儲存成本下降時，訂購成本則上升。這是由採購次數增多引起的。當儲存成本與訂購成本相等時，全年總成本就達到最低水準。

列表法的優點是能夠簡單明確地提供一項改進存貨管理、加強存貨控制的途徑，但是列表法需要經過較多的計算與比較才能找到最優方案。列表法只能找到一個近似值，要得到比較精確的數據，則要依靠數學模型運算。

(二) 圖解法

圖解法是指將所測算的訂購成本、儲存成本、全年總成本等數值描繪在坐標圖上，在圖中求出經濟訂購批量的一種方法。

如將表 8-1 計算的訂購成本、儲存成本、全年總成本等數值，分別反應在直角坐標系中，以曲線將各點連接起來，可得圖 8-1。

第八章　存貨控制

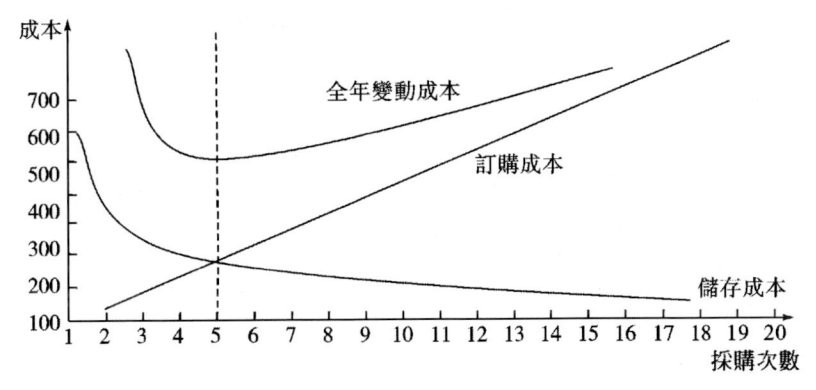

```
成本
700
600
500          全年變動成本
400               訂購成本
300
200                        儲存成本
100
   1 2 3 4 5 6 7 8 9 10 11 12 13 14 15 16 17 18 19 20
                                         採購次數
```
圖 8-1

從圖 8-1 中亦可看出經濟訂購批量為全年採購 5 次，全年總成本為 250 元。訂購成本隨著採購次數的增加而增加，儲存成本隨著採購次數的增加而減少，當訂購成本線與儲存成本線相交時（亦即兩者相等時），全年總成本線達到最低水準，即每次採購金額為 2,000 元時（400 千克），全年總成本達到最低為 250 元（最佳點）。這與列表法計算結果一致。為了找到經濟訂購批量，從而達到盡量降低全年總存貨成本的目的，根據坐標系中的曲線圖，可以找到全年總成本曲線最低處相應總成本的近似值，從圖中也可以看出全年總成本變化的規律性，可作為存貨控制與決策的依據。

該圖中，對缺貨成本未加以反應，其原因在於：一方面是簡化圖示；另一方面缺貨成本可以包含在訂購成本之中，因為缺貨成本的多少與訂貨次數有著密切的關係。如果訂貨次數少，每批訂貨可供使用的時間較長，自然是不易發生短缺的；如果訂貨次數多，情況則相反。因此，隨著訂貨次數的增多，相應地提高訂購成本，並在訂購成本之中包括缺貨成本，是合理的。同時，也可採取對每批訂購成本附加一定的比率作為缺貨損失。鑒於此，缺貨成本可以不必在圖中單獨進行反應。

（三）數學模型法

美國學者哈里斯（P. N. Harris）於 1919 年將數理分析的方法用於存貨控制，創立了較為完善的存貨控制的數學模型。

1. 平均儲存量

平均儲存量是為存貨控制決策而進行計算分析時所運用的一個基本概念，它是某種存貨的平均值。通常狀況下，企業全年進貨不止一次，在假定每次都按等批量進貨，並且按相等數量消耗的前提下，以每批進貨數量的一半作為平均儲存量。

【實例二】某公司對甲材料全年進貨 4 次（每季初進貨一次），全年進貨 9,000 件，每次進貨批量為 2,250 件，其庫存情況參見表 8-2。

表 8-2　　　　　　　　甲材料庫存情況（全年進貨 4 次）

日期	庫存量（件）
1月1日	2,250
3月31日	0
4月1日	2,250
6月30日	0
7月1日	2,250
9月30日	0
10月1日	2,250
12月31日	0

根據以上資料可計算該公司平均儲存量為：
平均儲存量 = 1÷2×進貨批量 = 1÷2×2,250 = 1,125（件）
以上計算如圖 8-2 所示。

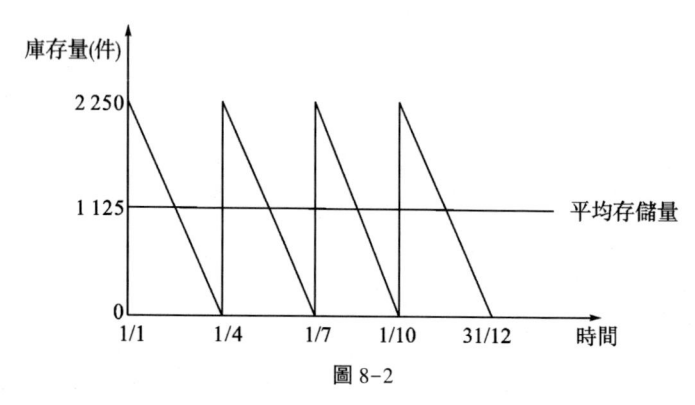

圖 8-2

$$\text{平均儲存量} = \frac{\sum_{n=1}^{13} \text{各期期初存量}}{13} = \frac{\text{年初存量}}{2}$$

$$= \frac{58,500}{13} = 4,500 \text{（件）}$$

其平均儲量如下：

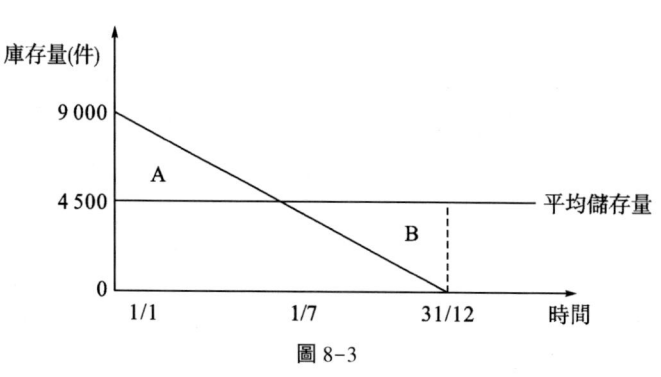

圖 8-3

在圖 8-3 中平均儲存量線將庫存量下降線平分為兩段，形成兩個相等的三角形 A、B，說明以期初庫存量的一半可代表這種較為特殊情況下的全年的平均儲存量。因此可以說：平均儲存量為購入批量的一半。這種計算方法和結論在一般情況下都適用，因為多數企業的生產能力、銷售量、規模大小都是相對穩定的，以每批進貨量的一半作為平均儲存量不會有多大出入。若遇較大變化則應相應調整、修正，才能適應存貨控制與決策的需要。

2. 經濟訂購批量的基本模型

尋找企業的經濟訂購批量，應從最小的訂購成本與儲存成本和考慮避免缺貨成本上著手。影響存貨總成本的變量很多，為使基本的數學模型避免一些較為複雜因素的影響，我們先考慮簡單的情況，在仔細分析的基礎上建立起一個基本模型。基本模型儘管簡單，但它能揭示各因素之間的基本關係，是進一步解決複雜問題的基礎，也能適應千變萬化的經濟活動。為此，在建立基本模型以前，先做出以下假設：

（1）某種存貨的全年需要量與平均消耗量是已知的，確定不會變動的。

（2）每次購買貨物從訂貨到送達入庫的時間間隔固定不變，並且每批貨物均一次送達。

（3）存貨購買單價不變，不考慮數量折扣與價格變動影響。

（4）不允許缺貨成本發生。

（5）用於購買存貨的資金充裕，不受限制。

在此假設的基礎上，問題極大地簡化了，從而可較順利地建立起經濟訂購批量的基本模型。從前述列表法和圖示法計算和尋求經濟訂購批量中可見，全年訂購成本與儲存成本的總和最小點，必然是訂購成本與儲存成本相等時相應總成本線上的一點。從微分學來看，此點即為總成本曲線上對採購次數的微分為零之處，數學模型正是從這一基本概念推導而來的。

設：D 代表某種存貨全年需要量，Q 代表每批購進數量，N 代表全年採購次數，則：

$$N = \frac{D}{Q}$$

設 K 代表一次訂貨的訂購成本，C_1 代表全年訂購成本，則：

$$C_1 = NK = \frac{D}{Q}K$$

設：K_i 代表年儲存成本率（以平均存貨百分率表示），Kc 代表單位存貨儲存一年的儲存成本，C_2 代表全年儲存成本，u 代表該種存貨的單價，C 代表存貨總成本，則：

$$kc = k_i u$$

所以：

$$平均儲存量 = \frac{Q}{2}$$

存貨平均占用資金 $= \dfrac{Q}{2}u$

$C_2 = \dfrac{Q}{2}uK_i = \dfrac{Q}{2}K_c$

全年某種存貨總成本 $= C_1 + C_2$

$$= \dfrac{D}{Q}K + \dfrac{Q}{2}uK_i$$

若在全年需要兩種，隨採購次數為轉移的變動成本 E，則可表述為：

$E = \dfrac{KD}{Q} + \dfrac{KiuQ}{2}$

$E = \dfrac{KD}{Q} + \dfrac{KcQ}{2}$ (1)

上式說明，全年某種存貨的全年需要量中，隨訂購次數變動的變動成本總額是每批購進數量的一元函數，它是由互為消長的兩部分組成，現在要計算全年某種存貨總成本最低的 EOQ 值，根據極值定理，則以 Q 為自變量對 E 進行微分使之等於零，且二次微分為正值時則 E 有最小值。

$\dfrac{d(E)}{dQ} = \dfrac{-KD}{Q^2} + \dfrac{Kc}{2}$

令：

$\dfrac{d(E)}{dQ} = 0$，$\dfrac{-KD}{Q^2} + \dfrac{Kc}{2} = 0$

並且：

$\dfrac{d^2(E)}{d^2Q} + \dfrac{2KD}{Q^3} > 0$

則：

$EOQ = \sqrt{\dfrac{2KD}{Kc}}$

或：

$EOQ = \sqrt{\dfrac{2KD}{K_i u}}$

其次，由式（2）得：

$\dfrac{KD}{Q^2} = \dfrac{K_c}{2}$，$\dfrac{D}{Q^2} = \dfrac{K_c}{2K}$

$\dfrac{D^2}{Q^2} = \dfrac{K_c D}{2K}$

所以全年最優採購次數

$N' = \dfrac{D}{EOQ} = \sqrt{\dfrac{K_c D}{2K}}$

設最優進貨週期為 t'_s。

則：

$$t'_s = \frac{12}{N'}, \quad N' = \frac{D}{EOQ}$$

$$t'_s = \frac{12}{D}EOQ = \frac{12}{D}\sqrt{\frac{2KD}{K_c}}$$

$$t'_s = \sqrt{\frac{2K}{K_cD}} \cdot 12$$

將 EOQ 帶入 $E = \frac{KD}{Q} + \frac{K_cQ}{2}$

則全年最小變動總成本 E' 可按以下模型計算：

$$E' = \frac{KD}{\sqrt{\frac{2KD}{K_c}}} + \frac{K_c}{2}\sqrt{\frac{2KD}{K_c}}$$

$$E' = \sqrt{2KDK_c}$$

【實例三】茫溪化工廠計劃年度全年需要消耗原煤 48,000 噸，每次訂購的訂購成本為 250 元，每噸原煤每月儲存成本是 0.125 元。試計算經濟訂購批量 EOQ，最優進貨週期 t' 和最低全年變動總成本 E'。

解：$D = 48,000$（噸），$K = 250$（元）

$K_c = 12 \times 0.125$（元/噸·月）

依題意代入公式：

$$EOQ = \sqrt{\frac{2KD}{Kc}} = \sqrt{\frac{2 \times 48,000 \times 250}{12 \times 0.125}} = 4,000 \text{（噸）}$$

$$N' = \frac{D}{EOQ} = \sqrt{\frac{2 \times 48,000 \times 250}{2 \times 250}} = 12 \text{（次）}$$

$$t' = \sqrt{\frac{2K}{KcD}} \cdot 12 = \sqrt{\frac{2 \times 250}{12 \times 0.125 \times 48,000}} \times 12 = 1 \text{（月）}$$

或：

$$t'_s = \frac{12}{N} = \frac{12}{12} = 1 \text{（月）}$$

$$E' = \sqrt{2KDK_c} = \sqrt{2 \times 48,000 \times 12 \times 250 \times 0.125} = 6,000 \text{（元）}$$

【實例四】沱江工具廠某種材料年度需要量 2,000 件，每件購價 100 元，一次訂貨的訂購成本為 40 元，年度儲存成本率為 1%，試計算：應分幾次採購才能使年度變動總成本最低？

解：$D = 2,000$（件），$K = 40$（元）

$U = 100$（元），$k_i = 1\%$

代入公式：

$$EOQ = \sqrt{\frac{2 \times 2,000 \times 40}{100 \times 1\%}} = 400 \text{（件）}$$

$$N' = \sqrt{\frac{100 \times 1\% \times 2,000}{2 \times 40}} = 5 \text{（次）}$$

$$t'_s = \sqrt{\frac{2 \times 40}{100 \times 1\% \times 2,000}} \times 12 = 2.4 \text{（月）}$$

或：

$$t'_s = \frac{12}{5} = 2.4 \text{（月）}$$

$$E' = \sqrt{2 \times 2,000 \times 100 \times 1\% \times 40} = 400 \text{（元）}$$

上述資料的計算參照表 8-3。

表 8-3　　　　　各種訂貨批量所需總成本計算表

D = 2,000 件

項目	各種訂貨批量						
每批訂貨量（千克）	2,000	1,000	500	400	333	250	200	100
全年訂貨次數 （全年需要量÷每批訂貨量）	1	2	4	5	6	8	10	20
每批訂貨金額（元） （每批訂貨量×單價）	200,000	100,000	50,000	40,000	333,000	25,000	20,000	1,000
平均存貨金額（元） （每批訂貨金額÷2）	100,000	50,000	25,000	20,000	16,650	12,500	10,000	5,000
年訂購成本（元） （訂貨次數×每次訂購成本）	40	80	160	200	240	320	400	800
年儲存成本（元） （平均存貨金額×1%）	1,000	500	250	166.50	125	125	100	50
年存貨總成本	1,040	580	410	400	406.50	445	500	850

　　從表 8-3 中可見訂貨量每批為 400 件時，全年訂貨 5 次，其年度變動總成本為最低（400 元），與按經濟訂購批量公式計算所得結果是相同的，也會使圖解法與列表法的結果相同，這裡不再贅述。

二、不同採購方式下的存貨控制

　　企業組織日常材料採購可按兩種方式進行：一是定量採購方式，二是定期採購方式。兩者雖然出發點不同、計算依據不同、適用條件不同，但都必須考慮滿足材料供應和降低資金占用的要求。企業應根據自己的特點及取得有關信息的難易程度，決定選用何種方式組織日常採購。下面分別介紹這兩種採購方式控制的特點。

（一）定量採購方式控制

　　定量採購方式是以事先計算的經濟批量為定量採購基礎，以現有庫存材料儲備量是否達到固定的再訂貨點作為決定是否採購的標誌的一種採購方式。

在該方式下，每次採購量應固定等於經濟批量，事先確定各種材料採購的經濟批量是應用該法的基礎。在日常管理過程中，一旦發現庫存材料儲備量達到事先確定的再訂貨點，應馬上組織訂購。顯然，再訂貨點的確定是應用該法的關鍵。

再訂貨點（用 R 表示）受到以下因素的影響：

（1）交貨期（即從辦理採購起，到貨物驗收入庫可以使用為止的時間間隔，包括：辦理訂購手段、發運、在途、驗收入庫等所需時間，用 t_1 表示）。

（2）材料每日平均耗用量（又叫發貨量，用 f 表示）。

（3）保險儲備量（指在前兩個因素不穩定的情況下，為保證不至於缺貨或將缺貨限制在允許的範圍內而準備的安全儲備量，用 I 表示）。再訂貨點的計算公式為：

再訂貨點（R）＝交貨期日數×每日平均耗用量＋保險儲備量
　　　　　　＝交貨期平均耗用量＋保險儲備量
　　　　　　＝$t_1 f + I$

式中，保險儲備量的確定比較複雜，一般可按經驗估計或採用概率方法進行估算（具體方法略），亦可按保險日數（用 t_2 表示）乘以每日耗用量來計算（此時，$I = t_2 f$）。

若設任意時刻的庫存儲備量為 Q_2，當 $Q_2 > R$ 是，不需要組織採購；當 $Q_2 = R$ 時，應立即組織採購，採購量為經濟批量 EOQ。

總之，定量採購的特點是：採購批量固定不變，採購日期不定期。

【實例五】某企業生產使用的某種材料全年需用量為 4,000 件，每次訂貨成本為 50 元，單位材料年均儲存成本為 10 元，不允許出現缺貨，沒有商業折扣，交貨期為 5 天，保險日數為 1 天，平均每天耗用量為 11 件。

要求：

（1）計算定量採購方式下的每次採購量及再訂貨點。

（2）判斷當實際庫存儲備分別達到 80 件和 66 件時，企業是否應當馬上組織採購該種材料？

解：

（1）每次採購量即為經濟批量。

$\because D = 4,000, K = 50, K_c = 10, t_1 = 5, f = 11, I = t_2 f$

$\therefore EOQ = \sqrt{\dfrac{2KD}{K_c}} = \sqrt{\dfrac{2 \times 50 \times 4,000}{10}} = 200$（件）

$R = t_1 f + I = 5 \times 11 + 1 \times 11 = 66$（件）

（2）當 $Q_2 = 80$ 時，因為 $Q_2 > R$，所以，不用採購。當 $Q_2 = 66$ 時，$Q_2 = R$，應馬上採購 200 件。

答：（略）

（二）定期採購方式控制

定期採購方式是在事先決定的固定採購週期的基礎上，以預計的定期採購量標準與各採購日當時的實際庫存採購量之間的差額作為每次實際採購量的一種採購方式。

採購週期是指兩次採購之間的間隔（用 t_0 表示），它通常受到企業全年需用材料量、耗用情況以及供應方生產批量和供貨特點等因素的影響。

定期採購量標準（用 M 表示）是指每次訂貨的最高限額，它由採購週期平均耗用量（等於進貨同期平均需用量）、交貨期平均耗用量與保險儲備量三者之和構成，即：

定期採購量標準(M) = 採購週期平均耗用量 + 交貨平均耗用量 + 保險儲備量
$$= 供應間隔日數 \times 每日平均耗用量 + 交貨日期數 \times 每日平均耗用量 + 保險日期 \times 每日平均耗用量$$
$$= t_0 + t_1 + t_2 f$$

則，每次採購的實際訂貨量 Q 的公式為：

每次定期採購的實際訂貨量(Q) = 定期採購量標準 − 採購日實際庫存儲備量
$$= M - Q_2$$

總之，定期採購方式的特點是：定期組織採購，但每次實際採購量不固定。

【實例六】某企業需用某種材料，每個月定期採購一次，每日平均耗用量為 100 噸，交貨期為 5 天，保險日數為 2 天。

要求：

（1）試計算該企業定期採購量標準。

（2）假定前三個採購日的實際材料盤存數分別為 800 噸、700 噸和 600 噸，試分別計算這三次的實際採購量應為多少。

解：

（1）求定期用量標準 M：

∵ $t_0 = 30$ 天，$t_1 = 5$ 天，$t_2 = 2$ 天，$f = 100$ 噸

∴ $M = t_0 + t_1 + t_2 f = (30 + 5 + 2) \times 100 = 3,700$（噸）

（2）將 $M = 3,700$，Q_2 分別為 800、700、600 噸代入 $Q = M - Q_2$，則有：

第一次實際採購量 $Q = 3,700 - 800 = 2,900$（噸），第二次和第三次實際採購量分別為 3,000 噸和 3,100 噸。

答：（略）

在材料採購控制中，還可以根據需要進行經濟採購批量靈敏度分析，以確定影響經濟批量的主要因素，具體方法此處從略。

第三節　經濟訂購批量數學模型的擴展運用

建立在一定假設條件之下的基本數學模型，經過對一些條件的改變和概念轉換，還可以做多方面的運用。

一、經濟訂購批量數學模型在生產批量控制中的運用

成批生產或大批生產的製造業，可以將前述經濟訂購批量的計算原理，運用於

企業生產方面，可在成批生產中確定一次投產的最經濟的生產批量。對這類問題的研究，主要是考慮兩個相關成本因素，即調整準備成本和儲存成本。至於生產過程中發生的直接材料、直接人工等成本，則與此控制無關，不必加以考慮。

所謂調整準備成本是指每批產品投產前為做好準備工作而發生的成本。如調整機器、準備工具模具、清理現場、布置生產線、領取原材料、準備生產作業記錄的成本等。這類成本每次發生額基本相等，它與生產數量沒有直接聯繫，而與批次成正比：批次越高，調整準備成本就越高；反之越低。

儲存成本是指單位產品或零部件在儲存過程中所發生的年成本。如倉庫及其設備的維修費、折舊費、保險費、保管人員工資、利息支出、自然損耗等。這類成本與批次的多少無直接聯繫，而與生產批量成正比例變化：批量越大，年儲存成本越高；反之越低。

顯然，調整準備成本與儲存成本是性質相反的兩類成本，由於調整準備成本與批量無關，而與批次成正比，因此，要想降低全年的調整準備成本，必須減少批次，而批次的減少，必將引起批量的增長，從而提高全年的平均儲存成本。在這種情況下，就存在最優生產批量的控制問題。最優生產批量的控制就是要尋求一個適當的生產批量，使其全年的調整準備成本與其全年的平均儲存成本之和為最低。

經濟訂購批量的基本數學模型如前所述為：

$$EOQ = \sqrt{\frac{2KD}{Kc}}$$

如果應用到生產上，式中各字母的經濟含義應該改為：EOQ 代表某種成批生產的產品一次投產的最經濟批量；D 代表該產品全年預計總產量；K 代表更換生產批次需花費的調整、安裝、準備成本；k_c 代表單位產品存儲一個單位期間的儲存成本。

【實例七】沱江工具廠預計全年生產某種機具 48,000 套，每套機具每月儲存成本 0.20 元，每次更換生產批次需花費調整準備成本 1,600 元。試計算一次投產的最經濟批量 EOQ，最優生產週期 t'_s 和最低年度變動生產成本 E'。

解： $D = 48,000$（套），$K = 1,600$（元）

$k_c = 0.02$（元/套·月）$\times 12$

帶入基本模型：

$$EOQ = \sqrt{\frac{2 \times 48,000 \times 1,600}{12 \times 0.20}} = 8,000 \text{（套）}$$

$$N = \frac{48,000}{8,000} = 6 \text{（次）}$$

或：

$$N = \sqrt{\frac{12 \times 0.20 \times 48,000}{2 \times 1,600}} = 6 \text{（次）}$$

$$t'_s = \sqrt{\frac{2 \times 1,600}{12 \times 0.20 \times 48,000}} \times 12 = 2 \text{（月）}$$

或：

$$t'_s = \frac{12}{N} = \frac{12}{6} = 2 \text{（月）}$$

或：

$$E' = \sqrt{2 \times 48,000 \times 12 \times 1,600 \times 0.20} = 19,200 \text{（元）}$$

二、陸續供應或陸續生產條件下經濟批量計算

在建立基本模型時，是假定存貨一次到達陸續消耗領用，在存貨增加時，存量變化表現為垂直的直線，其庫存存貨變動如圖8-4所示。

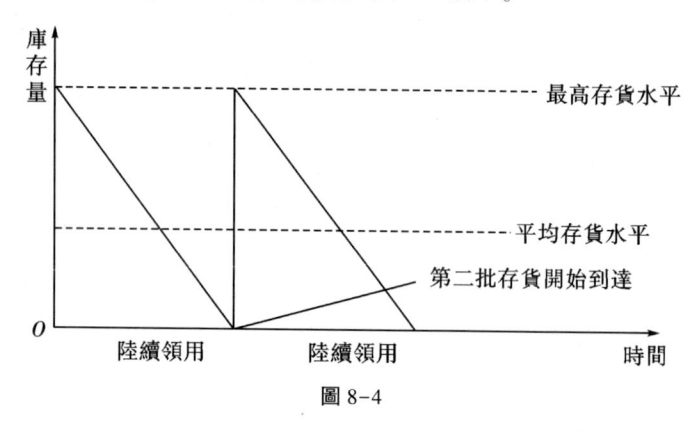

圖8-4

在企業的現實生產經營中，各批存貨常常是陸續入庫，使庫存量增加，然後逐步耗用。產成品和在產品入庫和轉移也是陸續供應與陸續耗用的。無論是存貨陸續送到供陸續使用，還是陸續自行生產供陸續領耗，這時庫存存貨變動如圖8-5所示。

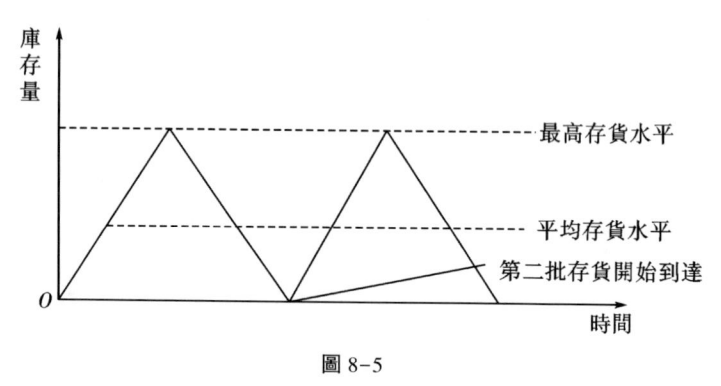

圖8-5

在這種條件下，供生產領耗的存貨，是經過陸續自制加工入庫或經購買陸續到達入庫，供生產陸續領用消耗，為適應這種情況變化，應引入參數對前述基本模型做一些修正。

假設某廠生產所需的P材料由本廠自制，生產速度為P，消耗速度為d，為保證生產，要求$P>d$，在自制期間，除去當日消耗，每天還要儲存一部分P材料，其

速度為 $P-d$，消耗週期為 t_1，$t_c = t_2 - t_0$，生產時間為 $t_1 - t_0 = t_2 - t_0$。

在每個消耗週期內，庫存量從零增加至 M，再從 M 下降至零，如圖 8-6 所示。

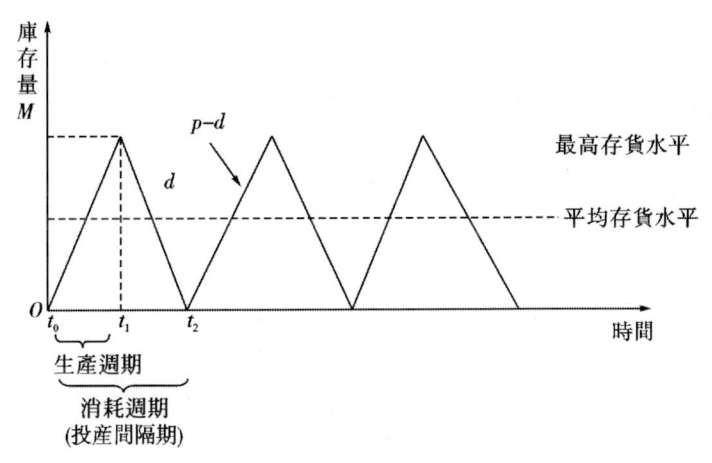

圖 8-6

雖然「經濟生產批量」的計算原理與「經濟訂購批量」是相同的，但兩者所面對的存貨動態是不同的。經濟訂購批量基本模型運用於計算經濟生產批量時，可做如下概括：在整個週期內生產批量或消耗批量 $Q = (t_1 - t_0) P$，或者 $Q = (t_2 - t_0) d$，則：

$$t_1 - t_0 = \frac{Q}{P}, \quad t_2 - t_0 = \frac{Q}{d}$$

即：一批產品的生產週期是一批產品的投產量 Q 除以每天產品產出量 P 所得的商；每次投產的間隔期是一批產品的投產量 q 除以每天產品消耗量 d 所得的商。當一個生產週期終了，產品的最高存量可依下式計算出來：

產品最大庫存量 = 生產週期內每天庫存量淨增加額 × 生產週期天數

$$= (P-d)(t_1 - t_0)$$

$$= (P-d)\frac{Q}{P}$$

或

產品最大庫存量 $= \left(1 - \dfrac{d}{P}\right) Q$

可據此確定以下幾個指標：

1. 平均存貨量

平均存貨量 = 產品最大庫存量 ÷ 2

$$= (P-d)\frac{Q}{P}/2$$

$$= \frac{Q(P-d)}{2P}$$

或：

$$\text{平均存貨量} = \frac{(1-\frac{d}{P})Q}{2}$$

2. 儲存成本總額

$$\text{儲存成本總額} = \frac{K_c(P-d)}{2P}$$

或：

$$\text{儲存成本總額} = \frac{K_c(1-\frac{d}{P})Q}{2}$$

3. 調整準備成本總額

$$\text{調整準備成本總額} = \frac{K}{(t_2-t_0)} = \frac{K}{\frac{Q}{d}} = \frac{kd}{Q}$$

因此，單位期間變動總成本可表達為：

$$E = \frac{K_c(1-\frac{d}{P})Q}{2} + \frac{Kd}{Q} \tag{1}$$

欲要其值最小，應使：

$$\frac{dE}{dQ} = \frac{K_c(1-\frac{d}{P})}{2} - \frac{Kd}{Q^2} = 0$$

並且：

$$\frac{d^2E}{dQ^2} = \frac{2Kd}{Q^3} > 0$$

故有極小值，所以：

$$EOQ = \sqrt{\frac{2Kd}{(1-\frac{d}{P})K_c}}$$

由於全年消耗速度 d 就是全年需要量，所以從全年來看 $d=D$，故上式可表達為：

$$EOQ = \sqrt{\frac{2KD}{(1-\frac{d}{P})K_c}} \tag{2}$$

將式（2）帶入前式可得：

$$E' = K_c\frac{EOQ(P-d)}{2P} + K\frac{d}{Q}$$

同理，從全年來看 $d=D$，故 E' 可表述為：

$$E' = \sqrt{2\,DKK_c \times \left(1-\frac{d}{P}\right)}$$

【實例八】某廠全年要耗用某種零件438,000件，每天需要生產1,000件，消耗600件，每件零件全年的儲存成本為0.25元，每批產品更換調整成本為25元。試計算經濟批量 EOQ，最優庫存量 M，最低年變動總成本 E'，最優消耗週期（$t_2 - t_0$）和生產週期（$t_1 - t_0$）。

解：代入公式

$$EOQ = \sqrt{\left[\frac{2 \times 438,000}{1-\frac{600}{1,000}}\right]\left(\frac{25}{0.25}\right)} = 14,800 \text{（件）}$$

$$E' = \sqrt{2 \times 438,000 \times 0.25 \times 25 \times \left(1-\frac{600}{1,000}\right)} = 1,480 \text{（元）}$$

$$t_1 - t_0 = \frac{EOQ}{P} = \frac{14,800}{1,000} = 14.8 \text{（天）}$$

$$M' = \frac{EOQ}{P}(P-d) = \frac{14,800}{1,000} \times (1,000-600) = 5,920 \text{（件）}$$

$$t_2 - t_0 = \frac{EOQ}{d} = \frac{14,800}{600} = 24.67 \text{（天）}$$

最優經濟生產批量成本公式還可用於比較企業零部件自制和外購的經濟效果。自制零部件由於邊生產邊消耗，平均存量少，自製單位成本可能較低，但一批零部件投產的調整準備成本卻可能比一次對外訂購的外購成本高。因此，要全面衡量分析與此有關的全部成本，才能做出正確的選擇。

設生產上有一零件，如向市場購買，每件採購單價為16元，如果自制，單位成本為12.25元，與外購有關的其他數據是：$D=1,225$（件），$K=10$（元），$k_c=16 \times 20\% = 3.2$（元）。據此，可計算：

$$E' = \sqrt{2\,DKK_c} = \sqrt{2 \times 1,225 \times 10 \times 16 \times 0.2} = 280 \text{（元）}$$

全年外購零件的全部成本 = $1,225 \times 16 + 280 = 1,9,980$（元）

設零件改為自制，取得相關數據如下：調整準備成本 $K=5,000$（元），$d=10$（件），$P=50$（件），$k_c=12.25\% \times 20\% = 2.45$（元），將以上數據代入公式：

$$E' = \sqrt{2\,DKK_c \times \left(1-\frac{d}{P}\right)}$$

$$= \sqrt{2 \times 1,225 \times 5,000 \times 12.25 \times 0.2 \times \left(1-\frac{10}{50}\right)}$$

$$= 4,900 \text{（元）}$$

全年自制零件的全部成本 = $1,225 \times 12.25 + 4,900$
$$= 19,906.25 \text{（元）}$$

計算表明，自制調整準備成本較高，不太合算，故仍應繼續外購為宜。

至於原材料訂購後陸續送達、陸續領用，則與上述自制零件、材料的情況類似。

可以圖 8-7 說明如下：

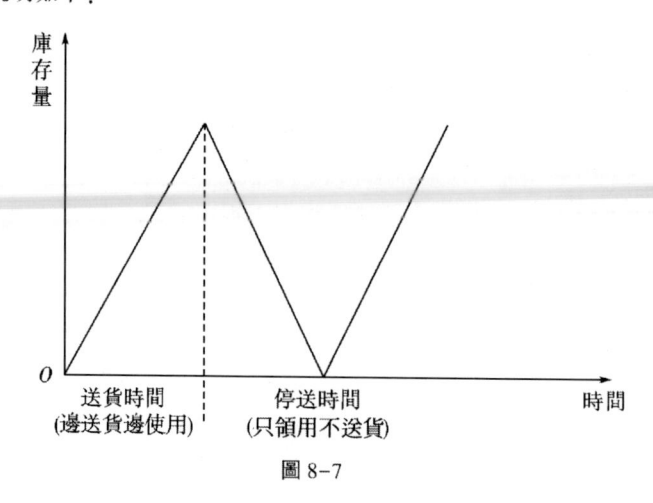

庫存量 / 時間

送貨時間
(邊送貨邊使用)

停送時間
(只領用不送貨)

圖 8-7

為了能合理使用儲備資金，正確計算經濟訂購批量與經濟生產批量，使用基本模型時，有關參數所代表的經濟含義要做相應的變化。現列出基本模型並將各參數的經濟含義對照，參見表 8-4。

表 8-4　　　　　　　　　參數經濟含義對照表

符號	經濟訂購批量 經濟含義	經濟生產批量 經濟含義
D	全年需要量	全年生產量
K	每批訂購成本	每批產品更換調整
k_c	存貨儲存成本	存貨儲存成本
c	存貨購買單價	自制材料或零件單位成本
P	陸續送貨速度	陸續生產速度
d	消耗領用速度	消耗領用速度

三、考慮數量折扣時的「經濟訂購批量」模型

在建立基本模型時曾假設購買存貨單價保持不變，即單價不受一次購買量多寡的影響，在計算年最低變動總成本（E'）時，是把材料採購成本作為固定成本排除在外的。但在市場經濟的市場行銷策略中，實行數量折扣和區段價格是供貨者鼓勵人們大批購買商品的方法。這種推銷方式對供貨者是有利的，但對購買者來說卻是有利有弊，因為這種折扣需要每次購買達到規定數量方可獲得。有利之處表現在，可以較低的優惠價格進貨，採購批量的加大可使運費相對降低，也可使採購次數減少從而減少訂購成本。不利之處表現在，隨採購批量的增加，必然會提高存貨水準，使倉庫保管費上升，資金積壓，增加利息支出，存貨呆滯。由此可見，享受數量折扣雖使訂購成本與存貨進價下降，但卻使儲存成本增加。在有數量折扣的條件下，決策的比較基礎已不同於基本模型。在基本模型中是將存貨買價（採購數量×採購

單價）當作固定成本的，是不同方案比較中的非相關成本，不作為決策計算的內容。而在有數量折扣的條件下，存貨買價被視為變動成本，是不同方案比較中應予考慮的相關成本，是不同方案差別成本的組成部分。所以，在有數量折扣與區段價格的條件下，要分別對按經濟訂購批量採購存貨所需的存貨買價、訂購成本、儲存成本三部分的成本總額與各種數量折扣批量採購存貨所需的存貨買價、訂購成本、儲存成本三部分的成本總額進行對比，才能做出正確的決策。這時的成本總額是存貨的完全成本。這項成本包括了存貨買價，使它區別於基本模型。存貨總成本的計算公式應為：

$$C_{MT} = Du + \frac{D}{Q}K + \frac{Q}{2}K_i u$$

式中：C_{MT} 為全年存貨總成本，D 為全年需求量，u 為存貨購買單價，K 為每次訂購成本，k_i 為以平均存貨金額的百分數表示的儲存成本，Q 為每次採購量。

【實例九】某電冰箱廠使用 G 配件，全年需要量為 7,500 件，單價為 40 元，每次訂購成本為 100 元，儲存成本為平均存貨金額的 15%，供應廠家規定，若每次採購量超過 2,500 件，在結算單價上可享受 8% 的數量折扣。該電冰箱廠應否按數量折扣向供應廠家購買 G 配件？

解：首先應對不接受數量折扣條件的存貨總成本進行計算，即確定經濟訂購批量及全年存貨總成本。

根據基本模型，則有：

$$EOQ = \sqrt{\frac{2KD}{K_i u}} = \sqrt{\frac{2 \times 7,500 \times 100}{40 \times 15\%}} = 500 \text{（件／批）}$$

根據經濟批量並將有關數據代入存貨總成本計算公式

$$G_{MT} = 7,500 \times 40 + \frac{7,500}{500} \times 100 + \frac{500 \times 40}{2} \times 15\%$$

$$= 300,000 + 1,500 + 1,500$$

$$= 303,000 \text{（元）}$$

其次，計算接受數量折扣的存貨總成本，應注意的是採購批量應完全依折扣條件為準，存貨購進單價應按扣除折扣率以後進行計算。

存貨買價 = $Du \times (1-8\%)$ = 7,500×40×92% = 276,000

存貨訂購成本 = $D/Q \times K$ = 7,500/25,500×100 = 300（元）

儲存成本 = $Q \times K_i \times (1-8\%)/2 \times 15\%$

　　　　 = 2,500×40×90%

　　　　 = 6,900（元）

從以上兩方面計算可見，如按經濟訂購批量採購，則該廠年存貨總成本為 303,000 元。如果接受數量折扣，每次採購均要按 2,500 件採購，購貨單價才能從 40 元降為 36.8［40×(1-8%)］，平均存貨額由 10,000 元（500×40/2）上升為 46,000 元（2,500×36.80/2），這必然使儲存成本上升，增加 5,400 元（6,900－1,500），但訂購成本卻節省了 1,200 元（1,500-300）。而最大的節約是按數量折扣

的批量採購使存貨買價降低 24,000 元（300,000-276,000），不僅彌補了儲存成本的增加支出部分，還可帶來近 20,000 元的盈餘，說明該企業應選擇按數量折扣的批量購買的決策。

應否接受數量折扣的批量購買的決策，實質上是權衡數量折扣帶來的訂購成本與存貨的購置成本（存貨買價）的節約額與存貨的儲存成本的增加額，前者超過後者時才是可取的，否則顧客無法接受折扣條件。

對於一般供應廠商所提供的區域價格優惠，可將其看作一種特殊形式的數量折扣，在進行決策中，仍應在不同的方案成本比較時，把存貨的買價包括在差別成本之中。它是不同方案的相關成本與變動成本。只是區段價格的形式有兩區段、三區段、四區段乃至更多的區段形式。上述數量折扣情況下訂購批量決策原理和方法，也適合於多種區段價格情況下的訂購批量決策，只是比較的步驟更多，劃分的區段越多，所需輾轉比較的步驟越多。通常情況下，按以下程序確定經濟訂購批量：首先，計算不考慮數量折扣的經濟批量；據此按所提供的區段價格優惠條件查出相應的採購價格，代入公式計算出相關成本總額；其次，按其餘區段價格與採購批量分別計算各自條件下的相關成本總額；最後，比較各種情況的相關成本總額，相關總成本最低時的採購批量即為考慮數量折扣時的經濟訂購批量。

【實例十】設某廠全年需外購 A 配件 6,400 件，每次訂貨成本 125 元，儲存成本為平均存貨成本的 25%，該配件供應商規定的區段價格為（見表 8-5）：

表 8-5

一次供貨量（Q）（件）	每件單價（元）
1~579	20
580~629	18
630~669	16
670~729	14
730 以上	12

對於各區段相關總成本的計算結果可列表如下（參見表 8-6）。

表 8-6

批量 Q（件）	單價 u（元）	全年購買金額 $6,400 \times u$（元）	平均存貨 $Qu/2$（件）	儲存成本 $Qu/2 \times 0.25$（元）	批次 $6,400/Q$	訂貨成本 $D/Q \times 125$（元）	總成本（元）
565	20	128,000	5,650	1,413	11.33	1,416	130,829
596	18	115,200	5,364	1,341	10.74	1,343	117,884
632	16	102,400	5,056	1,264	10.12	1,265	104,929
676	14	89,600	4,732	1,183	9.46	1,183	91,966
730	12	76,800	4,380	1,095	8.76	1,095	78,990

在本例中視第一區段為不考慮數量折扣的經濟訂購批量，它是將數據代入基本模型計算的，以第三區段為例：

$$Q_3 = \sqrt{\frac{2DK}{K_i u}} = \sqrt{\frac{2 \times 6,400 \times 125}{16 \times 0.25}} = 632 \text{（件）}$$

從表 8-6 的計算結果可以看出，每批採購 730 件時總成本（78,990 元）為最低，是經濟訂購批量。

第四節　存貨的日常控制

一、掛籤制度

掛籤制度（Hang Label System）是一種傳統的存貨日常控制方法，它對庫存商品或材料物資的每一項目均掛上一張帶有編號的標籤，當存貨發放給生產單位使用或售出時，即將標籤取下，記在「永續盤存卡片」上以便控制。在這種情況下，為了保證不致發生停工待料或臨時無貨供應，必須事先在盤存卡片上註明最低儲存量（即保險儲備量），一旦實際結存餘額到這個水準，應立即提出訂購申請。永續盤存卡片的格式大致如下表所示：

表 8-7　　　　　　　　　　　　永續盤存卡

經濟訂貨量	1,400 千克		編號	130,456
訂貨點	200 千克		品名規格	材料甲

訂購			收入			支出		餘額	
20××年		數量	20××年		數量	20××年		數量	數量	單價
月	日		月	日		月	日			
1	2	1,000 千克	1	8	1,000 千克				1,000 千克	4 元/千克
						1	10	300 千克	700 千克	4 元/千克

如果企業沒有使用永續盤存記錄，則應將每次取下的存貨標籤集中存放，到規定的訂購日期，再將匯集存放的標籤分類統計其數量，並以此作為申請訂購的依據。

採用掛籤制度進行存貨控制簡易可行，但在一定時期內如果材料領用量或產品銷售量起伏不定，波動很大，則往往需要有較高的保險儲備量。

二、ABC 分析法

ABC 分析法（ABC Analysis Method）是對存貨按其重要程度、消耗數量和資金占用量進行 A、B、C 分類，明確管理的重點和方向，從而節約時間，節省資金，加

速資金週轉的存貨控制方法。ABC 分析法最初由義大利經濟學家巴累托（Pareto）提出，故又稱為巴累托分析法。

（一）ABC 分析法分類原理

ABC 分析法的基本分類原理是將企業全部存貨劃分為 A、B、C 三類。屬於 A 類的存貨是最重要的、價值高而品種少的存貨，通常一個企業的 A 類存貨僅占全部存貨品種數的 10% 左右，而一定期間的領用金額占全部領耗金額的 70% 左右。A 類存貨的管理處於舉足輕重的地位，是管理的重點。B 類存貨的品種占全部存貨品種數的 20% 左右；一定期間領耗的金額占全部領耗金額的 20% 左右。對 B 類存貨只能根據實際情況，予以相應的管理。屬於 C 類的是品種較多而價值較低的存貨，C 類存貨品種占全部存貨品種數的 70% 左右，但一定時期領耗存貨金額只占全部領耗存貨總金額的 10% 左右。對 C 類存貨只需按常規進行一般性管理。經過上述排隊分類後，ABC 三類存貨的比例關係大體上是：在存貨品種上表現為 1：2：7；在領耗金額上則表現為 7：2：1。將以上分類反應在直角坐標系中，就形成所謂的巴累托曲線，如圖 8-8 所示。

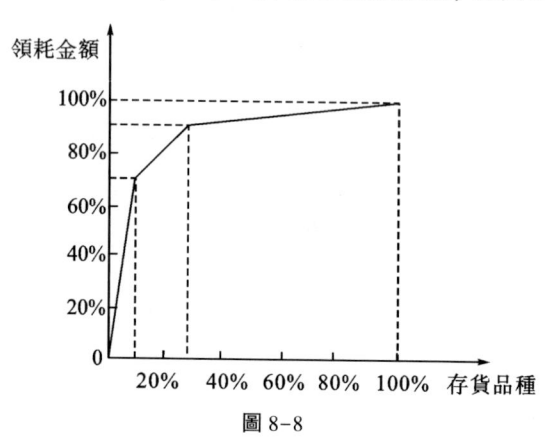

圖 8-8

對不同類別的存貨，有不同的控制要求。A、B、C 三類存貨的控制要求列表分別參見表 8-8。

表 8-8

類別 項目	A 類	B 類	C 類
1. 控制程度	按品種嚴格控制	按小類控制	按大類控制
2. 儲存量確定實行	仔細計算確定從嚴掌握	適當放鬆	留有餘地 簡便手續
3. 記錄要求	及時記錄收發存	定期記錄收發存	定期匯總記錄收發存
4. 盤點要求	按存貨品種實行永續盤存制	定期清查	實行實地盤存制
5. 保險儲量要求	按存貨品種計算確定	適當確定	較寬

在本例中視第一區段為不考慮數量折扣的經濟訂購批量，它是將數據代入基本模型計算的，以第三區段為例：

$$Q_3 = \sqrt{\frac{2DK}{K_i u}} = \sqrt{\frac{2 \times 6,400 \times 125}{16 \times 0.25}} = 632（件）$$

從表 8-6 的計算結果可以看出，每批採購 730 件時總成本（78,990 元）為最低，是經濟訂購批量。

第四節　存貨的日常控制

一、掛簽制度

掛簽制度（Hang Label System）是一種傳統的存貨日常控制方法，它對庫存商品或材料物資的每一項目均掛上一張帶有編號的標籤，當存貨發放給生產單位使用或售出時，即將標籤取下，記在「永續盤存卡片」上以便控制。在這種情況下，為了保證不致發生停工待料或臨時無貨供應，必須事先在盤存卡片上註明最低儲存量（即保險儲備量），一旦實際結存餘額到這個水準，應立即提出訂購申請。永續盤存卡片的格式大致如下表所示：

表 8-7　　　　　　　　　　　永續盤存卡

經濟訂貨量	1,400 千克						編號	130,456
訂貨點	200 千克						品名規格	材料甲

訂購			收入			支出			餘額	
20××年		數量	20××年		數量	20××年		數量	數量	單價
月	日		月	日		月	日			
1	2	1,000 千克	1	8	1,000 千克				1,000 千克	4 元/千克
						1	10	300 千克	700 千克	4 元/千克

如果企業沒有使用永續盤存記錄，則應將每次取下的存貨標籤集中存放，到規定的訂購日期，再將匯集存放的標籤分類統計其數量，並以此作為申請訂購的依據。

採用掛簽制度進行存貨控制簡易可行，但在一定時期內如果材料領用量或產品銷售量起伏不定，波動很大，則往往需要有較高的保險儲備量。

二、ABC 分析法

ABC 分析法（ABC Analysis Method）是對存貨按其重要程度、消耗數量和資金佔用量進行 A、B、C 分類，明確管理的重點和方向，從而節約時間，節省資金，加

速資金週轉的存貨控制方法。ABC 分析法最初由義大利經濟學家巴累托（Pareto）提出，故又稱為巴累托分析法。

（一）ABC 分析法分類原理

ABC 分析法的基本分類原理是將企業全部存貨劃分為 A、B、C 三類。屬於 A 類的存貨是最重要的、價值高而品種少的存貨，通常一個企業的 A 類存貨僅占全部存貨品種數的 10% 左右，而一定期間的領用金額占全部領耗金額的 70% 左右。A 類存貨的管理處於舉足輕重的地位，是管理的重點。B 類存貨的品種占全部存貨品種數的 20% 左右；一定期間領耗的金額占全部領耗金額的 20% 左右。對 B 類存貨只能根據實際情況，予以相應的管理。屬於 C 類的是品種較多而價值較低的存貨，C 類存貨品種占全部存貨品種數的 70% 左右，但一定時期領耗存貨金額只占全部領耗存貨總金額的 10% 左右。對 C 類存貨只需按常規進行一般性管理。經過上述排隊分類後，ABC 三類存貨的比例關係大體上是：在存貨品種上表現為 1：2：7；在領耗金額上則表現為 7：2：1。將以上分類反應在直角坐標系中，就形成所謂的巴累托曲線，如圖 8-8 所示。

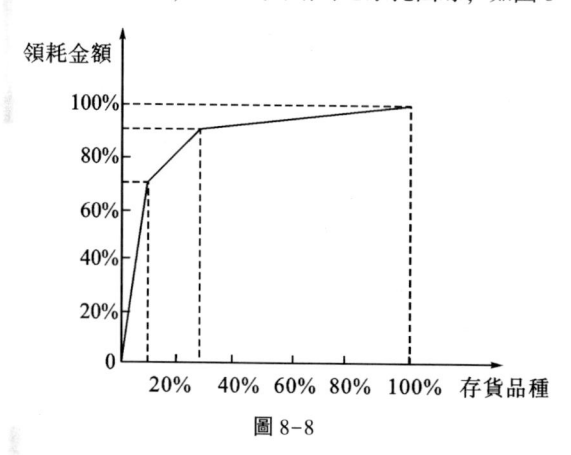

圖 8-8

對不同類別的存貨，有不同的控制要求。A、B、C 三類存貨的控制要求列表分別參見表 8-8。

表 8-8

類別 項目	A 類	B 類	C 類
1. 控制程度	按品種嚴格控制	按小類控制	按大類控制
2. 儲存量確定實行	仔細計算確定從嚴掌握	適當放鬆	留有餘地 簡便手續
3. 記錄要求	及時記錄收發存	定期記錄收發存	定期匯總記錄收發存
4. 盤點要求	按存貨品種實行永續盤存制	定期清查	實行實地盤存制
5. 保險儲量要求	按存貨品種計算確定	適當確定	較寬

（二）按分類要求選擇可及時提供存貨信息的控制方法

對企業存貨中的 A 類，由於其在資金控制與降低成本中有舉足輕重的地位，所以應在保證生產需要的前提下盡量減少庫存，制定嚴格的管理辦法與採購方式，因而對 A 類存貨信息的正確性與及時性要求最高。在存貨管理中應對 A 類存貨按存貨品種設置「永續盤存卡」，按存貨品種及時反應收入、發出、結存，嚴格控制這類存貨的庫存動態。當庫存餘額到達預先確定的訂貨點時，應及時向負責採購部門發出「信號」按預先確定的採購批量訂購，並應對 A 類存貨的採購、儲存、耗用中出現的與預計相背離的偏差，及時研究並盡快糾正。

如果企業存貨中的 A 類有 1,000 種，每年只需計算 100 種存貨的經濟訂購批量，就能將存貨總金額的 70% 置於有效的嚴格控制之下，事半功倍的效果是很明顯的。

對 B 類存貨的控制應採取略寬於 A 類的方式進行管理，對存貨信息的要求也不如 A 類那樣高，採用定量控制法可滿足要求。定量控制法的一般做法是每季或每半年核定一次最高儲存量和保險儲備量，調整一次經濟訂購批量和再訂貨點，同時檢查存貨並糾正偏差，當某類存貨降低到訂貨點時，即發出「信號」補充到最高儲存量，但應按經濟訂購批量採購，並盡量多採取與其他存貨聯合訂購的方式降低存貨成本。定量控制法是一種不定期的採購，但每次採購量是一樣的，是按經濟訂購批量採購。定量控制法如圖 8-9 所示。

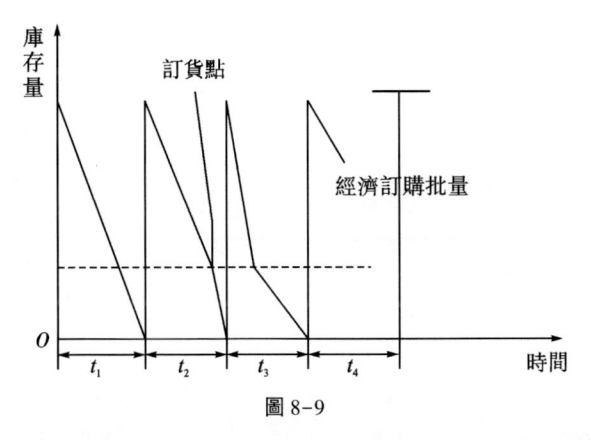

圖 8-9

對 B 類存貨的控制略寬於 A 類還表現在它的存貨記錄沒有 A 類嚴格，可定期逐筆登記。檢查存貨和糾正偏差不必逐項具體分析對比，只需定期概括地進行檢查分析即可。

對於存貨中的品種繁多而單位價值較低的 C 類存貨可採取一些簡便的辦法提供存貨的信息，也可實行一些簡化的方式對存貨進行控制，通常採取定期控制法，要求定期盤存現存存貨數量並與規定的存貨水準相比較，及時補充此項不足的差額，不斷維持預定的存貨水準。定期控制法是一種定期採購，但採購量不一定固定不變，定期控制法如圖 8-10 所示。

圖 8-10

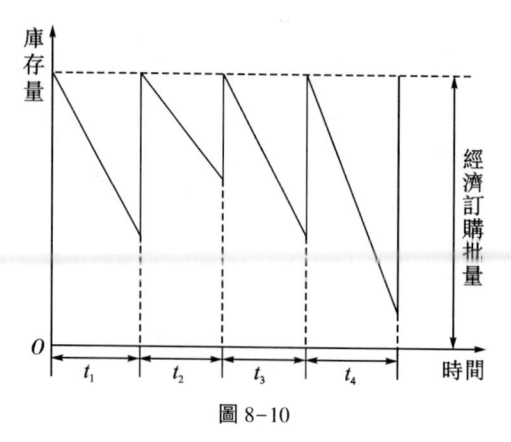

思考題

1. 什麼是存貨？存貨有哪些基本功能？
2. 採購存貨的成本包括哪些內容？
3. 存貨控制的目標是什麼？怎樣具體理解？
4. 什麼是經濟訂貨批量？經濟訂貨批量的相關成本是什麼？經濟訂貨批量相關成本的關係怎樣？
5. 經濟訂貨批量確定的方法有哪些？
6. 什麼是定量採購方式和定期採購方式？兩種方式的做法與特點怎樣？
7. 在生產批量條件下的經濟訂貨批量數學模型的擴展應用與簡化條件下的經濟訂貨批量的確定方法相比有哪些差異？
8. 在陸續供應或陸續生產條件下的經濟訂貨批量數學模型的擴展應用與簡化條件下的經濟訂貨批量的確定方法方法相比有哪些差異？
9. 在數量折扣條件下的經濟訂貨批量數學模型的擴展應用與簡化條件下的經濟訂貨批量的確定方法相比有哪些差異？
10. 什麼是掛簽制度和 ABC 分析法？兩種方法的做法怎樣？

計算題

習題一

一、目的：練習在簡單條件下，經濟訂購批量（列表法）的確定計算。

二、資料：A 公司生產需要甲材料，每天需要 1 噸，生產期為 360 天，總需要量為 360 噸。甲材料購價為每噸 1,000 元。每次採購費用為 9,000 元，每噸材料一

年的倉儲費用為 1,800 元。

三、要求：採用列表法確定經濟訂購批量。

習題二

一、目的：練習在簡單條件下，經濟訂購批量（公式法）的確定計算。

二、資料：依習題一 A 公司資料。

三、要求：採用數學模型法確定 A 公司經濟訂購批量、經濟訂購次數和最低相關成本。

習題三

一、目的：練習在陸續到貨條件下，經濟訂購批量（公式法）的確定計算。

二、資料：B 公司每年耗用乙材料 40,000 千克，每次採購費用為 25 元，每千克材料一年的倉儲費用為 8 元。公司訂貨陸續到貨，每天到貨量為 98 千克，每天耗用量為 110 千克（40,000/365）。

三、要求：確定公司陸續到貨時的經濟訂購批量和最低相關成本。

習題四

一、目的：練習存貨管理中，採用定量採購管理方式下的計算。

二、資料：C 公司生產耗用丙材料，全年耗用量為 5,000 千克，每次採購費用為 400 元，每千克材料一年的倉儲費用為 100 元。交貨期為 6 天，保險期為 2 天，平均每天耗用量為 13 千克。公司採用定量採購管理方式。

（1）確定再訂貨點。

（2）確定當實際庫存量分別為 120 千克和 90 千克時是否應立刻組織採購，每次採購多少？

習題五

一、目的：練習存貨管理中，採用定期採購管理方式下的計算。

二、資料：D 公司需要丁材料，每月定期採購一次，每天平均耗用量為 80 噸，交貨期為 3 天，保險期為 3 天。

三、要求：

（1）確定公司定期採購量標準。

（2）假定採購日前的實際庫存分別為 1,900 噸、1,200 噸和 2,300 噸，確定實際採購量。

第九章
責任會計

學習要點

隨著世界範圍內的經濟及科學技術的迅速發展，企業之間的競爭更為激烈。作為一個現代企業，在激烈競爭中要立於不敗之地，必須做到對外要提高競爭力，對內要加強控制和管理。本章著重討論現代企業的內部控制和管理問題。比如，如何合理設置企業的組織機構；如何確定各組織機構的業務範圍和工作責任；如何使各個機構互相配合、協調行動；如何使各下屬單位充分發揮其能動性；等等。這就促使企業對組織管理模式、組織結構、建立責任中心、實行責任會計制度等問題進行認真研究，以便更有效地控制整個企業的經濟活動。

現代企業的管理模式大致可分為兩種：集權制與分權制。責任會計是分權制下的一個產物。

實施責任會計的前提是建立責任中心。責任中心分為成本中心、利潤中心、投資中心三大類。

責任會計與傳統財務會計有一定區別。責任會計的主要特點是以各個責任中心為對象來組織並開展會計工作。

責任中心與責任會計的產生，必然導致內部轉移價格的出現。內部轉移價格涉及各責任中心的利益，因此，如何制定內部轉移價格十分重要。內部轉移價格通常包括：實際成本、實際成本加成、標準成本加成、市場價格、協商價格、雙重價格等。責任中心建立後，要求對責任中心進行評價與考核。評價是指對每種責任中心的優缺點進行評價；考核是指對責任中心的業績進行考核。不同責任中心有不同的考核指標。在實際工作中，責任會計與財務會計的工作內容與工作重點不同，因此，本章還討論了兩種會計如何結合的問題。

第一節 責任會計概述

責任會計源於企業管理模式的變更，要瞭解責任會計，首先要認識現代企業組

織的兩大管理模式：集權制和分權制。

一、企業管理模式概述

（一）集權制

集權制是指由企業最高管理當局集中控制企業經營管理活動的各種決策權限的管理形式。

在這種管理模式下，企業最高管理當局集中一切權力，或者只將某些權限有條件地授予企業內部各職能部門，但各職能部門在行使這些權限時，要向最高管理當局事前請示和事後匯報。企業總經理總攬大權，指揮企業的生產、經營、銷售、開發和財務等活動，對企業的成本、收入、利潤和資金等全面負責。企業下屬的各部門及其所屬的工廠、車間、工段、班組、工人等，都要貫徹執行最高管理當局的指令。

集權制下的企業組織結構一般比較簡單，最高管理當局能夠對經營活動進行統一指揮管理。其弊病在於，隨著生產經營業務的發展，最高管理當局將不能勝任繁復多變的決策工作，不能盡快詳盡地掌握一些較為具體的資料，如產品品種的變化和市場銷售的情況等，不利於培養有全面管理能力的企業高層經營管理者。同時，在這種體制下，企業內部各級機構只是被動地接受上級的指令，而沒有充分發揮企業各級人員的主觀能動性。

（二）分權制

分權制是指企業內部的各級機構能夠對一定範圍內的經營管理問題進行全面決策的管理形式。在這種管理模式下，企業成為由若干層次的單位或個人組成的一個大系統，每一層次的單位或人員直接對上一層次的單位或人員負責，上一層次對下一層次實施領導。

採用這種管理模式，企業可按地區或項目橫向綜合管理，即所有的生產、經營、銷售、開發和財務等活動都按地區或項目分塊，按塊進行綜合領導和綜合協調。

在這種管理模式下，企業最高管理當局可將一些總括性的、全面的決策權限，分散到各層次中去，使之承擔相應的責任和享受相應的利益，從而充分調動各層次人員的積極性，並使高層管理人員從日常繁復的決策工作中解脫出來，集中處理企業的具有戰略性的重大問題。

實行分權制，企業按地區或項目設置各分權單位，這樣，各分權單位就比較容易瞭解和適應產品和市場的變化及發展情況。同時，各級管理人員都具有一定範圍內的全面決策權限，分權單位的這種權限在某種程度上相當於企業全面決策權限的縮影，這就有利於培養企業的高層管理人員。實行分權制能夠更加有效地貫徹經濟責任制，充分調動各級機構和人員的積極性，並克服集權制的弊病。

（三）兩種管理模式的結合使用

企業採用哪種管理模式，要視具體情況而定，不能強求統一。集權制或分權制只是相對的概念，事實上不存在完全的集權制或完全的分權制。一個實行集權制的企業，只是在某些方面集權程度高一些；一個實行分權制的企業，只是在某些方面分權程度高一些。完全的集權制，可能使企業不能適應經濟發展的要求，最高管理

人員也無法處理大量的決策問題；完全的分權制則意味著企業擁有若干相互獨立的單位，有可能使最高管理當局失去對這些單位應有的管理和控制。

二、責任會計

(一) 責任會計（Responsibility Accounting）的基本概念

責任會計是對責任中心的經濟活動進行規劃、核算、控制與考核的一種會計制度。

責任會計制度是企業內部控制制度的重要組成部分之一。會計隨著經濟的發展而發展，為經濟發展的要求和企業管理的需要服務。當經濟發展要求企業在內部貫徹經濟責任制、建立各種責任中心、加強內部控制管理時，就需要建立與之相適應的內部控制制度之一的責任會計制度。

(二) 責任會計的對象

企業財務會計的對象是以企業為主體的資金運動。責任會計也屬於會計的範疇，因此，責任會計的對象也應當是資金運動。但由於責任會計是為責任中心服務的，責任中心的責、權、利範圍不同，責任會計的工作內容也不相同。因此，具體地說，責任會計的對象是以特定責任中心為主體的資金運動。但是，責任中心（特別是成本中心和利潤中心）一般不是完全獨立的生產經營單位，也不能完成資本運動的全過程，而只是完成企業整個資本運動中某一個或某幾個環節。責任會計通過對各個責任中心資本運動的各個環節或階段進行預算、控制、核算與考核，保證企業總體目標的實現。責任中心是企業的組成單位，各個責任中心內的資本運動構成了企業的整個資本運動。因而可以說，企業內責任會計的對象的總和，就構成了企業財務會計的對象。

(三) 責任會計的特點

責任會計較之財務會計，具有一些特點，其中最主要的特點是責任會計以各個責任中心為對象來組織並開展責任會計工作，而不像傳統會計那樣以產品或勞務為核算對象。責任會計重點對每個責任中心（包括成本中心、利潤中心和投資中心）所承擔的責任進行責任核算、評價和考核。財務會計則主要以產品或勞務為對象來計算企業生產的產品或提供的勞務的單位成本、總成本和取得的收入，並計算出盈利或虧損。

(四) 責任會計的目的

實行責任會計制度必須遵循目標管理和責、權、利相結合的基本原則以及行為科學的基本原理，將企業整體劃分為若干責任中心並使之成為企業整體的有機組成部分。企業要實現總體目標，必須充分調動各個責任中心的積極性。實行責任會計制度的目的在於理順企業內部各種利益關係，充分調動各個責任中心的積極性，以保證企業總體目標的實現。

(五) 責任會計的職能

1. 計劃職能

計劃職能就是編製各責任單位的責任預算，並以之作為各責任單位工作的目標

以及對其進行評價和考核的標準。責任預算的編製要與責任單位的責、權、利相一致，要與企業的總計劃相協調。

2. 控制職能

控制職能也稱為監督職能，主要是指對責任中心的經濟活動按責任預算進行事前和事中的控制。這種控制包括兩個方面：一是上級單位對所屬責任單位的控制；二是各責任單位根據責、權、利相結合的原則進行的自我控制。

3. 核算職能

核算職能是指採用會計核算的記帳、算帳、報帳等方法，對各責任單位的經濟活動進行記錄、計算，並提出匯總報告。

4. 考核職能

考核職能是指以責任單位的責任預算為依據，對責任單位一定期間的實際業績進行分析、評價並做出結論，最終使工作成果與物質利益緊密結合起來。

（六）責任會計的工作內容

1. 劃分責任中心

根據責、權、利相結合的原則，將企業內部各個部門、單位乃至個人，按其職責範圍，劃分成若干責任中心，規定每個責任中心的控制範圍和承擔的責任，使各責任中心能分別在成本、收入、利潤、投資等有關方面對其上級單位負責。

2. 編製責任預算

各責任中心的經濟活動及其目標必須與企業整體利益和目標一致，因此必須根據企業的總預算，編製各責任中心的責任預算，以便對責任中心的經濟活動進行事前控制和事後考核。

3. 責任分析與控制

責任會計根據各責任中心的成本、收入、利潤、投資額等預算資料和責任指標，搜集和整理責任中心的實際資料並將其與預算資料進行對比，對各項差異進行分析。在分析時，注意貫徹「例外管理原則」，要特別注意較大的差異。然後編製責任中心業績報告，向上一級管理當局及其他有關部門報送。同時，責任會計人員還應經常將各責任中心的實際成績脫離預算的差異數（特別是不利差異數）及其差異分析報告，通過一定的信息渠道，反饋給各責任中心，使之能隨時瞭解並控制本中心的經濟活動情況，以便採取各種專門措施，擴大成績，改正缺點，提高責任中心的經濟效益。

4. 責任考核

考核責任中心的業績，應規定考核的內容和標準。考核的內容包括責任中心的全部經濟活動，考核的標準應根據責任中心的權責範圍來制定。

（七）責任會計的原則

責任會計原則是指從事責任會計工作應遵循的標準或規範。由於責任會計是企業根據各自特點自行設計的一種會計制度，因此，不可能強求一律。但為了規範責任會計工作，使之在理論上有一定水準，在方法上具有可操作性，因此，把一些帶有共性的東西集中起來，形成一些原則，是完全有必要的。

1. 目標一致性原則

目標一致是指各責任中心的目標要與企業整體目標保持一致。企業整體目標是制定各責任中心具體目標的依據，而各責任中心的目標又是實現企業整體目標的必要保證。

2. 責、權、利相結合的原則

責任是責任中心對實現企業整體目標的基本承諾，是衡量責任中心業績的基本標準；權力是順利履行責任、完成工作的前提條件；利益是調動責任者積極性的動力。責、權、利三者相輔相成，不可分離。

3. 公平性原則

公平是指對各責任中心的管理、評價、控制和考核等都應當公平合理。這樣做，有利於責任會計制度貫徹實施，有利於調動各方面的積極性。

4. 反饋性原則

反饋是指信息的傳遞和交換，管理當局通過信息反饋，隨時跟蹤、監控各責任中心的經濟活動，從而做出符合客觀實際的判斷和決策。

三、責任會計與財務會計的比較

(一) 主要區別

責任會計是管理會計的一個重要組成部分，屬於內向型的會計。責任會計與傳統財務會計的主要區別在於：

(1) 主要目的不同。責任會計的主要目的是加強企業的內部管理，調整和處理企業內部各類責任中心之間的經濟關係，對企業內部的經濟活動加以控制；而財務會計的主要目的是反應企業的全部經濟狀況，主要為企業外部的單位或個人服務，提供財務報表等資料。

(2) 遵循的原則不同。責任會計需要遵循的總原則是經濟責任制原則，具體原則則由企業根據具體情況制定；財務會計需要遵循統一的會計準則或由國家制定的各項制度和規定。

(3) 核算的對象不同。責任會計的核算對象是責任中心及其應承擔的責任；財務會計核算的對象是產品、勞務以及它們發生的耗費和收益。

(4) 開展工作的形式不同。責任會計屬於不定型的會計，不拘形式，具有靈活性；財務會計要按照統一的要求開展工作，具有統一性。

(二) 主要聯繫

責任會計和財務會計是有聯繫的，主要表現為：

(1) 責任會計和財務會計都屬於會計工作。

(2) 兩者都要運用會計的一些基本原則、基本原理、基本方法和基本概念。例如，歷史成本核算原則、折舊方法、費用攤銷等。

(3) 兩者所需的信息可互為補充。例如，責任會計在編製責任預算或評價和考核責任中心的業績時，都需要收集各種資料，包括財務會計信息資料；而財務會計在進行整體財務狀況分析時，也需要借助於責任會計的有關資料；等等。

(4) 在機構的設置和人員的配置等方面可以互相結合。例如，兩種會計根據具體情況，可以在同一個會計機構裡工作，也可以由同樣的會計人員分別從事責任會計和財務會計這兩項不同的會計工作。

明確責任會計和財務會計的區別和聯繫，有利於建立責任會計制度，從而更好地開展責任會計工作。

(三) 相互結合

責任會計的出現，使會計工作的內容增加。如何建立適應現代企業的責任會計體系，如何處理責任會計與傳統財務會計之間的關係，會計界人士有著不同觀點。目前大致有兩種觀點：一種認為應採用「單軌制」，另一種則認為應採用「雙軌制」。現分述如下。

(1) 單軌制。

「單軌制」是指責任會計與財務會計相互結合融為一體開展會計工作的一種會計核算制度。其主要特點是：建立責任會計體系時，不必另起爐竈單搞一套，而是在財務會計體系的基礎上，根據企業內部管理的要求進行適當的調整，使之既滿足財務會計核算的要求，又滿足責任會計工作的要求。

主張實行「單軌制」的觀點認為，責任會計與財務會計在核算對象、目的、職能、要求、計價等方面，都有著密切的聯繫，二者密不可分，有必要也有可能相互融合開展工作。

(2) 雙軌制。

「雙軌制」是指責任會計與財務會計相互並行、相對獨立地開展會計工作的一種會計核算制度。其主要特點是：責任會計根據經濟責任制和企業內部管理等的要求，建立新的責任會計體系，與財務會計體系並行，形成兩種會計體系、兩種核算制度、兩套核算人員等。

主張實行「雙軌制」的觀點認為，責任會計與財務會計在核算對象、目的、職能、要求、計價等方面都存在著差別，是兩種完全不同的會計，因而二者不能合二為一。

(3) 單軌制與雙軌制的比較。

「單軌制」和「雙軌制」各有其特點和優缺點，下面從幾個方面加以比較。

① 核算工作的難易程度。

實行「雙軌制」會計核算，各企業可以在不打亂財務會計核算程序的情況下，根據各自的具體情況，建立責任會計體系及其具體的核算程序和方法，責任會計工作可以由不成熟到成熟，不完善到完善，有一個逐步累積、漸進的過程。這樣開展責任會計工作難度較小。

實行「單軌制」會計核算，一方面要適應財務會計核算的要求，另一方面要適應責任會計核算的要求。也就是說，既不能為強化企業內部管理而不遵守國家統一規定的財務會計制度，也不能使責任會計核算失實或過於繁雜。兩種會計工作，一個機構和一套人馬，這種結合核算的技術處理難度較大，對會計人員的業務素質和企業管理水準等都有較高的要求。

② 核算工作量。

實行「雙軌制」會計核算，對已有的信息資料要按照財務會計核算和責任會計核算的不同要求分別加以分類、加工、處理，雙重工作量，因而核算工作量大。

實行「單軌制」會計核算，會計人員可以根據自己工作的性質和特點，以及從工作方便的角度考慮，對有關信息資料用最優的方法進行分類、加工和處理，這樣，就可以減少重複勞動，簡化核算工作，從而減少核算工作量。

③ 核算數據的銜接。

實行「雙軌制」會計核算，財務會計數據與責任會計數據缺少直接聯繫，很少銜接，這會給財務會計的財務狀況分析及責任會計的責任控制、業績評價、責任考核等工作帶來諸多不方便。

實行「單軌制」會計核算，財務會計工作與責任會計工作融為一體，各種數據直接聯繫，易於銜接，易於取得。

可見，「單軌制」會計核算具有更多的優越性，因此，會計人員業務素質和企業管理水準較高的企業，一般以實行「單軌制」會計核算為好；不具備上述條件的，可以先實行「雙軌制」會計核算，然後創造條件，逐步向「單軌制」會計核算過渡。

（4）單軌制或雙軌制在實施中應注意的問題。

首先，責任會計與財務會計既有區別，又有聯繫，因而為選擇「單軌制」或「雙軌制」提供了前提條件。

其次，採用「單軌制」還是採用「雙軌制」，主要不取決於責任會計與財務會計有無區別或聯繫，而取決於企業管理水準的高低。如果企業管理水準高，會計人員素質高，可以採用「單軌制」形式；反之，如果企業管理水準不太高，會計人員素質尚待提高，則應當先採用「雙軌制」形式，然後過渡到「單軌制」。

最後，不論採用「單軌制」還是「雙軌制」，責任會計體系均應包括以下內容：
① 按企業組織結構建立不同層次的責任中心；
② 編製責任預算；
③ 制定內部轉移價格，進行內部計價核算；
④ 控制責任計劃執行過程；
⑤ 對各責任中心進行責任核算；
⑥ 考核責任計劃執行結果。

四、建立責任會計制度的基本方法

責任會計是為加強企業內部管理，對內實施責任控制的一種會計工作，其形式和內容雖視企業的情況不同而有所不同，但其建立的基本方法大致相同，現簡介如下：

（1）根據經濟責任制原則，嚴格劃分責任中心，建立一個完整的責任組織體系。

（2）確定各責任中心的權責範圍，劃分可控項目與不可控項目，以便進行評價與考核。

(3) 所有成本項目都應按照成本特性劃分為固定成本和變動成本兩大類。
　　(4) 編製責任預算，以便控制、分析和評價責任中心的實際業績，並對經濟活動進行適當調節。
　　(5) 制定合理的內部轉移價格，以便確定各責任中心的責任和業績。
　　(6) 制定合理恰當的責任考核標準，以便公平正確地對各責任中心進行考核和獎懲。
　　(7) 建立完善的責任會計信息系統，包括信息的搜集、整理、計算、分析、評價、反饋等。
　　(8) 設計一套行之有效的責任會計報告的編製和傳遞方式。

第二節　責任中心

一、責任中心概述

　　(一) 責任中心 (Responsibility Center) 的基本概念
　　責任中心是指有專人負責的、具有明確的責任和權限並能反應其經濟責任履行情況的企業內部單位。這裡的「企業內部單位」，是指處於企業中不同管理層次的內部單位，如個人、班組、工段、車間 (或部門)、分廠、分公司等。
　　(二) 建立責任中心的目的
　　現代企業的規模較大，經營範圍廣，高層管理人員縱然精明能幹，但畢竟精力和時間有限，不可能萬事俱攬，因而必須調動各級人員的積極性，共同執行企業的政策，實現一致的目標。建立責任中心的主要目的在於：
　　1. 建立責任中心是貫徹實施經濟責任制的前提
　　經濟責任制是現代管理的一項基本原則，其基本點是，將經濟責任、管理權限和經濟利益三者有機地結合起來，充分發揮各個責任層次、各級管理人員以及全體職工的積極性，為企業的總目標而奮鬥。責任中心是按經濟責任、管理權限和利益分配等機制建立起來的責任單位，這就為貫徹執行經濟責任制奠定了必要的基礎。
　　2. 建立責任中心是加強企業內部控制管理的必要方式和手段
　　隨著企業規模的擴大，企業在管理形式方面多採用分權制。分權制不是企業最高管理當局的權力被分割和削弱，相反，分權制的實行促使企業最高管理當局有可能從企業整體的角度來控制整個企業的經營活動。建立責任中心，一方面是職權的下放和責任的確定；另一方面，則要制定一系列措施，使企業最高管理當局能夠對各責任中心的經濟活動進行評價與考核，從而達到加強內部控制管理的目的。
　　3. 建立責任中心可促使各負責人員各司其職、各負其責
　　建立責任中心，首先要將企業逐級劃分為若干責任單位，規定每個責任單位從事經濟活動的責任範圍，指定專人為單位負責人，並規定其責任範圍和職權。這樣各責任中心的負責人員就可各司其職，各負其責。企業根據各中心的業績，實行考核獎懲。當然，在同一組織內，各責任中心的職權範圍也不一定能截然劃分，各責

任中心互有聯繫,其業績同時受到其他責任中心行為的影響。但是,建立起責任中心並規定了職權範圍,便為貫徹經濟責任制奠定了基礎,彼此影響的問題可以在實施過程中逐步加以解決。

二、責任中心的種類

按照責任中心經理人員所能控制的區域和承擔責任的範圍,責任中心可以劃分為三大類:

1. 成本中心 (Cost Center)

成本中心是指只需要對成本進行控制的責任單位,其特點是成本中心只發生成本而不取得收入,或是雖有收入但上級並不考核其收入的企業內部單位。成本中心的負責人員只對自己控制範圍內發生的成本負責。

成本中心的適用範圍很廣。凡是發生成本並能控制成本的責任單位,都可建立成本中心。例如,在企業內部,分公司、分廠、車間(或部門)、工段、班組、個人,都可建立成本中心。一個大的成本中心可以由其內部的若干小成本中心組成。

在企業內部單位中,一些單位是直接從事生產產品和提供勞務的,如生產車間、維修車間等,這些單位被稱為生產單位。如按經濟責任制的要求,需要生產單位對其發生的成本負責,則生產單位可以建為成本中心。另一些單位並不直接從事生產經營活動,而只提供一些專門性的服務,如財會部門、人事部門、經理辦公室等,這些單位是非生產單位。非生產單位開展工作也要發生一定的費用支出,如果要求這些非生產單位對其發生的費用負責,則非生產單位可以建為費用中心。

2. 利潤中心 (Profit Center)

利潤中心是指既要發生成本、取得收入並獲得利潤,又要對成本、收入、利潤等負責的責任單位。

利潤中心的特點是:在企業中,利潤中心視同一個獨立核算的單位,它不僅要控制成本費用的支出,而且要負責生產經營和勞務的收入,從而對本中心的利潤負責。利潤中心比成本中心擁有更大的權力,同時也負有更大的責任。

利潤中心的收入,按範圍劃分,主要有來自企業外部的收入和來自企業內部的收入;按類別劃分,主要有產品收入和勞務收入。

利潤中心可以劃分為兩種類型,一類是自然利潤中心,它是指可以直接向企業外部的單位銷售產品和提供勞務,從而取得銷售收入的利潤中心。其特點是:一般都擁有生產和銷售產品以及提供勞務等的決策權、定價權等,如為便於結算,甚至還可以在銀行開設結算帳戶。由此可見,自然利潤中心獲得的利潤是產品銷售後真正實現的利潤。另一類是人為利潤中心,它是指只能按照企業規定的內部轉移價格向企業內部的其他單位銷售產品或提供勞務,從而取得收入的利潤中心。其特點是:一般沒有產品產銷和提供勞務等的決策權、定價權等,其生產的產品品種、數量和提供勞務的性質等,均要根據企業或內部其他責任單位的需要來確定。由此可見,人為利潤中心獲得的利潤,實際上只是內部銷售收入與產品或勞務的成本之間的差額,即內部利潤。

利潤中心適用於企業中具有收入來源，能計算出利潤的中層以上的責任單位，如分廠、分公司等。有些車間，如修理車間或封閉式的生產車間，只要條件具備，也可建立利潤中心。有些部門，如銷售部門，其業務性質與銷售收入密切聯繫，也可根據企業具體情況，建立利潤中心。企業內部各成本中心，在相互提供產品或勞務時，如能制定合適的內部轉移價格，亦可轉化為利潤中心。

建立利潤中心時應考慮一些因素。由於利潤中心應對成本、收入和利潤負責，是相對獨立的經濟核算單位，與其他責任單位和企業整體，均有經濟利害關係。這種關係處理得當，可取長補短，充分體現責任中心的優越性；如處理不當，則會影響經濟責任制的貫徹。所以，在建立利潤中心時，應考慮一些因素。比如：在同一企業中，應至少有兩個或兩個以上具備建立利潤中心條件的責任單位，這樣有利於企業制定責、權、利的標準並實施考核；利潤中心一切收支均應進行核算，為此，應制定各責任中心之間出售產品和提供勞務的恰當的內部轉移價格；中心的經理有權對該中心的一切成本和收入實施全面控制管理；應制定對利潤中心進行考評以使之與企業整體目標保持一致的政策措施；等等。總之，建立利潤中心必須有利於經濟責任制的貫徹，維護企業的整體利益。

3. 投資中心（Investment Center）

投資中心是指既要發生成本、取得收入、獲得利潤，同時又有權進行投資的責任單位。也就是說，投資中心既要對責任成本、責任利潤負責，又要對投資及其收益負責。

投資中心的特點是：投資中心的責權範圍較利潤中心更大。它不僅具有利潤中心的一切權力，而且還具有對資金的使用調配的權力，包括流動資金和固定資金，但要對資金的使用效果負責。投資中心除有日常經營活動的資金收支決策權外，還有擴大生產規模、開發新產品、科學研究等方面的投資決策權。從這個意義上看，投資中心已類似於一個獨立的企業組織。

投資中心適用於企業中較高層次的單位，如分廠、分公司等。這些單位一般都具有相當的生產經營規模，都有較大的經營管理權限和從事獨立生產經營的物力、人力條件，因而可以建為投資中心。

三、建立責任中心需注意的問題

1. 與企業現有組織結構相適應

建立責任中心最好在企業現有組織結構基礎上進行。企業的組織結構是一個相互依存、相互制約的有機體系。整個企業按管理職能劃分為若干單位和部門，如各分廠、車間、職能管理部門等。每個單位和部門都行使一個專門的職能。同時，企業的組織結構分為若干層次，有較高層次的，如分公司、分廠、車間、職能管理部門等；有較低層次的，如工段、班組等。它們形成了一個組織結構體系。至於是否每一個層次都要建立責任中心，這就要視企業的具體情況而定，關鍵是既要滿足管理的需要，不打亂企業正常的經營活動和組織管理程序，又要起到充分貫徹經濟責任制的作用。由於企業的組織結構是按管理職能劃分設立的，故稱為「管理職能」

的劃分。而責任中心是按經濟責任劃分的，凡可單獨進行管理、明確責任，並可對其業績加以評價和考核的任何個人、部門或單位，均可建為責任中心。這是「經濟責任」的劃分。

2. 能夠分清經濟責任，單獨進行核算

建立責任中心的前提是能夠劃清經濟責任，而劃清經濟責任又必須使每個責任中心能夠單獨進行核算，以便進行責任控制和責任考核。在企業的組織結構中，中層以上的組織機構（例如生產車間、職能部門等）通常能夠分清經濟責任，單獨進行核算。至於中下層的組織結構（如班組或個人），如能夠分清責任，單獨計量、單獨核算，也可以列作一個責任中心。

3. 能夠使責、權、利緊密結合

建立責任中心必須明確每個責任中心的責任範圍，賦予與其經濟責任相適應的管理權力以及讓其享受與其責權大小相匹配的經濟利益。責、權、利是建立責任中心不可或缺的三因素統一體，缺少其中任何一個因素，責任中心就不是完整意義上的責任中心，甚或是不可能建立起來的。責任主要是指經濟責任（當然部分情況下也存在法律責任）；權力主要是指包括人、財、物、供、產、銷六個方面的權力；利益主要是指物質利益。權力和利益的大小，主要視責任的大小而定。責任大，權力就大，可控範圍就大，應當享受的物質利益也就多（當然是在履行了相應責任的基礎上享受的利益），反之則否。

四、適應企業組織結構建立責任中心

企業不論大小，都有一定形式的組織結構，並且形成一個體系。建立責任中心，應以企業組織結構為基礎，形成一個相互聯繫的責任中心網絡。

企業的組織結構是一個縱橫交錯的體系。以單個企業為例，所謂縱的組織結構，是指以生產部門—車間—班組—個人等形成的縱向組織結構；所謂橫的組織結構，是指以企業各職能管理部門（如供應部門、生產部門、銷售部門、財會部門、人事部門以及其他部門等）形成的橫向組織結構。如圖 9-1 所示。

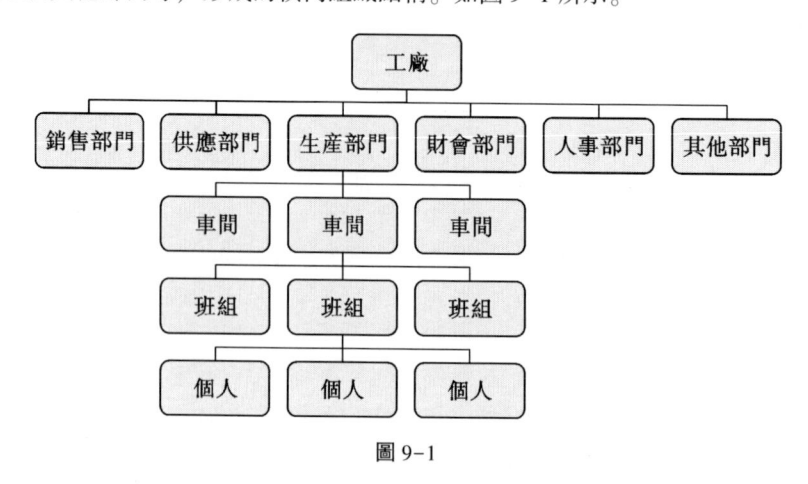

圖 9-1

(一) 以橫向組織結構建立責任中心

單個企業中的橫向組織結構主要是指各職能管理部門。每個職能管理部門從事的業務不同，管理內容不同，承擔的責任也不相同。因此，應根據具體情況建立不同類型的責任中心。

1. 供應部門

供應部門主要負責材料採購工作，通常只發生成本費用支出而不取得收入，發生的成本費用又主要包括兩個方面的內容：一是材料採購成本，二是供應部門本身發生的各項可控費用。根據供應部門的具體情況，可將其建為成本中心。當然，供應部門採購業務執行的好壞，還直接影響到資金占用的數量，因而還有必要對資金使用效果承擔一定責任。

2. 生產部門

生產部門主要負責企業的生產計劃和調度等管理工作，並不直接從事生產活動，因而生產部門通常也只發生本部門的各種費用支出，而並不取得收入。根據生產部門的具體情況，可將其建為費用中心。

3. 銷售部門

銷售部門主要負責企業產品或勞務的銷售，既要發生費用支出，又要取得銷售收入。根據銷售部門的具體情況，可將其建為自然利潤中心。這樣做的好處在於：通過考核責任利潤，促使銷售部門盡量擴大銷售收入，降低成本。由於銷售部門負責產成品的儲存和銷售工作，其工作質量的優劣必然影響到資金占用的數量及使用效果，因此，還需要對資金使用效果承擔一定責任。

4. 財會部門

財會部門主要負責企業的財務與會計工作，通常只發生各種費用支出，而不取得收入（正常情況下財會部門取得的收入，都是企業的收入，而不應計入財會部門的收入）。根據財會部門的具體情況，可將其建為費用中心。

(二) 以縱向組織結構建立責任中心

單個企業中的縱向組織結構主要是指生產車間、班組、個人等。可根據不同層次的具體情況，建立不同類型的責任中心。

1. 生產車間

生產車間是企業組織結構的重要組成部分。在企業中，不同的生產車間，其業務內容不同，設置原則不同，管理方式也不相同。其通常分為兩類：一類是按生產步驟或工藝設置的生產車間，上一生產車間為下一生產車間提供半成品或勞務，車間之間相互依存和制約，這類生產車間一般沒有生產經營決策權，其整個生產活動主要受企業的控制。生產車間通常只發生成本費用，而不取得收入。這類生產車間應建為成本中心。另一類是按產品品種設置的生產車間，即封閉式車間，從材料投入到產品完工，整個生產活動全部在車間範圍內完成。這類車間具有生產經營決策權，可以在滿足產品銷售的前提下調整生產結構，取得銷售收入，獨立核算和自計盈虧，因而，可以建立自然利潤中心。如果其不獨立核算和自計盈虧，而是由企業定期對其業績進行評價和考核，則可建立人為利潤中心。

2. 生產班組

生產班組是企業組織結構中的較低層次，不具備生產決策權，其生產活動由生產車間統一調度和指揮，只發生成本，不取得收入，因此，應建為成本中心。如果車間和班組的分級核算較為健全，車間責任核算和班組責任核算協調一致，班組之間的產品轉移也採用包含利潤的內部轉移價格進行結算，則班組也可以建為人為利潤中心。

3. 工人個人

工人個人的工作範圍、責任及權限等都較小，如果符合建立責任中心的要求，可建為成本中心。

五、可控成本與不可控成本

責任中心發生的各項成本，有些是該責任中心能夠控制的，有些則是不能控制的。按責任中心能否控制劃分，責任中心的成本可以劃分為可控成本與不可控成本兩類。

可控成本（Controllable Cost）是指責任中心能夠加以控制的成本，即責任中心能夠決定是否開支、開支的數量並能隨時調節其額度的成本。

不可控成本（Uncontrollable Cost）是指責任中心不能加以控制的成本。

劃分可控成本與不可控成本的目的是明確責任歸屬，以便作為評價和考核責任中心的依據。責任中心的可控成本是責任中心有權利、有責任加以控制的成本，責任中心對這些成本的發生要完全負責。上級對責任中心成本的評價與考核，也只限於可控成本。因此，可控成本才是責任成本。至於不可控成本，責任中心無權控制，因此，它不構成責任成本，上級也不對它進行考核。在編製責任中心的業績報告時，也只包括可控成本，不可控成本不包括在內，如必須列入，則應加以說明，以示區別。

應當注意，成本的可控性是隨條件而變化的。如折舊費，短期內是不可控的，但長期的折舊總額是可控的；某項成本在此一責任中心屬可控成本，在彼一責任中心則屬不可控成本；對上級管理人員來說是可控的，對下級管理人員則屬不可控，如職工培訓費、新產品開發費等。為了充分發揮責任成本的作用，應當盡可能創造條件將不可控成本轉化為可控成本。

六、責任成本與產品成本

成本是每個責任中心都必須負責的一個內容，也是責任會計進行核算、控制和考核的一個重要指標。前文已述及，責任會計制度的一個重要特點是以責任中心為對象開展工作，責任會計核算、控制和考核的成本便是責任中心的責任成本，而不是傳統會計核算的產品成本。責任成本和產品成本的本質區別在於，兩者的成本計算對象不同。

眾所周知，成本計算對象是指成本計算中為歸集和分配費用而確定的承受費用的客體。以產品為成本計算對象而計算的成本，叫產品成本。其核算原則是：誰受

益，誰承擔。哪種產品耗用的費用或應當分攤的費用，由哪種產品承擔。

以責任中心作為會計工作對象而進行核算、控制和考核的成本稱為責任成本。其核算原則是：誰負責，誰承擔。哪個責任中心發生的成本費用，就記在哪個責任中心的帳上，即以責任中心為對象進行成本的歸集、控制和考核。

產品成本和責任成本這兩個概念，既有區別，又有聯繫。其主要區別是：

（1）成本計算對象不同。產品成本的計算對象是產品；責任成本的計算對象是責任中心。

（2）核算的原則不同。產品成本核算的原則是誰受益，誰承擔；責任成本核算的原則是誰負責，誰承擔。

（3）核算的主要目的不同。核算產品成本的目的是計算生產一定數量的產品所發生的成本費用，以便與產品成本計劃對照，為管理當局提供控制和決策的資料；核算責任成本的目的是累積責任中心的成本費用發生情況，並與責任預算對照，以便責任中心經理人員和企業管理當局對成本費用的發生情況進行控制和考核。

產品成本和責任成本的主要聯繫是：從一定時期來看，企業的產品成本與生產單位的責任成本總額相等，只是成本的劃分不同而已；另外，企業計算成本的最終目的是計算產品成本，計算責任成本只是經濟責任制的一種手段，而不是企業計算成本的最終目的。責任中心的責任成本最終仍要分攤到各種產品的成本中去。

下面舉例說明產品成本和責任成本之間的區別與聯繫。

【實例一】建華工廠是一家小型工廠，全年僅生產甲、乙、丙三種產品，三種產品的總成本資料如下：

直接材料	150,000 元
直接人工	120,000 元
製造費用	
其中：折舊費	90,000 元
間接材料	7,000 元
間接人工	6,000 元
管理人員工資	8,000 元
其他	500 元

該工廠有 A、B、C 三個責任中心，其中 A、B 為產品製造中心，C 為修理責任中心。

根據上述資料，編製產品成本計算單和責任成本計算單，參見表 9-1。

表 9-1　　　　　　　　產品成本與責任成本的區別與聯繫　　　　　　　　單位：元

成本項目	產品成本				責任成本			
	甲產品	乙產品	丙產品	總成本	A 中心	B 中心	C 中心	總成本
直接材料	60,000	50,000	40,000	150,000	80,000	70,000	—	150,000
直接人工	45,000	40,000	35,000	120,000	65,000	55,000	—	120,000
製造費用								

表9-1(續)

成本項目	產品成本				責任成本			
	甲產品	乙產品	丙產品	總成本	A中心	B中心	C中心	總成本
折舊費	36,000	28,000	26,000	90,000	45,000	27,000	18,000	90,000
間接材料	2,800	2,200	2,000	7,000	2,500	2,000	2,500	7,000
間接人工	2,400	1,900	1,700	6,000	2,000	1,800	2,200	6,000
管理人員工資	3,200	2,500	2,300	8,000	3,000	2,500	2,500	8,000
其他	200	160	140	500	250	100	150	500
合計	149,600	124,760	107,140	381,500	197,750	158,400	25,350	381,500

七、責任轉帳和責任仲裁

(一) 責任轉帳

責任轉帳就是由承擔損失的責任中心向發生損失的責任中心就損失事項索取賠償。

責任中心在從事經濟活動中，可能發生各種各樣的損失。造成損失的原因是多方面的。有些損失可能是本責任中心造成的，如工人在生產中因加工不慎出現的廢品；有些損失可能是由其他責任中心造成但在本責任中心被發現的，如前一工序責任中心轉入的廢品等。

為了分清各責任中心的經濟責任，正確反應各責任中心的工作業績，對於發生的責任承擔單位與責任發生單位不一致的各種損失，應在調查瞭解並確定責任後，進行責任轉帳。

為了使蒙受損失的責任中心在經濟上得到合理補償，有關方面應對損失進行正確計價。

(二) 責任仲裁

責任仲裁又稱為內部經濟仲裁。它是指在企業內部設置專門機構或人員，對責任中心之間在責、權、利等方面發生的爭議事項加以調解和裁決。

各責任中心之間在進行經濟往來的過程中，難免發生一些經濟糾紛。如：內部轉移價格選用問題上意見分歧，產品質量問題的責任應由誰來承擔，未履行內部經濟合同帶來的經濟損失應由誰來承擔，損失價值如何計量，等等。上述這些問題，有時不能一下子判明責任承擔者，如果各責任中心為此爭執不下，問題不能及時得到解決，勢必影響企業的正常生產經營活動。為此，企業應建立內部責任仲裁機構。

內部責任仲裁機構是對各責任中心之間的經濟糾紛進行調解和裁決的權力機構。這個機構必須具有權威性。為此，通常由企業最高管理當局出面組織，人員包括各責任中心負責人以及各種專業人員（如會計人員、質量檢驗人員、工程技術人員等）。這些專業人員從專業角度對經濟糾紛提出解決意見，供企業最高管理當局參考。

當各責任中心為某項經濟責任爭執不下時，可由內部責任仲裁機構出面負責裁決。內部責任仲裁機構在處理經濟糾紛時，必須保持公正的態度，既要解決問題，又不能挫傷各責任中心的積極性。

第三節　對責任中心的評價與考核

對責任中心的評價與考核包括兩個方面：一是對責任中心的各種形式進行評價，二是對責任中心的實際業績進行評價與考核。業績評價與考核的方式是將各責任中心的實際業績和成果進行記錄、計量、匯總，定期編製業績報告，與事先編製的各責任中心的責任預算進行對比，找出差異，並對差異進行說明和分析，從而對責任中心的業績做出評價，實行獎懲。

一、對成本中心的評價與考核

1. 對成本中心形式的評價

建立成本中心的目的是使責任單位對其成本費用承擔責任。上級以成本中心的實際成本與預算成本相比較，即可據以對該成本中心的預算成本執行情況進行考核，並做出評價和獎懲，從而促使成本中心關心成本費用的發生情況，並嚴加控制。

成本中心這種形式的不足之處在於：成本中心雖然能對自身的成本進行控制，但是，成本的高低與其經濟利益沒有直接聯繫，從而可能影響成本中心的成員對降低成本的興趣。

2. 對成本中心業績的評價與考核

對成本中心業績考核的重點是責任成本。一個成本中心之下又可劃分若干低一級的成本中心，因此，對業績的評價與考核包括兩個方面：如一個成本中心並無下屬中心，則只對該成本中心本身的責任成本進行考核；如一個成本中心有若干下屬成本中心，則該成本中心的責任成本就既包括該成本中心本身的可控成本，又包括下屬成本中心的責任成本，對這些成本都要進行評價與考核。

對成本中心業績的評價與考核的具體方式是編製成本中心的業績報告。將成本中心當期的實際成本數和預算成本數填入業績報告並進行比較，計算差異數。如果實際成本數小於預算成本數，表明成本節約，是有利差異（在業績報告中通常以「F」表示）；如果實際成本數大於預算成本數，表明成本超支，是不利差異（在業績報告中通常以「U」表示）。

下面舉例說明成本中心業績報告的編製方式。

【實例二】福特公司的裝配車間是成本中心，該車間下屬的翻砂、電路和總裝三個小組也是成本中心，隸屬於裝配車間成本中心。

裝配車間成本中心20××年1月的業績報告如表9-2所示。

表 9-2　　　　　　　　福特公司裝配車間（成本中心）業績報告
20××年 1 月　　　　　　　　　　　單位：元

摘要	預算成本	實際成本	差異
各小組成本中心轉來的責任			
翻　砂	30,000	32,000	2,000（U）
電　路	25,000	24,500	500（F）
總　裝	10,000	9,000	1,000（F）
小計	65,000	65,600	500（U）
裝配車間發生的可控成本			
間接材料	7,000	7,200	200（U）
間接人工	8,000	8,100	100（U）
管理人員薪金	3,000	2,900	100（F）
折舊費	12,000	12,000	—
維修費	2,000	2,500	500（U）
小計	32,000	32,700	700（U）
裝配車間責任成本合計	97,000	98,200	1,200（U）

　　成本中心的業績報告中列示的預算成本數和實際成本數，都是裝配車間成本中心的責任成本，即各項可控成本之和。上級對其業績考核也僅以責任成本為限。各成本中心發生不可控成本，在編製成本中心的業績報告時有以下幾種處理方式：

　　(1) 不在業績報告中列出；

　　(2) 在業績報告中單獨列出，以供參考；

　　(3) 在業績報告的後面用文字加以說明，以便業績報告的使用者全面瞭解成本中心的全部成本費用發生情況。

　　對業績報告中反應的差異數，不管是有利差異，還是不利差異，都應進行分析，找出發生差異的原因。差異分析的主要目的是發揚成績，改正缺點。

　　本例中只反應兩級成本中心的成本情況。如企業中設置有多級成本中心，則各級都應編製責任預算和業績報告。從最基層的成本中心開始，逐級編製上報，除最基層成本中心外，每一級成本中心的責任成本都應包括下級成本中心轉來的責任成本和本身的可控成本。

　　二、對利潤中心的評價與考核

　　1. 對利潤中心形式的評價

　　利潤中心，顧名思義，就是對利潤負責。而利潤的多少，又與成本和收入直接相關。為了增加利潤，必須努力降低成本，擴大收入，改善經營管理，調動利潤中心及其所屬人員的積極性。建立利潤中心，可將責任單位的經營管理成績與經濟利益直接掛勾，從而克服成本中心的缺點。所以，在條件具備的情況下，可以將成本中心轉為利潤中心，以更好地貫徹責、權、利相統一的原則。

利潤中心這種形式也有不足之處。建立利潤中心後，由於責、權、利範圍的進一步擴大，責任中心將更多地考慮自身的利益和自身的環境，容易造成各責任中心之間經濟關係的對立，甚至形成有害的競爭，以致損害企業的整體利益，這是與貫徹經濟責任制、建立責任中心的宗旨等相違的。又由於利潤中心只對成本、收入和利潤負責，並不對資金的占用負責，這就導致對企業資金的分配出現困難，同時利潤中心對資金的占用和使用效果不會精打細算，此外，由於對利潤中心主要考核利潤，可能導致其負責人為了近期的業績和利益而忽視對長期效益的考慮。

2. 對利潤中心業績的評價與考核

對利潤中心的業績進行評價與考核的重點是邊際貢獻和稅前利潤。

對利潤中心業績進行評價與考核的具體方式是編製利潤中心「業績報告」。在業績報告中，將利潤中心的銷售收入、變動成本、邊際貢獻、固定成本、稅前利潤等項目的預算數與實際數相比較，計算出差異數。在區分各項目差異的性質時應注意，如銷售收入、邊際貢獻、稅前利潤等項目的實際數大於預算數，其差額為有利差異；反之為不利差異。而成本差異的性質的區分與上述項目剛好相反。

下面舉例說明利潤中心業績報告的編製方式（參見表9-3）。

表9-3　　　　　福特公司一分廠（利潤中心）業績報告

20××年1月　　　　　　　　　　　　　　　單位：元

摘要	預算	實際	差異
銷售收入	256,000	255,000	1,000（U）
減：變動成本			
變動生產成本	110,000	110,500	500（U）
變動非生產成本	69,200	69,000	200（F）
小　　計	179,200	179,500	300（U）
邊際貢獻	768,000	75,500	1,300（U）
減：固定成本			
直接發生的固定成本	8,000	8,500	500（U）
上級分配來的固定成本	7,000	6,900	100（F）
小　　計	15,000	15,400	400（U）
稅前利潤	61,800	60,100	1,700（U）

需要注意的是，上級分配給利潤中心的固定成本數，對利潤中心來說就是不可控成本，利潤中心不能對其負責。但這部分不可控成本又直接影響到利潤中心的稅前利潤額。為了排除這一影響，上級部門可不將這部分固定成本分配給各利潤中心，或者將這部分固定成本列在業績報告的底部，以供參考。

三、對投資中心的評價與考核

1. 對投資中心形式的評價

投資中心是貫徹經濟責任制和責、權、利相結合的最完整的體現，因為投資中心除對成本、收入和利潤負責外，還要對投資負責。上級在考核投資中心的業績時，

不僅要考核利潤數，更重要的是要結合投資額考核投資效益，促使投資中心用盡可能少的資金，創造更多的利潤。建立投資中心，使責任中心在責、權、利等方面有更大的機動性，同時也可以克服利潤中心不顧資金使用效果，以及上級部門在資金的分配上存在困難等不足之處。

但是投資中心這種形式同利潤中心一樣，也有一定局限性，某些方面甚至較利潤中心更甚。例如，過分強調和注重自身的利益而削弱對企業整體利益的考慮。投資中心在某種程度上類似一個獨立的企業，使企業權力過於分散。為此，企業必須加強管理才能免於失控。

2. 對投資中心業績的評價與考核

對投資中心業績評價與考核的重點，除成本、收入和利潤等指標外，還有投資效益指標。在西方企業中，主要通過投資報酬率對投資中心的投資效益進行考核。

(1) 投資報酬率概述。

投資報酬率是一項綜合反應投資中心在一段時期內經營成果的指標，其計算公式如下：

$$投資報酬率 = \frac{營業利潤}{營業資產} \tag{1}$$

公式 (1) 中的營業利潤是指扣除利息和所得稅款之前的利潤，亦即「稅後利潤+所得稅+利息費用」。營業資產是指投資中心為進行生產經營活動而占用的全部資產，包括現金、應收帳款、存貨、固定資產及其他資產等。投資中心擁有但尚未使用的土地、已出租的廠房設施等，不包括在營業資產內。營業資產的數額按當年投資中心的期初數和期末數的平均餘額計算。

為了對投資報酬率這項指標更具體詳盡地進行分析，還可將這項指標進一步分解如下：

$$投資報酬率 = \frac{營業利潤}{銷售收入} \times \frac{銷售收入}{營業資產} = 銷售報酬率 \times 投資週轉率 \tag{2}$$

【實例三】華倫公司的下屬 A 投資中心當年有關資料參見表 9-4。

表 9-4

項目	金額 (元)
營業利潤	100,000
銷售收入	1,000,000
營業資產 (期初餘額)	600,000
營業資產 (期末資產)	400,000

試計算投資中心的投資報酬率。

解：將表中資料代入式 (2)，得：

$$投資報酬率 = \frac{100,000}{1,000,000} \times \frac{1,000,000}{(600,000+400,000) \div 2} = 20\%$$

式 (2) 表明，銷售收入這項指標與營業利潤和營業資產分別結合，就形成了

銷售報酬率和投資週轉率等兩個指標。投資報酬率等於這兩項指標之積，也就是說，投資報酬率的高低，直接受銷售報酬率和投資週轉率這兩項指標的影響，投資中心提高投資報酬率的途徑之一，就是提高銷售報酬率和投資週轉率。

從式（2）可見，投資報酬率主要受營業利潤、銷售收入和營業資產三個因素的影響。鑒於此，要提高投資報酬率，可以通過三個途徑：

第一，增加銷售收入。銷售收入的多少取決於銷售數量和銷售價格兩個因素。如果銷售價格不變，銷售數量越多，銷售收入也越多。如果銷售數量的增加使銷售收入增加的比例大於成本增加的比例，那麼，企業的投資報酬率就會提高。特別是在銷售數量增加後，僅僅變動成本發生變動而固定成本相對不變或變化很小時，投資報酬率提高的幅度會更大。

第二，降低成本。努力降低成本是提高投資報酬率的一項十分有效的措施。降低成本的方法主要是加強成本控制，特別是對選擇性固定成本的控制，同時，也應盡可能減少變動成本。

第三，減少營業資產。減少營業資產的方法有：盡快處理過時滯銷的商品存貨，以減少庫存商品數量；盡快收回和處理應收帳款等。

由於投資報酬率可以綜合反應企業或投資中心的經營成果，所以，利用投資報酬率來衡量企業或投資中心的業績，是比較客觀公正的。投資報酬率指標還有一些用處，例如，可以使同一企業不同時期的經營成果或不同企業之間的經營成果進行比較，可以作為投資者進行投資決策的依據等。

需要進一步探討的問題是，在計算投資報酬率時，營業資產中的固定資產如何計價。企業的固定資產價值有原始價值和淨值兩種計價基礎，採用不同的計價基礎，所計算出來的投資報酬率是不同的。與固定資產原值相比，固定資產淨值會隨著時間的推移而逐年減少。所以，如採用固定資產淨值作為固定資產的計價基礎，那麼，企業或投資中心並不需要付出比以前更多的代價，投資報酬率也會不斷增加。這是虛增的投資報酬率。鑒於此，在計算投資報酬率時，一般都採用固定資產原值作為計算依據。

（2）投資報酬率的局限性。

投資報酬率指標也有一定的局限性，主要表現在當一個投資中心的投資報酬率高於公司整體的投資報酬率時，該投資中心就不太願意接受可以提高公司整體的投資報酬率但可能降低該投資中心投資報酬率的進一步投資。

【實例四】依據實例三的資料。已知 A 投資中心的投資報酬率為 20%。現假設華倫公司的投資報酬率僅為 10%。為了提高公司整體的投資報酬率，華倫公司打算採用一新方案，給 A 投資中心一筆新的投資 500,000 元，修建新的生產設施，以擴大生產能力。該方案實現後，每年增加利潤 75,000 元。

解：這個方案一旦實施，對公司整體是有利的，因為該投資方案的投資報酬率為 15%（$\frac{75,000}{500,000}$），高於公司整體的投資報酬率。

但是 A 投資中心卻不願意接受這一投資方案，因為接受後會使該投資中心的投

資報酬率降低，計算結果參見表9-5。

表9-5

項目	新方案實施前	新方案相關數據	新方案實施後
營業資產（元）	500,000	500,000	1,000,000
營業利潤（元）	100,000	75,000	175,000
投資報酬率（%）	20	15	17.5

計算結果表明，如果A投資中心接受新方案，該投資中心的報酬率將由20%下降到17.5%。如果公司今後僅以投資報酬率指標來評價和考核投資中心的業績，那麼A投資中心顯然不願意接受這項對公司整體有利但對投資中心相對不利的投資方案。這樣，公司整體利益與責任中心的局部利益之間就產生了矛盾。這是用投資報酬率來評價和考核投資中心業績的局限性。

（3）剩餘利潤。

為了克服投資報酬率指標的局限性，促使各投資中心從公司整體利益出發，接受對公司整體有利的投資，使責任中心的利益與公司整體利益相統一，在現代企業中，又採用另一項指標——剩餘利潤來評價和考核投資中心的業績。

剩餘利潤是指預期獲得的營業利潤與平均營業資產按最低投資報酬率計算的營業利潤之間的差額。其計算公式如下：

剩餘利潤＝營業利潤－（平均營業資產×最低投資報酬率）

剩餘利潤是一個絕對數指標。剩餘利潤越多，表明投資中心的經營成果越好。

【實例五】依據實例六的資料假定華倫公司的最低投資報酬率為10%，試計算A投資中心的剩餘利潤額。

解：關於A投資中心的剩餘利潤額計算參見表9-6。

表9-6

項目	金額
平均營業資產（元）	500,000
營業利潤（元）	100,000
最低投資報酬率（%）	10
減：最低投資報酬額（元）	50,000
剩餘利潤（元）	50,000

再依據實例四的資料，如果A投資中心接受公司的投資方案，它的剩餘利潤額計算參見表9-7。

表 9-7

項目	金額
平均營業資產（元）	1,000,000
營業利潤（元）	175,000
最低投資報酬率（%）	10
減：最低投資報酬額（元）	100,000
剩餘利潤（元）	75,000

　　表 9-7 的計算結果表明，A 投資中心接受新投資方案後的剩餘利潤為 75,000 元，比原來的 50,000 元多出 25,000 元。由於剩餘利潤越多說明投資中心的業績越好，所以，如果採用剩餘利潤指標來評價和考核投資中心的業績，則 A 投資中心將願意接受新投資方案，使整體利益與局部利益統一。

　　當然，剩餘利潤指標也有不足之處。如果各投資中心的投資規模不相同，就不能僅用剩餘利潤指標考核投資中心的業績，否則將得出不公正結果。下面舉例說明（參見表 9-8）。

表 9-8

項目	A 投資中心	B 投資中心
平均營業資產（元）	2,500,000	10,000,000
營業利潤（元）	400,000	1,200,000
最低投資報酬率（%）	10	10
減：最低投資報酬額（元）	250,000	1,000,000
剩餘利潤（元）	150,000	200,000

　　如果僅用剩餘利潤考核兩個投資中心業績，顯然 B 投資中心比 A 投資中心好。但進一步考慮兩個投資中心占用的平均營業資產額不同，上述結論就不正確了。如果計算投資報酬率，A 投資中心為 16%，B 投資中心為 12%，則 A 投資中心的業績要好些。

　　綜上所述，投資報酬率和剩餘利潤這兩個指標各有優點和局限性，在實際應用中，可將兩個指標結合使用，以便照顧各方面的利益，並對投資中心的業績做出正確的評價。

　　(4) 投資中心的業績報告。

　　對投資中心的業績進行評價與考核的具體方式是編製投資中心的業績報告。業績報告中反應投資報酬率和剩餘利潤兩個指標以及與這兩個指標的計算有關的銷售收入、銷售成本、營業利潤、平均營業資產等資料，然後將各項實際數與預算數進行對比，計算差異，並對差異數進行分析，從而對投資中心的業績進行全面的評價與考核。

　　【實例六】華倫公司 A 投資中心根據搜集到的銷售收入、銷售成本、營業利潤、

平均營業資產等資料的預算數和實際數,編製成該投資中心20××年度的業績報告(該投資中心的最低投資報酬率為10%),參見表9-9。

表9-9　　　　　　　　華倫公司A投資中心業績報告
20××年度　　　　　　　　　　　　　單位:元

項目	預算數	實際數	差異
銷售收入	520,000	446,600	73,400 (U)
銷售成本	416,000	334,950	81,050 (F)
營業利潤	104,000	111,650	7,650 (F)
平均營業資產	400,000	406,000	6,000
銷售利潤率	20%	25%	5%
投資週轉次數	1.3	1.1	0.2 (U)
投資報酬率	26%	27.5%	1.5%
最低投資報酬額	40,000	40,600	600
剩餘利潤	64,000	71,050	7,050元 (F)

　　A投資中心的業績報告表明,A投資中心的投資報酬率和剩餘利潤等兩項指標實際數都超過了預算數,這說明A投資中心的經營活動成績較好。但在肯定成績的同時,還應進行分析。比如,投資週轉率的實際數低於預算數,這是不利差異,對此要做進一步分析,找出造成不利差異的原因,予以改正。

　　另外,在業績報告中,平均營業資產的實際數大於預算數,這個事實本身不能說明什麼問題,應結合投資報酬率或剩餘利潤等指標來判斷,所以,在差異分析欄中沒有註明(F)或(U)的符號。

第四節　內部轉移價格

一、內部轉移價格概述

1. 內部轉移價格(Interdivisional Transfer Price)的基本概念

　　內部轉移價格是企業內部各責任中心之間相互提供產品或勞務所採用的一種價格。

　　企業內部建立責任中心後,責任中心之間相互提供產品或勞務,均視作內部銷售。各責任中心應分別對成本、收入和利潤等進行核算和控制。鑒於此,對責任中心之間的經濟交易,要用一定的價格進行計算,這種價格稱為內部轉移價格。

2. 內部轉移價格的作用

　　企業制定合理的內部轉移價格,具有十分重要的意義。

　　首先,制定合理的內部轉移價格,是貫徹經濟責任制的重要手段之一。經濟責任制強調責、權、利相結合,合理的內部轉移價格,能劃清各責任中心的責任,理

順它們之間的經濟關係，促使其順暢地進行各種經濟往來。

其次，只有制定合理的內部轉移價格，才能正確地評價責任中心的活動業績。內部轉移價格的高低，直接影響到轉出方的收入和轉入方的成本。如內部價格制定不當，必然影響雙方的活動業績，使管理當局不能正確評價責任中心的業績。

再次，合理的內部轉移價格，可調動各責任中心的積極性，各責任中心盡量降低成本，努力擴大收入，從而提高企業的經濟效益。

最後，合理的內部轉移價格，是各責任中心編製責任預算，對經營活動進行核算以及編製業績考核報告的依據。

下面舉例說明內部轉移價格的意義。

【實例七】某企業有甲、乙兩個責任中心，生產一種 A 產品。甲中心每月可向乙中心提供半成品 10,000 件，其單位成本為 80 元，內部轉移價格為 120 元。乙中心將半成品加工為產成品，每件加工成本為 50 元，產成品的外銷售價為 180 元。

解：根據上述資料，甲、乙兩個責任中心每月的銷售利潤參見表 9–10。

表 9–10

項目	甲中心	乙中心
單位成本（元）	80	170[①]
銷售價格（元）	120	180
單位銷售利潤（元）	40	10
銷售數量（件）	10,000	10,000
銷售利潤總額（元）	400,000	100,000

註：①170 元等於甲中心的銷售價格 120 元加上乙中心的每件加工成本 50 元。

計算結果表明，甲、乙兩個責任中心的銷售利潤分別為 400,000 元和 100,000 元。由此看來，甲中心的業績較乙中心好。經分析，兩個中心利潤總額出現較大差別，內部轉移價格是一個重要的影響因素。乙中心的銷售利潤少於甲中心，是因為 A 產品的內部轉移價格定得較高。如將轉移價格稍加降低，則兩個中心各自的利潤總額會趨於平衡。由此可見，制定合理的內部轉移價格，在正確評價責任中心業績，激發其工作積極性等方面，具有重要的意義。

二、制定內部轉移價格的方法

制定內部轉移價格通常有以下幾種方法：

1. 實際成本（Actual Cost）

實際成本是指以轉出單位的產品或勞務的實際成本作為內部轉移價格。轉出單位按實際成本記為「銷售收入」，轉入單位按實際成本記為「購進成本」。

這種方法的優點是簡便易行，容易取得資料，只要在期末轉出單位計算出產品或勞務的實際成本，即可以此作為內部轉移價格。

這種方法的缺點較多：

（1）功過不分。轉出單位在經營管理上產生的功過，全部轉嫁給轉入單位。轉

出單位經營管理好，產品或勞務成本低，其好處全部由轉入單位享受；反之，轉出單位經營管理不善，造成產品或勞務成本較高，其不利因素全部由轉入單位承擔。

（2）不利於轉出單位加強成本控制。由於功過不分，轉出單位便沒有降低產品成本的積極性。

（3）轉入單位的成本不可控。實際成本要在期末才能計算出來，在此之前，轉入單位是不可能知道即將購入的產品或勞務的價格的，這就無法做到事前計劃和控制。

（4）轉出單位不能獲得利潤，責、權、利相結合的原則不能充分體現。

2. 實際成本加成（Actual Cost-Plus）

實際成本加成是指在轉出單位的產品或勞務的實際成本的基礎上加一定比例的利潤作為內部轉移價格。例如，以產品實際成本為基礎加 10% 的利潤，作為內部轉移價格。如果產品實際成本是 10 元，則內部轉移價格為 11 元（10 元 + 10 元 × 10%），轉出單位的利潤為 1 元（11 元 - 10 元）；如果產品實際成本為 50 元，則內部轉移價格為 55 元，轉出單位的利潤為 5 元。

這種方法的優點是轉出單位可以獲得一定利潤，有利於調動轉出單位的積極性，並作為考核的依據。但這種方法也具有按實際成本計價的缺點，而且在按實際成本加成的比例上，成本越高，定價越高，利潤也越高，這是一種反常現象。這同樣不利於促使轉出單位降低成本，會挫傷轉入單位的積極性。同時，對加成比例的確定有一定主觀性，不容易做到合理和準確。

3. 標準成本（Standard Cost）

標準成本是指以企業事先制定的標準成本作為內部轉移價格。標準成本是企業根據周密的分析研究，在已經達到的生產技術水準和正常生產經營條件下應該發生的成本。這是一種比較正常合理的成本，排除了不應該發生的費用和損失。

這種方法的優點有：

（1）可以克服實際成本計價的缺點，比較正確地反應轉出和轉入單位的工作業績，雙方採用正常的標準成本作為結算價格。

（2）可以促使轉出單位努力降低成本。因為標準成本是一個定數，實際成本越低，轉出單位的利潤就越多。

（3）使轉入單位的成本成為可控成本。

標準成本是事先定好的，轉出單位和轉入單位均按此結算，可以事先制定出有關計劃並實施控制。

當然，標準成本的合理制定也並非易事。偏高，會給轉入單位增加負擔；偏低，會使轉出單位無利可圖。同時，標準成本中的固定成本是按一個固定的數量（產量或作業量）來分配的，如果實際數量發生增減變動，標準成本本身的合理性就會出現偏差。這樣，轉出單位就要結合數量仔細測算由於數量增減而帶來的成本差異。

4. 標準成本加成（Standard Cost-Plus）

標準成本加成是指在標準成本的基礎上加一定比例的利潤作為內部轉移價格。採用這種方法，可以通過加成比例來調整責任中心之間的利益關係，從而調動各方

的積極性。這樣，可以使轉出單位獲得一定利潤。但是加成的比例難以制定得合理和準確，可能影響到各責任中心工作業績的合理考評。

5. 市場價格（Market Price）

市場價格是指產品或勞務在市場上的現時價格。以市場價格作為內部轉移價格，其前提是各責任單位必須有充分的外購外銷產品（或勞務）的自主權，這些產品或勞務具有市場價格，而且這些產品或勞務都具有進入競爭市場的價格優勢。

這種方法的優點是比較客觀、方便，可以公正反應責任中心的產品或勞務在市場上的獲利能力，促使責任中心提高產品質量，降低產品成本，改善經營管理，以爭取獲得更多的利潤。

這種計價方式也有缺點：

（1）如果各責任中心之間提供的中間產品沒有市價，或在市場上難以找到相同產品，就難以確定其轉移價格。

（2）以市場價格作為內部轉移價格，對轉出單位有利，而對轉入單位則不利，因為轉出單位可節約一部分銷售費用、生產費用以及倉儲運輸費用等。為了公正地評價轉出單位和轉入單位的業績，就有必要對市場價格進行調整，將轉出單位可節約的部分成本從市場價格中扣除，以正確反應企業內部各責任中心之間的經濟關係。

下面舉例說明其調整方法。

【實例八】甲中心向乙中心轉出 A 產品，兩中心已就 A 產品的轉移價格採用市場價格達成協議。A 產品目前的市場價格為 100 元。甲、乙兩中心同意按市場價格進行調整。調整後的價格作為內部轉移價格。調整內容如下：

（1）銷售費用 15%。因產品並不在市場上銷售，可以減少正常銷售產品才發生的銷售費用（如銷售機構和人員的費用、宣傳廣告費用等）。

（2）利息費用 3%。這是對外銷售產品時在儲存待銷過程中占用的資金利息（內部轉移時則不會發生）。

（3）生產成本 2%。對外銷售的產品需要更多的加工過程，而內部轉移時則因是半成品而可少花費一些生產成本（如精加工成本等）。

（4）倉儲及運輸費用 5%。內部轉移不發生或很少發生倉儲及運輸費用。

經過調整後的內部轉移價格為：

A 產品內部轉移價格 = 100 - （15+3+2+5）= 75（元）

調整後的 A 產品內部轉移價格即是按市場價格制定的內部轉移價格，可以比較正確地反應企業內部各責任中心的業績和利益分配情況。

6. 協商價格（Negotiated Price）

協商價格是以往來雙方根據一定標準自行協商的價格作為內部轉移價格。採用此法的前提是：各部門之間的中間產品或勞務均可在外部市場上購銷。外部市場的存在可使雙方在協商價格時減少討價還價的餘地。

為了保證企業的整體利益，管理當局可能會對各部門在市場上購銷中間產品加以限制，這樣就會使協議雙方因失去協商價格的前提而難以達成協議。此時上級管理部門應加以公斷，並以公斷價格作為轉移價格。不過這樣做已失去協商的意義，

在某種程度上影響到雙方的自主權，給責任中心業績的評價與考核帶來一系列問題。因此，管理當局在公斷或裁決時要十分慎重。

轉入轉出雙方在協商價格時，應考慮的一個重要因素是轉出單位的生產能力利用程度如何（這裡假設協商雙方都是產品製造責任中心）。比如，轉出單位的生產能力達到飽和（即外部訂貨已滿）時或轉出單位的生產能力未能充分利用（即有空閒生產能力）時，應以何種價格作為協商基礎。下面是一個制定協商價格的參考公式：

產品的（協商）轉移價格＝單位變動成本＋產品外銷可能獲得的單位邊際貢獻

上式表明，如果轉出單位的生產能力達到飽和，能向市場出售全部產品，轉出單位可按上述公式制定產品的內部轉移價格，如內部的轉入單位不願意接受，轉出單位可按上述價格外銷。如果轉出單位的生產能力不能得到充分利用（有空閒生產能力），而轉入單位要求低於市價，轉出單位需要對上述計價公式加以變通，只要轉入單位的出價高於產品的單位變動成本，即可考慮接受。否則，固定費用將白白浪費。轉入單位的出價如高於單位變動成本，其差額可補償一部分固定費用，這對轉出單位總是有利的。下面舉例說明。

【實例九】長城公司下屬 A、B 兩個責任中心。A 中心生產一種甲產品，每月的有關資料如下：

生產能力	100,000 件
對外銷售單價	30 元
單位變動成本	16 元
單位固定成本（按生產能力計）	9 元

B 中心每月需購進 10,000 件甲產品，市場購價為 29 元。

根據以上資料，試計算：

（1）假設 A 中心現有空閒生產能力（現外部訂貨只是 80,000 件），如果 B 中心向 A 中心購買，其內部轉移價格應為多少？

（2）如果 A 中心能夠向外部市場銷售所有生產的甲產品，問 B 中心是否仍向 A 中心購買？

（3）假設 A 中心能夠向外部市場銷售所有生產的甲產品，但如向 B 中心銷售，單位變動成本可減少 3 元（銷售費用）。那麼，A、B 兩中心之間的轉移價格應如何制定？

（4）B 中心擬向 A 中心訂購 20,000 件乙產品，單位變動成本 20 元。如 A 中心接受此項訂貨，將減少原有生產能力的一半（50,000 件甲產品），那麼乙產品的轉移價格應為多少？

解：根據公式，產品的（協商）轉移價格＝單位變動成本＋產品外銷可能獲得的單位邊際貢獻

（1）由於 A 中心有空閒生產能力（20,000 件），如 B 中心向 A 中心購買甲產品，其內部轉移價格應為：

甲產品的（協商）轉移價格＝16＋0＝16（元）

因為 A 中心的空閒生產能力 20,000 件，沒有外銷可能獲得的單位邊際貢獻。內部轉移價格定為 16 元（即等於單位變動成本），是最低價格。如 B 中心向外部購買的價格是 29 元，A、B 兩中心之間內部轉移價格的協商餘地在 16 元至 29 元之間。

(2) 由於 A 中心能夠向外部市場銷售所有產品（即生產能力達到飽和），如 B 中心向 A 中心購買甲產品，A 中心的出價將為：

甲產品的（協商）轉移價格 = 16+14 = 30（元）

註：上式中的 14 元是 A 中心外銷售價 30 元與單位變動成本 16 元之差。

A 中心的售價為 30 元，而 B 中心從外部市場的購價為 29 元，所以，B 中心將不願從 A 中心購進甲產品。

(3) 如 A 中心向 B 中心銷售甲產品，可減少單位變動成本 3 元，則其轉移價格為：

甲產品的（協商）轉移價格 =（16-3）+14 = 27（元）

A 中心的售價為 27 元，B 中心從市場購買的價格為 29 元，所以，B 中心願意從 A 中心購買。

(4) 如 A 中心接受 B 中心的 20,000 件乙產品的訂貨，將減少原有生產能力的一半（50,000 件甲產品），因而將失去對外銷售 50,000 件甲產品可能獲得的邊際貢獻，其總額為：

損失的邊際貢獻總額 = 14 元×50,000 件 = 700,000（元）

以上的 700,000 元應由 20,000 件乙產品分攤：

每件乙產品分攤的邊際貢獻 = $\frac{700,000}{20,000}$ = 35（元）

乙產品的（協商）轉移價格 = 20+35 = 55（元）

可見，如 A 中心同意 B 中心的乙產品訂貨，又擬保持原來的盈利水準，則乙產品的轉移價格至少應為 55 元。如果 A 中心還要求獲得比原來更多的利潤，則出價可能高於 55 元。這要取決於雙方協商的情況。

7. 雙重價格（Dual Price）

企業內部可採用兩種不同的價格作為內部轉移價格，這就叫作雙重價格。當只採用單一的轉移價格不能滿足各責任中心之間的需要，不能正確反應、評價和考核各責任中心業績時，應採用雙重價格。例如，當一種產品或勞務的價格很難確定，或市場上不止一種價格，而責任中心之間又難於達成協議時，可由企業管理當局出面協調，在考慮產品或勞務的市價和實際成本的基礎上，允許轉出單位和轉入單位採用不同的價格進行計算，即轉出單位可採用較高的價格轉出，轉入單位可採用較低的價格轉入。這樣，雙方利益均沾，易為責任中心接受。

例如，乙中心打算從甲中心購入 B 產品，甲中心提出轉出價格為 100 元，乙中心提出目前市場價格僅為 80 元，如達不成協議，乙中心將從外部購入。如果這樣，企業整體利益會受到影響。但如果以 80 元作為轉移價格，則甲中心由於種種客觀原因，其經營業績和經濟效益會受到很大影響。鑒於此，企業當局同意採用雙重價格，

即甲中心以 100 元作為轉出價格，乙中心以 80 元作為轉入價格。其結果，甲中心因轉出價格高而導致收入高，利潤增加；乙中心因購入成本低，導致利潤增加。雙方均受益。

採用雙重價格也存在一些缺陷。首先是制定雙重標準困難，不易做到合理公正；同時，採用雙重價格，轉出單位能從高價出售中獲利，轉入單位也能從低價購進中受益，這就容易導致各責任中心放鬆對成本的控制，並且大大降低了責任感，這對企業整體利益有不良影響。

三、制定內部轉移價格的原則

為了有效地發揮內部轉移價格的作用，制定內部轉移價格時應遵循以下原則：

1. 目標一致性原則

責任中心是企業整體的組成部分，其目標應與企業整體目標一致。因此，在制定內部轉移價格時，對整體利益和局部利益均應考慮。維護企業整體利益，並使之最大化，是貫徹經濟責任制、制定內部轉移價格的最終目的。不能為了某個責任中心自身的利益而損害其他責任中心甚至企業整體的利益。

2. 公平性原則

企業制定的內部轉移價格，應使轉出方和轉入方均感到公平合理，都有利可圖。否則，就不能正確考評責任中心的工作業績，也不利於調動各責任中心的積極性。

3. 自主性原則

在目標一致的前提下，各責任中心具有制定內部轉移價格的自主權以及維護自身利益的權利。自主性是責任中心行使權利的表現，其他部門和個人不得干涉。當各責任中心不能對內部轉移價格達成一致意見時，任何一方都要充分尊重對方的意見，無權強制對方執行自己的意圖。

當然，自主性並不等於固執己見。如責任雙方就內部轉移價格達不成協議，發生爭執，並可能損害企業的整體利益，企業的權威機構應予以協調或仲裁。

第五節　責任預算與責任報告的傳遞

責任會計的職能主要是控制和考核。實行責任會計制度的企業由若干責任層次組成，企業管理當局對這些責任層次的控制和考核是通過編製責任預算和責任報告進行的。這樣，就有一個責任預算和責任報告的傳遞方式問題。傳遞方式與企業的組織結構形式密切相關。在西方，企業的組織結構形式大致分為兩種：縱向組織結構形式和橫向組織結構形式。下面分別介紹其傳遞方式。

一、縱向組織結構形式

縱向組織結構亦即集權組織結構，在這種組織結構形式下，企業的生產經營管

理大權集中於總經理一人手中。以製造企業為例，其組織層次是：最高層次為總經理，其次為副總經理、分廠廠長、車間主任、工段長和工人。各級負責人對上一級負責，總經理對整體企業負責並實行控制。這種組織結構形式如圖9-2所示。

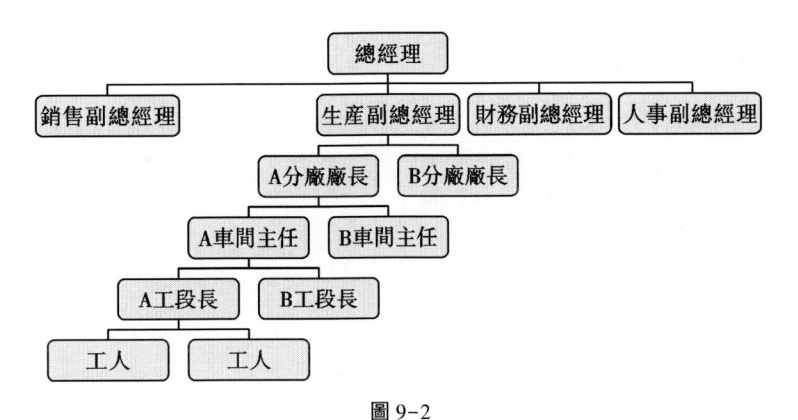

```
                           總經理
        ┌─────────────┬──────────┬──────────┐
   銷售副總經理   生產副總經理  財務副總經理  人事副總經理
                   ┌─────┴─────┐
               A分廠廠長    B分廠廠長
               ┌─────┴─────┐
           A車間主任    B車間主任
           ┌─────┴─────┐
        A工段長     B工段長
           │           │
          工人        工人
```

圖 9-2

　　在縱向組織結構形式下實行責任會計制度，責任預算的傳遞方式為：首先，企業管理當局根據企業一段時期的經營總目標，編製全面預算；其次，將全面預算按責任層次逐級分解，直至最基層，形成各級責任中心的責任預算。責任預算是根據每個責任中心可以控制的範圍，即應當承擔的責任編製下達的，是各責任中心工作的目標，又是管理當局考核責任中心業績的標準，同時也是全面預算的具體化。所以，責任預算的分解下達是一件十分重要的工作。

　　責任報告是各責任中心定期編製的業績報告，是責任中心瞭解和控制經濟活動的重要資料，也是上級評價和考核責任中心業績的主要依據。責任報告從最基層起逐級匯總，除最基層責任中心的責任報告只反應自身的責任成本外，其他各級的責任報告均應同時反應所屬下級轉來的責任成本和自身的可控成本。各級責任報告的有關數字環環相扣，形成了一條「責任鎖鏈」。基層的責任報告應當較為詳細，以便中下層管理人員瞭解較為具體的情況。高層管理人員所需的責任報告應當簡明扼要。下面舉例說明責任報告的傳遞方式。

　　【實例十】設某公司採用縱向組織結構形式，整個公司劃分為四個管理層次：總經理、副總經理、車間主任和工段長等。責任報告的編製從最基層的工段長開始，然後逐級上報匯總。

　　有關縱向組織結構形式下的責任報告的傳遞及數據之間的勾稽情況參見表9-11。

表 9-11　　　縱向組織結構形式下責任報告的傳遞及數據勾稽情況表　　　單位：元

總經理	預算數	實際	差異
生產部門責任成本	26 000	27 100	1 100（U）
銷售部門責任成本	25 000	25 500	500（U）
不由副總經理控制的成本④	3 000	2 800	200（F）
合計	54 000	55 400	1 400（U）
生產副總經理			
A車間責任成本	11 000	11 200	200（U）
B車間責任成本	12 000	13 000	1 000（U）
生產副總經理的可控成本③	3 000	2 900	100（F）
合計	26 000	27 100	1 100（U）
A車間主任			
甲工段責任成本	5 000	5 100	100（U）
乙工段責任成本	4 500	4 400	100（F）
A車間的可控成本②	1 500	1 700	200（U）
合計	11 000	11 200	200（U）
甲工段長			
可控成本	1 800	1 900	100（U）
直接材料	2 200	2 000	200（F）
直接人工			
製造費用①	1 000	1 200	200（U）
合計	5 000	5 100	100（U）

註：表中①②③④一般應分項目列出，以便分析評價，這裡從簡。

二、橫向組織結構形式

　　橫向組織結構即分權組織結構，企業管理當局將企業的部分生產經營決策權下放到下屬各個部門。在西方，大型公司常採用此種形式。公司按地區或產品品種劃分為若干事業部，事業部是獨立核算的組織，擁有產、供、銷等各種生產經營管理權力，類似獨立企業。在事業部下，又分若干層次：分公司、分廠、車間、工段、班組、工人等。各級負責人對其上一級負責，事業部經理對該事業部負責和控制，公司總經理對整個公司負責並對各事業部經理實行領導。這種組織結構形式如圖9-3 所示。

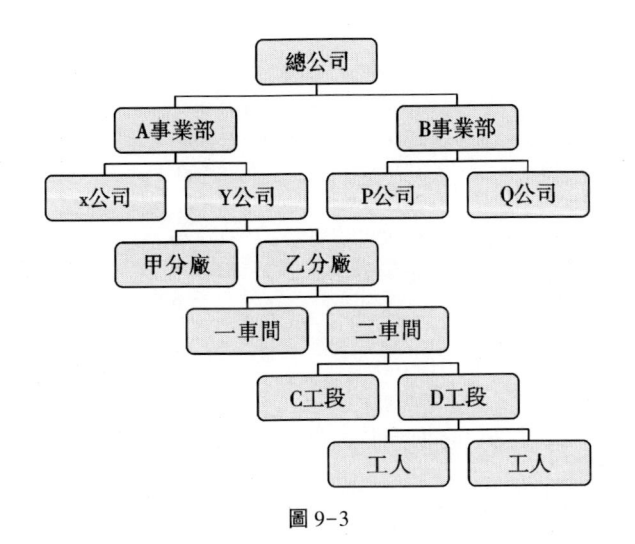

```
                    總公司
              ┌───────┴───────┐
          A事業部            B事業部
        ┌────┴────┐        ┌────┴────┐
       X公司     Y公司    P公司     Q公司
              ┌────┴────┐
            甲分廠     乙分廠
            ┌────┴────┐
          一車間    二車間
                  ┌────┴────┐
                C工段     D工段
                 │          │
                工人       工人
```

圖 9-3

在橫向組織結構形式下實行責任會計制度，首先要建立各級責任中心。分權制下責任中心的劃分一般是：總公司和各事業部劃分為投資中心，對成本、收入、利潤和資金占用等負責；事業部下的分公司可以建立利潤中心，對成本、收入和利潤負責；分廠及其下屬的單位可以建立成本中心，對其所能控制的成本負責。由此可見，實行事業部制的大公司有條件建立三種類型的責任中心。由於每種類型的責任中心的控制範圍和承擔責任不同，所以對其運用的考核指標也不相同。成本中心主要考核責任成本，利潤中心主要考核利潤，投資中心主要考核投資報酬率。

橫向組織結構形式下責任預算和責任報告的傳遞，與縱向組織結構形式大致相同。首先將公司的全面預算按責任層次逐級分解下達，形成各級責任中心的責任預算；其次，從最基層起，定期編製各級責任中心的責任報告，逐級上報，到公司總經理處匯總。下面舉例說明。

【實例十一】設某公司採用橫向組織結構形式。公司設立兩個事業部，事業部以下劃分為四個管理層次：分公司、分廠、車間、工段。責任報告從最基層的工段開始編製，然後向上逐級匯總。有關橫向組織結構形式下責任報告的傳遞及數據之間的勾稽情況參見表9-12（為簡化起見，該表只列出總公司、事業部、公司三個層次，公司以下責任層次的責任報告傳遞可參見表9-11）。

表9-12　　橫向組織機構形式下責任報告的傳遞及數據勾稽模式　　　　單位：元

x公司（利潤中心）	預算	實際	差異
銷售收入	100 000	105 000	5 000（F）
甲分廠責任成本	37 000	38 000	1 000（U）
乙分廠責任成本	28 000	28 500	500（U）
x公司可控成本	15 000	14 500	500（F）
合計	80 000	81 000	1 000（U）
x公司利潤	20 000	24 000	4 000（U）
A事業部（投資中心）			
x公司銷售收入	100 000	105 000	5 000（U）
y公司銷售收入	120 000	110 000	10 000（F）
合計	220 000	215 000	5 000（F）
x公司責任成本	80 000	81 000	1 000（U）
y公司責任成本	95 000	92 000	3 000（F）
A事業部的可控成本	33 000	31 000	2 000（F）
合計	208 000	204 000	4 000（F）
A事業部利潤	12 00	11 000	1 000（U）
總公司			
A事業部銷售收入	220 000	215 000	5 000（U）
B事業部銷售收入	190 000	191 000	1 000（F）
合計	410 000	406 000	4 000（U）
A事業部責任成本	208 000	204 000	4 000（F）
B事業部責任成本	168 000	170 000	2 000（U）
不由事業部負責的成本	17 000	20 000	3 000（U）
合計	393 000	394 000	1 000（U）
總公司利潤	17 000	12 000	5 000（U）

思考題

1. 什麼是集權制？什麼是分權制？各自有哪些優缺點？
2. 什麼是責任中心？為什麼要建立責任中心？
3. 什麼是成本中心？成本中心有哪些主要的特點？
4. 什麼是利潤中心？利潤中心有哪些主要的特點？
5. 什麼是投資中心？投資中心有哪些主要的特點？
6. 什麼是責任會計？責任會計的主要特點是什麼？
7. 什麼是責任成本？責任成本與產品成本的主要區別是什麼？
8. 什麼是可控成本與不可控成本？為什麼要區分這兩種成本？
9. 責任會計與財務會計有何區別與聯繫？
10. 什麼是內部轉移價格？制定內部轉移價格有哪些基本的方法？每種方法的優缺點是什麼？
11. 對每種責任中心的考核指標分別是什麼？
12. 責任會計與財務會計如何結合？

習題答案

第十章
作業成本計算

學習要點

1. 瞭解各種傳統成本計算方法（如品種法、分步法、分批法等）和成本管理方法（如標準成本法、責任成本法等）的歷史承續關係，從而掌握各種成本核算方法與成本管理方法在不同環境中的結合應用。
2. 瞭解作業成本計算法的基本概念、基本理論和基本方法，在此基礎上進一步熟練掌握作業成本計算法的應用。
3. 瞭解作業成本管理的概念，掌握作業成本管理方法。

第一節　作業成本計算的產生與發展

作業成本計算（Activity-Based Costing，或稱 Activity-Based Cost System，ABC）和作業成本管理（Activity-Based Cost Management，ABCM）是以作業為基礎的成本計算、管理系統。它以作業為中心，通過對企業所有作業活動進行跟蹤動態反應，可以更好地發揮決策、計劃和控制作用，以促進作業管理水準的不斷提高。

一、作業成本計算法產生與發展的理論基礎——決策相關性

1953—1954年，美國會計學者斯托布斯（G. T. Staubus）博士的論文《收益的會計概念》揭開了全面研究「決策有用性目標」的序幕，並以此作為其理論研究的基點而成為研究作業成本計算法的急先鋒，1971年他出版了具有重大影響的《作業成本計算和投入產出會計》一書。在斯托布斯之前，雖然已經有學者如美國學者科勒注意到作業成為成本計算對象的可能性，但在理論上並不系統。斯托布斯之後，世界各國學者開始關注並研究這一新的成本計算方法。其中，美國哈佛大學青年學者羅賓·庫珀（Robin Cooper）和羅伯特·卡普蘭（Robert Kaplan）發表了大量與此相關的論文和專著，並率先把這種成本計算方法於1988年簡稱為 ABC（Activity-Based Costing）。從此，ABC 風靡全世界並在理論上趨於成熟。

作業成本計算法強調的決策相關性是指基於作業基礎計算出的成本信息能滿足企業生產經營決策多方面的需要。現代企業對成本信息的需求是多方面的，主要包括：①成本信息應有助於相對準確地確定期末存貨的價值，從而有助於提供企業的財務狀況；②成本信息應有助於相對準確地確定已銷商品成本，從而有助於核定企業的期間損益；③在企業按照不同需求層次組織多品種產品生產時，成本信息應有助於確定某些特殊用戶訂貨產品的價格；④成本信息應有助於考核企業的業績，衡量企業在各個製造環節的耗費並進一步為降低產品成本提供依據。

在變化了的製造環境下，傳統成本計算方法會歪曲成本信息甚至使成本信息完全喪失決策相關性。主要表現在以下幾個方面：

首先，傳統成本計算方法在將間接費用計入最終產品或服務方面採用單一的標準，並假定間接費用的支出有助於生產，這種情況在現代製造業中已發生改變。

其次，傳統的成本計算方法將間接費用按直接人工工時或機器工時分配給最終產品或服務，必然會導致生產數量多的產品要負擔較多的間接費用，而生產數量少、批量小的產品則負擔較少的間接費用。顯然，這種分配方式在假定間接費用隨產量變動而變動的前提下是合適的。而在現代製造業中，產量只是引起間接費用發生的一個原因而不是唯一原因，甚至不再是主要原因。

最後，成本計算方法的決策相關性還表現在確定系統化考核指標上。傳統成本計算方法雖然也有科學的責任會計系統和標準成本計算方法等與之相適應來實現這一目標，但這些方法在成本性態上缺乏必然的聯繫，這也要求採用一種新的成本計算法來實現這些方法的融合。

綜上所述，獲取決策相關性強的成本信息是作業成本計算法得以產生的理論依據，成本信息的決策相關性是作業成本計算法的理論基點。

二、作業成本計算法產生和發展的現實基礎——新製造環境

從20世紀70年代開始的第三次技術革命，席捲了整個世界，促進了全世界範圍科學技術的迅猛發展。以美英為代表的西方發達國家為在激烈的全球市場競爭中搶佔有利地位，紛紛將許多新發明、新技術應用於企業生產，競爭日趨激烈，買方市場逐步形成，從而要求企業提供更加多樣化和更具個性的產品與服務。市場需求的這種變化，導致製造環境發生了巨大變化。電腦數控機床（Computer Numerical Control Machines，CNC）、機器人、電腦輔助設計（Computer-Aided Design，CAD）、電腦輔助製造（Computer-Aided Manufacturing，CAM）、彈性製造系統（Flexible Manufacturing System，FMS）、電腦一體化製造系統（Computer Integrated Manufacturing System，CIMS）等先進生產技術得到了廣泛的應用，產生了高度自動化的先進製造企業。適時制採購與製造系統，以及與其密切相關的零庫存、單元製造、全面質量管理等嶄新的觀念與技術應運而生。在這種新製造環境下，企業的成本管理也必須配以新的科學的成本計算方法，以獲得準確、相關、可比、及時的會計信息，以使企業的管理當局能夠做出正確有效的決策。

與新製造環境相適應，20世紀70年代首先在日本大企業產生了適時生產管理

系統，隨後在西方發達國家得到了廣泛的推廣使用。這種適時生產管理系統（Just-in-Time Production System, JIT）簡稱適時制，是以需求帶動生產的一種制度，即產品僅在需要時生產，並且僅生產顧客需要的數量，而工廠內每一制程（Process）又只為滿足後一制程的需要而生產，在後一制程未發出需求訊號時不生產；至於零件及原材料均於生產使用時才及時送達。採用 JIT 製造，可以使企業降低大量存貨乃至實現「零庫存」（Zero Inventory），提高產品質量，並使生產方式改變。降低存貨能夠減少資金占用，提高其使用效率；提高產品質量，可以增強企業的市場競爭力；生產方式改變是指原有方式（即大批量生產）轉為單元式生產（即顧客化生產，Customized Production），即在一定時期內，每一單元只生產一種產品或性質相似的多種產品。

　　JIT 的推行使原有的「數量基礎成本計算」（Volume-Based Costing）或「交易基礎成本計算」（Transaction-Based Costing）的傳統方法受到猛烈衝擊：JIT 把生產成本視作「增值作業」（Value Added Activity）和「不增值作業」（Non-Value Added Activity）的函數，JIT 下的成本形成時時刻刻都與「作業」相關。實行 JIT 的企業對質量管理特別重視，產品一旦被發現有瑕疵，立即中斷整個生產。因此若無全面質量管理，則根本不可能順利實行 JIT。所謂全面質量管理（Total Quality Management, TQM），是指為了能夠在最經濟水準並考慮到充分滿足顧客要求的條件下，進行市場研究、設計、製造和售後服務，把企業內各部門的研製質量、維持質量和提高質量的活動構成為一體的一種有效的管理體系。

　　企業製造環境的改變，JIT、TQM 等嶄新管理觀念和技術的形成和應用，都要求成本管理深入到作業層次，把企業生產工序和環節視為對最終產品提供服務的作業，把企業看成為最終滿足顧客需要而設計的一系列作業的集合。這時，成本管理工作的重點在於分析、區分作業類型並衡量各種作業所耗資源的價值。第一，要求成本會計追蹤資源到每一項作業，選擇合適的標準並將資源耗費價值計入每種作業，以此作為比較作業貢獻進而尋求降低成本方法的直接依據。第二，區分作業的結果也促使企業優化作業組合，採用合理的生產程序以降低總的資源耗費和成本。例如採用價值工程來消除每項作業的多餘功能，消除所有不能為產品帶來必要功能的作業；再如採用流程再造（BPR）重新組合增值作業，以提高生產和管理的效率。

　　為滿足上述管理的需要，企業的製造系統在產品訂單（即外部顧客需求）的拉動下彈性地組合為若干個緊湊有效的製造中心；每個製造中心又由於生產過程中各作業特性不同，被區分為一個一個作業中心，每個作業中心負責完成某一項特定的產品製造功能。於是，企業行為轉化為作業中心（或作業）行為，考核作業中心（或作業）的耗費乃至製造中心的耗費也成為成本會計的職能。於是，成本會計的目標呈現多元化：既要滿足企業作為主體對外報告的需要，又要滿足企業不同管理者作為主體對內管理的需要；成本會計的對象也從最初耗費形態的各種資源，到作業、作業中心、製造中心乃至最後的產品。

　　顯然，傳統成本計算方法很難滿足如此多層次管理的計算需要。傳統成本計算方法把產品成本區分為直接材料、直接人工和製造費用。製造費用屬於間接費用，而且假定其與直接生產過程相關，故而將其按不同產品所耗直接人工工時或機器工

時的比例分配計入不同產品成本。但在現代製造業中，一方面間接費用的比重極大地增加了，另一方面間接費用的結構和可歸屬性也發生了很大的改變。此時的間接費用並不是直接與生產過程有關，其中許多費用甚至完全發生在製造過程以外，如生產程序設計費用、生產過程的組織協調費用、組織訂單費用等。顯然，這種結構的間接費用在性質上已經和傳統生產條件下的製造費用有所不同，加之現代製造業自動化程度日益提高，直接人工成本極大地減少，再用傳統的方法將間接費用分配給最終產品或服務就顯得很不合理。

綜上所述，在現代企業中發生了兩個引人注目的變化：一是作業觀念已引起所有企業管理者的重視，二是製造過程中間接費用的比重和結構發生的變化促使人們對間接費用分配方法進行深入思考。這兩個變化直接引發作業成本計算法的產生。

案例與思考——問題的提出

甲公司有 A、B、C 三種主打產品。其中 B 產品是公司產量最高的產品，讓 CEO 納悶的是，競爭對手 B 類產品的價格似乎總比本公司的低。「不知為何，我們的競爭對手似乎總是可以壓低 B 產品的價格，讓我們處於被動的局面。按理說，我們的生產效率未必比競爭對手低，何況我們剛上了一套計算機控制的製造系統。」此外，C 產品是公司獲利的重要來源，「但從市場情況看，我們已經多次提高了 C 產品的價格，客戶依然絡繹不絕！難道競爭對手對這個市場不感興趣？」整個市場形勢讓人感到迷惑不解：B 產品產量大，價格卻上不去；C 產品的價格已經很高了，但好像還有提價的空間。

結果令人吃驚

公司新上任的 CFO 通過數周的工作，解開了這個謎：公司高估了產量高但工藝相對簡單的 B 產品的成本，卻大大低估了產量低但工藝相對複雜的 C 產品的成本。也就是說，間接成本在 B、C 兩種產品之間沒有得到合理的分配。工藝複雜、產量低的 C 產品，事實上沒有承擔其應分配的成本份額；而工藝簡單、產量高的 B 產品則承擔了過多的成本份額。

原因

CFO 解釋道：「我們在制定價格的過程中，依據了錯誤的成本信息！公司將 B 產品的價格定得偏高，而 C 產品的價格則偏低。這樣一來，競爭對手總是可以把與 B 類產品競爭的產品價格壓得很低；與此相反，由於公司 C 類產品的成本估計偏低，所以競爭對手沒有太多的生存空間，而以低成本制定的偏低價格，則讓 C 類產品在市場上異常火爆。」結論讓 CEO 大感意外，「這麼說，本公司一直採用的成本計算方法竟然導致如此巨大的成本偏差？」該公司的間接費用分攤不是按照三種產品進行區分，單獨計算每種產品的間接費用比例，而是把生產部門整體當作成本中心來對待的，每種產品負擔的間接費用是基於公司整體的生產能力（即產量）平均分配的。CFO 強調：「這就是問題所在！我們被扭曲的成本信息所誤導，實際上是在用 C 產品的盈利來彌補 B 產品的虧損。」CFO 的計算表明，A、B、C 三種產品的複雜程度、製造工藝都不相同，用均攤的辦法分配間接費用是非常不合理的。通過分析，CFO 建議，「我們現在已經建立了 ERP 系統，完全有條件在更細緻的層面上對產品成本進行歸集，以得到更加準確的成本信息。」

第二節　作業成本計算的基本概念

一、作業成本計算

作業成本計算（Activity-Based Costing，ABC）是把企業消耗的資源按資源動因分配到作業，並把作業收集的成本按作業動因分配到產品或顧客上去的間接費用分配方法。作業成本核算的基礎是「成本驅動因素」理論：生產導致作業的發生，作業消耗資源並導致成本的發生，產品消耗作業。由此可見，作業成本的實質就是在資源耗費和產品耗費之間借助作業來分離、歸納、組合，然後形成各種產品成本及不同管理成本，是一種融成本計算與成本管理為一體的管理方法。

ABC 有四個目標：①區分增值作業和不增值作業，消除不增值作業成本並使低增值作業成本達到最小。②引入效率與效果，使低增值作業成本向高增值作業成本轉換，從而使經營過程中展開的增值活動銜接流暢，以改善產出。③發現造成問題的根源並加以改正。④根除由不合理的假設與錯誤的成本分配造成的扭曲。

ABC 將企業作為一個職能價值鏈來看待，這個職能價值鏈是由研發、產品、服務或生產過程的設計、生產、行銷、配送、客戶服務等一系列企業職能組成，企業通過這些職能逐步使其產品或勞務具有有用性。ABC 認為「不同目的下有不同成本」，產品成本只是特定目的下分配給一項產品的成本總和。

二、作業成本法的基本要素

作業成本計算法的基本要素包括資源、作業和作業成本動因。當作業成本計算法將資源、作業、作業中心、製造中心等概念引入成本控制時，就形成了一個完整的作業成本計算體系。作業成本計算體系的原理如圖 10-1 所示。

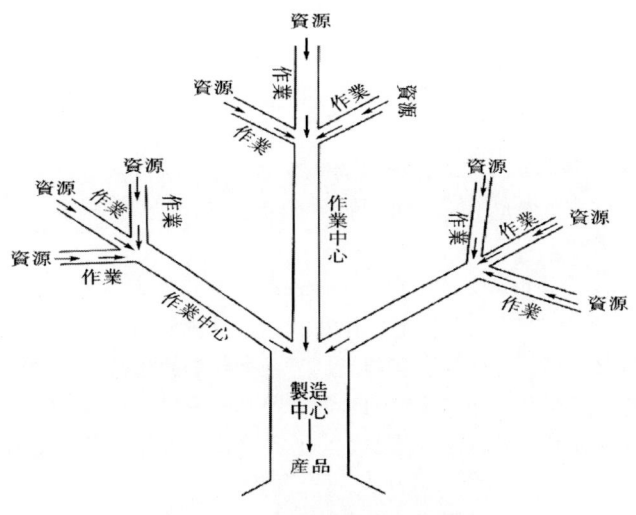

圖 10-1　作業成本計算體系原理

1. 資源

如果把整個製造中心（即作業系統）看成一個與外界進行物質交換的投入－產出系統，則所有進入該系統的人力、物力、財力等都屬於資源範疇。資源進入該系統，並非都被消耗，即使被消耗，也不一定都是對形成最終產出有意義的消耗。因此，作業成本計算法把資源作為成本計算對象，是要在價值形成的最初形態上反應被最終產品吸納的有意義的資源耗費價值。也就是說，在這個環節，成本計算要處理兩個方面的問題：一是區分有用消耗和無用消耗；二是區別消耗資源的作業狀況，看資源是如何被消耗的，找到資源動因，按資源動因把資源耗費價值分解計入吸納這些資源的不同作業中去。資源一般分為貨幣資源、材料資源（對象資源）、人力資源、動力資源（手段資源）等。

2. 作業

作業是成本分配的第一對象。資源耗費是成本被匯集到各作業的原因，而作業是匯集資源耗費的對象。從管理角度看，作業就是指企業生產過程中的各工序和環節；但從作業成本計算角度看，作業是基於一定的目的、以人為主體、消耗一定資源的特定範圍內的工作。

作業作為成本計算對象，不僅有利於相對準確地計算產品成本，還有利於成本考核和分析工作。既然作業耗用了資源，那麼搞清作業狀況，就能搞清資源耗費狀況，就能瞭解資源消耗的渠道，這都為降低產品成本提供了基本依據。

作業的特點主要包括以下幾個方面：

（1）作業是以人為主體的。掌握並且操縱各種機器設備的人仍然是現代製造業中各項具體生產工作的主體，也就是作業的主體。

（2）作業消耗一定的資源。作業以人為主體，至少要消耗一定的人力資源；作業是人力作用於物體的工作，因而也要消耗一定的物質資源。

（3）區分不同作業的標誌是作業目的。在一個完備的製造業中，其現代化程度越高，生產程序的設計和人員分工越合理，企業經營工程的可區分性也就越強。這樣，可以把企業製造過程按照每一部分工作的特定目區分為若干作業，每個作業負責該作業職權範圍內的每一項工作，這些作業互補並且互斥，構成完整的經營過程。

（4）對於一個生產程序不盡合理的製造業，作業可以區分為增值作業和非增值作業。非增值作業雖然也消耗資源，但並不是合理消耗，對於製造產品的目的本身並不直接做出貢獻。

（5）作業的範圍也可以被限定。由於作業區分的依據是作業動因，而作業動因對於特定企業是客觀存在的，因而，作業範圍是能夠得到本質上的限定的。作業中心是負責完成某一項特定產品製造功能的一系列作業的集合。強調作業中心是作業成本計算的對象，是基於作業考核的目的。因為作業成本計算法既是一種成本計算方法，也是一種責任考核方法。將作業中心作為成本計算對象，還有利於匯集資源耗費。

在作業成本計算法逐漸形成的過程中，各國學者試圖提供一些標準的作業確認

方法供實務界採納。如杰弗・米勒和湯姆・沃爾曼把作業分為邏輯性作業、平衡性作業、質量作業和變化作業四類；羅賓・庫珀則把作業分為單位作業、批別作業、產品作業、過程作業四類。這些分類理論性太強，缺乏實務操作性。確認作業的理論依據是作業特性，實務依據則是作業貢獻於產品的方式和原因，即作業動因。據此，按照作業動因可以把作業分為三類：

（1）非增值作業。非增值作業指那些「無用的消耗」，並且企業希望消除且能夠消除的作業。

（2）專屬作業。專屬作業是指為某種特定產品提供專門服務的作業。

（3）共同消耗作業。共同消耗作業是指為多種產品生產提供服務的作業。按其為產品服務的方式和原因又可以分為幾個小類，即批別動因作業、產品數量動因作業、工時動因作業和價值管理作業。共同消耗作業又可按其為產品服務的方式和原因分為如下幾小類：①批別動因作業。批別動因作業是指服務於每批產品並使每一批產品都受益的作業。如分批獲取訂單的訂單作業，分批送運原材料或產品的搬運作業等。②產品數量動因作業。產品數量動因作業是指使每種產品的每個單位都受益的作業。如包裝作業等，每件產品都均衡地受益。③工時動因作業。工時動因作業是指資源耗費與工時成比例變動的作業，每種產品按其所耗工時吸納作業成本，如機加工作業等。④價值管理作業。價值管理作業是指那些負責綜合管理工作的部門作業，如作業中心總部作為一項作業就是價值管理作業。各層級作業及其成本動因參見表 10-1。

表 10-1　　　　　　　**各層級作業及其成本動因**

層級	代表作業	作業動因
單位及作業	每件產品質量檢查 直接人工操作 機器耗用的動力	產品數量 直接工時 機器工時
批次級作業	機器調試準備 每批產品質量檢查 採購物料	準備小時 批次數或小時 採購次數
產品品種級作業	產品設計 零件管理 生產流程	產品種類 零件數量 產品種類
管理級作業	廠務管理 應收帳款 會計人事	廠房面積 顧客數量 員工人數

3. 成本動因

成本動因（Cost Driver）也稱成本驅動因素，它是引起成本發生變動的根本因素，也是影響成本結構的決定因素。它可以是一個事項、一項活動或作業。成本動因可以解釋企業執行作業的原因及消耗資源的多少，因此成本動因的確定可以看作是作業成本計算的關鍵組成部分，並作為分配成本的重要標準。隨著企業產品品種

增多,成本動因呈多元化趨勢。

(1) 按在作業成本會計中的作用,成本動因可分為:

①資源動因(Resource Driver)。作業消耗資源、資源消耗量與作業量之間的關係稱為資源動因。資源動因作為一種分配基礎,是將資源耗費分配到作業成本庫的標準,反應了作業對有關資源的耗費情況。在分配過程中由於資源是一項一項地分配到作業中去的,於是就產生了作業成本要素。將每個作業成本要素相加就形成了作業成本庫。通過對成本要素和成本庫的分析,可以揭示哪些資源需要減少,哪些資源需要重新配置,最終確定如何改進和降低作業成本。

②作業動因(Activity Driver)。產品消耗作業、作業消耗量與最終產出之間的關係稱為作業動因。作業動因作為一種分配基礎,是將作業成本分配到產品或勞務的標準,是資源消耗與最終產品相溝通的媒介。通過實際分析,可以揭示哪些作業是多餘的、應該減少,整體成本應該如何改善、如何降低。

(2) 布林遜在《成本會計》一書中將成本動因按其對企業是否有利分為以下兩類:

①積極性成本動因(Positive Cost Driver),是指能夠產生收入;產品或利潤的作業。例如銷售訂單、生產通知單等。

②消極性成本動因(Negative Cost Driver),是指引起不必要的工作和利潤減少的作業。例如重複運送產品等。

(3) 按成本性態的不同,可將成本動因區分為以下三種:

①數量基礎成本動因。數量基礎成本動因是驅動變動成本發生的基礎,與變動成本呈正比關係。如構成產品實體的材料費屬變動成本,其成本動因即是產品的產量。

②作業基礎成本動因。作業基礎成本動因是驅動作業成本發生的基礎,是作業成本產生的誘因。這類成本動因又可細分為批別成本動因和品種成本動因。前者如對產品分批檢驗的次數、產品分批投產情況下的機器整備次數等,它們分別驅動了產品檢驗作業成本和機器整備作業成本的發生;後者如需要分別進行工藝設計的產品品種數,它驅動了產品工藝設計作業成本的發生。

③固定成本動因。它是驅動企業固定成本發生的基礎。由於固定成本的發生與企業戰略決策密切相關,如機器及廠房的購置、組織機構的設置與變革等,因此固定成本動因也稱為戰略性成本動因。由於企業的戰略決策並不經常進行,因此由戰略決策所形成的固定成本可以在較長時間內保持不變。在設計作業成本系統時,需要在分析有關歷史資料的基礎上,結合作業主體的意見,慎重確認動因,防止會計信息失真。

三、作業鏈與價值鏈

不同企業的作業構成具有較大的差別。對於製造業企業來說,其作業一般包括:進貨作業、生產作業、行銷作業、發貨作業、服務作業,以及財務等管理作業、職員招聘等人力資源管理作業、產品開發和工藝流程改進等技術開發作業。上述作業

都是為了滿足顧客需要而建立的一系列前後有序的作業集合體，該集合體被稱為作業鏈（Activity Chain）。價值鏈（Value Chain）是分析企業競爭優勢的根本，它與服務於顧客需求的作業鏈相關聯。按照作業會計的原理，產品消耗作業，作業消耗資源，作業的轉移同時伴隨著價值的轉移。作業鏈的形成過程，也就是價值鏈的形成過程。改進作業必須分析企業的價值鏈。而並非所有的作業都能夠產生價值，因此對價值鏈的分析的目的就在於，從產品生產環節一直追查到產品設計環節，以發現和消除對價值鏈無所貢獻的作業。

四、作業中心與作業成本庫

作業中心（Activity Centre）是指一系列相互聯繫、能夠實現某種特定功能的作業集合。例如，原材料採購作業中，材料採購、材料檢驗、材料驗收、材料倉儲管理等都是相互聯繫的作業，將這些作業集合起來即可歸並為一個「材料處理作業中心」。把相關的一系列作業（或任務）消耗的資源費用歸集到該作業中心，即構成該作業中心的作業成本庫（Cost Pool），作業成本庫是作業成本（或作業）的貨幣表現形式。

五、製造中心

製造中心作為成本計算對象，實質上是指計算製造中心產出的產品的成本。一般地，一個大型製造企業總可以劃定為若干製造中心，劃定製造中心的依據是各製造中心只生產一種產品或某個系列的多種產品。如某制筆廠按照產品類別可以劃定為鉛筆、鋼筆、圓珠筆等多個製造中心，某機床廠也可按照機床種類劃定製造中心，等等。製造中心所產產品只是相對於該製造中心而言，未必是企業的最終產品。如多生產步驟的大型製造企業可以按生產步驟劃定製造中心，此時，這些製造中心前後相接，共同構成完整的製造過程，前一個製造中心只是為後一個製造中心生產可供進一步加工的半成品而已。

第三節　作業成本計算的原理及開發程序

一、作業成本計算的原理

作業成本法是以與傳統成本核算方法不同的觀點看待產品製造成本的，特別對於製造費用的分攤，作業成本計算法是基於「作業」，而不是基於「產品」。而作業是指在一個組織內為了某一目的而進行的耗費資源的工作，如產品設計、產品生產、產品推銷等。

與傳統的成本分配與計算法所不同的是，作業成本計算法將成本分為兩個階段進行歸集分配。第一階段：作業耗用資源，即資源所內含的價值由於作業的需要歸集到各個作業成本庫上；第二階段：成本計算對象（產品）耗用各個作業，即由於產出需要作業才將各作業成本庫的成本分配給成本計算對象。

這種「作業耗用資源、產品耗用作業」的實質是：作業被看作連接產品與資源的紐帶，除了產品作為最終的成本計算對象外，作業也成了一種「仲介」式的新的成本計算對象。成本歸集與分配方法是先計算作業所耗用的資源成本，然後再計算產品所耗費的作業成本。因為作業確實與產品有著更為緊密和直接的關係，按照特定作業的耗用數來分配成本，比用產品數量或單一的工時基準加以分配更具合理性，相對而言也就更具準確性和精確性。現行公認的理論認為，在此兩階段中分別存在成本驅動因素。對作業成本計算法下產品成本計算的「兩個階段進行歸集分配」，其中隱含的因果性表述為「資源作用因」與「作業作用因」，通過作業這種行為仲介，將資源成本轉換到產出上。在這個轉換過程中包括雙層因果關係。第一層是資源成本與作業成本的因果關係，資源可視為初始的「成本發生因子」，有此，才有作業成本之果；第二層是作業成本與產出成本的因果關係，由於作業對成本性態做了不同於傳統方式的區劃，以致改變了成本流動機制與流向，從而加速或減緩了成本流動（包含受成本機制制約的成本分流方式），這可理解為「成本驅動因子」，因此，導致了正確的產出成本。ABC 原理如圖 10-2。

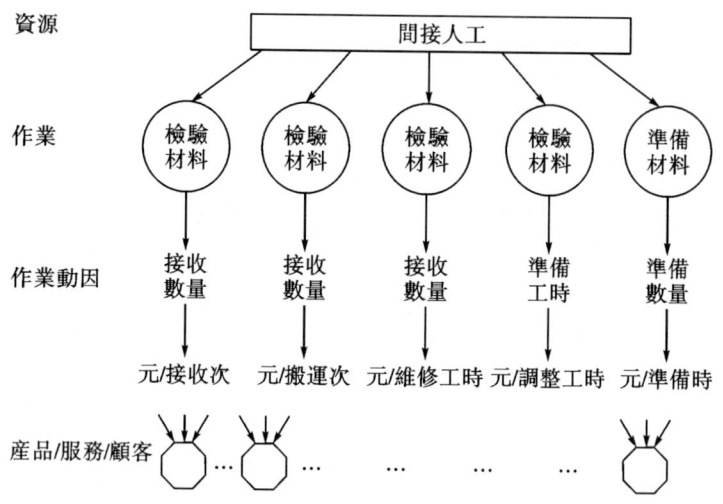

圖 10-2　作業成本計算：費用從資源流向作業，再流向產品、服務和顧客

二、ABC 下的成本計算程序

ABC 可以歸納為「作業消耗資源，產品消耗作業」。因此，作業成本計算的基本程序就是要把資源耗費價值予以分解並分配給作業，再將各作業匯集的價值分配給最終產品或服務。這一過程可以分為三個步驟，如圖 10-3 所示。

图 10-3　作业成本计算程序

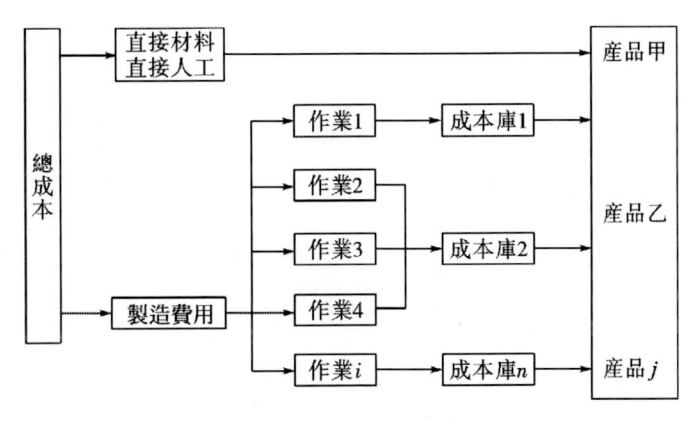

1. 建立作业中心，将资源耗费价值归集到各作业中心

这一步骤只是价值归集过程。在作业成本计算法下，价值归集的方向受两方面的限制：一是资源种类，二是作业中心种类。在实务操作中，对某制造中心的每一作业中心都按资源类别设立资源库，把该制造中心所耗资源价值归集到各资源库中去。如对圆珠笔生产这个制造中心，分别对制芯和制壳这两个作业中心设立材料费、动力费、折旧费、办公费等资源库，这样，就可以从资源耗费的最初形态上把握各种资源归集到各作业中心的状况。

生产一个产品所需的作业是很多的，而且每项作业还可进一步细分。一般而言，每种作业成本包括说明执行这一作业所耗用的资源及生产每项产品所耗用的这一作业活动的成本、衡量作业与产品之间的关系的成本等。因此，在作业识别时，只需识别主要的作业，而将各类细小的作业加以归类。在确认作业时，要特别注意具有以下特征的作业：资源昂贵、金额重大的作业，产品之间的使用程度差异极大的作业，需求形态与众不同的作业。

建立作业中心时，首先确定一个核心作业，然后将上下游工序中一些次要任务或作业与之合并，归集为一个作业中心。例如，为检验产品质量要进行取样、检验测试、报告结果等一系列具体的作业，在这些作业中，检验测试是主要作业，可以将其作为作业中心，将其他作业并入检验这一作业中心。作业中心不一定正好与企业的职能部门一致，有时候，一项作业是跨部门进行的；有时候，一个部门就完成若干项作业。因此在确认作业中心时可以通过编制作业流程图来完成。

2. 将作业中心汇集的各资源耗费价值予以分解并分配到各作业成本库中

在此应注意以下几点：

（1）成本动因的选择不必求全，但应该找到最重要的、与主要成本花费相关的关键因子。试图找出与所有成本耗用都相关的成本动因往往是不可能的，因为在一个独立的作业中不可能所有的耗费都与同一个成本动因成正比。正确的做法是先选择出相对独立的、对产品的形成影响较大的主要作业，然后再确定作业中与主要的成本消耗相关性较大的成本动因。

(2) 成本動因的選擇採取多元化的方式，並注意與傳統成本核算系統相結合。事實上，作業成本法與傳統成本法並不是相互排斥的，它是在解決傳統成本法存在問題的基礎上對傳統成本法的發展，往往有助於提高成本核算的準確性和合理性。

(3) 作業分類的確認。

(4) 設置資源庫，歸集資源消耗價值。作業確認後，一般不得輕易發生變動。這樣，在對資源庫資源耗費價值進行分配時，面臨的是已確定的作業種類。我們為每一項作業設立一個成本庫，該成本計算步驟就演化為如何將資源庫價值結轉到作業庫這一具體分配問題。解決這一分配問題，要貫徹作業成本計算的基本規則：作業量的多少決定著資源的耗用量，資源耗用量的高低與最終的產出量沒有直接關係。資源動因反應了作業對資源的消耗狀況，因而是把資源戶價值分解到各作業戶的依據。

確立資源動因的原則是：第一，某一項資源耗費能直觀地確定為某一特定產品所消耗，則直接計入該特定產品成本中，此時資源動因也是作業動因，該動因可以認為是「終結耗費」，材料費往往適用於該原則；第二，如果某項資源耗費可以從發生領域區劃為各作業所耗，則可以直接計入各作業成本庫，此時資源動因可以認為是「作業專屬耗費」，各作業各自發生的辦公費適用這種原則，各作業按實付工資額核定應負擔工資費時，也適用這一原則；第三，如果某項資源耗費從最初消耗上呈混合耗費形態，則需要選擇合適的量化依據將資源分解並分配到各作業，這個量化依據就是資源動因，如動力費一般按各作業實用電力度數分配等。

在成本分配過程中，各資源庫價值要根據資源動因逐項分配到各作業中去。這樣，我們可以為每個作業庫按資源類別設立作業資源要素，將每個作業庫各作業資源要素價值相加就形成了作業成本庫價值。

這些資源通常可以從企業的總分類帳中得到，但總分類帳並無執行各項作業所消耗資源的成本，因此必須將獲得的資源成本分配到作業上去。求得各項的作業成本通常有兩種方法：①直接費用法，即直接衡量作業所消耗的成本，這種方法雖比較精確，但衡量的成本高。②估計法，即根據調查獲得每一作業所消耗資源的數量或比例進行分配。它得到的信息較可靠，衡量過程本身成本不高，經常採用。

同質作業成本歸集在一起便構成同質成本庫，同質成本庫是一個可用一項成本動因解釋成本變動的若干項作業的集合，這些作業可構成同質作業，其成本即同質作業成本。例如，一個生產車間所發生的動力費用、設備準備調整費用、檢驗費用等受不同的成本動因影響，應分別設置成本庫進行歸集。這樣，通過不同的成本庫歸集不同質的製造費用，有利於發現和分析成本升降的原因，並有目的地進行成本控制。

3. 將各作業成本庫價值分配計入最終產品成本計算單，計算完工產品成本

與傳統成本計算法一樣，我們為製造中心投產的每一種（或批）產品設立成本計算單。在每一張成本計算單中我們還應按該產品生產所涉及的作業種類開立作業成本項目。這樣，該成本計算步驟就是要把各作業成本庫的價值結轉到各產品成本

計算單上，這一步驟反應的作業成本計算規則是：產出量的多少決定著作業的耗用量。

可見，作業動因是將作業庫成本分配到產品或服務中去的標準，也是將作業耗費與最終產出相溝通的仲介。既然作業是依據作業動因確認的，就每一項作業而言，其動因也就已經確立，成本計算在這一步驟並無障礙。如訂單作業是一種批別動因作業，我們只需將該作業成本除以當期訂單份數即可得到分配率；將此分配率乘以某批產品所用訂單份數即可得到應計入該批產品成本計算單「訂單」這個成本項目的價值。

在把作業庫成本計入各產品成本計算單以後，如何得出完工產品成本就是一個簡單的問題了。

第四節　作業成本計算的應用實例及評價

一、案例一：作業成本計算在郵政企業的應用

1. 資源動因分析——評價作業的有效性

資源動因分析是通過對資源消耗、資源分配的分析，評價各項作業有效性的方法。其目的是揭示哪些資源是必需的，哪些需要減少，哪些資源需要重新配置，最終確定如何改進和降低作業成本，提高作業效率。其實質是判斷作業消耗資源的必要性、合理性的過程。具體分析程序如下：

（1）確認主要作業，建立作業中心

這一步工作，應在瞭解生產流程的基礎上確定各個作業。作業的劃分不宜太細也不宜太粗：太細則不僅不能得到更多的有用信息，反而有可能造成分析紊亂；太粗則難以揭示管理改善的機會。確定了作業之後，可選擇有代表性的主要作業，建立作業中心。信函的寄遞過程可以分為：交寄中心、理信蓋銷中心、出口分揀中心、搬運裝卸中心、轉運中心、長途運輸中心、交換郵件中心、轉運中心、進口分揀中心、投遞中心10個作業中心。

（2）歸集資源費用到各個作業中心

作業中心建立後，需將資源費用歸集到各作業中心的成本庫中。一個成本庫是由同質的作業組成的。所謂作業的同質性是指這些作業都是為同一個目的或同一項服務而產生，對產品的生產起某一方面相同的作用。

例如，以交寄作為一個作業中心時，許多與交寄信函有關的成本將會歸集到消耗該項資源的作業中心。根據作業中心的各種作業消耗資源的數量以及相應的單位資源成本計算各種作業的成本，所有作業成本之和就是作業中心成本。信函寄遞過程所經過的10個作業中心包括的資源費用項目有：工資、職工福利費、折舊費、郵件運輸費、修理費、低值易耗品攤銷等。收集費用數據時，應充分利用企業原有的成本信息系統，有的數據可以直接獲取，有的數據需要加工處理。這一步驟工作是

繁瑣而重要的，要仔細分析各項費用，按資源動因歸集到各個中心，往往要反覆幾次才可最後確定。

(3) 評價作業的有效性

企業的作業少則幾十種，多則上千種，不可能一一確定增值性和效率，根據成本效益原則，只能選取相對比較重要的作業進行分析。由於郵政成本費用構成中出口分揀和長途運輸環節佔有較大的比重，我們選擇出口分揀中心和長途運輸中心進行分析。

①出口分揀中心。

出口分揀中心的作業可分為粗分揀和細分揀兩項。一般在郵件量少的小企業只需進行一次細分揀，而在郵件多、規模大的企業就需兩道分揀作業，以提高工作效率。分揀工作大多數是由信函分揀機在一些大的信函分揀中心來完成，少部分由人工完成。分揀工作在時間上負荷不勻，工作人員在高峰期時忙不過來，閒暇時也可能無事可做。歸集到該中心成本庫中的成本費用主要是工資、職工福利費、折舊費、修理費、低值易耗品攤銷等，其中最主要的是機器設備折舊和修理費。因此可考慮在加速郵區中心局體制建設進程中，不斷提高設備的利用率。

②長途運輸中心。

長途運輸工具有飛機、火車、汽車、船舶等，其中最主要的還是火車，在一級幹線郵路上 80%～90% 的郵件量靠鐵路運輸。長途運輸作業在郵政生產中是必不可少的，是增值作業，但就目前情況而言，長途運輸在郵路選擇、運能利用及人員配備等方面還未達到高效，可從以下方面提高作業效率：安排好郵路。綜合考慮里程、運輸效率、班期正常與否和利用價值等因素，按照自辦與委辦相結合的原則，合理選用運輸工具，力求通信效果較高，而運輸成本較低；充分利用目前的運能，既要避免在自備郵車已滿足需求的情況下，盲目購置新車，又要避免空載問題。將各項業務集中管理，合理配載運輸，提高利用率；合理配備人員綜合考慮各種運輸工具的時間、頻次、停靠地、容量等，合理配備外勤人員。

2. 作業動因分析——判斷作業的增值性

作業動因是指作業被消耗的直接原因，是進一步將作業成本庫中的費用分配到各項產出上去的標的，其分配依據是該項產出消耗各作業成本庫中的代表作業的數量。

例如分揀中心作業動因的計量可以選擇為信函量；搬運裝卸中心可以選擇郵袋數來計量。作業動因分析是通過對作業的識別、作業的計量、作業消耗資源費用的歸集與確認，分析評價各項作業增值性的方法。其主要目的是揭示哪些作業是必需的，哪些作業是多餘的，盡可能降低直至消除那些不能增加產品價值的作業。最終確定如何減少產品消耗作業的數量，從整體上降低作業成本和產品成本。

確定是否為增值作業時，應結合作業動因分析對多項作業開展細微的分析。增值作業必須同時滿足以下條件：該作業的功能是明確的，該作業能為最終產品或勞務提供價值，該作業在企業的整個作業鏈中不能去掉、合併或替代，三者缺一不可。

一般來說企業各個環節的作業都是為了產出而作的，都是增值作業。而一些搬運、裝卸、存儲以及生產過程中任一環節的等待、延誤等，應屬不增值作業。現以封發階段的搬運作業和質量檢查作業為例分析如下：

（1）封發階段搬運不增值作業分析

封發階段的搬運作業，是對即將發出進行轉運的郵件由分揀封發的場所轉移至郵車旁，以備裝車。搬運的目的是轉移郵件，它是一種不增值作業。消除或減少這一作業的途徑是車間內合理佈局，使郵車盡量靠近分揀的場所，以減少不必要的搬運。值得注意的是，並非所有的搬運作業都是不增值作業，應視具體情況來分析判定。如大型包裹分揀中心的搬運就是其主要作業，是為了分揀而必須進行的作業。

（2）質量檢查不增值作業的分析

質量檢查作業是封發階段出口分揀中心的一個作業。它是在分揀之後、捆信之前對郵件進行質量的檢查，看有無破損、有無規格和質量問題等，並做補救的措施。根據 TQM 零缺陷的觀點，這一作業屬不增值作業。解決的辦法是讓顧客使用標準信封，正確書寫等。

3. 計算、歸集作業成本

成本庫確定後，就可以計算每一個成本庫單位作業動因的成本，即成本庫分攤率。然後將匯集於各個作業中心成本庫的成本按成本庫分攤率分配到各項最終產品上。產品最終作業成本即為該產品所經過的各作業中心應分攤的成本之和。具體計算公式為：

成本庫分攤率＝該庫歸集的資源費用×該庫作業動因耗用數

某項產品應分攤的成本費用＝成本庫分攤率×該產品作業動因耗用的單位數

某項產品的作業成本＝Σ該產品在各個作業中心應分攤的成本

一封長途信函的作業成本即為上述 10 個作業中心中應分攤的成本之和。

4. 作業的綜合分析

作業綜合分析是對各項作業之間的聯繫進行分析的方法。進行作業的綜合分析，是看各個作業之間聯繫是否緊密，有無斷開或重疊現象，會不會危害作業鏈的效率和價值。現實中作業之間的銜接時常會出現問題，作業管理的目標是要使企業各個作業之間的等待、延誤達到最小。在郵件傳遞的過程中涉及許多環節，而各環節之間工作步調不一致，不可避免存在等待時間，所以在分揀、封發以及轉運中應注意確定趕發關係，使發出的郵件能及時趕上交通運輸工具的開行時間，保證郵件按時帶運出去，避免成批郵件積壓延誤。

綜上所述，在郵政企業推行 ABC，加強作業管理，可以將成本控制的著眼點深入到作業層次，在成本及成本發生的原因之間建立一一對應關係，通過治本（成本發生原因）來治標（成本發生）。實行 ABC 有助於郵政企業理清收寄、封發、運輸、投遞各環節的成本，有利於實行專業成本核算，揭示虧損的真正原因，真實反應其財務狀況和經營成果，為郵政企業提供一個降低成本的新思路。

二、案例二：作業成本計算的非製造應用

北京某公司市場與系統費用部門的丁女士希望採用 ABC 進行市場方面的費用管理（市場費用大都為廣告費、製作費、一些廣告性質的現場活動），由於市場費用是一塊很大的間接費用，並且不像工業企業有很多固定的程序，在數量上它也不如製造業那樣穩定，它會隨著市場的變化而變化，不是很有計劃性。而其所對應的產品也沒有製造業那麼明確。那麼作業成本法如何應用到市場費用當中去呢？

丁女士按自己的理解定義了市場費用的作業及成本要素，見表 10-2。

表 10-2　　　　　　　　　　　　作業及成本要素

作業名稱	作業性質	成本要素	資源動因
設計與製作（DP）	品種級作業	電視	創意/拍攝地/導演/演員
		電影	創意/拍攝地/導演/演員
		電臺	廣播時段/次數
		報紙	排期/廣告位置/個數
		期刊/雜誌	排期/廣告位置/個數
		戶外-海報空間/彩繪的廣告牌	面積/個數
		戶外-照明廣告/霓虹燈廣告	面積/個數/複雜程度
		戶外-其他戶外廣告	
		售點宣傳材料（針對消費者）	數量/頁數
		經銷商的宣傳手冊	數量/頁數
		網絡	容量/形式
		VCD	創意/拍攝地/導演/演員
		行業展覽	POP 數量/參展人數
媒體（M）	品種級作業	電視-中央臺	投放期/投放地/時段
		電視-地方臺	投放期/投放地/時段
		電影	投放期/投放地/時段
		雜誌/期刊	排期/廣告位置
		報紙	排期/廣告位置
		網絡	形式/K 數
		戶外-海報空間/彩繪的廣告牌	面積/個數
		戶外-照明廣告/霓虹燈廣告	面積/個數/複雜程度
		電臺	
		戶外-其他戶外廣告	

表10-2(續)

作業名稱	作業性質	成本要素	資源動因
地面活動	品種級作業	現金贊助	規模/場地
		實物贊助	人數
簽約個人	品種級作業	簽約個人勞務	名氣/年數
		簽約個人獎金（或有）	名氣/獲獎個數
團體贊助/賽事贊助（S）	品種級作業	現金贊助	規模/人數
		實物贊助	人數
市場資訊（MR）	品種級作業	市場調研費	形式（定性/定量）座談會/訪談方式/個數
媒體發布會（PC）	品種級作業	會議費	規模
體博會（EC）	管理級作業	會議費	規模
運動會/聯誼會（SC）	管理級作業	會議費	規模
銷售支持（SP）	品種級作業	銷售獎勵/禮品	人數/每個人的獎勵金額
經銷商支持/開店支持（CP）	品種級作業	經銷商獎勵/禮品	人數/開店數/單位標準
顧問費用（C）	品種級作業	諮詢費	顧問內容/業務量

分析：

丁女士所要進行的實際上是市場方面的費用如何管理和計入產品成本。傳統成本基本上沒有考慮這些費用的分配，都當成銷售費用處理了，或者直接計入損益。作業成本法為這種費用的分配提供了一個思路。

（1）前期準備工作。

在分析設計作業成本法之前，需要明白幾個問題：

①需要如何管理市場費用，通過管理活動達到什麼目標，比如：因為市場費用是很大一塊費用，需要把他們合理地分配到各個品別。

②需要盡量控制市場費用。

③分析市場費用的使用效率，使得市場費用的使用更有針對性等。

上面這些目標可能需要同時滿足多個，只有確定了目標才可能有針對性地設計作業成本法。

（2）作業成本設計。

這裡假設要滿足上面的各個目標：因為要把市場方面的費用分配到各個品別。

①在定義作業成本法的成本對象時候就要以不同的品別為成本對象（如果某些市場活動針對確定的區域，則可以把品別和區域聯合考慮以確定成本對象，如某品別北京銷售區域）。

②作業定義方面，按照針對市場方面的活動設立作業。根據丁女士的分析，她

設定了設計與製作、媒體、地面活動等作業。

但她在定義作業的時候存在一些誤區：

定義作業必須是一些活動，盡量與組織的任務相一致，與組織的分工相一致。她設計的作業中顧問費用不是作業，應該作為一種資源。

其他有一些作業的定義不夠明晰。定義的作業應該能夠用動賓短語描述：如製作廣告、製作宣傳冊、廣告發布、舉行媒體發布會等，這樣便於理解，同時與實際的工作內容相對應。實施後就能夠確定各項工作內容的成本，便於對費用進行控制。

③資源部分：不僅要記錄實際花費的費用，如廣告費用、製作廣告的費用、各種宣傳資料的製作費用等，還需要把市場部門的人力資源成本以及辦公場地等相關費用等計入各項作業的成本中（根據公司管理的具體情況確定），這些都屬於資源的範疇。

④確定了基本要素，就需要明確成本動因和進行成本分配。在實施作業成本法後，很多的資源（實際是費用）都是直接的了：各項直接花費的費用可以直接計入各項作業中，製作宣傳資料的費用可以直接計入製作宣傳冊作業、製作廣告的相關費用計入製作廣告作業。人力資源的費用需要在各種作業中分配（專職人員的費用可以直接計入作業：如專職的攝影師專門製作廣告，他的人力資源成本直接計入廣告製作作業中），分配的動因根據具體的情況確定：詳細的可以按照個人所花的具體時間分配，簡化處理可按照人數分配。在作業成本法中，大多數的費用都變成直接的了，間接費用只是少數。

分配到作業的成本還需要進一步分配到成本對象。如廣告以及媒體發布會都是針對某一品別的，則把這些活動的成本分配到該品別（直接分配）。某些作業的成本需要確定一個作業動因分配。如銷售支持作業的成本，可以平均分配，也可以按照各品別需要支持的次數分配。

可以根據上面的分析建立一個作業成本法的核算體系。現在有相關的軟件可以支持建立比較複雜的作業成本核算模型。軟件允許方便地設置上述各個要素，早期實施作業成本法把具有相同動因的幾個作業合併，形成作業成本庫，在有軟件輔助的情況下，沒有必要合併了，每一個作業都是作業成本庫。

如果要在市場部門實施作業成本法，還有一些特殊的問題。

（1）作業可比性差。如製作廣告，同樣是製作一個廣告，但是費用差別很大，製作兩個廣告沒有可比性，但是在作業成本法中的作業應該是無差別的。作業成本法提供這樣的結果：本月製作廣告 10 次，每次平均花費 20,000 元。如果各個廣告製作差別太大，作業成本法提供的信息就意義不大了。為消除差別，可以採取的思路是進一步劃分作業：如廣告製作進一步分為創意設計、拍攝、剪輯等，這些作業應該是無差別的或者差別較小，分別創意設計次數、拍攝時間、剪輯的時間長短作為分配動因，作業成本法提供的結果樣式是：本月總共拍攝 40 小時，平均每小時花費 800 元；另外一種思路就是把作業設置為一次性作業（每個作業都是一個項目），作業成本法實施後，需要不斷更新作業和成本動因分配關係。

（2）一般的作業成本法適用於資源面向作業或者成本對象分配、作業面向成本對象分配。但這裡的作業之間可能存在分配關係。例如：廣告製作與廣告投放。一次廣告製作可以在不同的媒體投放。實際上廣告製作作業是廣告投放作業的輸入。這裡市場部的作業之間可能存在一些分配關係，設計作業成本核算體系必須考慮這種關係。

（3）某些市場費用的受益對象很難分清，在具體的操作中，表現為很難找到合適的成本動因向成本對象分配。國外一些作業成本法的實施者建議不必把這些費用分配到具體成本對象。為定價考慮，本教材認為還是要把這些費用分配到成本對象，作為定價的參考，但是不能太在意分配的合理性（100個人可能有100個分配標準），不能把這種分配的結果用於業績考核。關注的重點在於計算出作業的成本，通過對作業成本的控制加強費用控制和考核，分配到各個品別的費用對於產品定價只是起參考作用。

（4）作業成本法需要不斷更新。設計的作業成本法包括不同的產品類別，實際的產品品別是在不斷更新變化的（服裝行業變化尤其快）。因此需要不斷更新作業成本法，重新確立各項作業面向成本對象的分配。這是實施作業成本法後的一個經常性的維護工作。

（5）從材料看，丁女士希望作業成本法能夠幫助她解決市場費用的問題，但是作業成本法的實施一般以一個組織為實施對象，不能以某一種費用為實施對象，她的初衷可能是用作業成本法的一些思想來分析市場費用，其實這也是作業成本法的一個用途，對她的工作也是很有幫助的。用於分析市場費用，所採取的思路方法是一樣的，在EXCEL中就可以完成。

三、案例三：莫科公司

莫科公司位於墨爾本，是工程零件製造商，它是唯一生產這種零件的澳大利亞廠商，近年來也開始面臨來自海外製造商的激烈競爭。莫科公司是一個大集團公司的一部分，只有100多人，它的會計部門有6人，包括一名財務控制員，他的職責特定為把作業成本法導入企業。

這一家集團公司內部以前從未使用過作業成本法，莫科公司是這個集團內第一家成功應用作業成本法的企業。它以前的成本核算系統是傳統成本核算系統，其中製造費用按照人工小時分配。莫科公司的客戶廣泛，產品系列很多，生產過程既有高度複雜的自動化生產也有部分的手工生產。為了滿足客戶的特殊需求，訂單都非常小，因此市場要求公司具有高度的柔性和快速反應能力。

（1）公司面臨的困境。

莫科公司早在五年之前就開始在現代製造技術方面投資，包括自動焊接機器人等，這導致莫科公司產品的成本結構發生了顯著的變化。現在的人力資源成本僅僅是以前的人力資源成本的一小部分，但是由新技術帶來的成本節約並沒有使顧客獲得好處，也沒有使企業的產品在市場上獲得價格優勢。許多客戶轉向從國外供應商

進貨，雖然他們還是希望能夠採用莫科公司的產品。

儘管公司的邊際利潤在增長，但客戶還是慢慢地向海外供應商流失。公司不清楚到底是哪一部分導致了邊際利潤的增長。但是他們很清楚，目前的會計系統存在不足。因為信息不足，高層無法據此做出諸如價格之類的正確決策。

（2）引入作業成本計算法。

公司認為作業成本決是解決莫科公司目前面臨問題的一個方案，財務控制員被指定為專門在莫科公司導入作業成本法的負責人。接受這項任務後，財務控制員建立了一個包括他自己、一個製造部門的工程師和一個成本會計師的項目組，在之後的三個月時間裡，作業成本法項目小組與公司內部其他部門的人員進行了大量的非正式交流。工程師和財務控制員都全職參與 ABC 實施工作，成本會計師大約把 2/3 的時間投入到這個項目上。

該小組為全企業建立了 25 個成本庫，並用了大量的時間就成本動因達成一致。一些認定的成本動因如下：

①機床調試的頻率（這包括編程數控機床）。
②製造訂單數量（這是很多作業的驅動因素：包括從報價到送貨的很多作業）。
③採購訂單數量（這是採購部門工作量的主要驅動因素）。
④產品銷售的商店數量。
⑤檢查的次數（很多地方需要抽樣檢查）。
⑥工作面積分配給過程和設備。
⑦單個服務人員成本。

很多成本動因對於多個成本庫是相同的，項目小組在成本分配上沒有花費多少時間。莫科公司實施作業成本法的軟件系統是基於 PC 的，其中包含大量由財務控制員建立的 Excel 表。購買軟件只需要 1,000 美元，但是需要做很多的基礎工作來使軟件適合公司的特殊需要，另外收集和輸入數據也很花時間。

作業成本法系統最初計劃在 40~50 個產品上試運行，這些產品覆蓋了公司產品的所有系列。當他們分析了產品的同質性後，品種數量降低到 25 個。老的成本核算系統仍舊在使用，主要是為了存貨估價、差異分析、評估勞動生產率。

作業成本法系統能夠計算出真實的成本並用於定價，自動計算出業績計量和產品的利潤率，能給管理上提供很多決策相關的信息，當前年度的預算也將基於作業成本法提供的信息和建立的作業成本核算模型做出。

1. 管理層對作業成本法系統的期望

在作業成本法介紹到莫科公司的時候，總經理對此全力支持並深刻理解作業成本法產生信息的價值。但是，他沒有想到建立作業成本法系統需要花費如此多的時間和精力。開始實施才一個月，總經理就希望得到作業成本法的結果。財務控制員很禮貌地告訴他：就目前分配給項目組的資源的情況下，這是不可能的；如果要想盡快得到報告結果，他還需要分配得到更多的資源。總經理也面臨著盡快向集團管理層展示作業成本法結果的壓力。他對財務控制員的說法進行仔細的分析，他相信

財務控制員所說的在增加資源的情況下就可以盡快獲得作業成本法的結果,他答應為項目組增加資源,但是他最後並沒有像計劃的那樣為實施小組分配更多的資源。

2. 實施中的問題

缺少資源是實施過程中的一個持續的問題,尤其是總經理要求盡早拿出結果時。由於缺乏有相關技能和知識的人員,項目實施之初不得不做大量的培訓。這主要由財務控制員以非正式的形式來完成,必要時,也會向管理高層做一些正式的培訓,主要講述作業成本法的基本原理以及如何在企業中實施。

對於成本會計的培訓在整個項目計劃期間以及實施期間持續進行。作為交流和收集數據的一部分,財務控制員不得不與工會人員打交道。他對工會成員進行了大量的訪談以確定他們一天中是如何支配他們的時間的。在很多情況下,工會人員勉強地回答了問題,並間接地對實施作業成本法表示反對。他們對如何實施作業成本法,尤其是實施後對他們的工作有何影響保持警惕。他們被告知這只是一個簡單的成本核算系統,總體上,他們認為實施作業成本法對企業的長期生存發展並無多大價值。

3. 作業成本法的實施結果

根據財務控制員的消息,莫科公司實施作業成本法帶來了多方面的效益,包括:
①獲得了更準確的成本信息和定價信息,由此改變公司在市場中的地位;
②建立針對進口的有競爭力的產品的基準;
③更好的成本信息使得管理層把一些內部低效率的製造轉向外包;
④由於針對不同方面更好的衡量,公司做出了更好的資本投資決策;
⑤一些消耗成本較高的問題區域被明確,其中包括數控加工段,現在,它的成本已經降下來了;
⑥建立了對改進狀況進行評價的業績評價標準;
⑦建立了詳細而精確的年度預算。

儘管實施作業成本法需要花費 12 個月時間,但是公司獲得的效益明顯超過投入。簡單地說,作業成本法帶來的效益在於管理層可以使用更精確和更具有相關性的信息,作業成本法為管理層的商業決策提供了一個好的工具。

四、案例四:波特蘭電力公司

波特蘭電力公司(Portland Power Company, PPC)為公用事業公司,公司開單部為兩類主要客戶——居民戶和商業戶提供帳戶查詢和帳單打印服務,目前有 120,000 個居民戶和 20,000 個商業戶。現有兩個因素正影響公司的獲利:一是行業競爭加劇,收費降低,要想獲利必須降低成本;二是市場規模擴大,預計居民戶上升 50%,商業戶上升 10%。但公司目前正在滿負荷運轉,要獲得更多的盈利需有良策應對。良策一:通過投資,擴大規模,增加利潤。良策二:通過外包,調整品種,增加利潤。

現有某地方勞務局願按每戶 3.5 元的價格(不分客戶類型)接受 PPC 公司的客

户并为客户提供帐户查询和帐单打印服务。

PPC公司经分析认为：通过投资扩大规模有两个不确定因素。一是增加的市场规模中本公司所占有的份额，二是增加的产能是否能达到保本点的要求。因而决定通过外包，以调整品种、增加利润。

PPC公司对两类客户的自营单位成本进行了测试（见图10-4）。按查询次数为分配基础进行两类客户单位成本的计算，结果如表10-3所示。

表10-3　　　　按查询次数为分配基础进行的客户单位成本计算　　　　单位：美元

	成本/查询 565,340/23,000 (1)	查询 (2)	总成本 (1)×(2)	帐户 (3)	成本/帐户 (1)×(2) ÷(3)
居民户	24.58	18,000	442,440	120,000	3.69
商业户	24.58	5,000	122,900	20,000	6.15

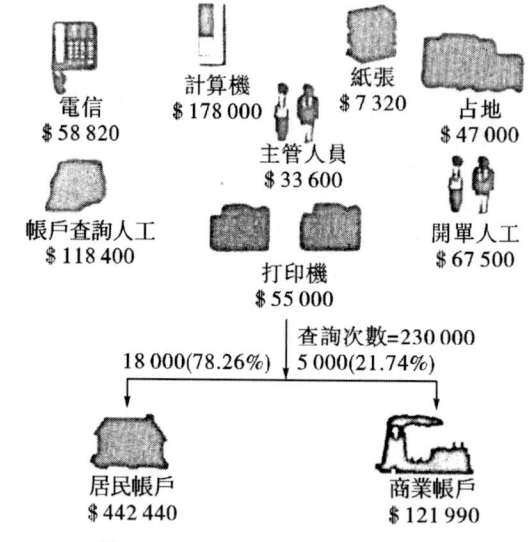

电信 $58 820
计算机 $178 000
纸张 $7 320
占地 $47 000
主管人员 $33 600
帐户查询人工 $118 400
打印机 $55 000
开单人工 $67 500

查询次数=230 000
18 000(78.26%)　　5 000(21.74%)
居民帐户 $442 440　　商业帐户 $121 990

图10-4　两类客户自营单位成本测试

管理当局认为上述计算结果存在问题。一是按此结果进行决策，由于两类客户的自营单位成本均高于地方劳务局的出价，因而将两类客户全部移交给地方劳务局将使公司获得最大利益，但公司经营将空心化。二是管理局认为，由于业务的复杂性，商业户实际消耗的支持资源远远高于21.74%。如商业户平均每张帐单50行，而居民户平均每张只有12行。

因此，管理当局认为应提高成本信息的决策有用性，采用作业成本计算法。

首先，管理局为开单部确定了四个作业，并确定了相关成本动因（见表10-4）。

表 10-4　　　　　　　　　作業及相關成本動因

作業	成本動因
帳戶開單	行數
單據審核	帳戶數
帳戶餘額	人工小時數
通信	發信數量

　　成本動因必須按兩個標準選擇：①成本動因與資源消耗及（或）支持業務的發生之間必須具有合理的因果關係。②有關成本動因的數據必須是可獲得的。

　　其次，製作一個描述作業流程、資源及其相互關係的流程圖（見圖 10-5）。

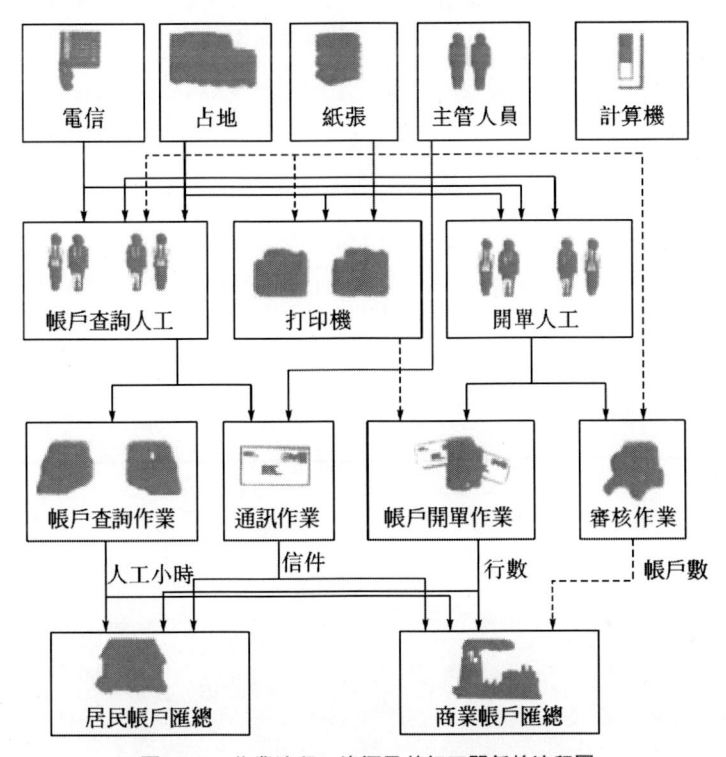

圖 10-5　作業流程、資源及其相互關係的流程圖

　　最後，收集關於成本和成本動因在資源和作業實物流動的相關數據。各作業成本收集情況如圖 10-6 所示（其中只對商業戶進行單據審核）。每一作業所收集的成本數據包括可追溯成本和成本動因的實物流量。如圖 10-6 中，帳戶開單作業的可追溯成本為 235,777 元，包括打印機成本（55,000 元）加支持開單活動的其他資源成本（紙張、占地、計算機、開單人工）。圖 10-6 可追溯成本總額為 565,340 元（205,332+35,384+235,777+88,847），等於圖 10-4 中的間接成本總額。

```
                          ┌─────────────────┐
                          │ 開單部作業中心      │
                          │ 間接成本總額565 340元│
                          └─────────────────┘
                                  │
       ┌──────────┬───────────────┼───────────────┬──────────┐
       ▼          ▼               ▼               ▼          ▼
┌──────────┐ ┌──────────┐ ┌──────────┐ ┌──────────┐ ┌──────────┐
│可追溯成本  │ │205 332元  │ │35 384元   │ │235 777元  │ │88 847元   │
│作業       │ │帳戶查詢    │ │通訊       │ │帳戶開單    │ │單據審核    │
│成本動因實物流量│ │3 300人工小時│ │2 800封信  │ │2 440 000行 │ │20 000個帳戶│
│單位動因成本│ │單位人工小時 │ │每封信     │ │每行0.097元 │ │每個帳戶    │
│          │ │62.22元    │ │12.64元    │ │          │ │4.44元     │
└──────────┘ └──────────┘ └──────────┘ └──────────┘ └──────────┘
                    │                         │
              ┌──────────┐              ┌──────────┐
┌──────────┐ │居民帳戶   │              │商業帳戶   │
│成本對象   │ │1 800人工小時│              │1 500人工小時│
│成本對象   │ │1 800封信  │              │1 000封信  │
│成本動因   │ │1 440 000行│              │1 000 000行│
│實物流量   │ └──────────┘              └──────────┘
└──────────┘
```

圖 10-6　各作業成本收集情況

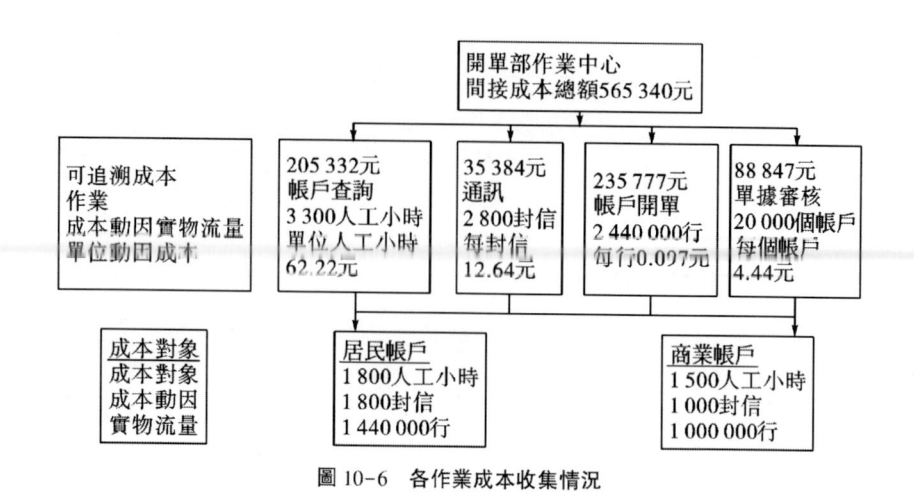

通過對成本的重分類和計算，形成作業成本計算研究的關鍵結果（見表 10-5 和表 10-6）。

表 10-5　　　　　　　　　成本重分類和成本計算

成本動因			
帳戶查詢（人工小時）	205,332	3,300	62.221,8
通信（信件）	35,384	2,800	12.637,1
帳戶開單（行數）	235,777	2,440,000	0.096,63
單據審核（帳戶）	88,847	20,000	4.442,35

表 10-6　　　　　　　　　不同成本計算結果比較

	單位動因成本（元）	居民戶 成本動因實物流量	居民戶 成本（元）	商業戶 成本動因實物流量	商業戶 成本（元）
帳戶查詢（人工小時）	62.221,8	1,800	111,999	1,500	93,333
通信（信件）	12.637,1	1,800	22,747	1,000	12,637
帳戶開單（行數）	0.096,63	1,440,000	139,147	1,000,000	96,630
單據審核（帳戶）	4.442,35	0		20,000	88,847
成本總額			273,893		291,447
帳戶數量			120,000		20,000
單位帳戶成本			2.28		14.57
傳統單位帳戶成本			3.69		6.15

從表 10-5 和表 10-6 中可以看出：居民戶單位帳戶成本 2.28 元比傳統會計的單位帳戶成本 3.69 元低 1.41 元，而商業戶單位帳戶成本 14.57 元比傳統會計的單

位帳戶成本 6.15 元高 8.42 元。管理當局認為，傳統方法低估商業帳戶成本的想法得到了證實。可見，作業成本計算法在管理上有更上乘的應用表現：首先，企業管理者可以利用作業成本計算法提供的信息來更好地對其產品和服務進行定價，以便收入與成本能夠更好地配比；其次，企業管理者可以利用作業成本計算法所提供的信息更好地選擇產品和進行產品組合；最後，企業管理者可以利用作業成本計算法所提供的信息更好地管理資源，提高資源的利用率。

五、對作業成本計算的評價

總的說來，與傳統製造成本法相比，作業成本計算法存在以下優勢：

①作業成本計算法強調的是直接追溯和成本動因追溯（依據因果關係），而傳統成本法則趨向於採用分攤（很大程度上忽視了因果關係）。因而，作業成本計算法提高了產品成本計算的準確性。

②從管理角度看，作業成本計算法提供準確的產品成本信息，便於價格決策。在市場競爭日趨激烈的情況下，針對每種產品和不同客戶的盈利能力分析是企業進行價格決策的重要依據，在這一方面，作業成本計算法提供的信息顯然優於傳統的成本計算方法。

③作業成本計算法提供了成本形成的作業，便於經理人員通過關注作業來削減成本。傳統成本會計只記錄成本的結果，而不是成本產生的原因。實際上，瞭解成本產生的原因對控制成本非常重要。

④作業成本計算法提供了廣泛的成本計算及分攤框架，有利於企業將成本核算擴展到企業經營的各個環節，而不僅限於製造過程。採用對企業價值鏈的整體成本進行計量的方法，有利於企業從戰略的高度來規劃成本，從而在競爭中處於有利地位。

第五節　作業成本管理

一、作業成本管理

作業成本管理（Activity-Based Management，ABM）是在企業內部管理和價值評估方面利用作業成本計算法提供成本核算的信息，面向企業的全部流程，包括市場需求分析、研究開發、產品設計、材料採購、生產、質量檢驗、銷售、售後服務等環節的系統化、動態化和前瞻性的成本管理。

作業成本管理是利用作業成本計算提供的信息，從成本的角度，合理安排產品或勞務的銷售組合，尋找改變作業和生產流程，改善和提高生產率的機會。它是將成本管理的起點和核心由「產品」轉移到「作業」層次的一種管理方法，其基點是成本管理，基礎是作業。

作業成本管理的基本思想是利用企業內部的成本信息和作業信息，不斷優化和更新企業的價值鏈，使管理者把管理的中心集中在產品重新定價、產品替代、重新

設計產品、改進生產過程和經營策略、技術投資、產品削減等方面，讓成本管理直接深入到企業的價值鏈重構，乃至企業內部組織結構的重構。

二、作業成本管理的基本特徵及內容

(一) 作業成本管理是作業成本計算的延伸與昇華

ABM 的主要目標是通過作業盡量為社會提供更多的價值，並從中獲取更多的利潤。但是，並不是所有的作業都能增加轉移給社會的價值。由於企業的作業可分為增值作業與不增值作業，所以企業要實行 ABM，首先就要明確作業的耗費，而要達到這一點，就必須以作業成本計算為基礎。作業成本計算作為追蹤作業、動態反應作業成本的信息系統，可以為旨在改進企業作業鏈而進行的 ABM 提供需要的信息。而 ABM 也正是利用作業成本計算提供的信息來改進企業作業鏈的。因而可以說 ABM 是 ABC 的延伸與昇華。

(二) 價值鏈分析是作業成本管理的基本方法

ABM 將成本看作「增值作業」和「不增值作業」的函數，並以「顧客價值」（Customer Value）作為衡量增值與否的最高標準。這樣，一方面將顧客的需求與企業的作業發生、資源的消耗、成本的形成等聯繫起來；另一方面，通過顧客價值將企業的收入與顧客的需求聯繫起來，從而有利於從作業的角度權衡成本和顧客價值，保證企業經營決策與企業價值最大化目標相一致。這實際上是價值鏈分析方法在經營管理中的實際應用。價值鏈分析作為 ABM 的基本方法，其主要作用在於：一是發現無效和低效的作業，為降低成本，提高競爭能力指明方向；二是協調、組織企業內部的各種作業，使各種作業之間環環相扣，形成較為理想的「作業鏈」，以保證每項必要作業都以最高效率完成，創造企業的競爭優勢；三是與同行的價值鏈進行對比分析，發現自己的優勢與劣勢，從而為揚長避短，改善成本構成等提供參考。

(三) 作業成本管理按作業分析、成本動因分析、業績計量三步驟循環

進行 ABM 的設計與運行必須考慮作業分析、成本動因分析和業績計量三方面要求，並按次序組織銜接，循環進行。

1. 作業分析

作業分析的主要內容包括辨別並力求擺脫不必要或不增值的作業；對必要作業的成本高低排序，選擇排列前面的作業做重點分析；將作業與先進水準等作業進行比較，以判斷某項作業或企業整體作業鏈是否有效，尋求改善的機會。

通過作業分析，在確認企業的增值作業與非增值作業的基礎上，對於非增值作業應該消除，對於增值作業應該提高其產出效率。採取的主要措施有：

①作業消除（Activity Elimination），即消除無附加價值的作業。企業應先確認無附加價值作業，進而採取有效措施予以消除。例如廠商為確保產品是否用優質的原料生產，因此常對購入的原料進行檢驗，但此項作業只有在供應商績效不佳時，才可採用，如選擇高質量原料的供應商，即可消除檢驗作業，因而減低成本。

②作業選擇（Activity Selection），即從多個不同的作業（鏈）中選擇其中最佳的作業（鏈）。不同的策略經常產生不同的作業，例如不同的產品銷售策略，會產

生不同的銷售作業，而作業必然產生成本，因此每項產品的銷售策略會引發不同的成本。在其他條件不變的情況下，如選擇成本最低的銷售策略，將可降低成本。在產品設計中也有這種情況，不同的產品設計會有不同的作業鏈，也會有不同的成本，因此要選擇成本最低的作業鏈。

③作業減低（Activity Reduction），是以改善方式降低企業經營所耗用的時間和資源，也就是改善必要作業的效率或改善在短期內無法消除的無附加價值作業，例如改善機器準備作業，就可減低準備次數及其成本；或者剔除歸集在作業裡的間置資源，並對其進行重新配置，就能實現作業成本的減低。

④作業分享（Activity Sharing），是利用規模經濟（Economics of Scale）提高必要作業的效率，也就是提高作業的投入產出比，這樣就可減低作業動因分配率和分攤到產品的成本。例如新產品在設計時如充分利用現有產品所使用的零件，就可減少新產品零件的設計作業，進而降低了新產品的生產成本。

2. 成本動因分析

成本動因分析就是尋找成本發生的根源。一旦知道了根本原因，就可以採取措施改善作業。成本動因分析的目的，就是通過各類不增值作業跟蹤探索，力求擺脫無效或低效的成本動因。

3. 業績計量

業績計量描述了作業所做的工作和作業所取得的結果。它們能提供有關作業執行狀況的信息，同時也能提供作業是如何滿足內外顧客需要的信息。作業業績指標主要包括三個：效率、質量和時間。

對作業效率的計量是由作業的產出量和作業的投入量（所耗的資源）決定的，通過計算單位作業的耗費來評價作業的效率。業績的另外一個量度就是完成作業所需的時間。例如，一個工廠從購買零件到加工再到完工需花費 2 小時。這個時間可間接計量成本、質量和顧客服務。如果執行一作業所需花費的時間越長，則所需花費的資源就越多。這些增加的資源包括員工的工資和工作所用設備的成本。此外，花費的時間越多，工作就越有可能重做，以糾正錯誤和彌補缺陷。相反地，如果花費的時間越短，作業就能越迅速地對顧客的需求變化做出反應。生產時間花費得少意味著低成本和高質量。業績計量的第三方面是質量，如零件需要重做的比率、廢品率。這些比例越高，則作業的質量就越低，如果它們的總成本越高，則對下一作業的不良影響就越大，顧客所獲得的實際價值也減少了。

在作業分析和成本動因分析的基礎上，建立相應的業績計量體系，以便對作業成本管理的執行效果進行考核和評價。然後通過這種 ABM 績效的信息反饋，重新進行下一循環的更高層次的作業分析和成本動因分析。

（四）作業管理的主要應用

1. 產品定價

一些企業在產品定價方面很少有自主權。它們生產大量的產品並在高度競爭的市場上銷售，這使得人們很難從質量和性能的角度上對產品品種進行區分，顧客也能夠非常容易地轉換供應商以獲得最低價格的產品。一個企業，哪怕是一個大企業，

都是行業中的一個小分子，除非這個企業的顧客非常忠誠（或者顧客的轉換成本很高），否則這個企業就必須遵循行業領導者的價格政策。在這種情況下，即使是經過了一次詳細的成本分析，企業也不能變更其價格政策。這些企業必須注重於經營策略而不是用定價來提高他們產品的獲利能力，這些經營策略包括重新設計、替代、削減產品或改進生產。

然而許多企業在價格調整方面擁有自主權，尤其是對於那些高度顧客化的產品。當產品不是在高度競爭的市場上銷售的情況下，管理者通常是根據對產品標準成本的補償或根據現有的類似產品價格的推斷來定價的。當價格政策來源於傳統的標準成本制度時，由於製造費用的分配是通過直接人工或機器小時來實現的，管理者只能制定出有效性較差的價格政策。例如，高產量的藍黑筆的價格是在激烈競爭的市場上建立起來的，特殊的產品如紫紅色筆，雖然外表和生產過程都類似，但由於其獨特的性質，價格就會稍高於普通的藍黑筆，但也要為這種產品支付很高的關於產品發展、產品改進、購買、接收、檢查、準備以及保持這種特殊顏色所需資源等方面的成本。在通常情況下，對於一位顧客來說，購筆的這項花費只是他全部花費中很小的一部分，同時顧客也許願意為高品質、可靠的產品以及特殊產品的獨特性能付出相當的高價。在進行初步的作業成本分析之後，往往能將那些特殊的、顧客化的和豪華產品的價格提高很多。相反地，一旦那些低產量的特殊產品的成本被正確地分配，那些高產量普通的技術成熟產品的成本就會下降一些。雖然這樣的成本下降可能性較小，但高產量的成熟產品通常在競爭市場上銷售，要獲得市場份額的增長是相當困難的。事實上，如果這些產品沒有被分配它根本沒有耗用的資源成本，那麼它們早就可以取得更高的邊際收益了。在這種情況下，企業就可能採取積極的價格策略以提高這些獲利產品的銷售量。而管理者們也會發現，這些產品增加的產量引起了單位水準費用的增加，但可能根本沒有引起批量費用和生產費用的增加。

2. 產品代替

與提高低產量、特殊定貨產品的價格可達到相同效果的方法是，用現有的低成本的可供選擇的產品對其進行替代。在許多情況下，顧客對於需要耗用高成本的產品的一些特色是冷淡的。例如，他們可能希望擁有某一特色的產品，但另一種已經被大量生產的具有類似功能的產品因其價格較低，也許會較好地滿足顧客的需要。

定價和產品替代是相互補充的行為，銷售代理可以為顧客提供一種選擇，即以高價格獲得專門指定性能的產品和以低價格獲得一種低成本的替代品並放棄專門指定性能上的要求。運用作業成本分析提供的信息，銷售代理可以同顧客進行易於理解的基於事實的討論，以使顧客瞭解性能、獨特性和價格之間的交替關係。因此，如果一位顧客不願意為獨特產品支付比普通產品高得多的價格，產品的銷售代理就可以向其展示一種相同基本功能的現有產品也可以滿足其技術上的基本要求，而這種產品不需要支付較高的價格。

3. 重新設計產品

一些產品之所以昂貴，是由於設計不合理。在沒有作業成本引導產品設計的情況下，工程師們往往忽略許多部件及產品多樣性和複雜的生產過程的成本。他們為

性能而設計產品，卻不考慮添加獨特部件的成本及新買主和複雜生產的需要。通過設計來削減產品成本的最好時機是產品的初次設計。作業成本分析將揭示一些設計中存在的非常昂貴的複雜部件以及工藝成本較高的獨特生產過程，它們很少增加產品的績效和功能，故可以被刪除或修改。產品的重新設計是非常有吸引力的選擇。因為它經常不會被顧客發現，如果設計成功了，企業也不必進行重新定價或替代其他產品。

4. 改進生產經營過程

對作業成本計算所計算的產品水準成本進行仔細分析也會給改進生產過程帶來機會。傳統的複雜產品成本的計算是通過一個由最終產品所需的全部零部件和配件組成的材料清單來進行的，但還需要作業清單。在作業清單中除了要顯示材料、人工和機器小時等單位水準作業成本外，還要揭示生產產品所需的批量水準和產品水準的作業，如定購部件、安排生產、處理顧客定單、機器準備、加工產品清單、設計產品和生產過程等。在前面，討論了如何利用這些信息進行定價和同顧客討論使用更便宜的替代產品的可能性，作業清單能提供額外的一系列可以降低產品所需資源成本的行為。例如，企業可以通過定購材料、加工產品、定單、機器準備、處理定單、發運、收款來改進其經營過程。

在企業的生產經營過程被改進以後，完成相同任務就會消耗更少的資源。這種效率上的收益將通過較低的作業成本動因比率的形式，在未來的作業成本模型中予以量化，較低的作業成本動因又會反過來導致對使用這些作業的產品分配更少的成本，這是因為作業成本分析將顯示出在經營作業和過程上的改進是怎樣導致了較低的產品成本的。

5. 技術投資

彈性製造系統是為了高效地製造呈彈性變化的多種類產品而組成一個一體化的集合，它由數控機床、自動傳送帶、機器、倉庫、工業機器人與計算機控制中心這幾個硬件設施構成，這些設施對零部件的形狀差異、數量變化等具有充分的適應能力：彈性製造系統的構成解釋了先進的製造技術是怎樣解決大量生產的效率與靈活性之間矛盾的。彈性製造系統和其他信息密集型的製造技術如電腦輔助設計、電腦輔助工程和計算機輔助軟件技術等，極大地降低了批量與產品水準作業成本，而同時又保持了高度自動化生產的效率。因此，在這些高級且複雜的信息密集型製造技術上的投資，實際上是出於降低傳統的製造技術導致的批量水準作業和產品水準作業成本的願望。然而這些成本只有在工廠為計算批量水準作業和產品水準作業而採用了作業成本制度時才是可視的。這些大量的、可視的批量水準作業和產品水準作業成本成了計算機綜合製造技術的主要縮減任務。

6. 削減產品

上面介紹的方法都是將不獲利產品轉變為獲利產品或增加獲利產品的獲利能力的方法，如果上述方法不能奏效，那麼管理者將不得不採取終止不獲利產品生產方法。即使有些產品不能獲利，但銷售人員也不願放棄。他們認為，這些產品是對獲利產品的補充。從滿足顧客需要和銷售的角度來講，企業必須擁有全面的產品線。

在這種情況下，如果不獲利產品確實能夠增加整體產品的獲利性，通過不獲利產品和獲利產品組合能使企業利潤達到最大化，可以繼續對不獲利產品進行生產和銷售；否則，要對其進行停產處理。

思考題

習題答案

1. 作業成本計算法產生的背景是什麼？
2. 決策有用性與作業成本計算法對成本信息的需求主要包括哪幾方面？
3. 作業成本計算法中的作業是如何分類的？
4. 為什麼說按照傳統的經營環節來劃分作業中心不能滿足成本計算和成本管理的需要？
5. 什麼是成本動因？為什麼說只有控制了成本動因，才是真正控制了成本？
6. 作業成本計算的基本程序是什麼？可以分為哪幾個步驟？
7. 按照作業動因，作業應該如何分類？
8. 確立資源動因的原則是什麼？
9. 什麼是作業成本管理？如何理解其基本特徵？

第十一章
戰略管理會計

學習要點

　　本章對傳統管理會計的局限性、戰略管理會計的產生、概念、主要特徵、目標與主要內容等問題進行了全面闡述。具體介紹了戰略管理會計的主要內容，包括戰略定位分析、價值鏈分析、戰略成本動因分析、戰略成本管理方法及戰略性業績評價等。戰略管理會計是為企業戰略管理服務的會計，它從戰略的高度，既提供具有戰略相關性的外向型信息（strategy—related Outward information），也對本企業的內部信息進行戰略審視，幫助企業的領導者知己知彼，進行高屋建瓴式的戰略思考，進而據以進行競爭戰略的制定和實施，借以最大限度地促進本企業價值鏈的改進與完善，保持並不斷創造其長期競爭優勢，以促進企業長期健康地向前發展。戰略管理會計，是適應社會經濟環境的變化而對傳統管理會計的豐富和發展。戰略管理會計的對象與內容隨著戰略管理實踐的發展而動態地發展。本章重點介紹了戰略管理、戰略管理會計、戰略成本管理等概念以及價值鏈分析、戰略成本動因分析、產品生命週期成本法、目標成本規劃法、標杆法、平衡計分卡等方法，要求瞭解其基本概念、基本方法以及每種方法的優缺點。

第一節　戰略管理會計的產生

一、戰略與戰略管理

　　「戰略」（Strategy）一詞起源於軍事科學，它是同「戰術」「戰役」相對應的概念。這種由軍事科學確立的「戰略」概念，推廣應用於政治、社會、經濟等各個領域，其含義也變得越來越廣泛了。概括地說，「戰略」是指重大的、帶全局性、長遠性的謀劃。

　　20世紀60年代，美國學者安索夫的《企業戰略論》一書出版後，戰略一詞正式進入企業經營管理領域，一種全新的管理理論——戰略管理理論也隨之誕生了。戰略管理一經產生，即以其強調外部環境對企業管理的影響，重視內外協調和面向

未來等顯著的特點而顯示出強大的生命力。不過二三十年，戰略就成為企業管理中的一個重要範疇，戰略管理已為世界上許多國家的企業所採用，並成為企業成長與繁榮的重要保證。

一般而言，戰略管理是制定、實施和評價使組織能夠達到其目標的跨功能決策的藝術與科學。企業的戰略管理包括三個階段，即戰略制定（Strategy Formulation）、戰略實施（Strategy Implementation）和戰略評價（Strategy Evaluation）。

戰略制定是從對內部和外部環境的分析入手，確定企業的戰略目標，制定並選擇相應的戰略。這一戰略決策將使公司在相當長的時期內與特定的產品、市場、資源和技術相聯繫，對企業產生持久的影響，決定了企業的長期競爭優勢。戰略實施包括制定戰略計劃並組織實施。戰略計劃是戰略目標的具體化，構成戰略實施的依據和行為綱領。這一階段要求企業樹立年度目標，建立有效的組織機構，制定預算，以便使已制定的戰略得以貫徹執行。戰略評價是對前面兩個階段的監控和評價，主要包括戰略性業績以及重新審視不斷變化的企業外部與內部因素並調整現時戰略。

二、傳統管理會計無法適應企業戰略管理的要求

客觀環境的巨大變遷、知識經濟的挑戰和「職能管理」向戰略管理的轉化，全面衝擊著傳統管理會計的理論和方法體系。在新的管理環境下，傳統管理會計自身的缺陷顯露無遺，從戰略的觀點看，傳統管理會計存在幾個方面的不足：

1. 目標、方法及行為存在短期性

受新古典經濟學理論和方法的影響，傳統管理會計以利潤最大化作為最終目標。以利潤最大化為目標，能夠促使企業講求核算、加強管理，但卻忽視了企業的長遠發展，忽視了市場經濟條件下的一個重要因素——「風險」，容易造成行為的短期化（如為了一時的利益而降低質量標準等），這最終將損害企業聲譽和品牌形象乃至長遠利益。從戰略角度來說，管理會計的最終目標跟企業目標一樣也應是「企業價值最大化」，以獲得一種持久的競爭優勢。相應地，對企業業績評價的尺度應採用戰略業績評價。

傳統管理會計目標的短期性引出了傳統管理會計在許多方法中同樣存在著短期性。例如，固定成本與變動成本的劃分是傳統管理會計各種分析行為的基礎，而這一劃分是建立在「相關範圍」這一假定之上的，即在一定範圍內的一段有限的時期內才能成立，而時間的限定性顯然不能滿足企業長期成本特性分析的需要。再如在本-量-利分析中，傳統管理會計假定銷售量與收入呈線性相關，這一假定在短期內尚可成立，但從長遠來看，該假定與現實相差甚遠，從經濟學角度講，邊際收入遞減規律是客觀存在的。因此，本-量-利分析亦不適應企業長遠發展的需求。

2. 注重內部環境，缺乏重視外部環境的戰略觀

管理會計一直擔當為內部管理服務的角色，第二次世界大戰後更獲得了長足發展，它在實現企業目標、加強內部管理方面發揮了重要作用。這是因為當時主要是實行大批量、標準化生產，市場提供給企業的是幾乎固定的「蛋糕」，企業經營的重心是在「蛋糕」中爭取更大份額，企業管理的關鍵是降低內部經營成本。管理會

計將眼光局限於企業內部，傾向於使用帳簿中已有的財會數據來看問題，並依據已發生的事件來解釋環境的變化，使管理會計成了財務會計的「副產品」。實際上，由於激烈的市場競爭和全球化的經營戰略，企業的內部情況與外部條件之間水乳交融、息息相關。開放的市場要求開放的企業。企業應從立項、設計、生產到銷售全過程進行管理，加強市場動態研究，正確審視自己所處的地位，通過與外部其他企業的比較來評價企業自身經營狀況的優劣，根據外部經濟、科技環境的變化，更新觀念，及時調整自身與環境不相協調的方面。

管理會計作為信息的輸出系統，應該能夠反應企業所處的相對競爭地位，提供有利於企業競爭戰略調整的會計資料，達到預警的目的。但是傳統的管理會計卻不能提供這種信息。

3. 提供的信息不全面，信息渠道單一

傳統管理會計長期以來一直重視企業內部的、貨幣計量的、物質資源方面的信息，而對企業外部的、非貨幣計量的、人力方面的信息很少考慮，信息面較為狹窄。這些不完整的信息，如果用於短期的、局部的決策，影響還不是很大，一旦用於企業長期的戰略決策，就會給企業帶來不利的影響。信息的不充分使得管理會計的決策支持功能鬆弛，進而使得企業的各項決策嚴重受阻。為此，需要拓展信息渠道，提供超越企業本身的更為廣泛、更為有用的與戰略管理相關的信息，不僅包括內部信息和財務信息，還包括諸如市場需求量、市場佔有率等外部信息和非財務信息。

三、戰略管理會計的產生

戰略管理這一新的決策分析範式（Decision Analysis Paradigm）的蓬勃發展，使人們開始重新審視傳統管理會計的理論與方法，並普遍認為其缺乏戰略相關性，不能為戰略管理提供強有力的決策分析信息支持。因此，自20世紀80年代，特別是自80年代末期以來，人們開始將戰略的因素引入管理會計的理論與方法中，從而將其逐步推向戰略管理會計（Strategic Management Accounting，SMA）的新階段。

戰略管理會計的出現是理論和現實的必然要求。從理論方面看，管理理論中出現的戰略管理理論、全面質量管理、柔性管理思想，經濟學中的委託-代理理論，行為學派的行為理論和權變理論等，特別是管理會計方法的發展，如價值鏈分析方法、成本動因分析方法、產品生命週期成本法等，為戰略管理會計的產生提供了可能。

從現實情況來看，信息技術的進步為戰略管理會計的發展提供了技術條件（餘緒纓，1999）。戰略管理會計提供的信息是多種多樣的，既有歷史、現在和未來的會計信息，也有會計主體及其競爭的內外會計信息，還有財務的和非財務的會計信息。顯然，傳統的會計信息處理手段是無法完成上述不同的任務的，信息技術的發展使戰略管理會計有可能以較低的成本及時提供戰略管理所需要的上述信息。

戰略管理會計於20世紀80年代初由英國學者西蒙（Simmonds，1981）提出，他認為戰略管理會計側重於本企業與競爭對手的對比，收集競爭對手關於市場份額、定價、成本、產量等方面的信息，著重強調了管理會計與企業戰略結合的重要性。

美國學者邁克爾·波特（Michale Porter，1985）在《競爭優勢》一書中提出三種基本的競爭優勢：成本領先（或成本優勢）、差異化（別具一格）和目標積聚戰略，並專門探討了「成本優勢」和「差異化」戰略。

經過不斷探索，美國學者 Keith Ward 於 1992 年出版了《戰略管理會計》一書，1993 年 J. K. Shank（美國）等出版了《戰略成本管理》等專著，使戰略管理會計更加具體化。近年來，在英、美等發達國家，戰略管理會計已成為企業加強經營管理，取得競爭優勢的有力武器。

第二節　戰略管理會計概述

一、戰略管理會計的基本概念

對於什麼是戰略管理會計（Strategic Management Accounting，SMA），目前學術界尚無統一的認識。Simmonds（英國）將戰略管理會計描述為提供並分析有關企業和其競爭者的管理會計數據以發展和監督企業戰略，強調注重外部環境以及企業相對競爭者的位置和趨勢，包括成本、價格、市場份額等，以實現戰略目標；Bromwich（英國）和 Bhimani（英國）在一份 CIMA（the Chartered Institute of Management Accountants，英國特許管理會計師協會）研究報告中將戰略管理會計解釋為提供並分析有關公司產品市場和競爭者成本及成本結構的財務信息，監控一定期間內企業及其競爭對手的戰略；而 CIMA 的正式術語將戰略管理會計定義為一種管理會計形式，它不僅重視內部產生的信息，還重視非財務信息和與外部相關的信息。

中國也有部分學者對此進行了積極的探索，如餘緒纓教授認為「戰略管理會計」是為企業「戰略管理」服務的會計，它從戰略的高度，圍繞本企業、顧客和競爭對手組成的「戰略三角」，既提供顧客和競爭對手具有戰略相關性的外向型信息，也對本企業的內部信息進行戰略審視，幫助企業的領導者知彼、知己，進行高屋建瓴式的戰略思考，進而進行戰略的制定和實施，以最大限度地促進本企業「價值鏈」的改進與完善，保持其競爭優勢並不斷創新，以促進企業長期、健康地向前發展。

還有學者認為戰略管理會計是以取得整體競爭優勢為主要目標，以戰略觀念審視企業外部和內部信息，強調財務與非財務信息、數量與非數量信息並重，為企業戰略及其戰術的制定、執行和考評，揭示企業在整個行業中的地位及其發展前景，建立預警分析系統，提供全面、相關和多元化信息而形成的現代管理會計與戰略管理融為一體的新興交叉學科。

總之，戰略管理會計是服務於戰略管理的會計信息系統，是服務於戰略比較、選擇和戰略決策的一種新型會計，它是管理會計向戰略管理領域的延伸和滲透。

二、戰略管理會計的特徵

儘管對戰略管理會計的定義多種多樣，但它們有一個共同特徵，就是都涉及戰

計將眼光局限於企業內部，傾向於使用帳簿中已有的財會數據來看問題，並依據已發生的事件來解釋環境的變化，使管理會計成了財務會計的「副產品」。實際上，由於激烈的市場競爭和全球化的經營戰略，企業的內部情況與外部條件之間水乳交融、息息相關。開放的市場要求開放的企業。企業應從立項、設計、生產到銷售全過程進行管理，加強市場動態研究，正確審視自己所處的地位，通過與外部其他企業的比較來評價企業自身經營狀況的優劣，根據外部經濟、科技環境的變化，更新觀念，及時調整自身與環境不相協調的方面。

管理會計作為信息的輸出系統，應該能夠反應企業所處的相對競爭地位，提供有利於企業競爭戰略調整的會計資料，達到預警的目的。但是傳統的管理會計卻不能提供這種信息。

3. 提供的信息不全面，信息渠道單一

傳統管理會計長期以來一直重視企業內部的、貨幣計量的、物質資源方面的信息，而對企業外部的、非貨幣計量的、人力方面的信息很少考慮，信息面較為狹窄。這些不完整的信息，如果用於短期的、局部的決策，影響還不是很大，一旦用於企業長期的戰略決策，就會給企業帶來不利的影響。信息的不充分使得管理會計的決策支持功能鬆弛，進而使得企業的各項決策嚴重受阻。為此，需要拓展信息渠道，提供超越企業本身的更為廣泛、更為有用的與戰略管理相關的信息，不僅包括內部信息和財務信息，還包括諸如市場需求量、市場佔有率等外部信息和非財務信息。

三、戰略管理會計的產生

戰略管理這一新的決策分析範式（Decision Analysis Paradigm）的蓬勃發展，使人們開始重新審視傳統管理會計的理論與方法，並普遍認為其缺乏戰略相關性，不能為戰略管理提供強有力的決策分析信息支持。因此，自20世紀80年代，特別是自80年代末期以來，人們開始將戰略的因素引入管理會計的理論與方法中，從而將其逐步推向戰略管理會計（Strategic Management Accounting，SMA）的新階段。

戰略管理會計的出現是理論和現實的必然要求。從理論方面看，管理理論中出現的戰略管理理論、全面質量管理、柔性管理思想，經濟學中的委託-代理理論，行為學派的行為理論和權變理論等，特別是管理會計方法的發展，如價值鏈分析方法、成本動因分析方法、產品生命週期成本法等，為戰略管理會計的產生提供了可能。

從現實情況來看，信息技術的進步為戰略管理會計的發展提供了技術條件（餘緒纓，1999）。戰略管理會計提供的信息是多種多樣的，既有歷史、現在和未來的會計信息，也有會計主體及其競爭的內外會計信息，還有財務的和非財務的會計信息。顯然，傳統的會計信息處理手段是無法完成上述不同的任務的，信息技術的發展使戰略管理會計有可能以較低的成本及時提供戰略管理所需要的上述信息。

戰略管理會計於20世紀80年代初由英國學者西蒙（Simmonds，1981）提出，他認為戰略管理會計側重於本企業與競爭對手的對比，收集競爭對手關於市場份額、定價、成本、產量等方面的信息，著重強調了管理會計與企業戰略結合的重要性。

美國學者邁克爾・波特（Michale Porter，1985）在《競爭優勢》一書中提出三種基本的競爭優勢：成本領先（或成本優勢）、差異化（別具一格）和目標積聚戰略，並專門探討了「成本優勢」和「差異化」戰略。

經過不斷探索，美國學者 Keith Ward 於 1992 年出版了《戰略管理會計》一書，1993 年 J. K. Shank（美國）等出版了《戰略成本管理》等專著，使戰略管理會計更加具體化。近年來，在英、美等發達國家，戰略管理會計已成為企業加強經營管理，取得競爭優勢的有力武器。

第二節　戰略管理會計概述

一、戰略管理會計的基本概念

對於什麼是戰略管理會計（Strategic Management Accounting，SMA），目前學術界尚無統一的認識。Simmonds（英國）將戰略管理會計描述為提供並分析有關企業和其競爭者的管理會計數據以發展和監督企業戰略，強調注重外部環境以及企業相對競爭者的位置和趨勢，包括成本、價格、市場份額等，以實現戰略目標；Bromwich（英國）和 Bhimani（英國）在一份 CIMA（the Chartered Institute of Management Accountants，英國特許管理會計師協會）研究報告中將戰略管理會計解釋為提供並分析有關公司產品市場和競爭者成本及成本結構的財務信息，監控一定期間內企業及其競爭對手的戰略；而 CIMA 的正式術語將戰略管理會計定義為一種管理會計形式，它不僅重視內部產生的信息，還重視非財務信息和與外部相關的信息。

中國也有部分學者對此進行了積極的探索，如餘緒纓教授認為「戰略管理會計」是為企業「戰略管理」服務的會計，它從戰略的高度，圍繞本企業、顧客和競爭對手組成的「戰略三角」，既提供顧客和競爭對手具有戰略相關性的外向型信息，也對本企業的內部信息進行戰略審視，幫助企業的領導者知彼、知己，進行高屋建瓴式的戰略思考，進而進行戰略的制定和實施，以最大限度地促進本企業「價值鏈」的改進與完善，保持其競爭優勢並不斷創新，以促進企業長期、健康地向前發展。

還有學者認為戰略管理會計是以取得整體競爭優勢為主要目標，以戰略觀念審視企業外部和內部信息，強調財務與非財務信息、數量與非數量信息並重，為企業戰略及其戰術的制定、執行和考評，揭示企業在整個行業中的地位及其發展前景，建立預警分析系統，提供全面、相關和多元化信息而形成的現代管理會計與戰略管理融為一體的新興交叉學科。

總之，戰略管理會計是服務於戰略管理的會計信息系統，是服務於戰略比較、選擇和戰略決策的一種新型會計，它是管理會計向戰略管理領域的延伸和滲透。

二、戰略管理會計的特徵

儘管對戰略管理會計的定義多種多樣，但它們有一個共同特徵，就是都涉及戰

略管理會計的一些基本要素，體現了管理會計的一些基本特徵，概括起來有以下幾點：

1. 外向性

戰略管理會計的著眼點是外部環境，提供了超越管理會計主體、範圍更廣泛、更有用的信息，增強對環境的應變性，從而大大提高了企業的競爭能力。戰略管理會計關注外部環境，收集其主要競爭對手過去和將來的有關戰略經營方針、市場佔有率、產品定價及趨勢、銷售方式及投入的費用等信息，並據以分析、預測和估計競爭者的各方面經營狀況，從而幫助企業管理當局制定長期發展戰略規劃。比如，在成本管理方面，外延向前延伸到採購環節，乃至研究開發與設計環節，向後考慮至售後服務環節；在經營方面，既重視與上游供應商的聯繫，也重視與下游客戶和經銷商的聯結等。總之，戰略管理會計將企業納入整個市場環境中予以全面考察，根據企業自身的特點，確定和實施正確適當的管理戰略，把握機遇，主動積極地適應和駕馭外界環境，在競爭中取得主動，最終實現預定的企業戰略目標。傳統管理會計的對象主要是企業內部的生產過程，對企業的供應與銷售環節則考慮不多，對於企業外部的價值鏈更是考慮較少。

2. 長期性

傳統的管理會計以利潤最大為目標，並將這一目標貫穿到預測、決策和成本控制中。戰略管理會計更具戰略眼光，它以企業長期發展戰略目標為基礎，結合企業年度經營計劃，不斷擴大市場份額，從長遠利益來分析、評價企業的資本投資，並隨長期發展戰略的改變而改變。由於市場份額和競爭優勢代表著企業未來的收入或利潤，所以，戰略管理會計不是不注重利潤，而是更注重企業長期的利潤和發展，其目標具有長期性，有時為了擴大市場份額而不惜犧牲短期利潤。

3. 全局性

戰略管理會計以企業的全局為對象，將視角擴大到企業整體，研究的範圍更加廣泛，從而提供更及時、更廣泛、更有效的信息。戰略管理會計既重視主要活動，也重視輔助活動；既重視生產製造，也重視其他價值鏈活動，如人力資源管理、技術管理、後勤服務的活動；既著眼於現有的活動，即經營範圍的活動，也著眼於各種可能的活動，如擴大經營範圍的前景分析等。總之，戰略管理會計以企業管理的整體目標為最高目標，把企業管理作為一個整體進行分析，只有整體最佳才是最優的管理對策。

4. 靈活性

靈活性是指戰略管理會計所用的方法比傳統管理會計更加靈活多樣，提供信息的種類也更加豐富多彩。為適應戰略管理的要求，戰略管理會計突破了原始意義上的會計只強調提供貨幣信息的局限，把它擴展到更廣的範圍和更深的層次，提供以外向型信息為主體的多樣化信息，包括財務的和非財務的、數量的和質量的、物質層面和精神層面的，乃至有關天時、地利、人和等方面的信息，借以幫助企業高層領導在進行戰略思考時，能從更廣闊的視野、更深層次的內涵進行由此及彼、由表及裡的分析研究，為企業保持和發展長期的競爭優勢創造有利條件。與戰略具有相

關性的信息是以外向型信息為主體的多樣化信息，這種類型的信息可從企業外部多種多樣的渠道獲得。圖 11-1 列示了主要的信息來源渠道。

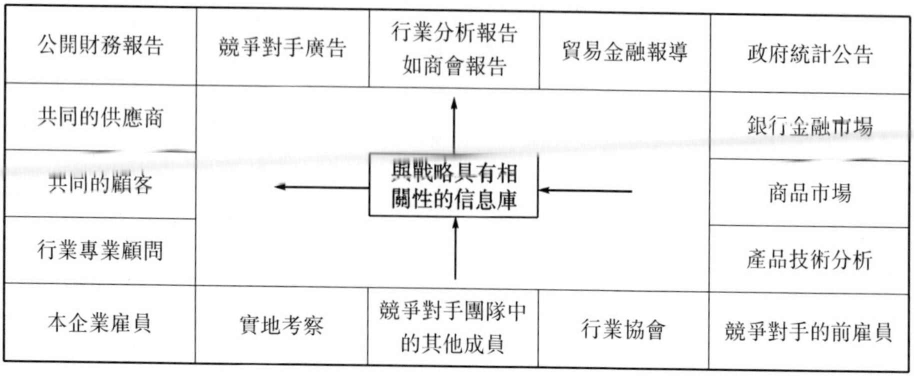

公開財務報告	競爭對手廣告	行業分析報告 如商會報告	貿易金融報導	政府統計公告
共同的供應商				銀行金融市場
共同的顧客		與戰略具有相關性的信息庫		商品市場
行業專業顧問				產品技術分析
本企業雇員	實地考察	競爭對手團隊中的其他成員	行業協會	競爭對手的前雇員

圖 11-1

另外，戰略管理會計採用了較為靈活的方法體系，不僅要聯繫競爭對手進行「相對成本動態分析」「顧客盈利性動態分析」和「產品盈利性動態分析」，而且採取了一些新方法，如產品生命週期成本法、價值鏈分析等。

3、戰略管理會計的目標

戰略管理會計目標在戰略管理會計理論與方法體系中處於最高層次，它是決定戰略管理會計的本質、對象、假設、原則、要素和方法的基礎。戰略管理會計的目標，可以分為最終目標、直接目標和具體目標三個層次。戰略管理會計的目標應立足於企業的長遠發展，權衡收益與風險。企業價值是企業現實與未來收益、有形資產與無形資產、自身經濟走勢與外部資本市場等的綜合表現。企業價值最大化是企業及其各方面利益關係都能接受的目標，因此，可以把戰略管理會計的最終目標確定為企業價值最大化。

戰略管理會計的直接目標是為企業戰略管理決策提供信息。這種信息不僅包括財務信息，如競爭對手的價格、成本等，更重要的是包括了有助於實現企業戰略目標的非財務信息，如市場需求量、市場佔有率、產品質量、銷售和服務網絡等。提供多樣化的會計信息，既能適應企業戰略管理和決策的需要，也改變了傳統會計單一的計量模式。

戰略管理會計的具體目標主要包括以下四個方面：①協助管理當局確定戰略目標，②編製戰略規劃，③協助管理當局實施戰略規劃，④進行戰略性業績評價。

四、戰略管理會計的對象

關於管理會計的研究對象，學術界還沒有達成共識。一般認為，一門科學或學科的對象，是其特定領域有關內容的集中和概括，是貫穿於該科學或學科的始終的（餘緒纓，1996）。就戰略管理會計而言，研究其對象需要考慮以下兩點：首先，戰略管理會計的對象不能局限於單位內部。企業進行戰略決策當然要研究內部條件，但還要研究外部環境，如國家產業政策、產品市場狀況及競爭對手情況等。其次，

戰略管理會計的對象不能局限於價值信息，甚至不能局限於經濟信息，因為一些非價值方面的信息如人才市場供求狀況，非經濟方面的信息如國家政治情況的變化等，均會對企業戰略管理產生重要影響。基於以上考慮，戰略管理會計的對象可以表述為對企業戰略決策和戰略實施有重要影響的各種信息資源。

五、戰略管理會計循環

企業戰略管理的過程一般包括四個階段：戰略環境分析、戰略規劃、戰略實施與控制、業績計量與評價，如圖 11-2 所示。

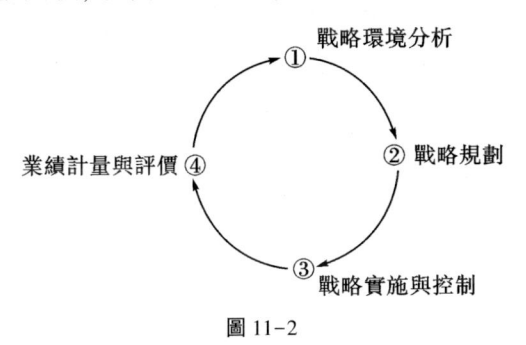

圖 11-2

從圖 11-2 中可以看到，企業管理過程包括了從企業內部和外部環境因素的分析到對企業戰略管理的結果進行評價和控制的一系列活動。這一系列活動不斷地循環週轉，構成企業戰略管理循環。

戰略管理會計是為企業戰略管理服務的，要將會計系統與戰略管理要求直接結合，對戰略管理循環的每個步驟要求在戰略管理會計中應有相應的步驟與之配合，從而形成戰略管理會計循環。戰略管理會計循環相應地分為如下四個步驟，如圖 11-3 所示。

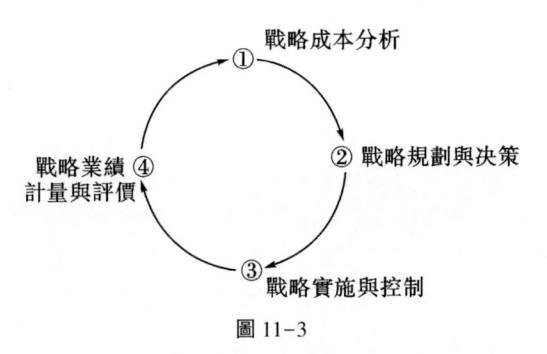

圖 11-3

第一步，戰略成本分析。戰略成本分析是戰略管理會計的起點。通過對企業戰略成本管理資源和外部環境的考察，評判企業現行戰略成本的競爭地位——強項、弱點、機會、威脅等，以決定企業是否進入、發展、固守或是撤出某一行業的某一段價值鏈活動。

第二步，戰略規劃與決策。在戰略成本分析的基礎上，確定企業是否進入、發

展、固守或撤出某一行業某一段價值鏈活動後,下一步就是進行戰略規劃與決策,確定企業如何進入、發展、固守或撤出該價值鏈活動。戰略規劃與決策首先在明確戰略成本管理方向的基礎上確定戰略成本管理的目標,包括總目標(全面的、長期的目標)和一系列具體目標。各目標之間須保持一致性和層次性,組成目標網絡。準確的目標有助於戰略的制定、實施和控制,組成目標網絡。為了實現所確定的目標,根據企業內部資源、外部環境及目標要求,制定相應的基本戰略、策略及實施計劃。

第三步,戰略實施與控制。戰略實施按實施計劃中的要求與進度進行。在戰略實施過程中,由於內部資源、外部環境的變化,會使實施過程產生偏差,因此必須進行戰略控制。戰略控制包括確立預期工作成效的標準,對照標準、衡量、辨析與糾正偏差,從而控制成本動因。企業只有控制成本動因,特別是主要價值鏈活動的成本動因,才能真正控制成本,保證戰略成本管理目標的實現。戰略控制的基本方式有前饋控制和反饋控制,控制過程包含研究控制因子,確定控制標準,及時處理與傳送控制信息等。戰略控制系統應由企業層次、業務單元層次、作業層次組成一體化的控制系統,實行全面的、全過程的控制。當戰略目標已實現,或內、外部條件發生重大變化,超過了控制能力時,則需進行戰略調整,即重新開始進行戰略成本分析、戰略規劃與決策等,進入新一輪循環。

第四步,戰略業績計量與評價。戰略業績計量與評價是戰略成本管理的重要組成部分。業績計量與評價通常包括業績指標的設置、考核、評價、控制、反饋、調整、激勵等。傳統的業績指標主要是面向作業的,缺少與戰略方向和目標的相關性,有些被企業鼓勵的行為其實與企業戰略並不具有一致性。因此,需要將戰略思想貫穿於戰略成本管理的整個業績評價之中,以競爭地位變化帶來的報酬取代傳統的投資報酬指標。戰略業績指標應當具有以下基本特徵:①全面體現企業的長遠利益,②集中反應與戰略決策密切相關的內外部因素,③重視企業內部跨部門合作的特點,④綜合運用不同層次的業績指標,⑤充分利用企業內、外部的各種(貨幣的、非貨幣的)業績指標,⑥業績的可控性,⑦將戰略業績指標的執行貫穿於計劃過程和評價過程。戰略業績計量與評估需在財務指標與非財務指標之間求得平衡。它既要能肯定內部業績的改進,又要借助外部標準衡量企業的競爭能力;它既要比較成本管理戰略的執行結果與最初目標,又要評價取得這一結果的業務過程。具體方法是比較「不採取戰略行動」和「採取戰略行動」條件下企業競爭地位的變化而帶來的相對收益或損失。總之,戰略成本管理的業績計量與評價應圍繞戰略目標來進行,並促進戰略目標的實現,增加企業的戰略成本優勢。根據戰略業績計量與評價的結果,對過去進行總結分析,對未來進行新的預測分析,提出新的目標,規劃新方案並進行決策,進入新一輪循環。

閱讀材料:成本控制新思路——不能一味地削減成本

有遠見的出口商往往會從長遠角度考慮成本控制,以提高投入產出比和滿足外商需求為中心,而不是傳統地控制或減少投入成本的絕對量。

全球買家增加從中國市場的採購量,許多跨國企業將其生產中心逐漸轉移到中國來,都是因為中國市場上各種生產要素價格較低,從而使「中國生產」具有成本

低的優勢。然而，這種趨勢卻給中國企業出口帶來壓力。中國企業長期以來所擁有的低成本優勢，由於越來越多分享者的加入而消失了；同時，隨著「國內市場的國際化」，中國企業正從傳統的經營管理模式中「突圍」，「內憂」不但沒有減少，企業的「外患」，即在國際市場上的尷尬處境，反而增加了許多。消除「內憂」的有效措施之一就是建立新的成本優勢，用新思維、新策略來策劃和實施成本控制。

成本控制應著眼長遠

買家看好中國產品的低成本效應。正如印度 S. V. S. Agencies 公司執行經理 M. Anantha Raj 先生在回答為什麼在中國採購的問題時說，價格低廉是主要因素。為了能進一步降低進口成本，這位專營進口玩具和輕工消費品的買家專門來到中國希望能找到直接供貨商。在被問及中國產品留給海外市場的印象時，回答則是中低檔貨物居多。

據安達信顧問公司（Andersen Consulting）進行的一項調查，亞洲 40% 的企業依靠削減成本生存。據分析，原因在於，目前，國際市場需求增長緩慢，出口商品如不降價較難找到出路。在這樣的環境裡，不少出口企業走入誤區。為了迎合買家的低價格要求，同時也出於自身生存的考慮，不少出口商把目光轉向了直接成本要素，比如強行降低原材料的價格或檔次，嚴格控制人工費用，這在原材料費用占總成本比重 60% 甚至 90% 的製造行業，往往能收到立竿見影的效果，但後果卻是最終失去了客戶和市場。中國產品海外整體形象不佳與這種不計後果的短期成本控制行為不無關係。

對此，安達信顧問公司的經理 Charles Chun 先生指出，「削減成本措施並沒有能鼓勵企業從根本上實施變革，從而為自己贏得長期的優勢。」要想有長期效果，就只能從戰略的高度來實施成本控制。換句話來說，不是要削減成本，而是要提高生產力、縮短生產週期、增加產量並確保產品質量。

這正是豐田、富士膠片和佳能等日本企業長期以來所奉行的策略，從而使它們得以成為傳統上的低成本領先者。豐田公司曾經提出兩個簡單的公式來說明企業的經營觀。公式一：價格 = 成本 + 利潤，稱之為成本主義，以這個觀念經營企業肯定要垮臺。公式二：利潤 = 價格 − 成本，它的經濟意義是價格由市場決定，企業要獲得利潤就要學會降低成本。豐田公司以公式二作為企業經營觀，奮鬥幾十年成為經濟效益最好的汽車製造企業。

單純地削減成本，把成本的降低作為唯一目標，並不能得到有遠見的企業家的贊同。明鴻（潮州）陶瓷製作有限公司總經理陳繼志先生指出，單純地追求削減成本，一般簡單的做法都會考慮降低原材料的購進價格或檔次；或者減少單一產品的物料投入（偷料）；或者考慮降低工藝過程的工價，從而達到削減成本的目的。「我看這樣是十分危險的，這將會導致產品質量的下降、企業勞力資源的流失、甚至失去已經擁有的市場……」他強調。

陳先生繼續說：「實施成本控制，我們對供應方的選擇都是經過嚴格的篩選，從不貪便宜買劣等原料，也從不以節省人工費用來降低成本。」該公司成立於 1994 年，專業生產輕質白雲土、半瓷、高溫瓷等材質的日用、工藝陳設陶瓷，產品

100%外銷。

制定成本控制目標

成本控制的目的是不斷地降低成本，獲取更大的利潤，所以，制定目標成本時首先要考慮企業的贏利目標，同時又要考慮有競爭力的銷售價格。由於成本形成於生產全過程，費用發生在每一個環節、每一件事情、每一項活動上，因此，要把目標成本層層分解到各個部門甚至個人。「目標成本控制遠不止是成本控制，它指的是利潤規劃，」Target Costing 一書的作者 Shahid Ansari 說道，「這種別具一格的思維方式迫使你考慮顧客的需要，設計產品時應先考慮市場。」

「問題是如何在適當的時間和地點，以適當的價格推出具有適當功能和價值的適當產品，」安達信公司的新產品開發服務部總監 John J. Dutton 先生說，「其全部動力在於使企業變得更有進取精神、更加關注市場。」許多企業採用目標成本控制的一些要素，如市場調查或最低成本設計。然而，這一過程常常不是那麼嚴格、規範，因此也不那麼有益處。

在實際操作中，目標的分解不能太粗，否則就失去了控制的意義。目標要定得很恰當，太高難以達到，讓人失去信心。咸陽崇光實業有限公司財務部負責成本核算的關路新女士介紹說，該公司實行定額管理，從公司的生產部門、技術部門及管理部門，到每一個產品、每一個部件，都有核定指標，需定期考核的指標近百項。她稱：「與邯鄲鋼鐵有限公司的做法相類似，我們是人人頭上有一把算盤。」

關女士說：「邯鋼的目標成本控制共制定了 10 萬多個考核指標，這對於一個中小型的外貿企業而言肯定不適用。」她又強調，制定控制目標需要財務人員與直接執行人共同討論、反覆測算才能確定。

材料來源：http://www.cma-china.org/zlcb/CC/CC006.htm.

第三節 戰略管理會計的主要內容

戰略管理會計所包括的具體內容隨戰略管理實踐的發展而動態地發展，目前基本上得到大家共同認可的主要內容包括戰略成本分析、戰略成本管理及戰略性業績評價等。

一、戰略成本分析

戰略成本分析是指管理人員運用專門方法提供企業本身及其競爭對手的分析資料，幫助管理者形成和評價企業戰略，從而創造競爭優勢，以達到企業有效地適應外部持續變化環境的目的的一種分析方法。戰略成本分析包括戰略定位分析、價值鏈分析以及戰略成本動因分析三個部分。

（1）戰略定位分析

環境對企業發生雙重的影響。一方面為企業的發展提供機遇，另一方面又制約著企業的經營活動，甚至會帶來風險。企業必須對環境所產生的影響迅速做出反應，

以充分適應環境變化對企業各個方面所產生的影響。戰略管理會計必須根據企業以及所在行業的特點，關注環境的變化，研究與判斷環境變化可能帶來的機會與威脅，提供相關信息，並對可供採取的管理措施提出建議，使企業戰略建立在多方位、多層次分析的基礎之上。

戰略定位分析方法較多，下面以 SWOT 分析法為例加以介紹。

SWOT 分析法是一種很有用的分析方法。SWOT 是英文 Strength（優勢）、Weakness（劣勢）、Opportunity（機會）、Threat（威脅）的開頭字母縮寫，意思是首先要確認企業各項業務經營面臨的優勢、劣勢、機會和威脅等要素，並據此選擇業務戰略方法等。這種方法的理論基礎是有效的戰略能最大限度地利用業務優勢和環境機會，同時使劣勢和環境威脅降到最低。機會是企業業務環境中重大的有利形式，如環境發展的趨勢和政府控制的變化、技術變化、買及供應關係的改善等；威脅是環境中的最大不利因素，構成企業業務發展的障礙；優勢是企業相對於競爭對手而言所具有的資源、技術以及其他優勢，反應了企業在市場上具有競爭力的特殊實力；劣勢是嚴重影響企業經營效率的資源、技術和能力等方面的限制，企業的設施、資金、管理能力、行銷技術等都可能成為造成企業劣勢的原因。

SWOT 分析法將企業面臨的外部機會和威脅，與企業內部具有的優勢和劣勢進行對比，得出四種組合方式，分別以四個區域表示，如圖 11-4 所示。

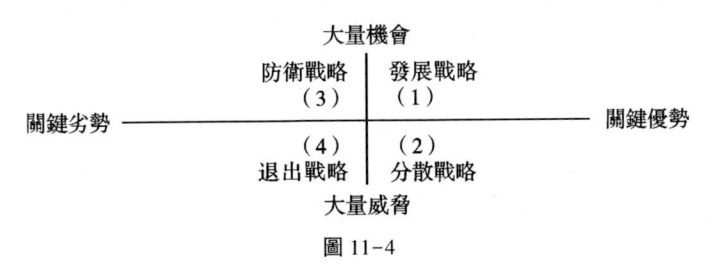

```
                    大量機會
           防衛戰略 │ 發展戰略
            （3）  │  （1）
關鍵劣勢 ──────────┼────────── 關鍵優勢
            （4）  │  （2）
           退出戰略 │ 分散戰略
                    大量威脅
```

圖 11-4

圖 11-4 中區域（1）是最理想的組合，企業面臨較多的機會和優勢，應採取發展戰略。區域（2）的業務以主要優勢面對不利環境，這時企業要麼利用現有優勢在其他產品或市場上建立長期機會，要麼以其優勢克服環境設立的障礙。區域（3）的業務具有較大的市場機會，同時內部劣勢也較明顯。這時企業應有效地利用市場機會，並努力減少內部劣勢。區域（4）是最不理想的形勢，企業應採取減少產品或市場，或者改變產品或市場的戰略。

SWOT 分析法通過對各項業務所面臨的環境及內部能力的分析，提出了選擇相應的戰略方案類型的思路的合理框架。

案例：中國銀保合作的 SWOT 分析

為了綜合分析銀保內外環境對合作的影響，達到內外環境的協調和最佳配合，本案例根據美國舊金山大學韋里克（H. Weihrich）教授提出的 SWOT 分析法，對銀保合作雙方的優勢與劣勢、機會與威脅進行綜合分析。SWOT 分析能迅速掌握企業的競爭態勢，是一種系統分析的工具，其目的在於對企業的綜合情況進行客觀公正的評價。

第一，銀保合作的優勢。

一是豐富服務內容。在維持分業經營的局面下，銀行通過代理保險產品，豐富服務內容，拓寬服務領域；保險公司通過開發銀行代理產品，進一步豐富產品體系，提供差異化的產品服務。二是實現資源共享。銀行利用保險公司的客戶，擴大其影響並深挖資源潛力；保險公司利用銀行的品牌和形象優勢，相當於對銀行已有的基礎客戶群體進行再開發。三是降低經營成本。銀行利用已有的服務網點開辦銀行保險，提高資源的利用率和勞動生產率，從中提取佣金，加快回收網點建設成本；保險公司利用銀行龐大的分支機構網絡銷售產品，節約固定資產投資，降低其行銷成本。四是擴大業務規模。銀行通過銷售保險產品實現服務多元化、差異化、綜合化，並利用代收保費、融資業務、資金匯劃等業務擴大存款規模和利潤空間，挖掘客戶潛力；保險公司通過銀行代理其產品逐步拓寬經營渠道，從而擴大業務規模。此外，對銀行來說，還可以化解業務風險。銀行保險在消費信貸領域的合作，使保險成為銀行化解一部分信貸風險的有效手段。

第二，銀保合作的劣勢。

一是銀保產品與銀行產品的同質性。銀保產品大同小異，不僅在保險公司之間存在明顯的同質性，而且與銀行產品也存在同質問題，主要是一些沒有保障的五年期的，或者十年期的儲蓄替代性產品，片面強調投資分紅，不恰當地與銀行儲蓄利率相比，客戶買了保險，往往會影響銀行的儲蓄。二是企業文化存在差異。銀行和保險公司的企業文化差異很大，兩種文化的滲透和融合是銀保合作的內在要求，但由於各自的管理、行銷方式和員工激勵機制也不相同，文化融合較難，文化衝突提高了合作成本。在中國，由於歷史原因，銀行在人們心目中留有信譽度高、安全性好的良好印象，使得偏好穩健與信譽的中國人中絕大部分成為銀行的忠實客戶。而保險公司講求個性展現、激勵機制、活力激發、行銷訓練等，使得銀行人員銷售保險產品的難度增加。

第三，銀保合作的外部機會。

金融一體化是國際金融業發展的趨勢，中國加入世貿組織後，在金融領域，保險業已經走在開放的前列。國內各大保險公司和銀行都已建立起業務合作關係，通過在商業銀行設立代理點的形式，與銀行共同開闢新的營業領域，掀起了銀保合作的高潮。當前中國國民經濟平穩較快增長，結構調整邁出新的步伐，協調發展出現積極態勢，體制改革力度明顯加大，人民生活繼續得到改善，經濟和社會發展對於保險的需求更大。監管層已表現出對保險公司與銀行之間更加密切聯合的理解、肯定和支持的積極態度，為中國銀行保險的發展拓展了一定的空間。

第四，銀保合作面臨的威脅。

中國加入世貿組織的過渡期已結束，外資綜合經營金融機構將給中資金融機構帶來嚴峻挑戰；中國缺少相應的稅收優惠政策，所以銀行保險對顧客和銀行並沒有太大的吸引力；中國《保險法》《商業銀行法》等法規政策規定，國內金融機構還不能依法展開跨銀行、證券和保險的金融混業經營，這無疑給志在長遠的中資商業銀行、保險公司等金融機構在國內建立真正意義上的銀行保險公司設置了障礙，限

制了中國銀行保險的深層次發展。

通過 SWOT 分析，我們可以得出這樣的結論：銀保合作正處於優勢與劣勢並存、機會與威脅同在的歷史轉折點。在經濟金融全球化以及混業經營大勢所趨的條件下，只要指導思想得當，戰略與方向正確，優勢互補，精誠合作，銀保合作完全可以煥發出旺盛的生命力，在將來日趨激烈的競爭中取得主動，達到共贏。

案例來源：http://www.cma-china.org/CMABase/SM/B_SM080422030.htm.

(二) 價值鏈分析

1. 基本概念

價值鏈（Value Chain）的名稱最早由美國學者邁克爾·波特在《競爭優勢》一書中提出。價值可以看成是資金的生成和增值活動，價值鏈則可以看作價值增值的各個環節。價值鏈是和企業作業鏈聯繫在一起的，如在鋼鐵企業，煉鐵—煉鋼—軋鋼，可看作一條作業鏈，在這條作業鏈中貫穿著一條價值鏈，即價值1→價值2→價值3。因此作業鏈同時也表現為價值鏈，作業鏈的形成過程也就是價值鏈的形成過程。

價值活動是企業所從事的物質上的和技術上的界限分明的各項活動。它們是企業創造對買方有價值的產品的基礎。利潤是總價值與從事各種價值活動的總成本之差。

價值鏈分析就是指通過考察價值活動本身及其相互之間的關係來確定企業的競爭優勢的一種分析法。

由於價值活動是構成競爭優勢的基石，因此，對價值鏈的分析不僅要分析構成價值鏈的單個價值活動，更重要的是，要從價值活動的相互關係中分析各項活動對企業競爭優勢的影響，明確各價值活動之間的聯繫，提高企業創造價值的效率，增加降低成本的可能性，為企業取得成本優勢和競爭優勢提供條件。

2. 價值鏈分析的步驟

價值鏈分析的步驟如下：

（1）識別價值活動，確認企業價值鏈並把成本、收入和資產分配給價值作業。

（2）找出統馭每個價值鏈作業的成本動因。

（3）確定是通過採用比競爭對手更好的手段來控制成本動因，還是通過重新配置價值鏈來創造可持續性競爭優勢。

通過價值鏈分析，幫助管理當局認清各價值鏈作業活動的成本與價值，瞭解該公司的主要作業活動及其成本動因、所需成本、投入資源和所獲收入，哪些作業活動是增值活動，哪些作業活動最沒有價值，各作業活動之間有何相互關係，從而達到消除不增值作業、減少損失浪費、降低成本的目的。

4. 價值鏈分析的內容

價值鏈分析包括企業內部價值鏈分析、產業（行業）價值鏈分析和競爭對手分析三個方面的內容。

（1）企業內部價值鏈分析。

企業內部價值鏈分析可以分為兩個部分：內部成本分析和內部差異價值分析。

內部成本分析的主要步驟有：找出企業價值產生的主要作業活動，對每一主要作業活動進行成本動因分析，進行競爭優勢分析。內部差異價值分析的主要步驟有：找出產生顧客價值的主要作業活動，評估增加顧客價值的各種差異化策略，決定最佳的差異化策略。

（2）產業（行業）價值鏈分析。

任何一個產業（行業）從最初原材料的開發到產品的最終消費，都形成一系列不同價值作業的結合——產業價值鏈。產業中，任何一個企業都居於產業價值鏈中的一個或多個鏈節，產業價值鏈中的企業互為現存的或潛在的競爭對手。通過產業（行業）價值鏈分析，瞭解企業在整個產業（行業）中的位置，以便尋求利用上、下游價值鏈管理成本的可能性，從而決定往上游或下游的併購策略，或決定將一些價值低的作業活動予以出售等。

（3）競爭對手分析。

戰略管理會計的主要特點是超越了會計主體的限制，可以在與競爭對手對比的基礎上提供具有比較性的管理信息。企業能否取得競爭優勢，在很大程度取決於如何面對競爭對手。如果對主要競爭對手的優勢、劣勢和戰略缺乏必要的瞭解，企業就有可能過於注重短期決策，忽視長期戰略問題，使企業遭受不必要的攻擊，遇到意料之外的競爭壓力。競爭對手分析的目的就是要通過對競爭對手的價值鏈進行分析，瞭解競爭的形勢和企業面臨的問題，明確企業與競爭對手的差異。

競爭對手分析的主要內容包括：①確定企業的競爭對手，包括現存的和潛在的競爭對手。②識別競爭對手的價值鏈及其價值活動形式，確定競爭對手在價值鏈活動中的有關成本動因及其相對地位，運用成本動因的性態來估測競爭對手成本的差異。③確定競爭對手的目標。掌握競爭對手的具體目標，就可以大致判斷競爭對手會採取的競爭手段。④競爭對手的競爭戰略及其功效。⑤分析競爭對手的優勢和劣勢。⑥競爭對手對外部進攻的反應。

4. 對價值鏈分析方法的評價

價值鏈分析方法給企業的戰略成本管理提供了一種新的思路。其優勢表現在以下幾個方面：首先，利用價值作為評價指標，可以極大地擴展評價的範圍。如做投資決策時，不僅要考慮投資項目本身的現金流量，更重要的是要考慮國家利益和社會責任評價，而這一層次的評價，顯然只能利用價值，如項目的社會價值、貢獻價值等。其次，可以利用價值來評價非財務信息。如顧客對某一產品的認知價值可以作為產品定價的重要依據，而這種認知價值顯然不是具體的財務數據。最後，價值可以有多種表現形式，如現金流量、產品質量、服務品質、認可程度等，這些可使管理會計研究範圍擴大到企業外部，從而突破傳統管理會計的思維束縛，為管理會計的重新構築找到突破口。總之，通過價值鏈分析，確定價值活動及價值增值過程，找出各價值活動和成本間的關係以及價值活動與產品間的關係，對所有價值活動提供成本和效益的測量，使管理人員能夠針對具體產品或服務，從宏觀和微觀上瞭解企業的成本狀況和相應的競爭優勢，並在這種基礎上進行決策。

目前，對於價值鏈分析法在實務中的應用，理論界和實務界已有不少的探索。

然而，價值鏈分析在目前的實施過程中仍受到多方面的限制，主要是數據收集方面存在困難，因為現行會計系統建立的基礎不是基於價值鏈這種活動與流程的思想，不能為其提供所需要的數據。因此，戰略管理會計必須跟蹤分佈於價值鏈中的各種作業的有關信息，開發能反應顧客滿意程度的各種財務指標與非財務指標，促進價值鏈分析法在實務中的運用。

（三）戰略成本動因分析

戰略成本動因是與戰略管理有關的成本動因，它是成本動因的一種，是從企業整體的、長遠的宏觀戰略高度出發所考慮的成本動因。與作業成本動因相比，戰略成本動因有如下特點：①與企業密切相連，如企業規模、整合程序、地理位置、技術、員工凝聚力等，②對成本標的成本大小的影響更長期、更持久、更深遠，③動因的形成與改變均較困難。

從戰略的角度看，影響企業成本態勢（Cost Position）的因素主要來自企業經濟結構和企業執行作業程序，從而構成結構性成本動因（Structural Cost Driver）和執行性成本動因（Executional Cost Driver）。兩類成本動因的劃分，從不同的戰略角度影響企業的成本態勢，從而為企業的戰略選擇和決策提供支持。

1. 結構性成本動因分析

結構性成本動因是與企業基礎經濟結構有關的成本驅動因素。結構性成本動因具有以下特點：

（1）形成時間較長，一經確定，往往很難變動，因此，對企業成本的影響將是持久的和深遠的。

（2）發生在生產之前，其支出屬資本性支出，構成生產產品的約束成本。

（3）既決定企業的產品成本，也會對企業的產品質量、人力資源、財務、生產經營等方面產生重要的影響，並最終決定企業的競爭態勢。

結構性成本動因一般包括構成企業基礎經濟結構的企業規模、業務範圍、技術、地理位置和經驗等因素。

（1）規模（Scale）。這是指企業在研究、開發、製造、行銷等方面的規模。企業規模適度，形成規模經濟，有利於成本下降。企業規模過大，擴張過度，會形成規模不經濟導致成本上升。可見，在規模的戰略選擇中成本是一個基本因素，必須加以考慮。

（2）業務範圍（Scope）。這是形成成本的又一結構性動因，它是指企業垂直一體化的程度。企業業務範圍屬於整合的範疇，體現企業的整合程度。整合是指垂直式（縱向）擴張。垂直式擴張又分為向前整合和向後整合，垂直擴張意味著企業業務範圍擴大，其中，向後整合使企業擴張進入一個提供某些目前所需要原材料的產業，例如，電視機製造廠自行建立顯像管生產基地，以擺脫對供應商的依賴。向前整合使企業擴張進入產品的行銷領域，建立自己的行銷市場體系。業務範圍擴張適度，可降低成本，帶來整合效益，如避免契約的協商，掌握原材料服務及市場，掌握行銷及技術情報等。相反，業務範圍擴張過度，則可造成成本提高，效益下滑。企業可通過戰略成本動因分析，進行整合評價，確定選擇或解除整合的策略。當整

合的市場體系（包括供應市場與銷售市場）僵化，破壞了供應商和客戶的關係，導致成本上升，對企業發展不利時，可降低市場的整合程度或解除整合。

（3）技術（Technology）。這是指企業價值鏈的每一個環節中運用的處理技術。技術對企業價值的貢獻份額越來越大。技術對企業成本的影響有兩方面。一方面技術的採用可能降低成本，企業除了應該注意保持當前企業成本領先地位的技術之外，特別要注意能為企業帶來持久成本優勢的創新技術；另一方面，技術變革常有較高的變革成本，這些成本包括技術開發成本、引進的巨額投資和可能的變革失敗成本等。技術成本動因的確認有利於企業技術決策。技術成本動因的確認與分析，有助於企業選擇能夠帶來持久性成本優勢的技術，有助於實現技術革新成本與所得利益的平衡，有助於企業選擇適合自己的技術戰略（領導戰略、追隨戰略）等。鑒於技術開發與應用付出成本較高，技術更新迅速，開發技術被淘汰的風險較大，企業在選擇能獲得持久性成本優勢的技術創新時，其革新的成本應與取得的利益保持平衡。技術領先或技術追隨的策略選擇，應視條件而定，若能形成獨特的持久領先技術，或獲得獨占稀有資源優勢，可採用技術領先（領導）策略，否則，應採用追隨戰略，或者予以放棄。

（4）地理位置。企業地理位置對成本的影響表現在：①不同國家、不同地區、不同城市的工資和稅率差異，會影響企業的工資成本和納稅支出；②地區交通便利程度和基礎設施狀況會影響企業生產經營成本，例如原料、能源供應商的位置影響到企業原材料成本，客戶的位置影響到企業銷售成本；③所在地氣候、文化、觀念等環境，不僅影響產品需求，而且影響企業經營觀念和方式；④地理位置影響到企業人才的去留。

地理位置對經營成本的影響決定了企業在廠址選擇、工業佈局等活動中要十分慎重。

（5）經驗（Experience）。這是一個重要的結構性成本動因。企業是否有過生產該產品的經驗，生產多長時間，是影響成本的綜合性基礎因素。經驗累積，即熟練程度的提高，不僅帶來效率提高，人力成本下降，同時還可降低物耗，減少損失。經驗累積程度越高，操作就越熟練，成本降低的機會就越多。經驗的不斷累積和發展是獲得「經驗-成本」曲線效果，從而形成持久競爭優勢的動因。經驗來自對實踐的不斷總結和學習，前者為直接經驗，後者為間接經驗。在技術更新、全球經濟環境變化迅速、競爭加劇的情況下，加大學習力度將獲得「學習曲線」的明顯效果。有人提出「未來最成功的企業將是學習型企業」。學習效應在企業初建時尤為明顯，成熟企業的學習效應相對不夠明顯，價格敏感性強的企業，學習效應顯著，它可拉動需求，加大產量，推動學習，降低成本。可見，學習策略的選擇，也有一個權衡的問題。

2. 執行性成本動因

分析執行性成本動因是指與企業執行作業程序有關的動因，即影響企業成本態勢與執行作業程序有關的驅動因素。這類動因具有以下特點：

（1）屬於中觀成本動因。與結構性成本動因相比，執行性成本動因屬於中觀成

本動因，即這些成本動因是在結構性成本動因決定以後才成立的成本動因。

(2) 非量化的成本動因。

(3) 因企業而異，並無固定的因素。

(4) 其形成與改變均需較長時間。

執行性成本動因通常包括：

(1) 參與（Participation）。人是執行作業程序的決定因素，每個員工參與執行都與成本相關，員工參與的責任感是影響成本的人力資源因素。企業取得成本優勢而採取的組織措施中，亦包括了人力資源的開發管理，這些措施都可能提高員工參與的積極性，從而導致成本降低。

(2) 全面質量管理（Total Quality Management，TQM）。質量與成本密切相關，質量與成本的優化是實現質量成本最佳、產品質量最優這一管理宗旨的內在要求。在質量成本較高的情況下，TQM更是一個重要的成本動因，能為企業帶來降低成本的契機。

(3) 能力利用（Capacity Utilization）。在企業規模既定的前提下，員工能力、機器能力和管理能力是否得到充分利用，以及各種能力的組合是否最優，都將成為執行性的一個成本動因。如進行技術改造，採用先進的生產管理方法，都會使能力得到充分發揮，從而帶來降低成本的機會。

(4) 聯繫（Linkages With Suppliers or Customers）。這裡指企業各種價值活動之間的相互聯繫，包括內部聯繫和外部聯繫。內部聯繫通過協調和最優化的策略提高效率或降低成本。外部聯繫主要指與供應商和顧客的合作關係。上下游通力合作，互惠互利的「臨界式生產管理」是重視「聯繫」的典範，它同時為企業和供、銷(客戶)方創造降低成本的機會，從而成為重要的成本動因。

(5) 產品外觀（Product Configuration）。產品外觀指產品設計、規格、樣式的效果要符合市場需要。

(6) 廠址佈局（Plant Layout Efficiency）。廠址佈局指廠內佈局的效率，要求按現代工廠佈局的原則和方法進行合理佈局。

3. 成本動因分析的戰略應用

兩類成本動因對企業的擴張戰略選擇具有不同的意義。結構性成本動因涉及的是對企業規模、範圍、技術、經驗和廠址等因素的合理選擇。盲目擴大規模、範圍、技術開發和遷移廠址會給成本帶來負面影響，於企業發展不利；放棄發展戰略，固守原有規模、範圍、技術和不利的地理位置，甚至故步自封，則必將處於競爭劣勢，不利於企業的生存和發展。可見，從結構性成本動因看，歸根到底是一個擴張戰略目標的選擇問題。執行性成本動因涉及的是參與全面質量管理、能力利用、聯繫、廠內佈局、產品外觀等因素的加強，而非「選擇」的問題。可見，結構性成本動因分析有助於擴張戰略目標的選擇；執行性成本動因分析有助於全面加強管理，從而確保戰略目標的實現。前者是優化基礎資源的戰略配置，後者是強化內部管理，完善戰略保護體系。

二、戰略成本管理（Strategic Cost Management, SCM）

(一) 戰略成本管理的基本概念

戰略成本管理指管理人員運用專門方法，提供企業本身及其競爭對手的成本分析資料，幫助管理者形成和評價企業戰略，從而創造競爭優勢，以達到企業有效地適應外部持續變化的環境的目的。戰略成本管理的首要任務是關注成本戰略空間、過程、業績，可表述為「不同戰略選擇下如何組織成本管理」。戰略成本管理是將成本信息貫穿於戰略管理整個循環過程之中，通過對公司成本結構、成本行業的全面瞭解、控制與改善，尋求長久的競爭優勢，這就是波特所講的取得「成本優勢」（Porter, 1985）。簡言之，戰略成本管理是企業為了獲得和保持企業長期的競爭優勢而進行的成本分析與管理，其目的是適應企業越來越複雜多變的生存和競爭的環境，使企業立足於不敗之地。

(二) 戰略成本管理的意義

戰略管理的核心是要尋求企業持之以恒的競爭優勢。競爭優勢是一切戰略的核心，它們歸根究柢來源於企業能夠為客戶創造的價值，這一價值要超過該企業創造它的成本。價值是客戶願意為其所需要的東西所付出的代價。超額價值來自於以低於競爭廠商的價格而提供同等的受益，或提供的非同一般的受益足以抵消其高價且有餘。因此，競爭優勢有兩種基本形式，即成本領先和別具一格（標新立異）。可見，成本是戰略管理的關鍵，戰略管理促使戰略成本產生。在競爭優勢的戰略選擇和決策中，涉及大量的成本問題，包括領先戰略中的成本優勢，標新立異戰略中的歧異成本，規模經濟、整合戰略中的整合成本，替代經濟中的轉換成本，分析市場中的成本行為，分析競爭對手的相對成本與比較信息，以及戰略決策分析的成本考慮等。只有取得成本優勢，才可能在競爭中獲勝。因而，戰略成本管理對企業意義重大。

(三) 戰略成本管理的方法

由於受戰略管理的思想和方法的影響，SCM 的方法有別於傳統的成本管理方法。至於 SCM 的方法究竟有哪些，目前國內外文獻中說法不一。從戰略成本規劃的角度來看，戰略成本管理方法主要有源於戰略管理的價值鏈分析法，以及用於制定成本目標的產品生命週期成本法、目標成本規劃法、價值工程法等。

1. 產品生命週期成本法（Product Life Cycle Cost）

從生產經營者的角度來看，產品生命週期意指產品從「孕育」到「消亡」的全過程，這一過程包括如下五個階段：①產品研究和初始設計，②產品開發和測試，③生產，④銷售，⑤顧客使用。

產品在上述五個階段中所發生的全部耗費即是產品生命週期成本。近年來，由於對環境的日益重視，有關專家認為應將產品廢置之後對環境的影響所造成的產品廢置成本考慮進來，以更全面地反應其生命週期成本。

對產品生命週期成本的全面計量與分析有三個目的：

第一，幫助企業更好地計算產品的全部成本，便於企業在將產品推向市場之前，

做好總體成本效率預測，以決定開發該產品是否有利可圖。

第二，幫助企業根據產品生命週期成本各階段的分佈狀況，來確定進行成本控制的主要階段。產品的研究開發與設計階段現已成為 SCM 所關注的焦點。這不僅因為開發設計本身的成本很高，而且因為設計方案確定之後，會導致相關的成本鎖入（Locked—in Cost）。據專家測算，這一階段所確定的產品成本占全部成本的比例高達 75%~90%。這意味著其成本經基本確定後，各階段只能在這一框架內進行小幅調整，成本降低餘地不大。

第三，由於擴大了對成本的理解範圍，有利於在產品設計階段就能考慮顧客使用與產品廢置成本，以便有效地管理這些成本。

2. 目標成本規劃法

目標成本規劃（Target Costing/Cost Design），又譯為成本企劃或成本設計。這種方法於 20 世紀 80 年代被日本企業廣泛採用，大大增強了日本企業的國際競爭力。20 世紀 90 年代開始，該方法開始被歐美企業所引進，並引起了歐美學者日漸濃厚的研究興趣。1995 年之後，中國學者對目標成本規劃開始給予關注，做了許多介紹和分析，這對推動中國的成本管理理論與實踐都起到了積極的作用。

目標成本是指企業在新產品開發設計過程中，為了實現目標利潤而必須達到的成本目標值，即產品生命週期成本下的最大成本容許值。目標成本規劃法的核心工作就是制定目標成本，並且通過各種方法不斷地改進產品與工序設計，以最終使得產品的設計成本小於或等於其目標成本。這一工作需要由包括行銷、開發與設計、採購、工程、財務與會計甚至供應商與顧客在內的設計小組或工作團隊來進行。主要操作過程如下：

第一步，在進行產品設計時，識別顧客的需求和顧客對滿足其需求所認可的價格，消除那些不被顧客認可的產品功能。

第二步，確定目標成本。確定目標成本有很多方法。

（1）公式法。

目標成本＝有競爭能力的市場價格/銷售單價×實際成本

（2）倒算法。

目標成本＝產品銷售收入−稅金−目標利潤

目標單位成本＝預測單價×(1−稅率)−預測單位銷售量的目標利潤

第三步，目標成本的分解及達成。這是成本企劃的中心環節。在這一環節中，企業可以根據自身的特點，按照產品的功能、構成、質量要求或不同人員等進行目標成本的分解，然後採用一定的方法使目標成本達成。若目標成本未達成，則返回到上一步，進行目標成本的重新設定。如此反覆測試，直至目標成本達成。目標成本不能達成，產品就不能投入生產。這一環節體現了成本企劃的成本擠壓的特點，即目標成本設定、分解、達成、再設定、再分解、再達成……這也是日本企業為什麼能持續地保持低成本的一個原因。價值工程、拆卸分析、工程再造、權衡法、設計評價法、成本保留法等方面是目標成本達成經常採用的方法。其中，價值工程是目標成本達成所採用的主要方法。價值工程是一種評價與改進設計方案，提高產品

價值的系統性方法，可通過下述兩種方式實現降低成本的目標：其一是在保證產品功能的前提下，削減其零部件成本和製造成本；其二是通過削減不必要的產品功能來降低成本。工程再造是指對已設計的或已存在的加工工程進行再設計，以期進一步降低成本。

目標成本規劃體現了戰略成本管理的基本思想，曾被美國《幸福》雜誌譽為「鋒利的日本秘密武器」，它是日本公司以低價與西方企業競爭、以新產品擊敗競爭對手的法寶。慨括起來，目標成本規劃具有以下特點：

（1）顧客導向。目標成本規劃以顧客認可的價格、功能、需求量等因素為出發點進行產品設計，其「價格引導的成本計算」（Price—led Costing）機制令其提供的產品適銷性、競爭力更強。目標成本規劃中所確定的各個層次目標成本都直接或間接來源於激烈競爭的市場，按照這種目標成本進行成本控制和業績評價明顯有助於增強企業的競爭地位。

（2）源流控制思想。目標成本規劃抓住要害，在產品的設計階段就考慮占產品成本80%的約束性成本，拓展了成本管理的空間、加大了成本管理的力度。

（3）管理工程的控制手段。帳簿上的成本僅僅是生產結果的財務反應，目標成本規劃從工學、技術方面改進生產過程，對控制成本產生更為直接的影響。

（4）全生命週期成本。目標成本規劃的實施意味著成本管理的範圍得以向產品的整個生命週期擴張，全生命週期成本涵蓋產品從開發設計、生產、行銷到消費者的使用、維修、廢棄等全過程的成本，這使得目標成本規劃眼光長遠、關注顧客，有助於企業持久競爭優勢的建立。

案例：豐田汽車公司的目標成本規劃實施架構

根據豐田的定義，目標成本規劃是從新產品的基本構想立案至生產開始階段，為降低成本及確保利潤而實行的各種管理活動。可將其基本的實施程序整理如下：

（1）新產品的企劃（Product planning）。

汽車的全新改款通常每4年實施一次，於新型車上市前3年左右成本企劃即正式展開。每一車種（如：Corolla、Corona、Camry等）設一負責新車開發的產品經理（product manager，豐田稱之為 Chief engineer；各公司對其稱呼可能不同，例如：大發稱為「機種擔當主查」、日產稱為「商品主管」）。以產品經理為中心，對產品企劃構想加以推敲，做成新型車開發提案。開發提案的內容包括：車子式樣及規格（長、寬、重量、引擎的種類、總排氣量、最高馬力、變速比、減速比、車體構成等）、開發計劃、目標售價及預計銷量等。其中目標售價及預計銷量則是經由與業務部門充分討論（考慮市場動向、競爭車種情況、新車型所增加新機能的價值等）後而加以擬定的。開發提案經高階主管所組成的產品企劃機能會議核准承認後，即進入決定成本企劃目標的階段。

（2）成本企劃目標的決定

參考公司長期的利潤率目標來決定目標利潤率，再將目標銷售價格減去目標利益即得目標成本（target cost）。

目標銷售價格－目標利益＝目標成本

另外，透過累計法計算出估計成本（estimated cost；即在現有技術等水準下，不積極從事降低成本活動下會產生的成本）。由於車子的零組件大小總共合計約有 2 萬件，但在開發新車時並非 2 萬件全部都會變更，通常會變更而須重新估計的約 5,000 件，故為有效的估計成本，則以現有車型的成本加減具變更部分的成本差額來予以算出。目標成本與估計成本的差額為成本企劃目標，即透過設計活動所需降低的成本目標值。接著，進入開發設計階段，為實施成本企劃活動以達成本企劃目標，則以產品經理為中心主導，結合各部門的一些人員加入產品開發計劃，組成一跨職能別（cross-functional）的委員會。委員會的成員包括來自設計、生產技術、採購、業務、生管、會計等部門的人員，為一超越職能領域的橫向組織，展開兩年多具體的成本企劃活動，共同努力合作以達成目標。

　　估計成本−目標成本＝成本企劃目標

　（3）成本企劃目標的分配。

　　將成本企劃目標進一步細分分配給負責設計的各個設計部，例如：引擎部、驅動設計部、底盤設計部、車體設計部、電子技術部、內裝設計部，此可謂是按車子的構造、機能別分類。但並不是各設計部一律均降低多少百分比，而是由產品經理根據以往的實績、經驗及合理根據等，與各設計部進行數次協調討論後才予以決定。除按機能別分類，並按成本費用形態別（素材費、購買零件費、直接人工等）區分；甚至，設計部為便於掌握目標達成活動及達成情況，將成本目標更進一步地按零件別予以細分。

　　細分成本企劃目標，實施 VE 確認目標達成。

　（4）產品設計與 VE 活動。

　　成本企劃活動的目標細分至各設計部後，各設計部即開始從事設計及 VE 活動（value engineering，價值工學；即透過分析調查產品的機能與價格，有助於降低成本及新產品開發的一種成本管理的科學手法，為成本企劃活動的有效手法）。對設計部門來說，其目標不僅是要設計出符合顧客需求並具良好品質及機能的產品，且同時必須達成其成本目標。至於中間過程是要透過降低多少材料費、加工費等來達成目標，則委由各設計部視其創意工夫而定。設計部門根據零件別目標成本及其他相關部門提供的資訊製成「試作圖」，再根據試作圖實際試作。豐田內部與成本企劃有關的會計部門，主要有財務部（含會計）內的成本管理課及技術部內的成本企劃課，前者為策定目標利益案、估計內製零件的價格，是掌控整體實績的事務局，後者則是負責成本預估、確認設計部門目標達成活動的情形、為負責 VE 活動的事務局。成本企劃課針對試做出的車子估計其成本，若估計出的成本與目標成本間仍有差距、未達目標成本，則各部署協力實施 VE 檢討，依照檢討結果對試作圖加以修正；再根據試作圖實際試作、估計其成本、未達目標成本則再實施 VE、修改試作圖。像這樣地重複著：畫制、修改試作圖→實際製作（試作）→估計成本（估計成本如何隨著設計變更而改變）→（未達目標成本）實施 VE（如：透過改善材料式樣、零件數、加工方法、加工時間等）的程序（通常會經 3 次試作），直至機能、品質、成本的各目標皆達成，設計作業方告完成，此時量產用的正式圖面也完成

出爐。

目標成本確認達成,產品方能進入量產。

(5) 生產準備及進入量產。

進入生產準備階段,除檢查確認生產設備及組裝線的準備狀況、決定具體的製造程序、決定產品售價及採購部門開始進行外購零件的價格交涉外,並根據正式圖進行最終試作,成本企劃課執行最後成本估計以確認已達目標成本(若因產品問題或生產問題而未達成,則再實施 VE 活動)。通常,唯有當目標成本確認已達成,此新車型方能進入量產(因若是允許未達目標成本的新車型量產,則即使該產品得以銷售,亦無法獲得預期的目標利益,甚至可能導致虧損)。約進入生產階段 3 個月後(因若有異常,較可能於最初 3 個月發生),檢視目標成本的實際達成狀況,進行成本企劃實績的評估,確認責任歸屬,以評量成本企劃活動的成果;至此,新車型的成本企劃活動正式告一段落。但值得注意的是,成本企劃中的目標成本尚有其他功能,即為訂定製造階段的標準成本(豐田稱此為基準成本)的基礎,且可延續至下一代新車型,成為估計下一代新車型成本的起點。

透過對豐田的成本企劃實施程序的探討,可歸納出其具有下列幾項特徵:

(1) 車種別管理。

每車種設一位產品經理,負責新產品開發及新產品的成本、投資、製造、銷售等各方面。從責任會計的觀點來看,設置專司達成目標成本的產品經理是有其必要性,有助於確實有效地達成目標。

以目標成本為基礎,具市場導向優點。

(2) 具市場導向(market-driven)且與利益計劃結合。

目標成本的計算是透過目標售價減去目標利益而得。出發點的目標售價為考量市場狀況後所訂定出具有市場競爭力的售價,目標利益則是參考公司長期利益計劃所決定出欲獲得的利益;故透過目標售價及目標利益計算出目標成本且以此目標成本為基礎來管理控制開發、設計活動的成本企劃,並非只有針對成本,而可謂是整合產品概念、品質、公司的利益計劃等具有市場導向。

(3) 採用差額估計與差額管理。

為決定成本企劃目標(目標成本與估計成本的差額)而對成本加以估計時,並非將所有的成本、費用都從最初開始累計,而是將焦點放在與現有車型的差異上,將現有車型的成本加減上因變更設計所導致成本的增減差額來計算而得。成為設計部的目標者,並不是目標成本總額,而是透過設計活動所須降低的成本目標值(成本企劃目標);對設計人員及相關人員而言,要達成目標成本 100 萬與要降低成本 15 萬的感受是不同的。像這樣的差額估計與差額管理方式,不僅可節省時間與許多繁雜的手續,並可較有效率地估計成本,提高精確度。

橄欖球式的開發過程,產品經理主導跨職能參與。

(4) 分配成本降低目標。

將成本企劃目標予以細分分配給各設計部,能使降低成本的重點處明確,且各單位需負責達成的成本目標及責任也隨之明確。新車型較現有車型總共要降低成本

15萬與A設計部要負責降低成本5萬,如同採用責任中心、責任會計制度會產生激勵效果一樣,對A設計部而言,採取將目標予以細分分配的方式,會感受較大的責任與壓力,同時達成目標的效果也較可期待。

(5) 不同職能領域的人共同參與配合(cross-functional)。

以往新產品開發的程序幾乎都是採用接力式(step by step),也就是先有產品的基本構想企劃,再經開發、設計、試作、生產準備階段。在這樣的開發方式之下,可能會產生開發設計出的產品不符合市場需求,或於試作、生產階段時發生開發設計時預想不到的問題等。成本企劃並非採用接力式,而是以產品經理為主導,組成一橫跨職能別組織的團隊,由團隊的各成員像打橄欖球似的,適時地提供必要資訊,互相協調合作(例如:設計部執行圖面設計及VE活動;生產技術部預估生產條件、提供生產技術方面可能遭遇的問題,並借著溝通獲知須做哪些準備或檢討工作;採購部估計外購零件的價格,提前從設計部門獲知各零組件的設計構想及其目標成本,並把那目標提示給供應商知道、廣泛募集改善提案、與協力供應商接觸及探討達成目標成本的方法;業務部提供有關市場銷售價格與式樣等資訊,並對售價與式樣的關係做調整;生管部檢討生產地點及內外制;會計部門根據業務、技術部門等所提供的資訊,提示目標成本、估計內制零件的價格,並隨時掌控成本變化的情形等),共同努力去達成目標。由於成本企劃的重要特色之一即為此橄欖球式的開發過程(Takeuchi & Nonaka),期可避免上述問題,且因各階段作業重疊,可縮短前置時間,製造開發出較符合顧客需求的產品。

但需注意的是,若欲順利統合此種橫向組織,則賦予產品經理很大的權力與責任範圍,使其佔有重量級地位及角色是必要的(有關重量級與輕量級的說明及重量級的重要性,請參閱 Clark & Fujimoto)。

(6) 協力供應商的參與。

將成本目標進一步按零件別分類,採購部門把各零組件的設計構想及其目標成本(目標採購價格)提示給供應商知道,要求協力供應商降低成本,並廣泛募集改善提案、與供應商共同探討達成目標的方法。即從企劃設計階段,與協力供應廠商成為一體,協力合作降低成本以達成本目標。

(7) 會計人員的參與及角色。

在成本企劃的實施過程中,會計人員所扮演的角色是不容忽視的。例如:編製中長期利益計劃、設定目標利益、計算目標成本與成本企劃目標、估計成本、評估成本企劃活動的實際達成狀況與成果等,都需要會計人員的共同參與。

成本企劃並非完美無缺,導入時應予配合修正。

透過以上的探討,得知成本企劃的實施上具有多樣特色。雖然在成本企劃中扮演重要角色之一的「協力供應商的參與」,被視為是日本企業獨具的特色,且實施成本企劃也並非完全沒有副作用,如:實施過度可能導致供應商疲憊、設計人員壓力過大及組織內衝突等(加登),但成本企劃所擁有的其他幾項特色:具市場導向且與利益計劃結合、在企劃設計階段就對成本加以管理、分配成本降低目標、不同職能領域的人共同參與配合的橄欖球式開發方式等,卻是有其不容忽視的意義存在。

尤其在現今的顧客嗜好漸趨多樣化、競爭日益激烈、自動化日趨普及、進入製造階段後成本可改善的空間日益受限的環境下，成本企劃所具有的幾項特色可值得參考採用。

案例來源：http://www.cma-china.org/CMABase/RD/TC/TC007.htm.

3. 價值工程法

(1) 價值工程的概念。

價值工程（Value Engineering, VE），又稱為價值分析（Value Analysis, VA），是一門新興的管理技術，是降低成本提高經濟效益的有效方法。20世紀40年代起源於美國，麥爾斯（L. D. Miles）是價值工程的創始人。麥爾斯發表的專著《價值分析的方法》使價值工程很快在世界範圍內產生巨大影響。

所謂價值工程，指的都是通過集體智慧和有組織的活動對產品或服務進行功能分析，使目標以最低的總成本（壽命週期成本），可靠地實現產品或服務的必要功能，從而提高產品或服務的價值。價值工程主要思想是通過對選定研究對象的功能及費用分析，提高對象的價值。這裡的價值，指的是反應費用支出與獲得之間的比例，用數學比例式表達如下：價值＝功能/成本。提高價值的基本途徑有5種，即：①提高功能，降低成本，大幅度提高價值；②功能不變，降低成本，提高價值；③功能有所提高，成本不變，提高價值；④功能略有下降，成本大幅度降低，提高價值；⑤提高功能，適當提高成本，大幅度提高功能，從而提高價值。

(2) 價值工程的實施程序。

價值工程已發展成為一問比較完善的管理技術，在實踐中已形成了一套科學的實施程序。這套實施程序實際上是發現矛盾、分析矛盾和解決矛盾的過程，通常是圍繞以下7個合乎邏輯程序的問題展開的：①這是什麼？②這是幹什麼用的？③它的成本多少？④它的價值多少？⑤有其他方法能實現這個功能嗎？⑥新的方案成本多少？功能如何？⑦新的方案能滿足要求嗎？順序回答和解決這七個問題的過程，就是價值工程的工作程序和步驟。即：選定對象，收集情報資料，進行功能分析，提出改進方案，分析和評價方案，實施方案，評價活動成果。

案例：價值工程在某住宅設計方案比較中的應用

價值工程是研究如何以最少的人力、物力、財力和時間獲得必要的功能的技術經濟分析方法，強調的是項目的功能分析和功能改進。儘管在建築產品形成的各個階段都可以應用價值工程來提高建築物的價值，但是在不同的階段進行價值工程活動，其經濟效果的提高幅度卻大不相同。分析一個建築產品形成的各個階段，研究建築設計階段將是應用價值工程的重點，一旦圖紙已經設計完成並進行施工時其價值就基本確定了，若再進行價值分析，則要進行設計變更和改變施工方案，從而造成很大的浪費，使價值工程活動的技術經濟效果大大下降。因此必須在產品的設計和研製階段就開始價值工程活動，以取得最佳的綜合效果。

必須指出，價值工程活動並不是單純追求降低成本，也不是片面追求提高功能，而是力求正確處理好功能與成本的對立統一關係，提高它們之間的比值，研究產品功能和成本的最佳配置。所以對一個建築設計不是工程造價越低越好，而是要使建

築功能和工程造價的匹配要合理，也就是說，在保證功能的前提下做到花錢要少。不能為了花錢少而降低和減少建築的必要功能。要想保證好的建築設計，首先要優化建築設計方案，選擇一個價值比值最大的設計方案。下面以住宅為對象進行價值分析，說明價值工程在設計方案比較中的應用。

第一步，對住宅進行功能定義和評價。現把住宅作為一種完整獨立的「產品」進行功能定義和評價，具體項目見表11-1。

表 11-1　　　　　　　　　　住宅功能重要系數計算表

功能		用戶評分		設計人員評分		施工人員評分		$\phi=$ $(0.6F_I+0.3F_{II}$ $+0.1F_{III})/100$
		得分 F_I	$F_I \times 0.6$	得分 F_{II}	$F_{II} \times 0.3$	得分 F_{III}	$F_{III} \times 0.1$	
適用	平面布置 F_1	41.54	24.93	36.46	10.94	40.74	4.07	0.399,4
	採光通風 F_2	17.90	10.74	16.58	4.97	17.91	1.79	0.175,0
	層高層數 F_3	2.85	1.71	4.90	1.47	4.47	0.45	0.036,3
安全	牢固耐用 F_4	21.94	13.17	16.43	4.93	23.84	2.38	0.204,8
	三防設施 F_5	5.44	3.26	6.05	1.82	3.32	0.33	0.054,1
美觀	建築造型 F_6	2.23	1.34	6.77	2.03	1.79	0.18	0.035,5
	室外裝修 F_7	1.71	1.03	5.19	1.56	1.13	0.11	0.027,0
	室內裝修 F_8	6.38	3.83	7.64	2.29	6.79	0.68	0.068
合計		100	60	100	30	100	10	1

這種定義基本上表達了住宅功能，表中的 8 種功能在住宅功能中佔有不同的地位，因而需要確定相對重要系數。確定相對重要系數可用多種方法，這裡採用用戶、設計、施工單位三家加權評分法，把用戶的意見放在首位，結合設計、施工單位的意見綜合評分。三者的「權數」可分別定為60%、30%和10%，並求出重要系數 ϕ 如表中所示。

第二步，方案創造。根據地質等其他條件，對一處住宅設計提供了多種方案，擬選用表 11-2 中所列 4 種方案作為評價對象。

表 11-2　　　　　　　　　種住宅設計方案的特徵和造價

名稱	主要特徵	單位造價	成本系數
A	6層混合結構，層高 3 米，240 毫米內外磚牆，預制樁基礎，半地下室儲存間，外裝修好，室內設備較好	196	0.287,8
B	6層混合結構，層高 2.9 米，240 毫米外磚牆，120 毫米非承重內磚牆，條形基礎（經真空預壓處理），外裝修較好	149	0.218,8
C	6層混合結構，層高 3 米，240 毫米內外磚牆，承重灌註樁基礎，外裝修一般，室內設備較好，半地下室儲存間	185	0.271,7
D	5層混合結構，層高 3 米，空心磚內牆，滿堂基礎，裝修及設備一般	151	0.221,7

第三步，求成本系數（C）。公式為：

某方案成本系數（C）＝單位造價／（∑單位造價）

如：A方案成本系數＝196／（196+149+185+151）＝196/681＝0.287,8，由此類推，分別求出B、C、D方案成本系數為0.218,8、0.271,7、0.221,7，如見表11-2。

第四步，求功能評價系數（F）。按照功能重要程度，採用10分制加權評分法，對4個方案的8項功能的滿足程度分別評定分數，如表11-3，各方案滿足分S。

表11-3　　　　4種住宅設計方案功能滿足程度評分

評價因素		方案名稱	A	B	C	D
功能因素	重要系數φ					
F_1	0.399,4	方案滿足分數S	10	10	9	9
F_2	0.175,0		10	9	10	10
F_3	0.036,3		9	8	9	10
F_4	0.204,8		10	10	10	8
F_5	0.054,1		8	7	8	7
F_6	0.035,5		10	8	9	7
F_7	0.027,0		6	6	6	6
F_8	0.068,0		10	6	8	6
方案總分	$\sum_i \phi_i S_{ij}$		9.479	9.140	9.178	8.543
功能評價系數	$\dfrac{\sum_i \phi_i S_{ij}}{\sum_i \sum_j \phi_i S_{ij}}$		0.266,3	0.249,7	0.250,7	0.233,4

計算方案評定總分數公式為：

某方案評定總分＝$\sum \phi_i S_{ij}$

則A方案評定總分＝$\sum \phi_i S_{ij}$＝9.749，同理可求出B、C、D方案評定總分分別為9.749、9.140、9.178、8.543，詳見表11-3。

計算功能評價系數公式為：

某方案功能評價系數（F）＝每個方案總分／（∑每個方案總分）

則A方案功能評價系數（F）＝9.749／（9.749+9.140+9.178+8.543）＝0.266,3，同理可求出B、C、D方案功能評價系數分別為0.249,7、0.250,7、0.233,4，詳見表三。

第五步，求出價值系數（V）並進行方案評價。按V＝F/C公式分別求出A、B、C、D各方案價值系數分別為0.925,2、1.141,1、0.922,8、1.052,5，可以看出B方案的價值系數最大，則B方案為最佳方案。計算過程見表11-4。

表 11-4　　　　　　　　4 種住宅設計方案價值系數計算表

方案	F（功能）	C（成本）	V（價值）	最佳方案
A	0.266,3	0.287,8	0.925,2	
B	0.249,7	0.218,8	1.141,1	√
C	0.250,7	0.271,7	0.922,8	
D	0.233,4	0.221,7	1.052,5	

在設計階段運用價值工程控制工程造價，就是要把工程的功能和造價兩個方面綜合起來進行分析。如在本住宅設計方案中，當得出 B 方案的單位成本 149 元為最低時，還不能斷然決定它為最優方案，還應看它對 8 種功能的滿足程度，即價值系數如何。如果價值系數不是最大，也不能為最優方案。滿足必要功能的費用，消除不必要功能的費用，是價值工程的要求，實際上也是工程造價控制本身的要求。

案例來源：http://www.cma-china.org/CMABase/VE/VE_ve071116111.htm。

三、戰略業績評價

從戰略管理的角度看，業績評價是連續戰略目標和日常經營活動的橋樑。良好的業績評價體系可以將企業的戰略目標具體化，並且有效地引導管理者的行為。

（一）戰略業績評價的步驟

戰略業績評價的實施由以下幾個步驟組成：

1. 辨認企業採取的戰略

進行戰略業績評價，關鍵在於要體現出業績評價與企業戰略的相關性，制定一套戰略相關指標體系。因此，在進行戰略業績評價時，先辨認企業所採用的戰略是非常必要的，這是戰略業績評價的第一步。

2. 確定關鍵獲勝因素

在戰略的實施過程中，總會有許多因素需要企業考慮，並努力加以控制。但真正對整個戰略起決定作用的因素往往為數不多。企業在這些方面必須做到萬無一失，否則將影響到戰略的實施。這些因素稱為關鍵獲勝因素。由於這些因素數量不多，並對戰略的實施至關重要，企業就有必要而且也有可能對其進行控制。造成關鍵獲勝因素的原因是多方面的，或者是成本比重較大，或者是技術上的關鍵之處，這要視企業的特點和具體的戰略而定，不能絕對化。如採用成本領先戰略，其關鍵獲勝因素就是相對於其他競爭對手的產品開發和創新能力。如果企業在這方面不能有所作為的話，這些戰略也可能以失敗告終。

3. 設計適當的指標體系

在確定關鍵獲勝因素之後，應當就此進行指標體系的設計。我們可以把指標視為關鍵獲勝因素特徵的表現形式，通過適當的指標，就可以掌握企業的關鍵獲勝因素方面任務完成的情況。例如，對於將成本視為關鍵獲勝因素的企業來說，就應以各項成本水準作為業績評價指標。

4. 選擇評價標準

對於一項指標值，我們很難絕對地說其是好還是壞。要選擇一個適當的評價標準，據以比較，以發現本身存在的問題或本企業的優勢所在。但在戰略業績評價系統中，由於將眼光放在了外部環境中，因此，在選擇評價標準時，也常常從外部進行選取，其中較為流行的一種方法是標杆法，這將在下文中具體討論。

5. 反饋與提高

進行戰略業績評價的最後一個步驟是將上一步驟比較的結果迅速及時地反饋給有關的業務執行人員，供他們作為改進的依據。這一步驟使整個戰略業績評價構成一個環路，從而更有利於信息的流動和業績的進一步提高。根據產生差異的原因，企業應採取不同的改進方案。如屬於執行中的失誤，則應當督促執行人員注意和改正；如屬於結構性原因，則要對一些結構性因素加以改進，甚至考慮改變企業的戰略選擇。

(二) 戰略業績評價的方法

業績評價問題自 20 世紀初出現以來，經過近百年的發展，出現了許多評價思想和評價方法。總結近百年業績評價的發展歷程，總的思路是：由單一指標向綜合指標發展，由注重財務指標轉向注重包括財務指標與非財務指標的綜合指標。業績評價的重心從事後評價轉到為實現企業戰略目標服務，將智力資本納入評價體系，體現無形資產在業績方面的作用。戰略業績評價的方法較多，這裡主要討論標杆法（Benchmarking）和平衡計分卡（BalancedScoreCard）兩種方法。

1. 標杆法

(1) 標杆法的含義及分類。

標杆法是指從企業個體的外部尋找績優企業作為標準，評價本企業的產品、服務或工藝的質量，以便發現差距，並持續地加以改進的方法。績優企業是指那些在某一特定工藝或服務方面業績更好的公司。

標杆分為內部標杆、行業或競爭對手標杆以及工藝標杆三類。內部標杆是指從本集團公司內選取其他關聯或兄弟企業作為績優企業。行業或競爭對手標杆是指與本行業的其他公司建立標杆夥伴關係。工藝標杆是指不受行業限制，跨行業、跨地區在世界範圍內選取某一工藝或服務業績最好的公司作為績優企業。

(2) 標杆法實施步驟。

標杆法由以下 5 個階段或步驟組成：

第一步，確定標杆對象。在此階段中，企業要提出哪些產品或工藝（服務）需要實施標杆法，選擇什麼企業作為標杆目標，需要什麼樣的數據和信息等。在這一步驟中，應結合企業的競爭戰略，分析哪些是關係到競爭戰略成敗的關鍵獲勝因素，並選取評價它們的指標作為關鍵業績指標，這些指標可能是有關成本的，或是圍繞產品質量、顧客滿意度、生產週轉期等有關產品差異戰略的指標。選取適宜的關鍵業績指標作為標杆對象，是決定標杆法實施成敗的一個主要因素。

第二步，選取標杆夥伴公司。它們被認為是某一特定領域業績最好的公司。

第三步，收集和分析數據。這一步驟的目的是進行調查研究。收集標杆公司的業績指標和成功經驗，與本企業業績相比較，找出薄弱環節，確定業績差距。業績差距反應了企業為了實現最好業績而需要採取措施提高業績的程度。詳細而有準備地收集數據的能力是標杆實施成功的關鍵因素之一。獲取標杆數據的方法有二：一是直接獲取，即成立觀察小組，讓觀察小組到標杆夥伴公司去，直接觀察它們的生產工藝和管理服務活動，學習它們的成功經驗。觀察小組成員通常包括來自基層的雇員，因為他們直接參與生產經營活動，更有利於將學到的經驗運用到本企業的生產實踐中去，達到實行標杆法的目的。二是間接獲取，主要是從顧客、商業雜誌、年報、公司出版物以及公開學術研討會獲取。

第四步，建立業績目標。針對上一步驟的結果，結合本企業的具體情況，確定標杆對象實現的目標，作為今後評價業績的標準，並制定具體的改進計劃來縮小業績差距。

第五步，實施計劃。實施改進計劃，並定期、經常地收集有關關鍵業績指標的信息，分析評價其與業績目標的差異，採取必要的改善措施，促使業績目標最終實現。

（3）標杆法評價實施。

標杆法就是從企業外部尋找績優企業作為一種可衡量的標杆，通過與標杆的比較，瞭解本企業與績優企業的差距，進而分析其經營成功之道，通過系統地、有組織地學習和改進，不斷提高本企業產品、服務或工藝的質量，使本企業也獲得成功。採用標杆法，並不是為了簡單地將本企業與績優企業的業績做比較，而是為了獲取績優企業經營成功的經驗。選取的績優企業也並非局限於同行業的佼佼者，可以在各種業務流程的活動中，與那些取得出色成績的企業比較。因此，標杆法克服了傳統業績評價或非財務性指標業績評價中評價標準制定不科學、不客觀、缺乏激勵效用，制定時較少考慮外部因素等缺陷，有利於企業在日益激烈的競爭環境中提高本身的競爭力和效率。

2. 平衡計分卡

美國哈佛大學的卡普蘭教授（R. S. Kaplan）和復興方案公司總裁諾頓（D. P. Norton）對12家在績效測評方面處於領先地位的公司進行了為期一年的項目研究，於1992年提出了著名的平衡計分卡法（BalancedScoreCard，BSC），並很快在實踐中推廣應用。

（1）平衡計分卡的基本內容。

BSC與傳統的業績評價系統不同，並非僅從企業財務方面，而是從企業的財務、客戶、內部經營過程和學習與成長四大方面來平衡傳遞和相互強調企業的戰略目標，如圖11-5所示。

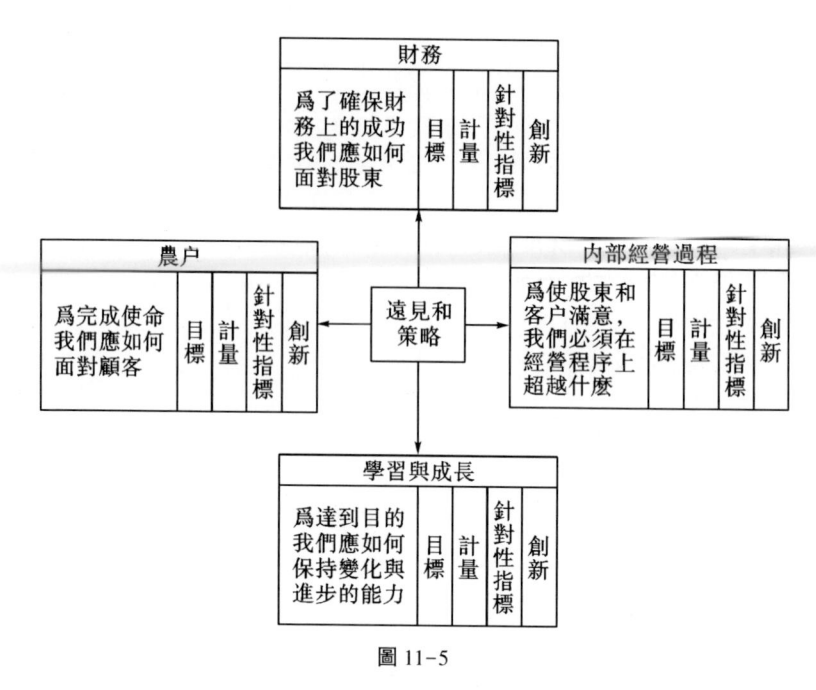

```
                    ┌─────────────────────────┐
                    │          財務            │
                    ├──────┬──┬────┬──┐
                    │爲了確保財│目 │計 │針 │創│
                    │務上的成功│標 │量 │對性│新│
                    │我們應如何│   │   │指標│  │
                    │面對股東  │   │   │    │  │
                    └──────┴──┴────┴──┘
                              ↑
┌──────────────────┐       │       ┌──────────────────────┐
│       農戶        │       │       │     內部經營過程       │
├──────┬──┬────┬──┤  ┌──────┐  ├──────┬──┬────┬──┤
│爲完成使命│目│計│針│創│  │遠見和│  │爲使股東和│目│計│針│創│
│我們應如何│標│量│對│新│←─│策略  │─→│客戶滿意，│標│量│對│新│
│面對顧客  │  │  │性│  │  │      │  │我們必須在│  │  │性│  │
│          │  │  │指│  │  └──────┘  │經營程序上│  │  │指│  │
│          │  │  │標│  │      │       │超越什麼  │  │  │標│  │
└──────┴──┴──┴──┘       │       └──────┴──┴──┴──┘
                              ↓
                    ┌─────────────────────────┐
                    │         學習與成長        │
                    ├──────┬──┬────┬──┐
                    │爲達到目的│目 │計 │針 │創│
                    │我們應如何│標 │量 │對性│新│
                    │保持變化與│   │   │指標│  │
                    │進步的能力│   │   │    │  │
                    └──────┴──┴────┴──┘
```

圖 11-5

每個方面包括三個層次：①期望達到的若干總目標，②由每個總目標引出的若干具體目標，③每個具體目標執行情況的若干衡量指標。圖 11-5 如同金字塔的網狀結構，把企業為實現長期戰略目標而制定的所有目標和指標系統地結合在一起，從而形成一個企業實現長遠目標的程序規劃。由此可見，平衡計分卡不僅是一個綜合評價企業長期戰略目標的指標評價系統，而且還是一個戰略管理系統。

第一，財務方面。企業各個方面的改善只是實現目標的手段，而不是目標本身。企業所有的改善都應當通向財務目標，因此，綜合業績評價制度將財務目標作為其他目標評價的焦點。如果說每項評價方法都是綜合業績評價制度這條紐帶的一部分的話，那麼，這條紐帶的因果關係最終結果還是歸於「提高財務業績」。

在不同的經營戰略階段，企業財務評價的側重點不同。處於成長階段的企業，其財務目標側重於銷售收入增長率，以及目標市場、客戶群體和地區銷售額增長等；處於維持階段的企業，大多採用與獲利能力有關的財務目標，如經營收入、毛利、投資回報率和經濟附加值等；處於收穫階段的企業更應注意現金流動，以使現金流量達到最大化與「成長」「維持（保持）」「收穫」這三大戰略方向相適應，這就會形成三個財務性主題：「收入成長及組合」「成本降低—生產力改進」「資產利用—投資戰略」。這樣將財務目標與戰略相結合，企業既可制定出戰略性計劃的細分目標，又可細分出多個標準，以分析企業財務業績的影響因素，適應企業不同成長及生命階段的具體需要。例如，收入的增長可能來自市場份額的擴大，企業應該進一步分析市場份額的擴大是來自富有競爭力的系統的改善，還是來自市場份額總體規模的擴大。同樣，雖然收入在增長，但在市場上所占份額卻遭受損失，這可能表明企業的戰略或其他產品或服務的吸引力存在問題。因此，財務目標與企業經營戰

略要聯繫起來。同樣，財務評價也應與企業經營戰略聯繫起來。

　　第二，顧客方面。各企業要想獲取長遠的、出色的財務業績，就必須創造出受顧客青睞的產品或服務。平衡計分卡為解決顧客方面的問題，選擇了一套企業為達到在顧客方面所期望的績效而採用的評價指標。由於它幾乎適用於所有企業，所以又稱為「核心評價組」指標，主要包括「市場份額」「顧客留住率」「顧客獲得率」「顧客滿足程度」「顧客給企業帶來利潤率」等。其含義參見表 11-1。

表 11-1　　　　　　　　　　核心評價組指標及其含義

指標	含義
市場份額	反應業務部門在銷售市場上的業務比率
顧客留住率	從絕對或相對意義上，反應業務部門保留或維持同顧客現有關係的比率
顧客獲得率	從絕對或相對意義上，評估業務部門吸引或贏得新顧客或業務的比率
顧客滿足程度	根據具體業績標準來評價顧客對產品或服務的滿意程度
顧客給企業帶來利潤率	在扣除支持某一顧客所需的獨特支出後，評估一個顧客或一個部門帶來的定期淨利潤

　　第三，企業內部經營過程。平衡計分卡的第三個方面是為企業內部經營過程制定目標和評價指標，這是平衡計分卡與傳統的業績評價制度最顯著的區別之一。傳統的業績評價制度集中控制和改善了現有職能中心和部門的作用，有些企業即使加入了「產品質量回報率」「生產能力」和「生產週期」等評價指標，也大都停留在改善單個部門業績上，僅靠改善這些指標，只能有助於企業生存而不能形成企業獨特的、可持續發展的競爭優勢。平衡計分卡從滿足投資者與顧客需要的經營戰略出發，制定了針對研究開發過程、生產過程和售後服務過程的不同評估指標。針對研究開發過程的主要評價指標是：新產品在銷售額中所占的比重、專利產品在銷售額中所占的比重、在競爭對手之前推出產品的能力、比原計劃提前推出新產品的能力、生產程序的適應性及開發下一代新產品的時間等。相比之下，生產過程是企業創造價值的一個短暫過程，這個過程強調對顧客及時、有效、連續地提供產品或服務。時間、質量和成本是經營過程的業績評價指標，因此，在經營過程中，傳統財務手段如「標準成本」「預算控制」和「差異分析」等可作為監控手段，但這些遠遠不夠，還應再附加如「企業經營靈活性」「生產週期」「對顧客需求反應的時間」「對顧客提供產品的多樣性」「廢品率」及「返工率」等指標；在企業售後服務中，可採用有關「時間、質量、成本」等方面的指標，如「服務反應週期」「人力成本」「物力成本」「售後服務的一次成功率」等。

　　第四，企業的學習與成長。平衡計分卡的第四個方面即企業的學習與成長過程，它是為前三個方面取得業績突破而提供的推動力量。這方面採用的評價指標主要包括「員工滿意程度」「員工留住率」「員工意見採納百分比」「員工工作能力」「員工的勞動生產率」「員工的培訓與提升」「員工素質」及「企業內部信息溝通能力」等，其中「員工滿意程度」至關重要。改善企業業務流程和業績的建議與想法越來

越多地來自第一線的員工,他們離企業內部顧客(業務流程)和企業外部顧客最近,員工本身就是企業內部各生產流程的顧客,要使企業外部顧客滿意,首先必須使企業內部滿意,企業員工只有「樂業」才能「愛業」「敬業」。當然,要使企業員工充分發揮作用,必須使他們獲得足夠的信息,讓他們瞭解有關企業的顧客、內部經營過程以及決策的後果等方面信息,因此,「企業內部信息溝通能力」指標也很重要。企業只有不斷學習與成長,才能不斷創新。應該說,企業能否實現其雄心勃勃的財務、顧客和內部業務流程等方面的目標將取決於企業的學習與成長過程。

(2) 平衡計分卡(BSC)評價。財務、顧客、企業內部企業流程、企業的學習與成長聯繫緊密,這四個方面確立了BSC的基本框架,但BSC既不是上述四個方面的簡單組合,也不是一些財務指標與非財務指標的簡單拼湊,它是與企業戰略和整套評價手段相聯繫的。它從經營單位的角度為整個企業的未來繪製了藍圖,制定了全盤戰略,促進了各單位之間的相互瞭解,使員工看到自己是如何為企業的成功做出貢獻的。

BSC 具有如下優點:

一是評價指標全方位化。國內外競爭的加劇,買方市場的形成,使得產品壽命週期越來越短,對交貨期的要求越來越高,因此,企業要從內、外環境入手,從市場需要出發,以長遠的戰略眼光,在市場、科研、人才、產品等方面投入資金。傳統的財務指標已不能適應這種要求。平衡計分卡在財務指標的基礎上,又增加了客戶、內部經營過程、學習和成長三方面的非財務指標,從而可以全面描述企業業績。

二是評價指標長期化。信息時代的到來,科學技術的飛速發展,使得產品升級換代的頻率越來越快。企業為適應市場的快速多變,必須主動把握未來,努力提高績效,這就需要制定長期的發展戰略。平衡計分卡從四個方面評價企業業績,從而能避免單獨地使用財務指標給企業帶來誤導的缺陷。比如:企業本來是知道提高信息系統水準和提高員工素質的重要性的,但當有財務壓力時,就可能較少予以考慮。而平衡計分卡四方面的因果關係卻能實現長期財務目標之間的聯繫。同時,實證研究表明,客戶的滿意度與企業的長期財務業績有很強的相關性。

平衡計分卡儘管有以上優點,但也存在以下兩個方面的不足。

一是指標不易收集且難以量化。對於非財務指標,有些是次要的,有些是不易收集的,如關於客戶滿意程度及保持方面的指標,這就需要企業在不斷探索中總結。另外,有些指標雖然重要但很難量化,如員工受激勵程度方面的指標,需要收集大量信息,並且要經過充分的加工後才有實用價值,這就對企業信息傳遞和反饋系統提出了很高的要求。

二是實施的成本較大。平衡計分卡要求企業從財務、客戶、內部經營過程、學習和成本四個方面考慮戰略目標的實施,並為每個方面制定詳細而明確的目標和指標。它需要全體成員參加,使每個部門、每個人都有自己的平衡計分卡,企業付出的代價較大。

(3) 平衡計分卡的適用條件。BSC 要求使用它的企業應具備一定的條件,如成本管理水準較高,以目標、戰略作為導向,實行民主式領導體制等。同時,就特定

企業而言，BSC 的四個方面內容要視行業、企業的不同而有所不同。即使是同一個企業，不同時期也可能有所不同。這就需要通過「案例研究」或「實地研究」對特定企業設置具體的評價指標，而 BSC 只能提供一個分析問題和解決問題的基本框架。

思考題

1. 什麼是企業的戰略管理？怎樣認識它在現代市場經濟體系中的重要性？
2. 企業應怎樣正確制定最適宜於本企業的競爭戰略？
3. 什麼是「價值鏈」？為什麼說優化「價值鏈」是提高企業競爭優勢的關鍵？
4. 什麼是戰略管理會計？怎樣認識它和企業戰略管理的關係？
5. 戰略管理會計有哪些特點？
6. 戰略管理會計的基本內容包括哪些重要方面？
7. 價值鏈分析的目的是什麼？
8. 企業戰略層可選擇的結構性成本動因與執行性成本動因主要包括什麼？
9. 平衡計分卡的基本內容、優缺點是什麼？
10. 試述傳統管理會計的局限性。
11. 試述戰略管理會計主要研究的問題。

國家圖書館出版品預行編目（CIP）資料

管理會計學(第二版) / 李玉周　主編. -- 第二版.
-- 臺北市：崧博出版：崧燁文化發行, 2019.05
　　面；　公分
POD版

ISBN 978-957-735-834-9(平裝)

1.管理會計

494.74　　　　　　　　　　　　　　108006392

書　　名：管理會計學(第二版)
作　　者：李玉周 主編
發 行 人：黃振庭
出 版 者：崧博出版事業有限公司
發 行 者：崧燁文化事業有限公司
E-mail：sonbookservice@gmail.com
粉 絲 頁：　　　　網　　址：
地　　址：台北市中正區重慶南路一段六十一號八樓815室
8F.-815, No.61, Sec. 1, Chongqing S. Rd., Zhongzheng Dist., Taipei City 100, Taiwan (R.O.C.)
電　　話：(02)2370-3310　傳　真：(02) 2370-3210
總 經 銷：紅螞蟻圖書有限公司
地　　址：台北市內湖區舊宗路二段121巷19號
電　　話:02-2795-3656 傳真:02-2795-4100　　網址：
印　　刷：京峯彩色印刷有限公司（京峰數位）

本書版權為西南財經大學出版社所有授權崧博出版事業股份有限公司獨家發行電子書及繁體書繁體字版。若有其他相關權利及授權需求請與本公司聯繫。

定　　價：550元
發行日期：2019年05月第二版
◎ 本書以POD印製發行